● 高等职业教育课程改革创新教材

高职高专机电类教材系列

机械CAD实用教程
——AutoCAD 2010版

孙凤鸣　符爱红　主编

科学出版社

北京

内 容 简 介

本书通过较多的机械零件实例介绍了用 AutoCAD 2010 绘制机械工程图的方法，结合绘图实例介绍了 AutoCAD 中的常用命令，着重讨论了平面图的绘图方法、立体图的绘制方法以及三维立体图转二维平面图的出图方法。本书结合机械制图要求强调了机械制图标准的实现，注重了所绘图样的打印输出效果。

本书适用于计算机制图的项目化课程教学。

本书可以作为机类、近机类的教学用书，也可以供广大工程技术人员参考。

图书在版编目(CIP)数据

机械 CAD 实用教程：AutoCAD 2010 版/孙凤鸣，符爱红主编. —北京：科学出版社，2011.10（2023.6 修订）

ISBN 978-7-03-032454-2

Ⅰ.①机… Ⅱ.①孙…②符… Ⅲ.①机械设计：计算机辅助设计-AutoCAD软件-高等职业教育-教材 Ⅳ.①TH122

中国版本图书馆 CIP 数据核字（2010）第 199039 号

责任编辑：张振华/责任校对：王万红

责任印制：吕春珉/封面设计：耕者设计工作室

科 学 出 版 社 出版

北京东黄城根北街 16 号

邮政编码：100717

http://www.sciencep.com

三河市骏杰印刷有限公司印刷

科学出版社发行　各地新华书店经销

*

2011 年 10 月第　一　版　开本：787×1092　1/16

2023 年 12 月第十三次印刷　印张：16 1/4

字数：380 000

定价：58.00 元

（如有印装质量问题，我社负责调换〈骏杰〉）

销售部电话 010-62134988　编辑部电话 010-62135120-2005

前　言

本书讨论用 AutoCAD 2010 软件进行机械制图。本书适用于机类、近机类“计算机制图”课程的实训教学。

本书主要从机械零件绘图实际需要出发，讨论用计算机进行机械制图时所需常用工具的使用，以及工程图出图方法。本书重点讨论了平面图形绘制、平面图形的出图操作，立体图形绘制及转为平面图形的方法。同时，还提供了其他一些绘图操作方法。希望学习者能用较短时间熟练使用 AutoCAD，以解决绘制机械工程图的问题，最终能实现符合国标要求的图样输出。由于目前打印机已成为最常见的输出工具，因此主要讨论在打印机上的图样输出。在布局空间中，通过简单设置，能以“所见即所得”的方式，准确“预览”最终的输出效果。

课程学习的目标是用计算机进行机械制图，故本书均以实际机械零件图样为基础进行计算机绘图操作，在学习者原有的制图知识基础上，采用与手工图板绘图基本一致的思路与操作，减少思维上的干扰，可以迅速提高制图能力。多介绍绘图分析思想、绘制流程以及制图标准与规范的实现是本书宗旨。本书提供了一套绘图操作流程，通过本书的学习，学习者可形成一套实用的绘图方法与技巧。

本书除了实例中介绍的一些工程图例外，书最后还提供了一些附图练习，充足的符合工程要求的图例练习，是学习效果的保证。

本书由孙凤鸣和符爱红主编。

由于作者水平有限，书中难免存在不足之处，敬请读者批评指正。

目　录

前言
第1章　AutoCAD基础知识简介 …… 1
1.1　绘图界面 …… 1
1.1.1　AutoCAD 2010绘图界面的初始设置 …… 1
1.1.2　绘图界面介绍 …… 3
1.1.3　工具栏的调用 …… 8
1.2　AutoCAD的基本操作方式 …… 9
1.2.1　选择菜单命令 …… 9
1.2.2　选择工具栏中的工具 …… 11
1.2.3　从命令行输入命令 …… 11
1.2.4　常用的鼠标操作 …… 11
1.2.5　模型空间与图纸空间 …… 13
1.3　坐标系统与数据的输入方法 …… 13
1.3.1　AutoCAD的坐标系 …… 13
1.3.2　AutoCAD数据的坐标输入 …… 15
1.3.3　AutoCAD的捕捉功能 …… 16
1.3.4　用基准线与辅助线定位 …… 18
1.3.5　徒手绘图 …… 19
1.3.6　图形对象修改 …… 19
1.4　图形的屏幕显示 …… 21
1.4.1　图形的显示形式 …… 21
1.4.2　图形浏览 …… 23
1.5　图形文件保存 …… 24
第2章　基本绘图工具介绍 …… 26
2.1　常用绘图工具 …… 27
2.1.1　绘制直线 …… 27
2.1.2　绘制圆 …… 29
2.1.3　绘制多段线 …… 31

2.1.4 绘制矩形 …… 31
2.1.5 绘制正多边形 …… 32
2.2 常用修改工具 …… 33
2.2.1 图形对象选取 …… 33
2.2.2 图线删改 …… 33
2.2.3 偏移图线 …… 38
2.2.4 改变图形位置 …… 39
2.2.5 相同图形绘制 …… 40
2.2.6 倒角 …… 45
2.3 文字工具 …… 47
2.3.1 文字样式设置 …… 47
2.3.2 录入文字 …… 48
2.3.3 文字修改 …… 48
2.3.4 文字录入示例 …… 49
2.4 图块 …… 50
2.4.1 创建图块 …… 50
2.4.2 使用图块 …… 51
2.4.3 创建、使用带属性图块 …… 52
第 3 章 绘制零件平面图 …… 55
3.1 制图标准模板设置与保存 …… 55
3.1.1 图层设置 …… 55
3.1.2 文字样式设置 …… 60
3.1.3 标注样式设置 …… 61
3.1.4 对象捕捉与极轴追踪设置 …… 68
3.1.5 多重引线样式设置 …… 70
3.1.6 模板保存 …… 72
3.1.7 模板调用 …… 74
3.2 绘制零件平面图形 …… 74
3.2.1 绘图示例 1：端盖 …… 75
3.2.2 绘图示例 2：支座 …… 80
3.2.3 绘图示例 3：三级宝塔皮带轮 …… 84
3.2.4 绘图示例 4：摇杆 …… 90
3.2.5 绘图示例 5：输出轴 …… 96
3.3 零件图的出图 …… 102
3.3.1 绘制示例 1：端盖 …… 103
3.3.2 绘制示例 2：支座 …… 108

3.3.3 绘制示例 3：三级宝塔皮带轮 …… 114
3.3.4 绘制示例 4：摇杆 …… 118
3.3.5 绘制示例 5：输出轴 …… 120
第 4 章 绘制三维立体图形 …… 127
4.1 实体绘图与常用编辑工具 …… 127
4.2 实体生成的基本方法 …… 129
4.2.1 实体图元工具绘图 …… 129
4.2.2 平面图形拉伸为实体 …… 130
4.2.3 半截面图形旋转为实体 …… 132
4.2.4 基本实体切割 …… 133
4.2.5 实体合成 …… 133
4.3 绘制零件实体图形 …… 135
4.3.1 绘制示例 1：轴撑挡块 …… 137
4.3.2 绘图示例 2：轴承支座 …… 142
4.3.3 绘图示例 3：半联轴器轴叉 …… 148
4.3.4 绘图示例 4：一字螺丝起 …… 153
4.3.5 绘图示例 5：60°弯管 …… 158
4.4 立体图的尺寸标注 …… 168
4.5 立体图的剖切 …… 173
4.5.1 使用剖切命令切除 1/4 实体 …… 173
4.5.2 使用干涉检查命令取出 1/4 实体 …… 174
4.5.3 使用交集运算命令获得 1/4 实体 …… 175
第 5 章 由零件立体图出平面图 …… 177
5.1 主要出图工具 …… 177
5.2 由立体图形生成轴测图的方法 …… 180
5.2.1 绘图示例 1：轴撑挡块轴测图 …… 180
5.2.2 绘图示例 2：轴承支座轴测图 …… 183
5.3 由立体图形生成零件图样的方法 …… 184
5.3.1 绘图示例 1：轴承支座 …… 187
5.3.2 绘图示例 2：一字螺丝起 …… 193
5.3.3 绘图示例 3：60°弯管 …… 197
第 6 章 综合实例与提高 …… 204
6.1 输出轴三维实体图形绘制 …… 204
6.2 齿轮三维实体图形绘制 …… 211
6.3 空间弯管 …… 216
6.3.1 空间弯管三维实体图形 …… 216

6.3.2 空间弯管出图 …… 222
6.4 方圆接头图形绘制 …… 224
6.4.1 方圆接头三维实体图形 …… 224
6.4.2 方圆接头展开图 …… 226
6.5 小型十字轴式双万向联轴器装配图绘制 …… 228
6.5.1 小型十字轴式双万向联轴器的三维实体装配图 …… 229
6.5.2 小型十字轴式双万向联轴器的爆炸装配图 …… 232
6.5.3 小型十字轴式双万向联轴器的平面装配图 …… 233
附图 …… 235

第1章

AutoCAD基础知识简介

1.1 绘图界面

1.1.1 AutoCAD 2010 绘图界面的初始设置

AutoCAD 2010 可根据不同工作的需要设置成不同的绘图工作环境（绘图界面），一般在软件安装后可立即进行设置。如果安装时跳过或取消了初始设置，也可在使用中更改。更改设置时选择菜单“工具”→“选项”命令，打开“选项”对话框，如图 1-1 所示。

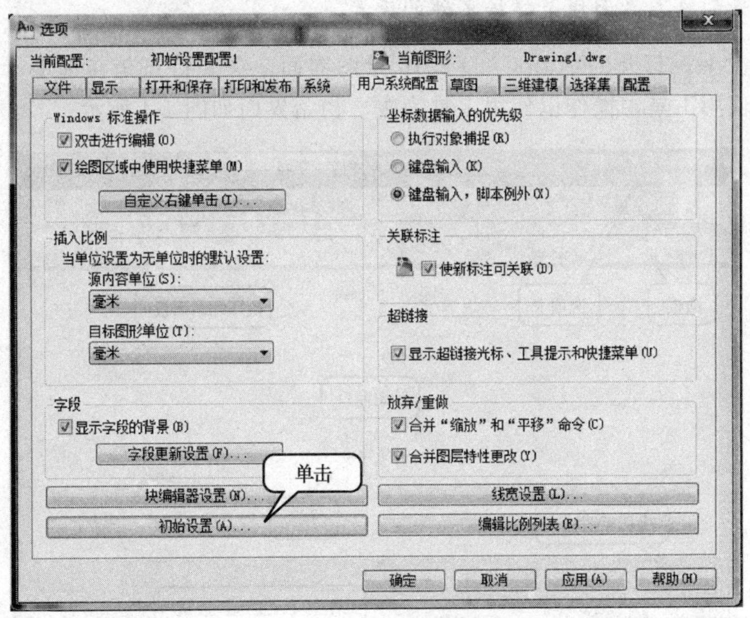

图 1-1 “选项”对话框

在“选项”对话框中的“用户系统配置”选项卡中单击“初始设置”按钮，弹出

“初始设置”对话框。因为要进行机械工程图的绘制，所以，根据工作需要选中“机械、电气和给排水（MEP)”单选按钮，如图 1-2 所示。

单击“下一页”按钮至第 3 页。选中“根据先前的选择使用新的默认图形样板”单选按钮，并在单位选择框中选择“公制”选项，如图 1-3 所示，单击“完成”按钮。以后打开便得到进行机械绘图的公制初始设置。

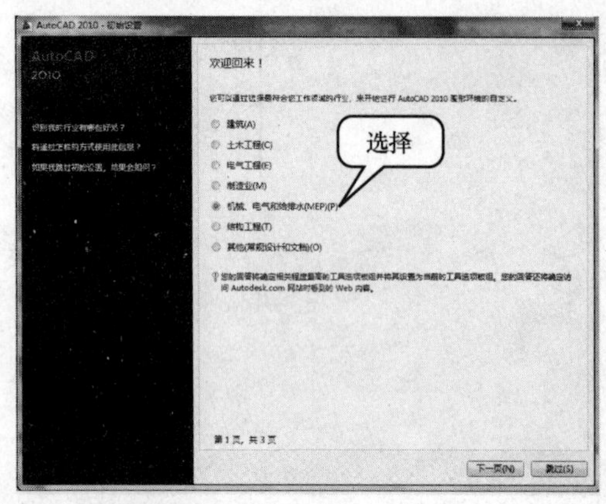

图 1-2 选中“机械、电气和给排水”单选按钮

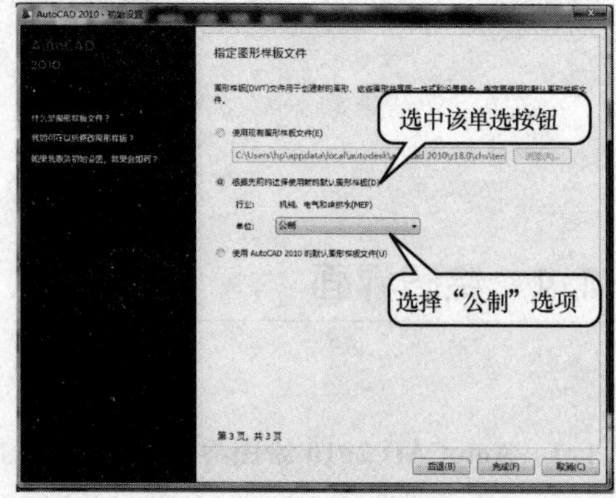

图 1-3 公制样板设置

提示： 如果计算机中保存有设计好的图形样板文件（*.dwt)，也可在此页中设置，以后打开的绘图界面便是样板文件的设置。

一般情况下，打开的 AutoCAD 2010 绘图界面，主要特点是在选项卡下的面板上分类安放有使用工具，操作以使用工具为主。初始界面如图 1-4 所示。

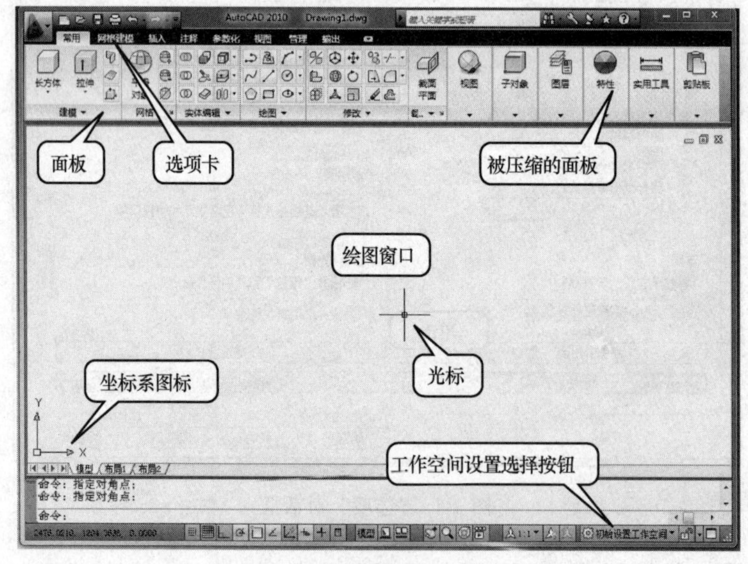

图 1-4 初始设置工作空间

在进行机械工程图绘制时，绘图界面有几种模式。本教材为了在统一界面下学习，建议绘图界面选择“AutoCAD 经典”模式。设置时在状态栏单击右下角的“初始设置工作空间”选择按钮，选择“AutoCAD 经典”选项，如图 1-5 所示。

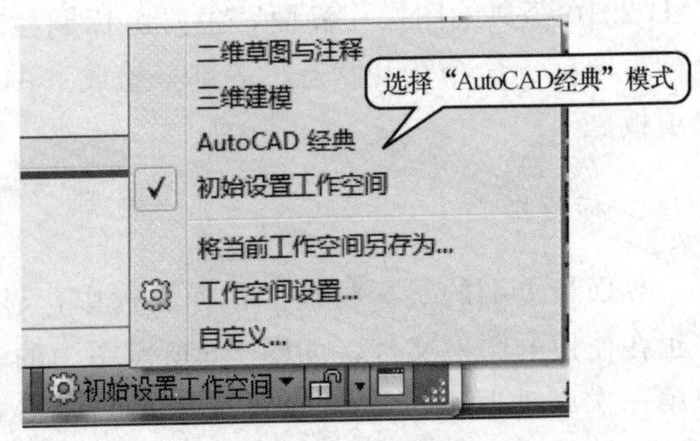

图 1-5 工作空间选择

选择后，结果如图 1-6 所示。

提示：“AutoCAD 经典”模式是从 AutoCAD 2004 版本以来一直沿用的经典绘图界面。主要特点是选择菜单与工具栏工具形成操作命令，由于此界面朴素简洁，直观性较强，便于教学中的操作命令与工具使用的叙述，同时为了在各种操作中有统一的界面形式，本教材中沿用“AutoCAD 经典”界面。一旦熟悉了绘图操作工具，学会了绘图操作，再使用其他界面，也不会发生困难。如果要切换到工具面板形式，也可以选择菜单“工具”→“选项板”→“功能区”命令。

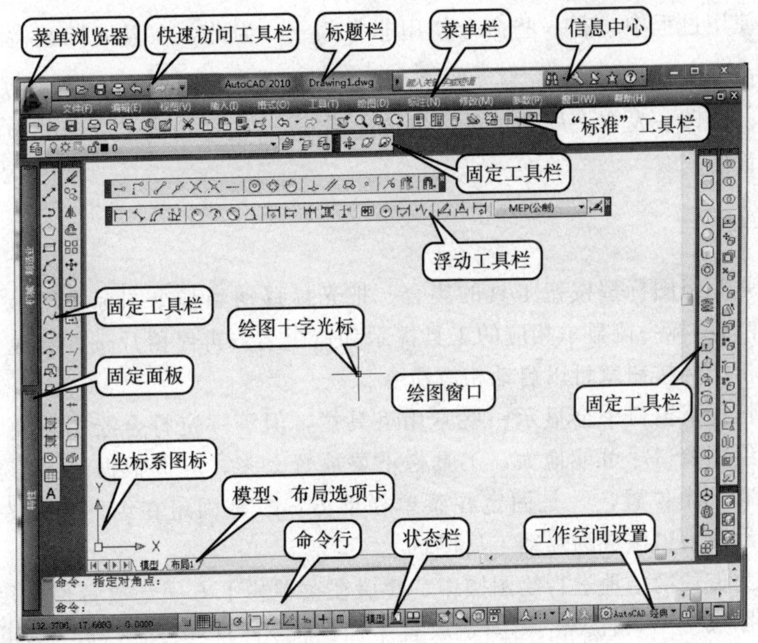

图 1-6 “AutoCAD 经典”模式绘图界面

1.1.2 绘图界面介绍

AutoCAD 的绘图界面是 AutoCAD 编辑、显示图形的区域。图 1-6 所示为 Auto-

CAD 2010 经典绘图操作界面，主要由标题栏、菜单栏、工具栏、绘图区、十字光标、坐标系图标、命令行和状态栏等部分组成。AutoCAD 2010 在绘图界面中还可放置工具选项板。

1. 标题栏

界面最上端的是标题栏。在标题栏中，显示了系统当前正在运行的应用程序和用户正在使用的图形文件，如图 1-6 所示图中的“AutoCAD 2010 Drawing1. dwg”。在用户第一次启动时，标题栏中将显示在启动 AutoCAD 时创建并打开的默认图形文件 Drawing1. dwg。当用户将文件改用确定的文件名存盘后，标题栏中显示所确定的文件名。

2. 菜单栏

在标题栏下方的是菜单栏，这些下拉菜单包括了 AutoCAD 的全部基本功能和命令。例如绘图时，可单击“绘图”菜单，从下拉菜单中选择绘图选项，下拉式菜单中带有小三角形的菜单命令后面带有子菜单，选择带有“…”的菜单命令，一定有对话框出现。

在绘图使用过程中，有一些命令使用非常频繁，为此，在界面标题栏的左上角设置有“快速访问工具栏”。更有最左端的“菜单浏览器”（），一起作为访问创建、打开、保存、打印、发布文件的工具，供快速使用。“快速访问工具栏”中的具体命令也可以自行设置。

3. 工具栏

工具栏是一组图标型按钮工具的集合。把光标移动到某个图标按钮上，稍停片刻（悬停）即在该图标一侧显示相应的工具提示和命令名，再停留片刻，会显示对应的使用说明。单击图标按钮就可以启动相应命令。

在默认情况下窗口中会显示一些常用工具栏，但不一定符合绘图需要，为了方便绘图，应使绘图窗口尽可能地大，工具栏不要放置太多，应该根据绘图需要开闭工具栏。工具栏有三个位置，一是固定在菜单栏下方，二是固定在绘图窗口左、右两侧，还可以放在绘图窗口中成为浮动工具栏。

本课程为方便简洁地进行绘图操作，建议在菜单栏下方固定放置最常用的“标准”工具栏与“图层”工具栏。左侧固定放置平面绘图用的“绘图”与“编辑”工具栏。右侧放置绘制立体图形用的“建模”与“实体编辑”工具栏。当有些工具在短时间内需要使用时，可调出放在界面上，也可放在绘图窗口中作为浮动工具栏临时使用。

在标题栏的右边有“信息中心”，可执行对命令等的实时搜索。还有通信功能按钮等。

对于一些在相关工具栏上找不到的命令工具，也可以自行设计一个工具栏（自定义工具栏），放上所需要的命令工具，再调出使用。

提示： 学习过程中，工具栏位置统一规范设置，可形成良好的操作习惯，减少查找工具的时间，减少绘图干扰，提高绘图速度。

4. 工具选项板

AutoCAD 2010 对于不同的工作，提供了一些常用图形，这些图形放置在工具选项板上，绘图时可直接调用，可极大地提高绘图效率。这些工具选项板可固定放置于左侧（锚点居左）。如图 1-6 中左侧的“机械”工具选项板等。显示、修改图形要素特性的“特性”选项板也是常用工具，可一并放置在左侧。

当然，这些也可以关闭掉，在需要时调出。具体操作时单击“常用”工具栏上的“特性”（ ）图标按钮与“工具选项板”（ ）图标按钮。工具选项板如图 1-7 所示，上面有许多标准件供调用，对绘制装配结构特别有用。当然也可以放置一些自定义的结构图块供零件图调用。

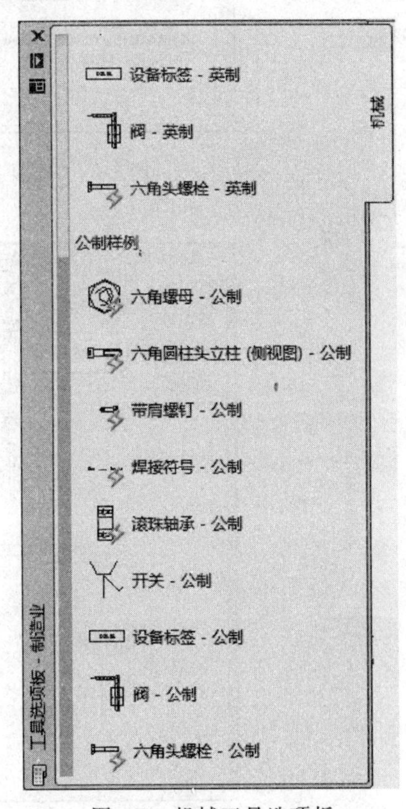

图 1-7 机械工具选项板

5. 绘图窗口

绘图界面中的大片空白区域，是用于绘制图形的区域，称为绘图窗口。

绘图窗口下方有“模型”与“布局”选项卡，通过单击它们可以在模型空间与图纸空间切换。

绘图窗口的颜色可以更改，一般常用黑色或白色，AutoCAD 2010 默认模型空间的绘图窗口颜色为米黄色。若更改成白色，可按以下步骤进行。

1）选择菜单“工具”→“选项”命令，弹出“选项”对话框，打开“显示”选项卡，如图 1-8所示，单击“窗口元素”选项区域中的“颜色”按钮，将打开如图 1-9 所示的“图形窗口颜色”对话框。

2）在“图形窗口颜色”对话框中，在“上下文”列表框中选择“三维模型空间”选项，在“界面元素”列表，框中选择“统一背景”选项，在“颜色”下拉框中选择“白色”。这时“图形窗口颜色”对话框中下方的“预览”图形中的米黄色背景就改变为白色背景。最后单击“应用并关闭”按钮退出。

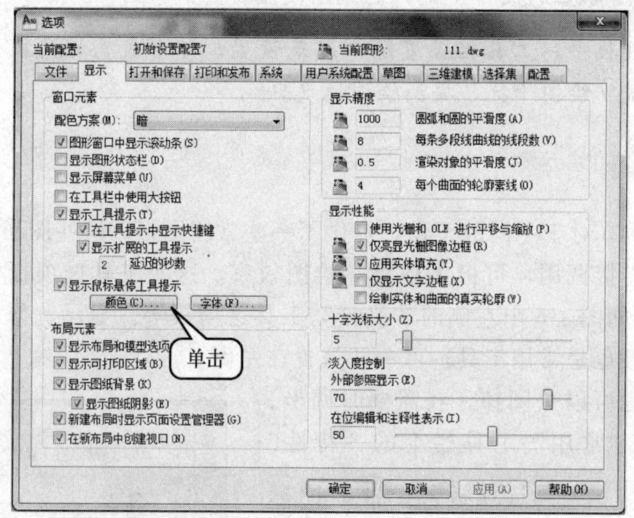

图 1-8 “选项”对话框中的“显示”选项卡

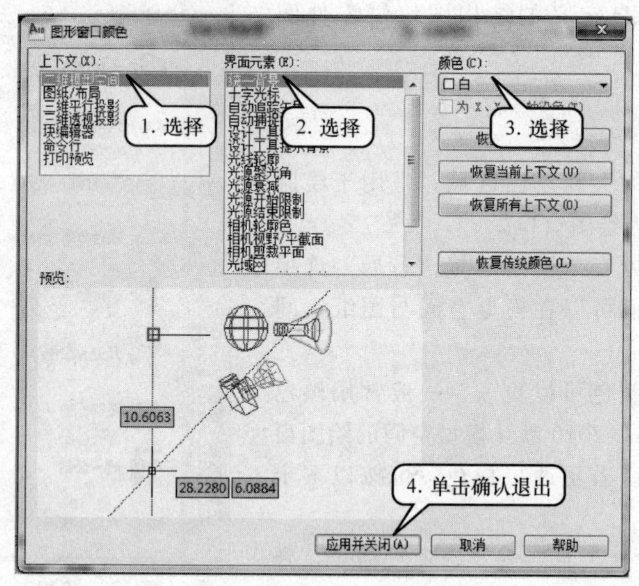

图 1-9 更改模型空间颜色

6. 命令行

在 AutoCAD 界面上，不论使用菜单命令，或是命令工具，还是在命令行直接输入命令，都能进行图形编辑操作。命令行是 AutoCAD 执行命令时提示操作信息的地方。命令行窗口默认显示三行，拖动命令行上部的框线，可以改变显示行数。终止当前所执行命令的方法有以下四种。

1）正常完成。

2）完成之前，按 Esc 键终止。

3）调用其他命令时，自动终止。

4）从当前命令的快捷菜单中选择“取消”命令。

提示：*若需要浏览已执行的所有操作，可以选择菜单“视图”→“显示”→“文本窗口”命令，或按 F2 键，打开文本窗口进行浏览。*

7. 状态栏

在状态栏上，除显示光标的坐标位置外，排列的主要图标开关按钮如图 1-10 所示。它显示当前的绘图工作状态，当单击图标开关按钮呈现一定颜色时，表示此开关功能处于开启状态，呈现灰色时则开关处于关闭状态。图 1-10 所示的状态集资表示：关闭了“栅格捕捉”功能与“栅格显示”功能，关闭了“正交”功能，打开了图形“极轴追踪”、“对象捕捉”、“对象捕捉追踪”功能，关闭了“允许\禁止 UCS”功能，打开了“动态输入”功能，不显示“线宽”与“快捷特性”功能板，当前使用的绘图空间是“模型”空间。

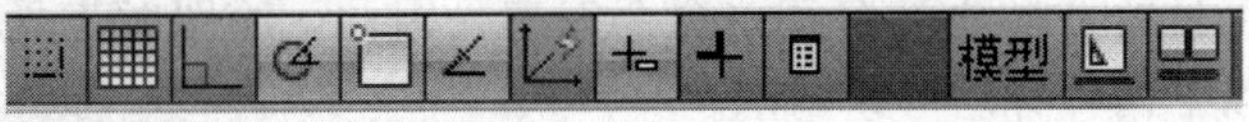

模型

图 1-10 状态栏按钮

打开“栅格显示”（  ）开关，会在绘图窗口中显示栅格点供绘图参考。相邻栅格点之间的距离可以进行设置。

打开“捕捉模式”（ 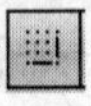 ）开关，启动“栅格捕捉”功能，提供捕捉栅格点的快速绘图。由于相邻栅格点尺寸已设定，故可确定绘图时的尺寸。

打开“正交模式”（  ）开关，画线时只能绘制相对前一绘图点水平（*X* 方向）或垂直（*Y* 方向）的点。

打开“极轴追踪”（  ）开关，可进行“极轴追踪”，默认状态为 *X* 方向或 *Y* 方向，但使用时可以设置任意方向，一般应打开此功能。

打开“对象捕捉”（ 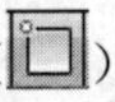 ）开关，当光标接近已绘制的图形要素时，会显示相关可捕捉的“靶点”，以供迅速、准确地绘图。使用“对象捕捉”功能可以迅速定位图形对象上的精确位置，一般应打开此功能。

打开“对象捕捉追踪”（  ）开关，可以在 *X*、*Y* 方向或极轴追踪（ ）设定方向上延伸图形对象的捕捉靶点。

打开“动态输入”（  ）开关，绘图操作时，在光标附近会出现数据输入框，方

便输入数据使用，否则只能在命令行中输入数据。

打开“线宽”（[+]）开关，在绘图窗口中显示已绘制图形的线宽（当线宽大于 0.3 时）。

打开“快捷特性”（[■]）开关，选择某图形元素后，会出现快捷特性选项板供修改此图形元素特性用。

在状态栏按钮上右击，可对以上某些按钮功能进行“设置”。

“模型”（模型）按钮表示此时处于模型空间。此按钮在“模型”选项卡下只有一种状态，称为“平铺视口模型空间”；而在“布局”选项卡下，可对布局中的浮动视口进行“模型空间”与“图纸空间”的切换。

提示：在 AutoCAD 2010 中，也可以切换状态栏的图标按钮到类似 AutoCAD 2004 的文字开关按钮状态。切换时，只要在开关按钮上右击，在弹出的快捷菜单上单击取消选中“使用图标”选项即可。

1.1.3 工具栏的调用

虽然菜单命令可以完成全部基本操作，但使用起来一般没有工具栏上的工具图标方便，因此，通常将经常使用的工具栏调出，放置在绘图区两边，如图 1-6 所示。需要说明的是，有些工具的选择项没有菜单命令完善，因此，绘图时工具栏与菜单应结合使用。工具栏有以下两种方法可以调出。

1. 从菜单中调出工具栏

选择菜单“工具”→“工具栏”AutoCAD 命令，打开工具栏选择子菜单如图 1-11 所示。

只要在其中单击进行选择即可，选中的工具栏选项前出现符号“√”，绘图窗口中出现选中的浮动工具栏。再次单击，则取消所选工具栏。

2. 右击调出工具栏

右击任何已存在的工具栏，系统也会自动打开如图 1-11 中所示的工具栏选择菜单供选择使用。

3. 工具栏位置设定

工具栏打开时以“浮动工具栏”出现在绘图区内，显示方式如图 1-6 所示。鼠标在工具栏的两端（▌或▌）悬停，则出现工具栏名称。按住浮动工具栏最左端的▌，可将工具栏移至窗口所需要的地方。一般将它们拖放到绘图窗口的顶部、底部或两侧“固定”，也可以拖动固定工具栏左端或上端▌处，将固定工具栏拖出，使它成为浮动工具

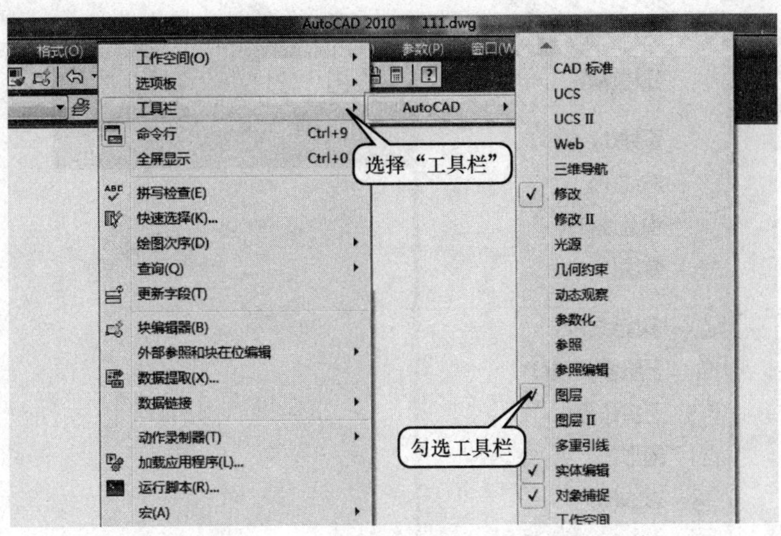

图 1-11　由菜单调用工具栏

栏。单击浮动工具栏最右侧处，可关闭工具栏。

4. 工具栏位置锁定

为了防止工作时无意拖动了工具栏，可将工具栏位置锁定。具体操作是单击窗口下方状态栏右侧的工具栏位置锁定工具按钮（），在弹出的菜单中选择相关位置的工具栏。锁定后，状态栏上的工具栏位置锁定工具将显示锁定状态（）。

1.2　AutoCAD 的基本操作方式

1.2.1　选择菜单命令

图形的绘制是由执行相关命令完成的。绘图时通过选择菜单命令执行操作，是常见的操作方法之一。例如：绘制一个圆，若已知圆心、半径。可选择菜单"绘图"→"圆"→"圆心、半径"命令，如图 1-12 所示。选择后在命令行有如图 1-13 所示的提示，即

_ circle 指定圆的圆心或［三点（3P）/两点（2P）/相切、相切、半径（T）]：

此提示中各参数说明如下：

"_ circle"表示当前的命令是画圆。

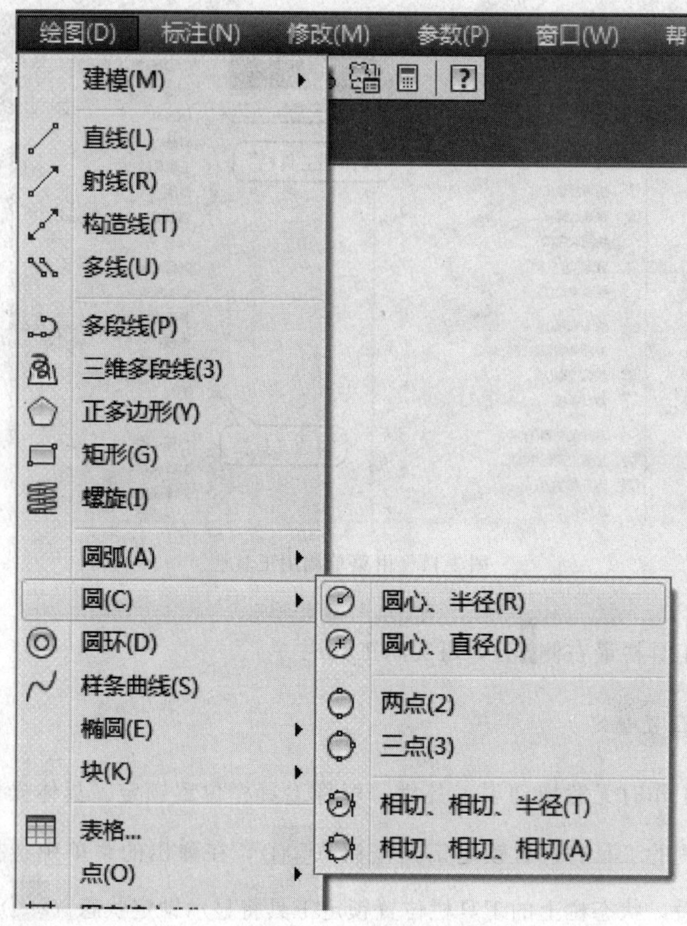

图 1-12　菜单法画圆

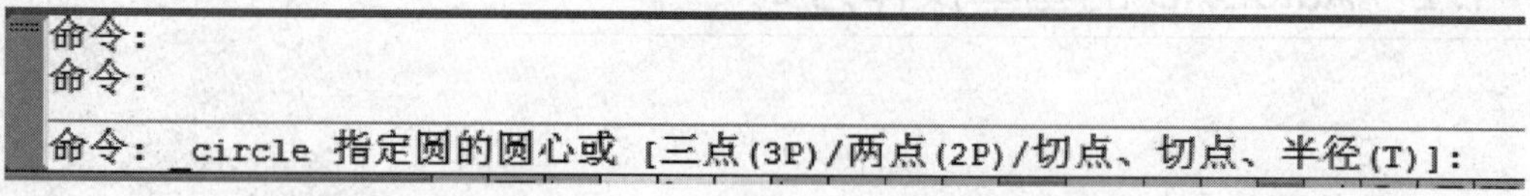

命令:
命令:
命令: _circle 指定圆的圆心或 [三点(3P)/两点(2P)/切点、切点、半径(T)]:

图 1-13　命令行中的提示

“指定圆的圆心”是默认项，表示当前可以进行指定圆心的操作。

“或［三点（3P）/两点（2P）/相切、相切、半径（T）］”为可选项，表示可以不进行指定圆心、半径的方式画圆，可以选择方括号内的任一项画圆的方式。如果此时输入“T”，则表示采用“相切、相切、半径”方式画圆，回车后再根据命令行中的提示进一步进行操作。

1.2.2 选择工具栏中的工具

执行AutoCAD命令，也可以使用工具栏上的工具图标按钮，单击工具栏上某图标按钮，便开始执行此工具图标按钮对应的命令。同样是画圆，选择绘图工具栏中的画圆工具（），此时命令行里也出现如下提示：

_circle指定圆的圆心或［三点（3P）/两点（2P）/相切、相切、半径（T）］：

根据提示可以绘制圆。

使用绘图工具绘图是一种最方便的方法，操作较为简便，通常主要绘图操作均通过此方法完成。

1.2.3 从命令行输入命令

在命令行中用键盘直接输入一个命令的全称，按回车键即可执行该命令。AutoCAD允许使用缩写，缩写字母在菜单命令后面的括号中。如同样是画圆，可以直接在命令行里输入绘图命令，即输入circle或C，如图1-14所示，回车后命令行里出现如下提示：

_circle指定圆的圆心或［三点（3P）/两点（2P）/相切、相切、半径（T）］：

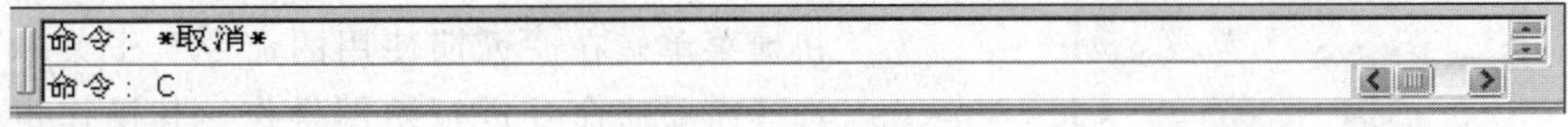

图1-14 输入命令法画圆

根据提示也可以绘制圆。

命令法由于需要熟记命令，而绘图工具图标非常直观，使用也方便，故命令法使用不多，但在AutoCAD中还会遇到一些既不在工具栏中，也不在菜单中的命令，则必须通过命令输入。如图1-12所示的菜单中"绘图"→"圆"→"相切、相切、相切"的画圆命令就不在工具栏中。

提示： 使用AutoCAD绘图时，不论用户采用何种方式输入命令，都必须注意观察命令行提示信息。命令行在命令执行过程中向用户提示了系统的状态、操作方法、操作参数等重要的信息，在绘图过程中可根据提示逐步完成操作。

1.2.4 常用的鼠标操作

鼠标是AutoCAD使用的主要定点设备，通过鼠标操作，使光标位置变化，从而指示操作位置，还有进行选择、确认操作等。

1. 鼠标左键的功用

1）指定位置。如选择绘图命令后，在绘图窗口单击，可确定绘图的坐标点。也可以用来捕捉已有图形对象上的点。

2）指定编辑对象。单击某图形对象，则该对象便被选中，以供编辑。在绘图窗口中拖动时，可以框选图形对象。

3）用于选择菜单命令、工具栏工具等。

2. 鼠标右键的功用

在任何区域或图形对象上右击，都有可能弹出快捷菜单。

1）绘图区显示快捷菜单。如在绘图区内，右击，出现快捷菜单，快捷菜单根据不同的操作内容有所不同，但最上面一行命令是前一次操作，如果要继续做前一次的操作，使用右键再加上左键的选择最为快捷。

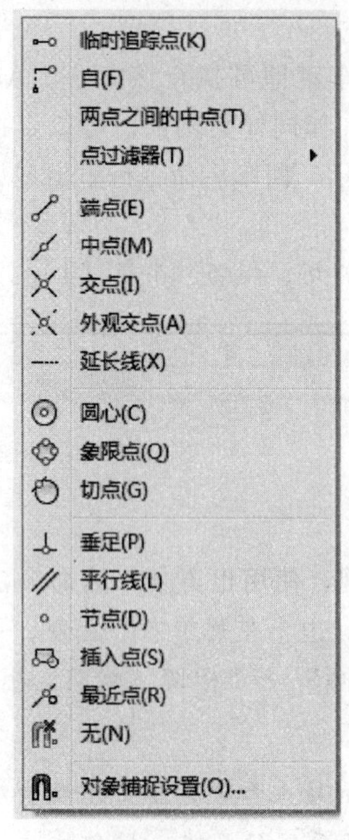

图 1-15　图形对象捕捉快捷菜单

2）显示“对象捕捉”菜单。有时要对特殊点进行临时捕捉。虽然可以调出“对象捕捉”工具栏，但右击调用图形对象捕捉快捷菜单也很方便。使用时按住 Shift 键的同时右击或按住 Ctrl 键并右击，出现的图形对象捕捉快捷菜单如图 1-15所示。

3）命令行快捷菜单。在命令行右击，也会出现快捷菜单，在“近期使用的命令”子菜单中选择需要的命令进行绘图操作，其操作也比较简单快捷。

4）显示“工具栏”对话框。将光标放在已存在的工具栏上，右击，出现工具栏选择菜单，可打开或关闭相关工具栏（如图 1-11 所示）。

5）结束正在进行的命令。有些操作完成时，需要右击（回车）结束命令。

3. 鼠标滚轮的功用

不使用任何 AutoCAD 命令，直接使用滚轮即可对图形进行缩放和平移操作。

1）放大或缩小图形。向前滚动为放大图形，向后滚动是缩小图形。

2）缩放到图形范围。双击滚轮可以将所有图形在窗口中显示出来。

3）平移图形。只要按下滚轮拖动就能平移图形，若按 Ctrl 再用滚轮拖动便称为用操纵杆（ ）平移图形。

提示：虽然鼠标操作灵便，但操作时也不能仅单一使用鼠标操作，配合键盘操作可以更方便快捷。如命令的取消常使用 Esc 键，确认操作或重复上一命令可使用 Space

键或 Enter 键，删除操作也常用 Delete 键。AutoCAD 中提供了一批快捷命令供键盘操作使用。一般绘图时建议左手中指放在 Esc 键上，大拇指放在 Space 键上。

1.2.5 模型空间与图纸空间

AutoCAD 提供两种空间：模型空间和图纸空间。“模型”选项卡（模型）中的模型空间是我们通常绘图的环境，又称“平铺视口模型空间”。模型空间是一个既可以创建二维图形，也可以创建三维图形的主要绘图空间。用户在模型空间中按 1∶1 的比例进行绘图和设计工作，用户可以在模型空间中建立用户坐标系即 UCS，可以创建各种形式平面模型、实体模型。

“布局”选项卡（布局1）中的图纸空间可以看成是由一张绘图纸构成的平面，且该平面与绘图屏幕平行。图纸空间上的所有图形均为平面图。布局中的视口可看成“平铺视口模型空间”的图形在图纸空间的映射，用于比例缩放及图形位置的摆放。图纸空间主要用于图形打印输出，在图纸空间可对打印效果进行“准确”预览。通过布局，同一图形可以有多种形式的输出。

模型空间与图纸空间的主要识别标志是坐标系图标。模型空间中，坐标系图标可以看成是一个反映坐标方向的三维坐标架；而在图纸空间中，坐标系图标则为平面三角板形状。

利用图纸空间，可以把在模型空间中绘制的三维模型在同一张图纸上以多个平面视图的形式表达（如包括主视图、俯视图、剖视图等），以便在同一张图纸上输出它们，而且这些视图还可以采用不同的比例，这一点在模型空间中无法实现。

图纸空间只存在于“布局”选项卡（布局1）中。

1.3 坐标系统与数据的输入方法

1.3.1 AutoCAD 的坐标系

在默认状态下，绘图界面（模型空间）的左下方有如图 1-16（a）或（e）所示的图标，该图标是世界坐标系（WCS）的坐标。用户可以创建无限多的坐标系，这些坐标系通常称为用户坐标系（UCS）。

在图 1-16 中，（a）～（d）所示为二维坐标状态，（e）～（h）所示为三维坐标状态。两种状态的改变可选择“视图”→“显示”→“UCS 图标”→“特性”命令，在弹出的“UCS 图标”对话框中进行选择，如图 1-17 所示。

模型空间下的 UCS 图标，通常放在绘图窗口的左下角处；如当前 UCS 和 WCS 重合，则出现一个 W 字，如图 1-16（a）或（e）所示；当前 UCS 离开左下角放在指定的

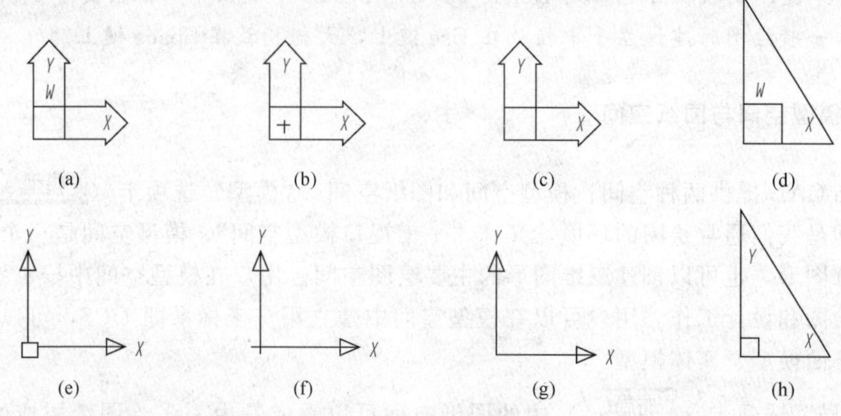

图 1-16 坐标系的图标

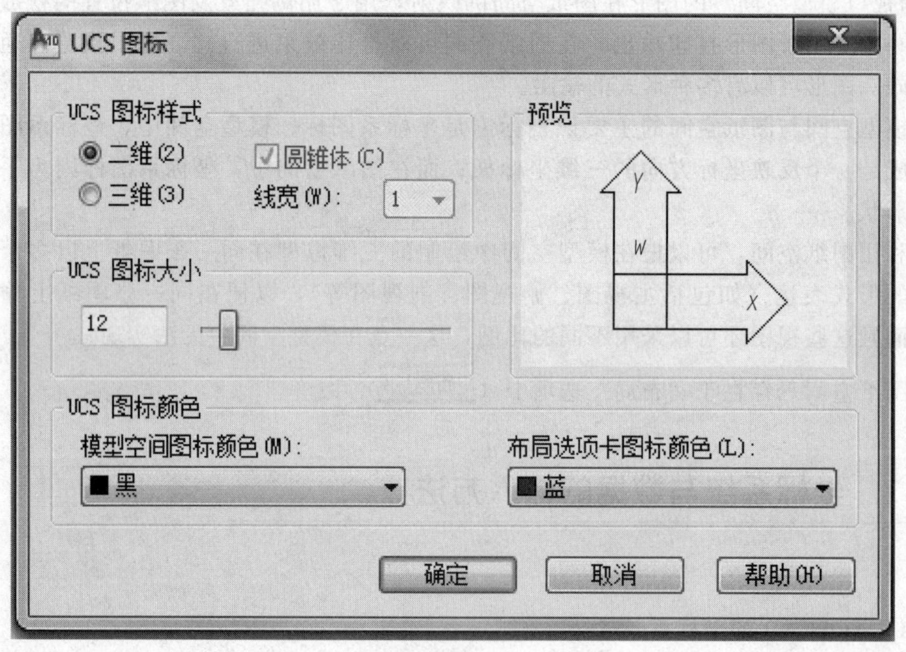

图 1-17 “UCS 图标”对话框

坐标原点位置时，出现一个十字，图标如图 1-16（b）、（f）所示；当前 UCS 不能放在指定的坐标原点位置时，坐标系图标会自动放在绘图窗口左下角处，此时图标形状如图 1-16（c）、（g）所示；图 6-16（d）、（h）所示为图纸空间下的坐标系图标。

世界坐标系是默认坐标系，其坐标原点和坐标轴方向都不会改变，因此又称为绝对坐标系。世界坐标系由 3 个相互垂直并相交的坐标轴 *X*、*Y*、*Z* 组成，*X* 轴正方向水平向右，垂直于 *YZ* 平面，*Y* 轴正方向竖直向上，垂直于 *ZX* 平面，*Z* 轴正方向垂直屏幕向外，指向用户。

1.3.2 AutoCAD 数据的坐标输入

在绘图过程中，常需要输入点的位置，用户可以在命令行输入点的坐标，在 AutoCAD 中，点的坐标通常用直角坐标和极坐标表示，其中又分绝对坐标与相对坐标两种。

1. 绝对直角坐标

绝对坐标是以坐标原点“0，0，0”为基点定位的点，其输入格式为“*X*，*Y*，*Z*”。如图 1-18 所示图形中，若用直线工具依次通过 *A*、*B*、*C*、*D*、*E* 各点画线段，其 *A* 点输入坐标“30，40”表示 *A* 点在 *X*-*Y* 坐标平面内，相对原点“0，0，0”的 *X* 坐标为 30，*Y* 坐标为 40。*B* 点输入坐标“60，40”表示 *B* 点在 *X*-*Y* 坐标平面内，相对原点“0，0，0”的 *X* 坐标为 60，*Y* 坐标为 40。

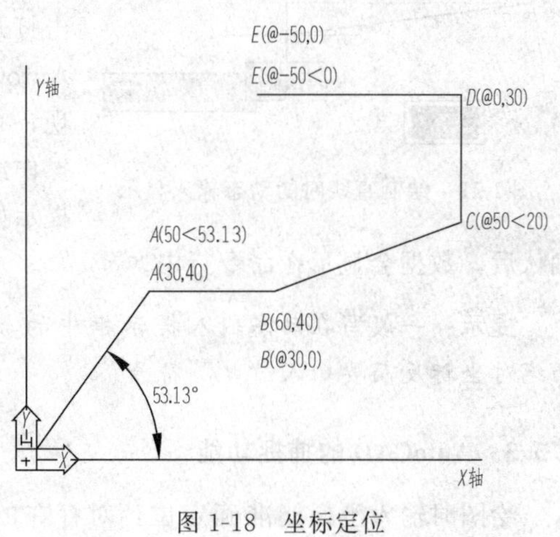

图 1-18　坐标定位

2. 相对直角坐标

相对坐标是以上一个点为基点来定位点的坐标，即相对上一个点的增量，其输入格式为“@*X*，*Y*，*Z*”。如图 1-18 所示图形中，*B* 点坐标“@30，0”，表示 *B* 点相对 *A* 点在 *X* 方向的增量为 30，*Y* 方向的增量为 0；*E* 点坐标“@－50，0”，表示 *E* 点相对 *D* 点在 *X* 方向的增量为－50，*Y* 方向的增量为 0。

提示：如果 *Z* 方向坐标为 0，输入数据时 *Z* 值可省略。如 *A* 点的绝对直角坐标为(30，40)，完整输入应为“30，40，0”；坐标轴的正方向为正，反方向为负。角度以 *X* 轴方向逆时针为正，顺时针为负。另外要注意的是，输入的字符（数字与符号）均应设置为半角字符。

3. 绝对极坐标

极坐标用长度和角度表示，只能用来表示二维点的坐标。

绝对极坐标以坐标原点“0，0”为极点定位所有的点，通过输入相对于极点的距离和角度来定义一个点的位置，其格式为“*L*＜角度”，其中 *L* 表示输入点到极点的距离，角度以 *X* 正方向为 0°。图 1-18 中 *A* 点，若输入极坐标，可先计算出 *A* 点到原点“0，0”的距离为 50，与 *X* 方向夹角为 53.13°，故确定 *A* 点时可输入数据“50＜53.13”。

4. 相对极坐标

相对极坐标是以上一个点为基点来定位点的极坐标，即相对于前一个点的距离与角度，其格式为“@长度<角度”，如图 1-18 所示图形中，C 点坐标“@50<20”表示 C 点相对 B 点的长度为 50，BC 连线与 X 轴正方向的夹角为正 20°。

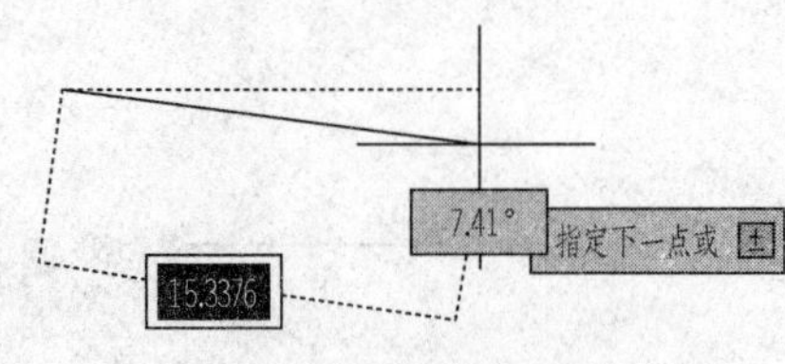

图 1-19 绘制直线时的动态输入显示

坐标位置的数据一般通过命令行写入。当单击打开状态栏上的动态输入（）开关后，在 AutoCAD 2010 绘图窗口中有动态输入工具出现，它一方面指示当前状态，另一方面根据不同操作给予不同的数据输入提示。如绘制直线时的提示如图 1-19 所示。数据可直接写在提示框中，确认后，数据会显示在命令行中。

提示：一般写在动态输入提示框中的数据为相对数据，不需要输入“@”符号，而绝对坐标反而要输入“#”符号。

1.3.3 AutoCAD 的捕捉功能

绘图时输入坐标能准确定位，对存在的图形对象的图素进行捕捉也能准确定位，同时还能提高绘图速度。下面介绍几种常用的方法。

1. 设置目标捕捉

用目标捕捉方式捕捉屏幕上已有图形的特殊点，如端点、中点、交点、切点、垂足点等。在绘图界面状态栏中的“极轴追踪”、“对象捕捉”或“对象追捕捉踪”等按钮上右击，出现快捷菜单，点击“设置”（图 1-20）；弹出“草图设置”对话框（也可以选择菜单“工具”→“草图设置”命令），在弹出的“草图设置”对话框中打开“对象捕捉”选项卡，选中常用的捕捉方式后单击“确定”按钮退出，如图 1-21 所示。

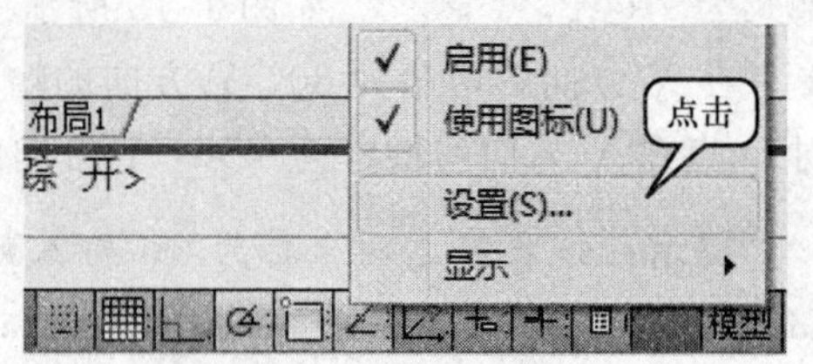

图 1-20 状态栏设置

提示：此项操作是一次操作永久有效，即在不重新设置之前，这些功能一直有效。通常可以在图 1-21 所示的“草图设置”对话框中选择最常用的“端点”、“中点”、“圆心”、“象限点”与“交点”5 项，不宜选择过多，以保证捕捉准确，避免捕捉过多而指示不清。

使用时，在指定位置上可能有多个对象捕捉满足条件，可用键盘上的 Tab 键遍历各种可能的条件进行选择。

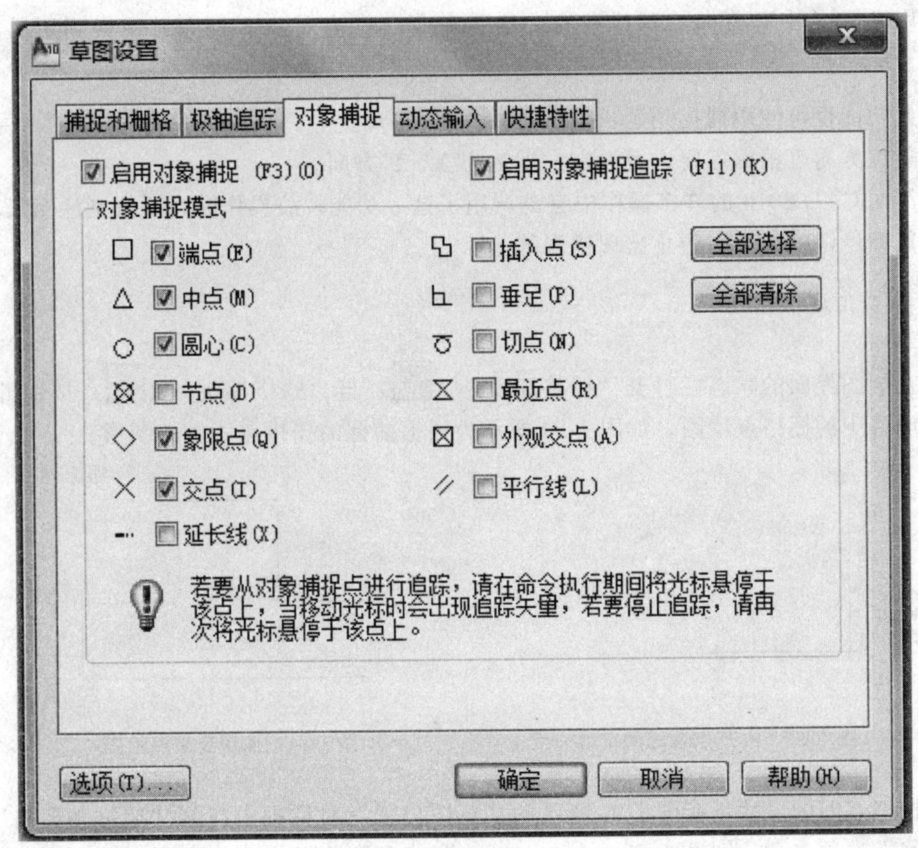

图 1-21　设置对象捕捉

2. 采用临时捕捉

对不常用的捕捉方式或没有进行设置的捕捉方式可采用临时捕捉。方法是在绘图窗口中按住 Shift 键的同时右击或按住 Ctrl 键的同时右击，在捕捉快捷菜单中选择(图 1-15)；或者调用“对象捕捉”工具栏，如图 1-22 所示。此方法只能一次性操作，即选择一次，捕捉一次。

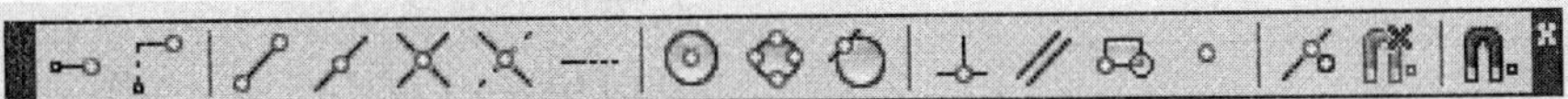

图 1-22 “对象捕捉”工具栏

3. 利用追踪功能确定点

先捕捉点，再移动光标，依据此点确定追踪方向，然后在命令行输入距离，便得到所需的点的坐标。如在图 1-23 所示图中确定距离 B 点右方距离为 30 的点，操作时从

B 点用光标拉出 *X* 方向追踪线向右，然后在命令行输入 30，回车，便得到所需点的位置。

此功能也可使用捕捉到延长线工具（ ）实现。

追踪方向可根据需要进行设定，默认为 *X*、*Y* 方向。

AutoCAD 2010 的许多操作中自动调用了这一功能，故操作时，要特别注意尺寸输入前鼠标停留的位置，防止出现错误的追踪。

4．采用栅格捕捉

在绘图界面的状态栏打开“栅格显示”（ ）与“栅格捕捉”（ ）按钮开关，捕捉屏幕中的栅格点绘图，如图 1-24 所示为根据捕捉的栅格点所画的图形。

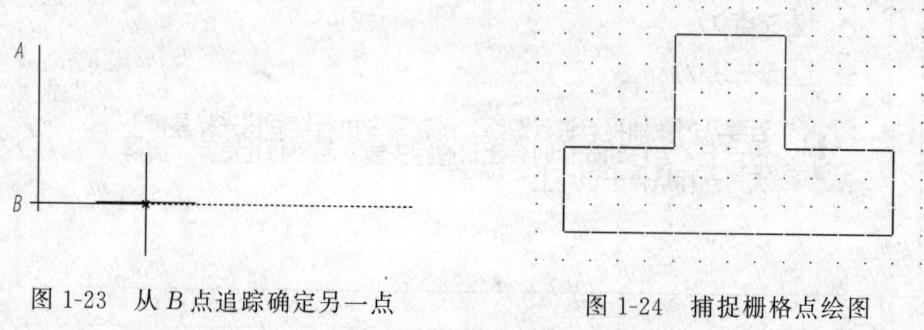

图 1-23　从 *B* 点追踪确定另一点　　　图 1-24　捕捉栅格点绘图

栅格点间的尺寸可在图 1-21 所示的“草图设置”对话框中打开“捕捉和栅格”选项卡，在选项卡中分别设置 *X* 方向与 *Y* 方向上点的间距。

此方法绘图的尺寸只能是栅格点间距的整数倍。

1.3.4　用基准线与辅助线定位

确定点可用坐标、捕捉、追踪等方法定位，还有一种常用的较为简便、快捷的方法，就是用基准线与辅助线确定轮廓坐标点的方法。此方法类似于手工图板绘图中用丁字尺与三角板定位，可以利用已有的绘图知识与经验，其主要步骤有以下 4 步。

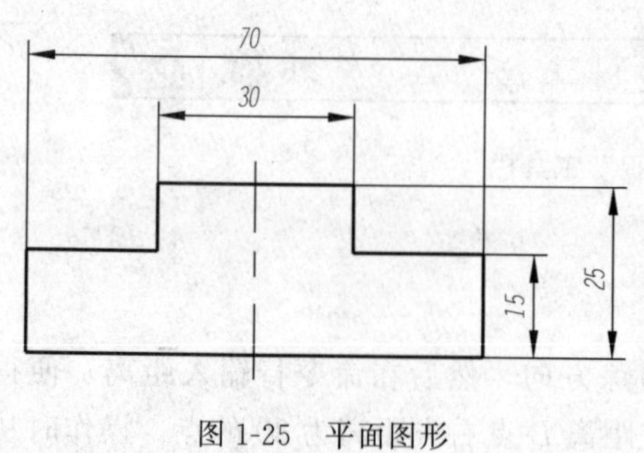

图 1-25　平面图形

1）绘制基准线。

2）使用“偏移”工具（ ），根据图形轮廓尺寸绘制辅助线。

3）利用捕捉交点等方法绘制图形轮廓。

4）删除辅助线。

如图 1-25 所示平面图形，其绘图步骤如图 1-26 所示。此法具体操作在以后章节中结合实例详细讲解。

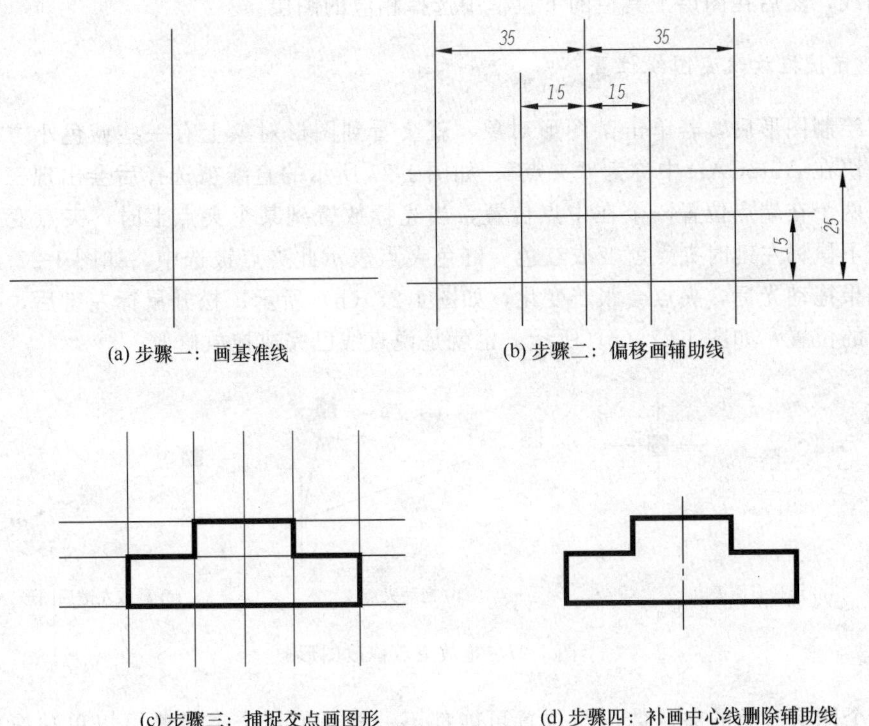

(a) 步骤一：画基准线　(b) 步骤二：偏移画辅助线

(c) 步骤三：捕捉交点画图形　(d) 步骤四：补画中心线删除辅助线

图 1-26　绘图步骤

1.3.5　徒手绘图

为应对特殊的不规则图形绘制需要，AutoCAD 还提供了一种徒手绘图的方法，可将鼠标作为画笔使用。徒手绘图没有相应菜单，也没有绘图工具，使用时只能在命令行中输入命令“sketch”，使用时注意命令行提示。

1.3.6　图形对象修改

绘图过程是对图形不断进行修改、调整的过程。如图形对象的尺寸、位置、线型、颜色、字体等所有参数都有可能进行修改。AutoCAD 提供了不少修改手段，菜单中专门有一个“修改”下拉菜单，还有相应的工具栏等，这些以后章节会详细介绍。除此还可以直接进行拖放修改，更有一个全面反映图素状态的“特性”选项板，显示当前视口特性和当前所选图形对象的基本特性，在其中也可以进行修改。

1. 改变图线线型

有时需要改变图线线型，如将细实线改为粗实线，或反之。可以首先选择需要改变的图线，然后在图层工具栏的下拉框中选择相应的图层。

2. 直接拖放改变图线位置

在绘制图形后，若单击某图形对象，就会看到图形对象上有一些蓝色小方块，这些小方块在 AutoCAD 中称为“夹点”。如图 1-27 所示的直线被选择后会出现三个蓝点夹点，两个在端点位置一个在中点位置，当光标放置到某个夹点上时，夹点变为桔黄色，按下鼠标左键时夹点就变成红色。红色夹点表示此夹点被选中，如图 1-27（a）所示；如果拖动光标，夹点会跟着变化，如图 1-27（b）所示；松开鼠标左键后，夹点就到了新的位置，如图 1-27（c）所示，也就是说直线已完成拖放修改。

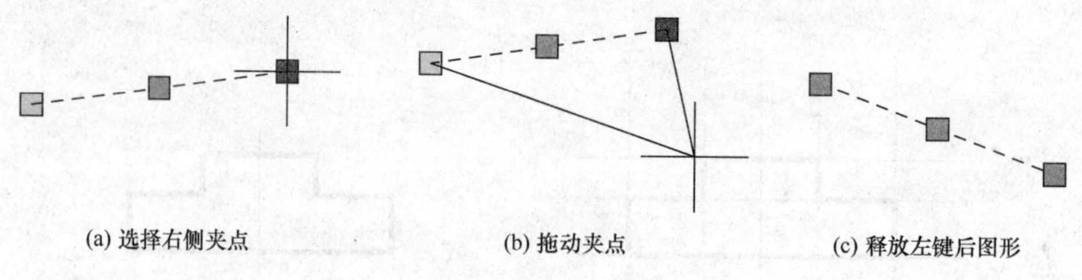

(a) 选择右侧夹点　　(b) 拖动夹点　　(c) 释放左键后图形

图 1-27　拖放夹点修改图形

每个图形对象的夹点数量与位置可能都不一样，但每个夹点都可以单独拖放，或单击选中夹点后从命令行输入改变后的位置坐标。

提示：假若在选择夹点后，右击调出快捷菜单，可选择相应命令进行各种操作。

3. 在“特性”选项板中修改

“特性”选项板可以有多种方法调出，如选择图形对象后通过选择菜单：“修改”→“特性”命令，也可从“常用“工具栏中单击工具图标按钮（ ）调出，或从右键的快捷菜单中调出，甚至双击图形对象也能调出。图 1-28 所示为图示直线的“特性”选项板。在“特性”选项板中左边一列为参数名称，右边一列为参数值，单击相应参数值一栏就能对其进行修改。如图 1-28 中已选中了“起点 *X* 坐标”一项，若修改其中数值，直线图形的起点就会相应改变。

对于各类选项板，左侧上方有都 3 个按钮。单击关闭按钮（ ）可以关闭选项板。单击自动隐藏按钮（ ）可以隐藏掉选项板，只剩有左侧的标题栏，按钮显示为“ ”。而单击特性按钮（ ）可以弹出一个菜单，可对此选项板的状态进行设置。

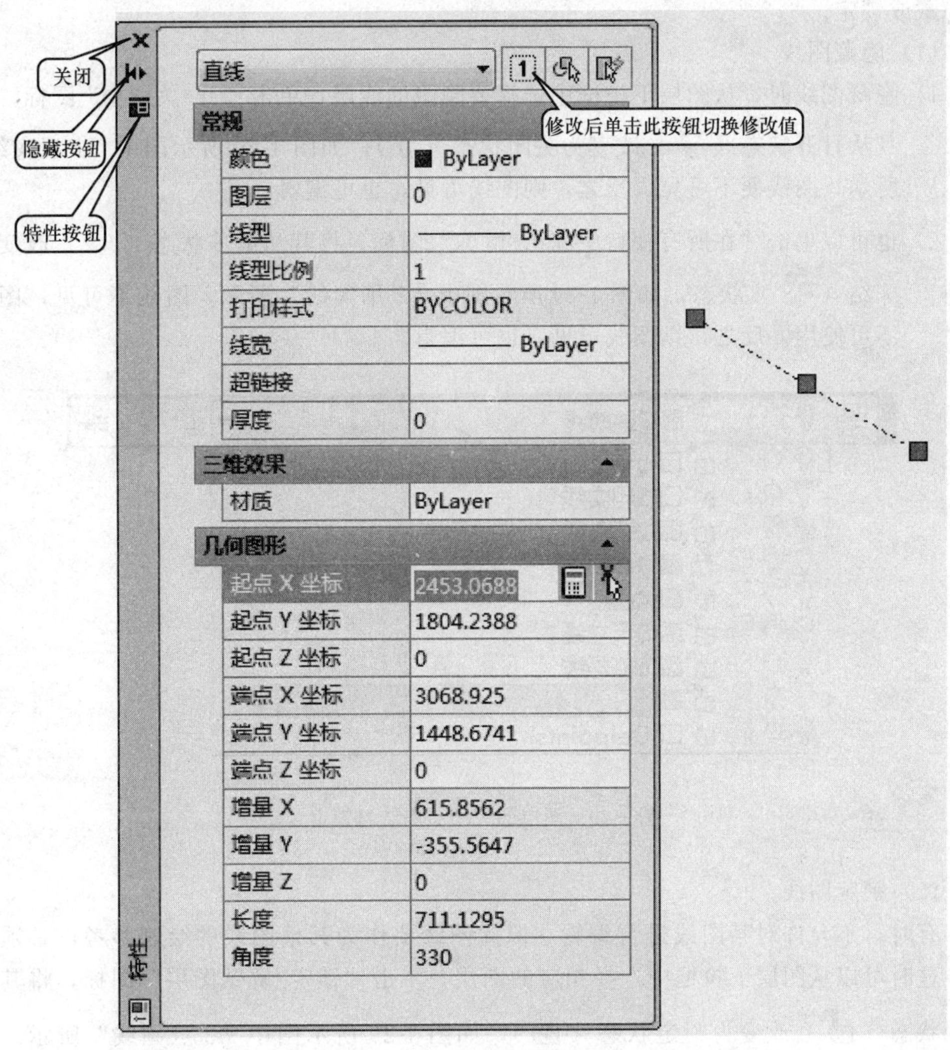

图 1-28 “特性”选项板

1.4 图形的屏幕显示

1.4.1 图形的显示形式

1. 平面图形显示

在 AutoCAD 中，对于平面图形显示比较简单，如同手工在图板上绘图，可显示所有的图线。但在图形较复杂时，为了绘图方便清晰，可以暂时将一些不影响绘图的图线隐藏或锁定。

(1) 隐藏图线

1) 隐藏图线时，从图层下拉框中选择要隐藏的线层，单击“开/关图层”图标，将其从打开状态（ ）改变为关闭状态（ ），如图 1-29 所示图中“1 粗实线”所示，图线便不可见，反之，则图线可见，也可编辑。

2) 也可以单击“在所有视口中冻结/解冻”图标，将其从解冻状态（ ）改变为冻结（ ）状态，如图 1-29 所示图中“2 细实线”所示，图线不可见，图层不可使用。反之，则图线可见，也可编辑。

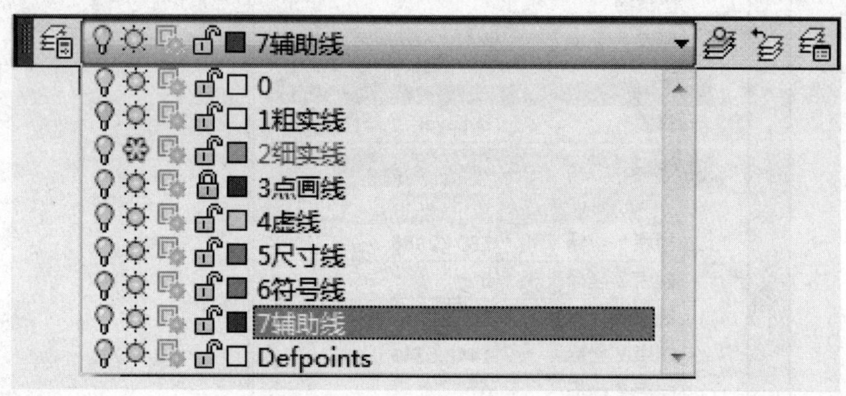

图 1-29　图层的关闭、冻结与锁定

(2) 锁定图线

有时，不允许对某图线进行编辑，但此图线要作为其他图线的绘制参考，必须可见，这时可以从图层下拉框中选择相应的图层，单击“锁定/解锁图层”图标，将其从解锁状态（ ）改变为锁定状态（ ），如图 1-29 所示图中“3 点画线”所示。反之，则图线可编辑。

(3) 显示线宽

在窗口界面下部的状态栏上按下“显示/隐藏线宽”按钮（ ）后，在屏幕上用粗线显示线宽大于 0.3 的图线；否则，图线均以细线显示。

2. 立体图形显示

AutoCAD 对立体图形另有多种表达方式，可根据要观察的目的进行显示。默认显示方式是线框图形（选择菜单：“视图”→“视觉样式”→“三维线框”），如图 1-30 (a) 所示；也可以得到消隐图形（选择菜单：“视图”→“消隐”），如图 1-30 (b) 所示；还可以设置三维隐藏线框图形（选择菜单：“视图”→“视觉样式”→“三维隐藏”)，隐藏三维线框中的不可见图线，如图 1-30（c）所示（2004 版本中称“三维轮廓图形”）；还有着色的立体“真实”图形（选择菜单：“视图”→“视觉样式”→“真实”)、“概念”图形（选择菜单：“视图”→“视觉样式”→“概念”）与如图 1-30（d）所示的渲染图形（选择菜单：“视图”→“渲染”→“渲染”）等。

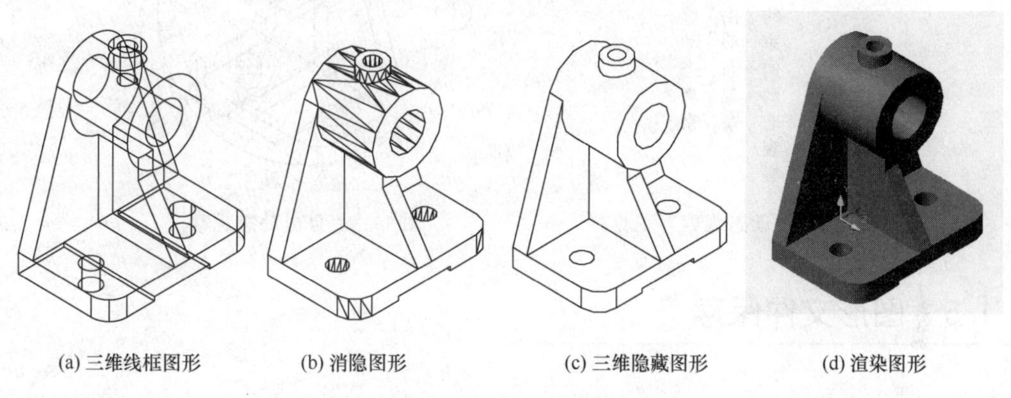

图 1-30　三维立体图形显示

1.4.2　图形浏览

绘图通常按 1∶1 进行，由于屏幕尺寸的限制，绘图时若尺寸太大、太小，都有可能造成绘图不方便，为此就必须对图形的显示进行移动或缩放，对于三维立体图形有时还需要旋转，从不同角度对图形进行观察。

浏览时，对图形进行移动或缩放操作，用鼠标的中间滚轮就可以。此外，AutoCAD 在“视图”菜单下提供了缩放、平移、动态观察、鸟瞰视图等命令。常用工具栏中也提供了一些浏览工具，如图 1-31 所示。在常用工具栏中单击“窗口缩放”工具按钮（）会出现下拉缩放工具按钮，从中可选择各种缩放方式。

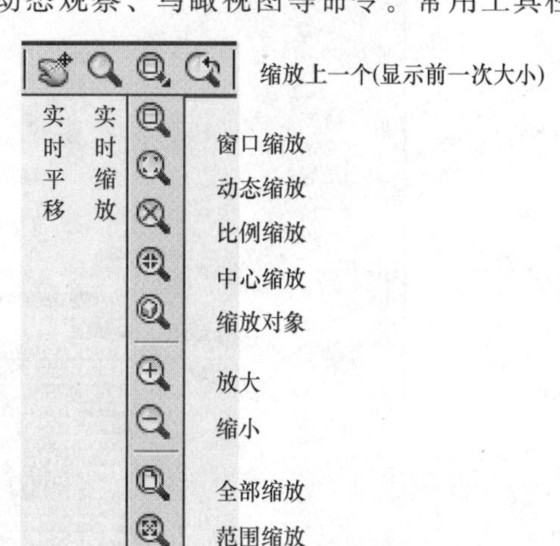

图 1-31　移动、缩放工具

对于三维立体图形，选择菜单：“视图”→“动态观察”命令，或者可调出“动态观察”工具栏，如图 1-32 所示。单击自由动态观察（）按钮，出现如图 1-33 所示的辅助圆，拖动会发现图形在转动，要注意在水平的小圆内，垂直的小圆内以及大圆内、外的光标是不一样的，转动效果也不一样。

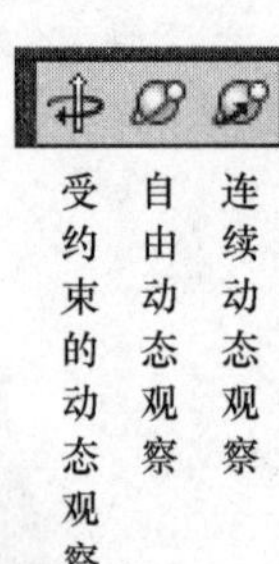

图 1-32 “动态观察”工具栏

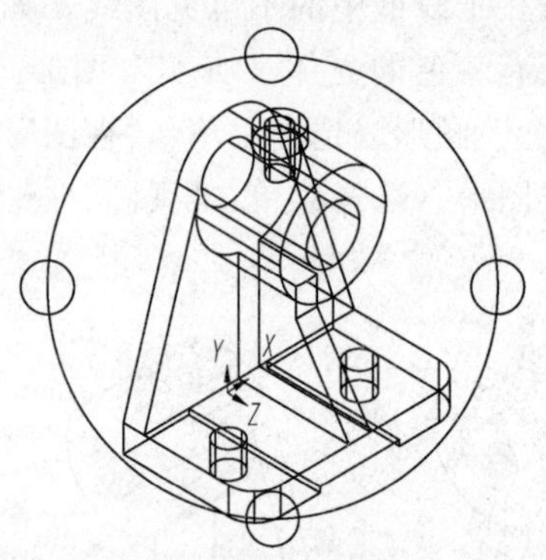

图 1-33 自由动态观察

1.5 图形文件保存

AutoCAD 软件经过多年的改进发展，虽然保存的图形文件名仍然为 *.dwg，但存在多种版本的文件格式。AutoCAD 2010 默认保存的图形文件格式为 2010 版图形文件，这是目前最高版本的图形文件格式。一般而言，高版本软件能读出低版本图形文件，而低版本软件不能读出高版本的图形文件。为了相互交流，让图形文件能在低版本的

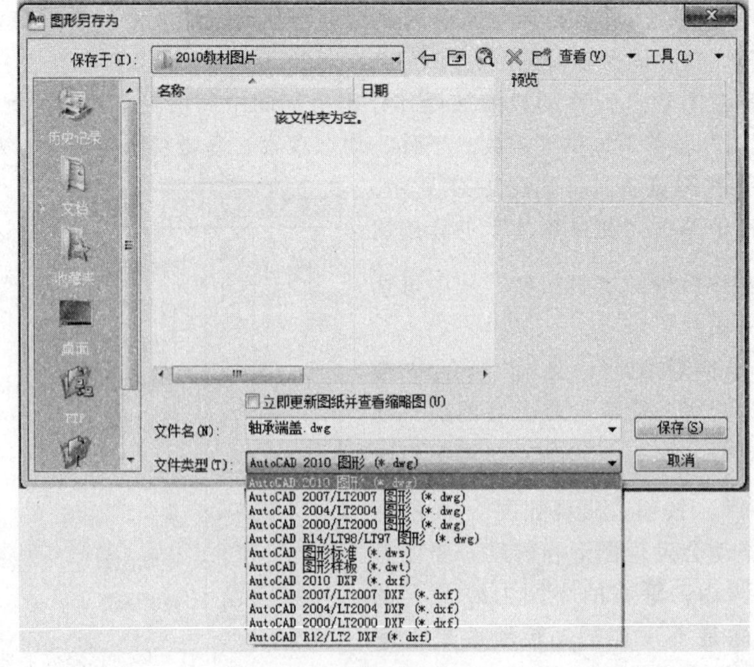

图 1-34 图形文件的保存

AutoCAD 软件上阅读、编辑，图形文件存盘时应注意保存为相应的图形文件版本形式。可保存版本有 R14 版图形、2000 版图形、2004 版图形、2007 版图形、2010 版图形。具体存盘时，选择图形文件版本类型即可，如图 1-34 所示。

第2章 基本绘图工具介绍

AutoCAD中提供了许多绘图工具，平面绘图工具、修改工具是最基本的工具。本章主要介绍直线、圆、矩形、正多边形等最基本的图形绘制命令与文字工具的使用，以及介绍复制、删除、偏移、移动、旋转、阵列、打断、延伸等图形编辑修改命令。通过本章学习，为绘制工程图样做好准备。

绘图命令见“绘图”菜单，图形编辑见“修改”菜单，AutoCAD还提供了“绘图”与“修改”工具栏，这些命令与工具主要提供平面图形的绘制与修改，如图2-1所示。

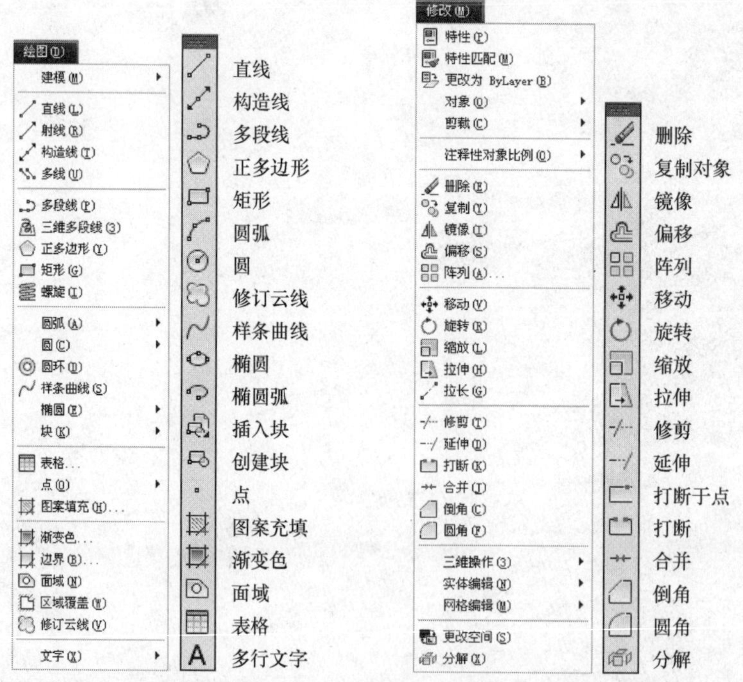

图2-1　平面绘图与修改的命令与工具栏

2.1 常用绘图工具

2.1.1 绘制直线

1. 构造线

构造线是两端无限伸长的直线，绘图中主要作为基准线或辅助线使用。

若使用构造线命令绘制通过坐标原点并与坐标轴重合的两条基准线，选择菜单“绘图”→“构造线”命令，或构造线工具（），根据命令行提示操作。

```
命令：_ xline
指定点或[水平(H)/垂直(V)/角度(A)/二等分(B)/偏移(O)]:0,0
                                        //指定构造线通过坐标原点
指定通过点:9,0                          //指定通过 X 轴上一点9,0
指定通过点:0,9                          //指定通过 Y 轴上一点0,9
指定通过点:                             //回车(结束)
```

所绘图形如图 2-2 所示。

提示：若绘制三维基准则应再给出 Z 方向的坐标点（如：0，0，9）。另外，绘图菜单中的射线命令（ 射线(R)）的绘图效果相当于半条构造线。除此，若已能确定交点，也可以打开极轴（）或正交（）按钮，单击极轴绘制构造线。

2. 直线

在绘图时会大量使用直线段。用 AutoCAD 绘图时，选择直线命令后可以连续绘制若干条直线段，但每条直线段都是一个单独的图形对象。

图 2-3 所示为一“凹”形图，绘制时选择菜单“绘图”→“直线”命令，或直线工具（）。根据命令行提示操作。

方法一：用绝对坐标绘制图形。

```
命令：_ line 指定第一点:0,0                        //输入 A 点坐标
指定下一点或[放弃(U)]:50,0                         //输入 B 点坐标
指定下一点或[放弃(U)]:50,30                        //输入 C 点坐标
指定下一点或[闭合(C)/放弃(U)]:35,30                //输入 D 点坐标
指定下一点或[闭合(C)/放弃(U)]:35,20                //输入 E 点坐标
指定下一点或[闭合(C)/放弃(U)]:15,20                //输入 F 点坐标
```

指定下一点或[闭合(C)/放弃(U)]:15,30　　//输入 G 点坐标
指定下一点或[闭合(C)/放弃(U)]:0,30　　//输入 H 点坐标
指定下一点或[闭合(C)/放弃(U)]:c　　//直线与起点闭合

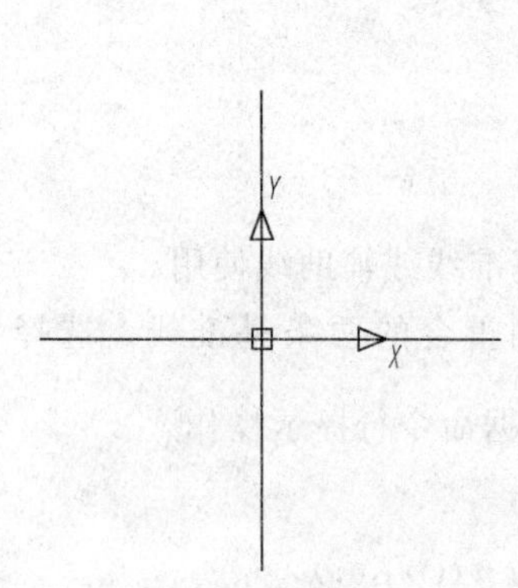

图 2-2　绘制构造线

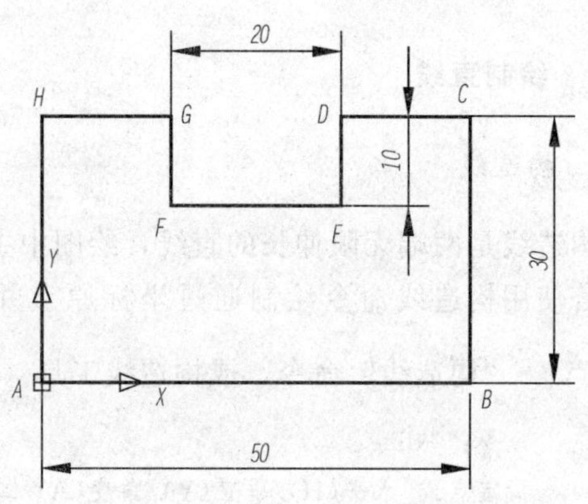

图 2-3　绘制“凹”形图

方法二：用相对坐标绘制图形。

命令：_ line 指定第一点：　　//鼠标在窗口指定任一点
指定下一点或[放弃(U)]:@50,0　　//输入 B 点相对于 A 点的坐标
指定下一点或[放弃(U)]:@0,30　　//输入 C 点相对于 B 点的坐标
指定下一点或[闭合(C)/放弃(U)]:@−15,0　　//输入 D 点相对于 C 点的坐标
指定下一点或[闭合(C)/放弃(U)]:@0,−10　　//输入 E 点相对于 D 点的坐标
指定下一点或[闭合(C)/放弃(U)]:@−20,0　　//输入 F 点相对于 E 点的坐标
指定下一点或[闭合(C)/放弃(U)]:@0,10　　//输入 G 点相对于 F 点的坐标
指定下一点或[闭合(C)/放弃(U)]:@−15,0　　//输入 H 点相对于 G 点的坐标
指定下一点或[闭合(C)/放弃(U)]:c　　//直线与起点闭合

方法三：打开极轴（ ）或正交（ ）按钮，用极轴追踪方法绘制图形。

命令：_ line 指定第一点:0,0　　//输入 A 点坐标(0,0)
指定下一点或[放弃(U)]:50　　//水平追踪至 B 点，如图2-4(a)所示
指定下一点或[放弃(U)]:30　　//垂直追踪至 C 点，如图2-4(b)所示
指定下一点或[闭合(C)/放弃(U)]:15　　//水平追踪至 D 点(向左追踪)
指定下一点或[闭合(C)/放弃(U)]:10　　//垂直追踪至 E 点
指定下一点或[闭合(C)/放弃(U)]:20　　//水平追踪至 F 点
指定下一点或[闭合(C)/放弃(U)]:10　　//垂直追踪至 G 点
指定下一点或[闭合(C)/放弃(U)]:15　　//水平追踪至 H 点
指定下一点或[闭合(C)/放弃(U)]:c　　//直线与起点闭合

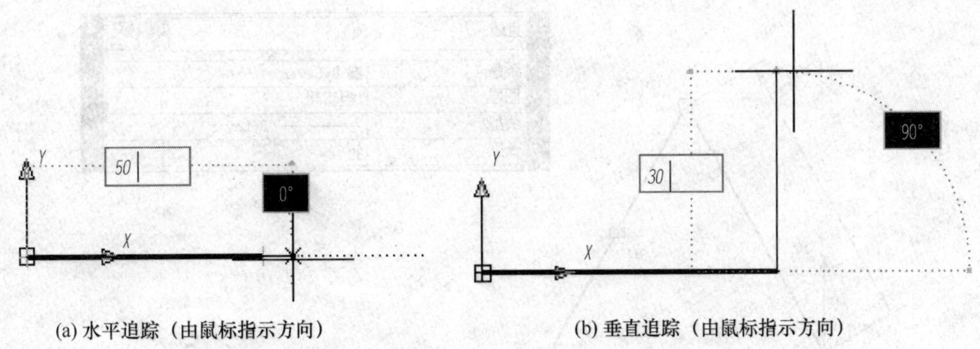

(a) 水平追踪（由鼠标指示方向）　　(b) 垂直追踪（由鼠标指示方向）

图 2-4　追踪法绘制“凹”形图

图 2-5 所示为正三角形图形，它由三条线段构成。由于两腰直线段倾斜，故使用极坐标绘制较方便。绘制时选择“绘图”→“直线”命令，或直线工具（）。根据命令行提示操作。

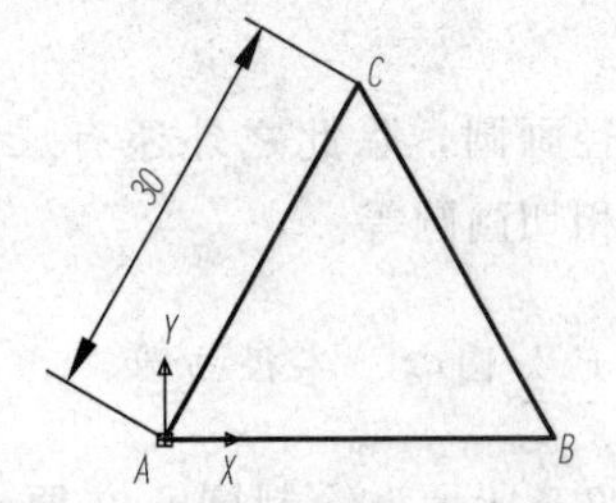

图 2-5　由直线段组成的三角形

方法一：用绝对极坐标法绘制（*X* 正方向为正）。

```
命令：_ line 指定第一点：0,0                    //输入起点坐标0,0
指定下一点或[放弃(U)]：30<0                     //输入 B 点坐标，长30，角度0°
指定下一点或[放弃(U)]：30<60                    //输入 C 点坐标，长30，角度60°
指定下一点或[闭合(C)/放弃(U)]：c                //闭合
```

方法二：用相对绝对极坐标法绘制。

```
命令：_ line 指定第一点：0,0                      //输入起点坐标0,0
指定下一点或[放弃(U)]：@30<0                      //输入线段 AB 长30，角度0°
指定下一点或[放弃(U)]：@30<120                    //输入线段 BC 长30，角度120°
指定下一点或[闭合(C)/放弃(U)]：c                  //闭合
```

提示： 如果设置了极轴追踪增量角为 30°，也可用极轴追踪方法绘制图形。

三角形绘制后，若用鼠标点击线段 *BC*，则会显示线段的夹点。如果打开了状态栏上的快捷特性按钮（），同时会在线段旁边显示出该线段的基本特性，如图 2-6 所示。从图中可见，每条直线段都是单独的图形对象。

2.1.2　绘制圆

画圆有多种方法，其中最常见的绘制圆的方法是已知圆心、半径画圆以及已知圆

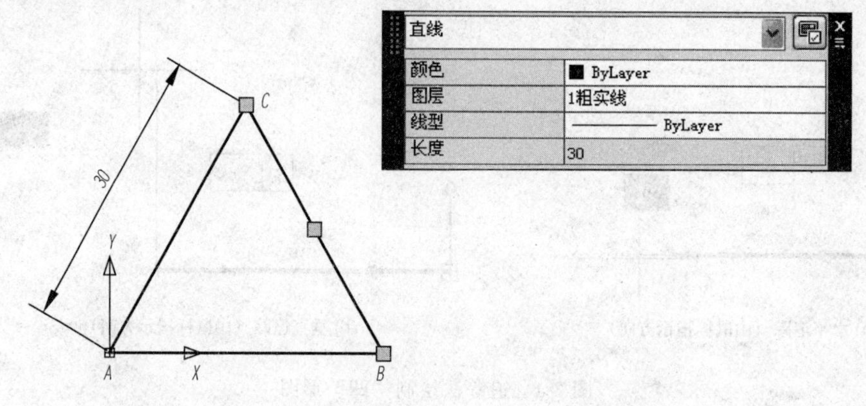

图 2-6 直线对象属性

心、直径画圆，除此之外还有二点画圆，三点画圆，相切、相切、半径画圆与相切、相切、相切画圆等。

1. 已知圆心、半径画圆

图 2-7 所示为绘制圆心在原点，半径为 20 的圆。选择菜单“绘图”→“圆”→“圆心、半径”命令，或画圆工具（），根据命令行提示操作。

```
命令：_ circle 指定圆的圆心或[三点(3P)/两点(2P)/切点、切点、半径(T)]:0,0
                                              //圆心坐标为0,0
指定圆的半径或[直径(D)]:20                    //圆半径为20
```

2. 已知三点画圆

图 2-8 所示为绘制通过已知三点的圆，图上小十字交点为需要量通过的已知点 A、B、C。选择“绘图”→“圆”→“圆心、半径”命令，或画圆工具（），根据命令行提示操作。

```
命令：_ circle 指定圆的圆心或[三点(3P)/两点(2P)/切点、切点、半径(T)]:3P
                                              //指定三点画圆
指定圆上的第一个点：                          //捕捉第一点 A
指定圆上的第二个点：                          //捕捉第二点 B
指定圆上的第三个点：                          //捕捉第三点 C
```

提示：画圆弧的方法与画圆类似，可通过菜单“绘图”→“圆弧”命令进行查看，不再赘述。

2.1.3 绘制多段线

多段线是一条由多个直线段或曲线段组成的线，可以绘制出较复杂的图形。多段线构成的封闭图形可形成面域，也可拉伸为三维实体图形，所以多段线是非常重要的绘图工具。

如图 2-9 所示为机械零件中常见的耳座轮廓，由三段直线和一段圆弧组成。可以先绘制水平 X 方向直线段，再绘制 Y 方向直线段，然后绘制圆弧，最后闭合多段线。选择菜单“绘图”→“多段线”命令，或多段线工具（），根据命令行提示操作。

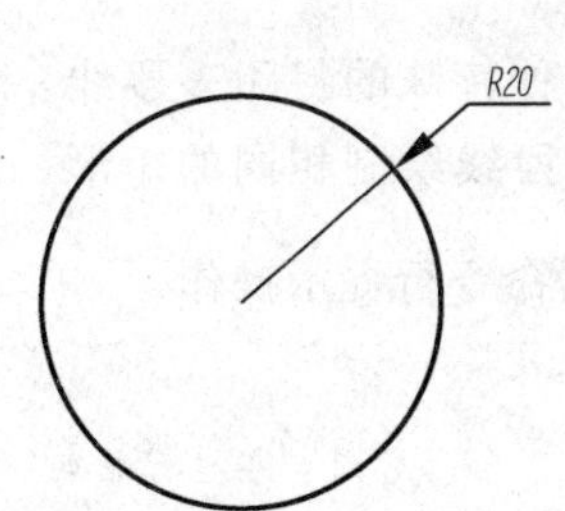

图 2-7 已知圆心、半径画圆

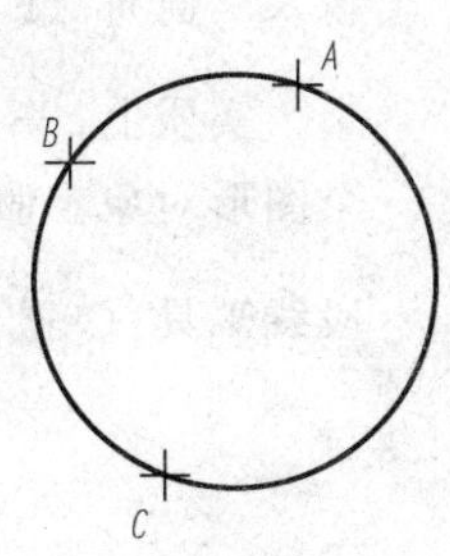

图 2-8 三点画圆

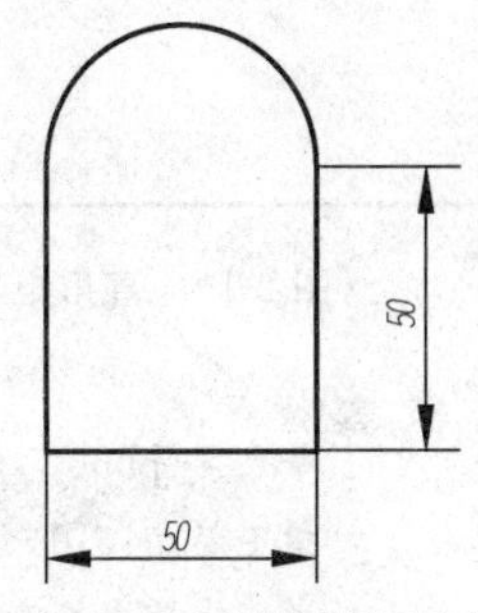

图 2-9 多段线封闭图形

命令：_ pline
指定起点： //单击确定位置起点
当前线宽为 0.0000
指定下一个点或[圆弧(A)/半宽(H)/长度(L)/放弃(U)/宽度(W)]:@50,0
//X 方向相对坐标50,0
指定下一点或[圆弧(A)/闭合(C)/半宽(H)/长度(L)/放弃(U)/宽度(W)]:@0,50
//Y 方向相对坐标0,50
指定下一点或[圆弧(A)/闭合(C)/半宽(H)/长度(L)/放弃(U)/宽度(W)]:A
//转为画圆弧
指定圆弧的端点或[角度(A)/圆心(CE)/闭合(CL)/方向(D)/半宽(H)/直线(L)/半径(R)/第二个点(S)/放弃(U)/宽度(W)]:CE //指定圆弧的圆心
指定圆弧的圆心:@－25,0 //圆心相对坐标为－25,0
指定圆弧的端点或[角度(A)/长度(L)]:A //选择输入圆弧角度
指定包含角:180 //输入圆弧包角180°
指定圆弧的端点或
[角度(A)/圆心(CE)/闭合(CL)/方向(D)/半宽(H)/直线(L)/半径(R)/第二个点(S)/放弃(U)/宽度(W)]:L //转为画直线
指定下一点或[圆弧(A)/闭合(C)/半宽(H)/长度(L)/放弃(U)/宽度(W)]:C
//闭合多段线

2.1.4 绘制矩形

矩形是使用较为频繁的图形之一，专用的矩形工具使图形绘制较为简便。如绘制

图 2-10所示的长为 20、高为 8 的矩形，可选择菜单“绘图”→“矩形”命令，或矩形工具（□），根据命令行提示操作。

```
命令：_ rectang
指定第一个角点或[倒角(C)/标高(E)/圆角(F)/厚度(T)/宽度(W)]:
                                                    //单击确定左下方角点
指定另一个角点或[面积(A)/尺寸(D)/旋转(R)]:@20,8     //右上方角点相对坐标
```

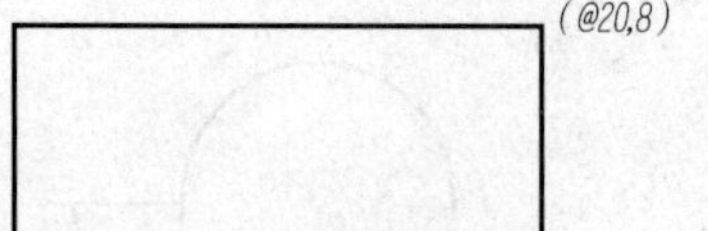

图 2-10 直角矩形

提示：矩形工具不仅能绘制直角矩形，在命令中输入“圆角（F）”参数也能绘制圆角矩形。

实质上，矩形是一种特殊的封闭多段线，它为一个图形对象。假若用多段线绘制相同的矩形，选择多段线工具（），根据命令行提示操作。

```
命令：_ pline
指定起点:0,0                                               //起点在坐标原点
当前线宽为 0.0000
指定下一个点或[圆弧(A)/半宽(H)/长度(L)/放弃(U)/宽度(W)]:20,0
                                                           //X 方向长20
指定下一点或[圆弧(A)/闭合(C)/半宽(H)/长度(L)/放弃(U)/宽度(W)]:@0,8
                                                           //Y 方向高8
指定下一点或[圆弧(A)/闭合(C)/半宽(H)/长度(L)/放弃(U)/宽度(W)]:@-20,0
                                                           //X 负方向长20
指定下一点或[圆弧(A)/闭合(C)/半宽(H)/长度(L)/放弃(U)/宽度(W)]:C
                                                           //闭合多段线
```

操作后会得到与图 2-10 所示相同的矩形。单击图形也会发现是一个图形对象。如果用直线段绘制四边形会产生四个直线图形对象。

2.1.5 绘制正多边形

绘制正多边形时分内接于圆还是外切于圆两种。如图 2-11 所示为内接于 $R50$ 圆的正六边形，图 2-12 所示为外切于 $R50$ 圆的正六边形。分别绘制如下。

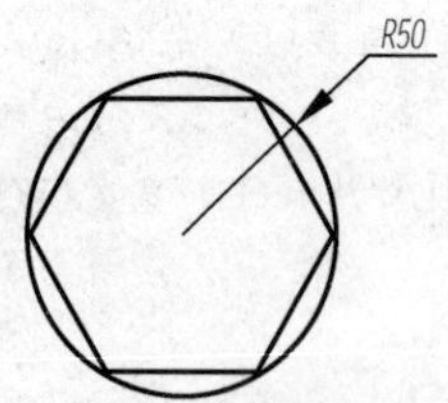

图 2-11 内接于圆的多边形

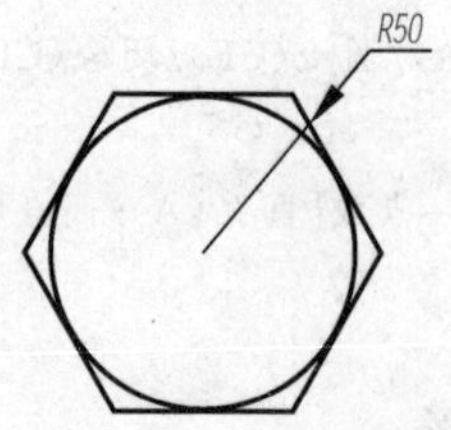

图 2-12 外切于圆的多边形

1. 内接于圆的正多边形

选择菜单“绘图”→“正多边形”命令，或正多边形工具（ ），根据命令行提示操作。

```
命令：_ polygon 输入边的数目 <4>:6                  //指定为正六边形
指定正多边形的中心点或[边(E)]:0,0                    //中心点为原点
输入选项[内接于圆(I)/外切于圆(C)] <I>:               //回车(默认内接于圆)
指定圆的半径:50                                      //输入圆的半径为50
```

2. 外切于圆的正多边形

选择菜单“绘图”→“正多边形”命令，或正多边形工具（ ），根据命令行提示操作。

```
命令：_ polygon 输入边的数目 <4>:6                  //指定为正六边形
指定正多边形的中心点或[边(E)]:0,0                    //中心点为原点
输入选项[内接于圆(I)/外切于圆(C)] <I>:C              //选择外切于圆
指定圆的半径:50                                      //给定圆的半径为50
```

提示： 按操作提示绘制的六边形图形没有图 2-11 和图 2-12 所示图中的参考圆。

2.2 常用修改工具

2.2.1 图形对象选取

当需要对图形进行操作时，首先要选取图形对象。在 AutoCAD 2010 中，有多种选取图形对象的方法。图形对象较少时可以一一单击，或按住 Shift 键的同时单击。选择较多图形对象时可以用鼠标框选，框选图形对象的效果如图 2-13 所示。

图 2-13（a）所示图中有三个图形对象（圆、矩形、正三角形），若对图形进行框选，不同的操作会有不同的结果。

若按图 2-13（b）所示用鼠标从左向右拖动选择图形，框内的图形（正三角形）被选中，不在矩形框内的图形（圆、矩形）未被选中，结果如图 2-13（c）所示。

若按图 2-13（b）所示用鼠标从右向左拖动选择图形，则框内图形、与选择框相交的图形均被选中，结果如图 2-13（d）所示。

2.2.2 图线删改

1. 删除

主要用于删除一些多余的图线，或删除绘图中使用的辅助线等。操作有以下方法：

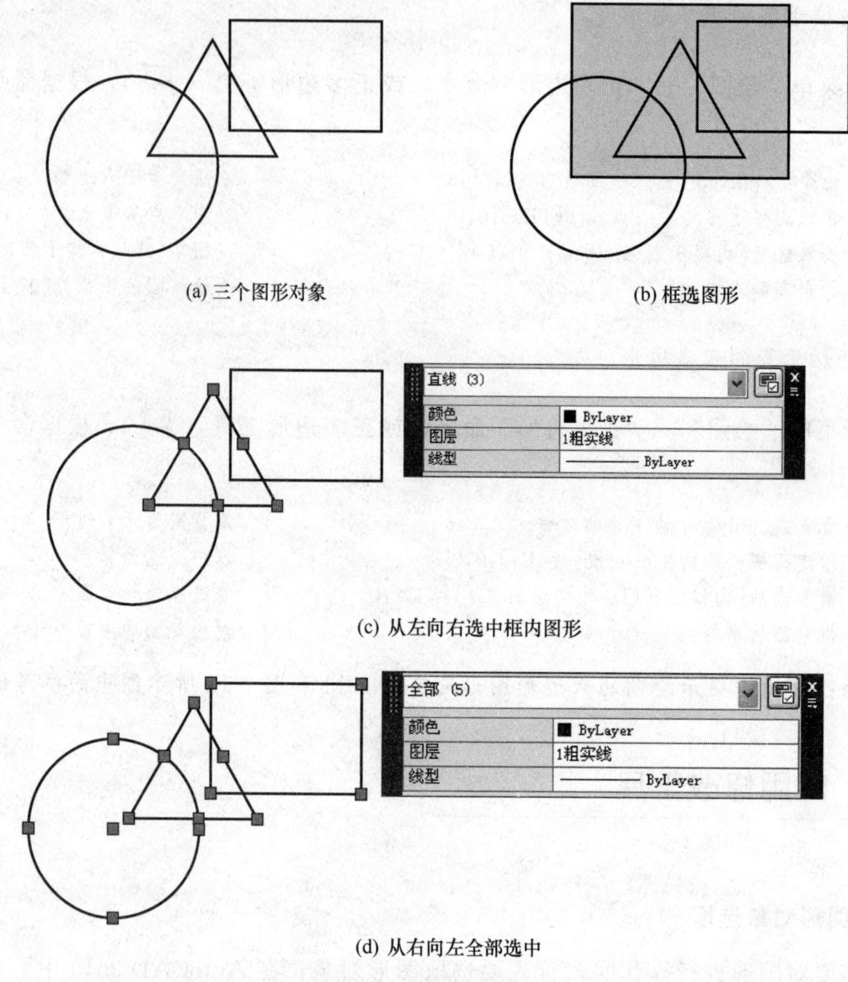

(a) 三个图形对象

(b) 框选图形

(c) 从左向右选中框内图形

(d) 从右向左全部选中

图 2-13 框选图形对象

1) 使用时先选择菜单“修改”→“删除”命令，或删除工具（），然后选择要删除的图形对象，按回车键或右击确认后即删除。

2) 先选择需删除的图形对象，然后选择删除工具（）删除。

3) 选择需删除的图形对象后，直接按 Delete 键进行删除。

提示：第 3）种方法删除，因双手操作，故操作速度快。画图操作建议尽量双手操作，以提高操作速度。

2. 修剪

用修剪工具，可在图线相交处修剪掉不需要的线段。如图 2-14 所示为三条相交的直线，在修剪后形成图 2-15 所示的图形。

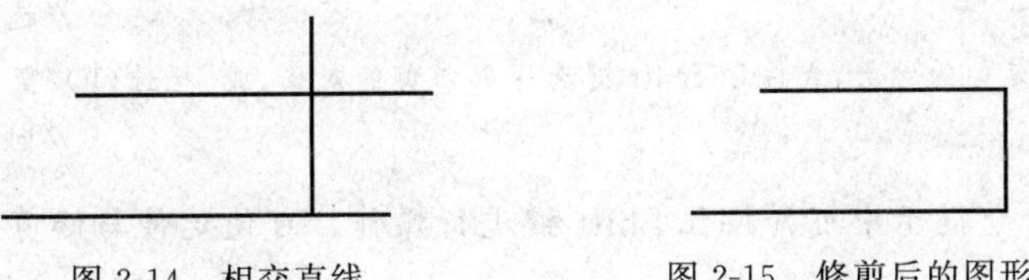

图 2-14　相交直线　　　　图 2-15　修剪后的图形

选择菜单“修改”→“修剪”命令或修剪工具（ ），根据命令行提示操作。

命令：_ trim
当前设置：投影＝UCS，边＝无
选择剪切边...
选择对象或 ＜全部选择＞：指定对角点：找到 3 个　　　　//框选三条直线
选择对象：　　　　//回车确认
选择要修剪的对象，或按住 Shift 键选择要延伸的对象，或
[栏选(F)/窗交(C)/投影(P)/边(E)/删除(R)/放弃(U)]：　　　　//单击需删除的线段
选择要修剪的对象，或按住 Shift 键选择要延伸的对象，或
[栏选(F)/窗交(C)/投影(P)/边(E)/删除(R)/放弃(U)]：　　　　//单击需删除的线段
选择要修剪的对象，或按住 Shift 键选择要延伸的对象，或
[栏选(F)/窗交(C)/投影(P)/边(E)/删除(R)/放弃(U)]：　　　　//单击需删除的线段
选择要修剪的对象，或按住 Shift 键选择要延伸的对象，或
[栏选(F)/窗交(C)/投影(P)/边(E)/删除(R)/放弃(U)]：　　　　//回车(结束删除)

3. 延伸

延伸可以使两条不相交的直线相接。图 2-16 所示为一条水平线和一条倾斜直线，为了使倾斜直线与水平线相接，可使用延伸工具，修改成为图 2-17 所示的结果。

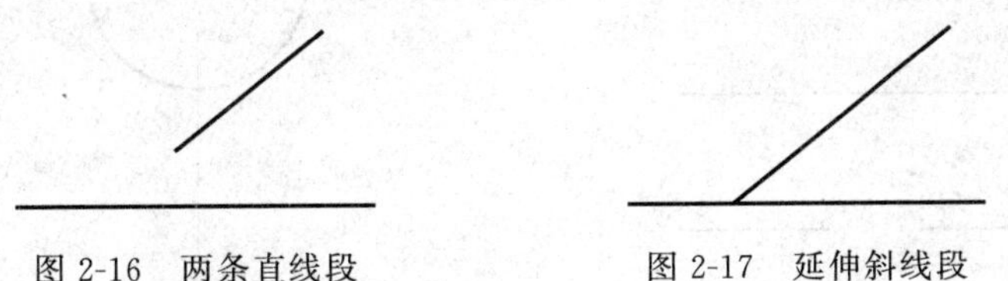

图 2-16　两条直线段　　　　图 2-17　延伸斜线段

选择菜单“修改”→“延伸”命令或延伸工具（ ），根据命令行提示操作。

命令：_ extend
当前设置：投影＝UCS，边＝无
选择边界的边...
选择对象或 ＜全部选择＞：找到 1 个　　　　//选择水平线
选择对象：　　　　//回车确认延伸边界
选择要延伸的对象，或按住 Shift 键选择要修剪的对象，或[栏选(F)/窗交(C)/投影(P)/边

(E)/放弃(U)]: //选择倾斜线

选择要延伸的对象,或按住 Shift 键选择要修剪的对象,或[栏选(F)/窗交(C)/投影(P)/边(E)/放弃(U)]: //回车(结束)

提示: 从命令提示中可知按住 Shift 键进行操作,可使延伸与修剪命令互逆操作。

4. 打断

打断工具能将一条线段打断成为两条线段。在图 2-18 中,上面一条直线段经过打断操作,形成下面的两条直线段。

选择菜单"修改"→"打断"命令或打断工具( ),根据命令行提示操作。

命令:_ break 选择对象: //指定左边第一个打断点

指定第二个打断点或[第一点(F)]: //指定右边第二个打断点

两个断点之间形成间断。假若需要只将线条打断,而又不形成间断,可使用"打断于点"工具( )。

提示: 当采用鼠标随意指定打断点时,建议临时关闭状态栏上的"对象捕捉按钮"。

如图 2-19 为修整中心线的实例。一般中心线超出轮廓线应为 2~5mm。原中心线伸出较长,使用打断工具改短,多余的线段可以用删除命令删除。

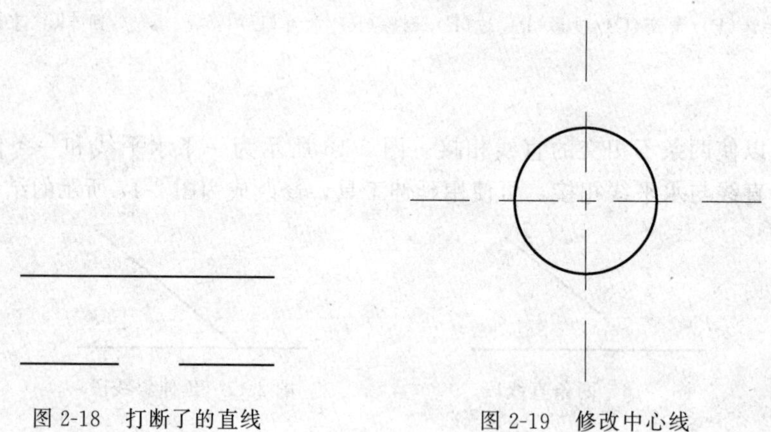

图 2-18 打断了的直线　　　　图 2-19 修改中心线

5. 分解

分解工具能将多段线分解成单一线段,如图 2-9 所示图形为用多段线绘制的图形,若将其分解为单一线段,可选择菜单"修改"→"分解"命令,或分解工具( ),根据命令行提示操作。

命令:_ explode

选择对象：找到 1 个　　　　　　　　　　//选择多段线
选择对象：　　　　　　　　　　　　　　//回车结束

这时若再单击图形，便会发现只能选中一条直线段或一个半圆。单击半圆部分的结果如图 2-20 所示。

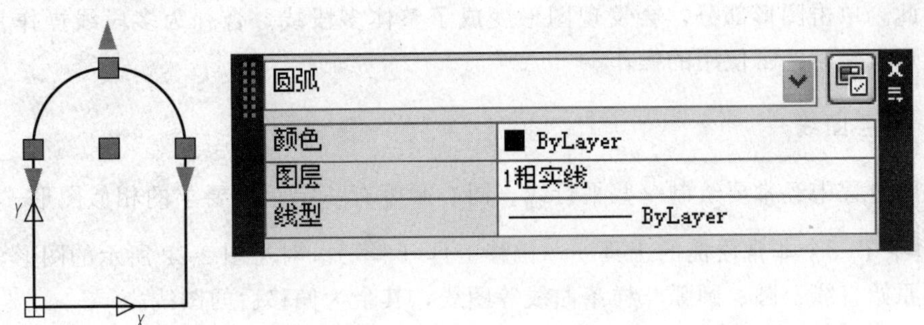

图 2-20　图形分解

6. 合并为多段线

多段线可用多段线工具（ ）绘制而成，也可以用多段线修改命令将相互连接的直线段与曲线段合并为多段线。分解操作与合并为多段线的操作可认为是互逆操作。

例如：可以将图 2-20 所示已分解的图形再合并为一条多段线。在图 2-9 中使用了多段线绘制耳座轮廓，实际使用中用多段线工具直接绘制较复杂图形不太方便，在学习了修剪命令后，可以用画圆与矩形等基本绘图工具绘制图 2-20 所示图形，最后将其合并为多段线。具体绘图操作如下。

1）选择矩形工具（ ），绘制 50×50 的矩形。

2）选择画圆工具（ ），在矩形上端的中点绘制一个圆。其半径用交点捕捉的方法捕捉矩形的右上角，结果如图 2-21所示。

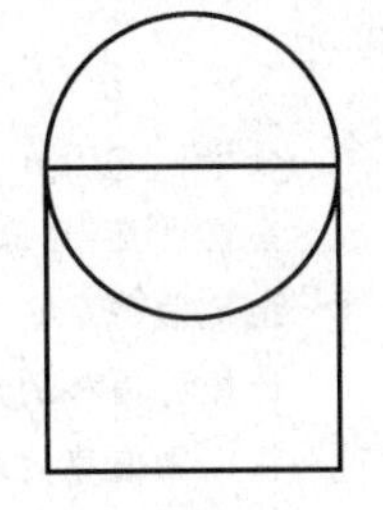

图 2-21　绘制矩形与圆

3）选择修剪工具（ ），修剪去半圆与矩形的上边，便得到图 2-20 所示的图形。

4）合并为多段线。选择菜单“修改”→“对象”→“多段线”命令，或编辑多段线工具（ ），根据命令行提示操作。

命令：_ pedit 选择多段线或[多条(M)]：　　　　　　　　//选择半圆
选定的对象不是多段线
是否将其转换为多段线？<Y>　　　　　　　　　　　//回车确认
输入选项[闭合(C)/合并(J)/宽度(W)/编辑顶点(E)/拟合(F)/样条曲线(S)/非曲线化(D)/线型生成(L)/反转(R)/放弃(U)]:J　　　　　　　　//选择合并操作

选择对象：指定对角点：找到 2个 //全部框选

选择对象： //回车确认

输入选项[打开(O)/合并(J)/宽度(W)/编辑顶点(E)/拟合(F)/样条曲线(S)/非曲线化(D)/线型生成(L)/反转(R)/放弃(U)]： //回车(结束修改)

到此，单击图形部分，会发现图形变成了整体多段线。合并为多段线操作是以后三维图形编辑时经常使用的操作。

2.2.3 偏移图线

绘图过程中经常要绘制一些平行线、同心圆等有一定距离要求的相似图形。AutoCAD 提供了一个非常便捷的工具——偏移工具（ ）。对于图 2-22 所示的图形，中间一条为原始直线、圆、圆弧、样条曲线等图线，其余为偏移后的图线。

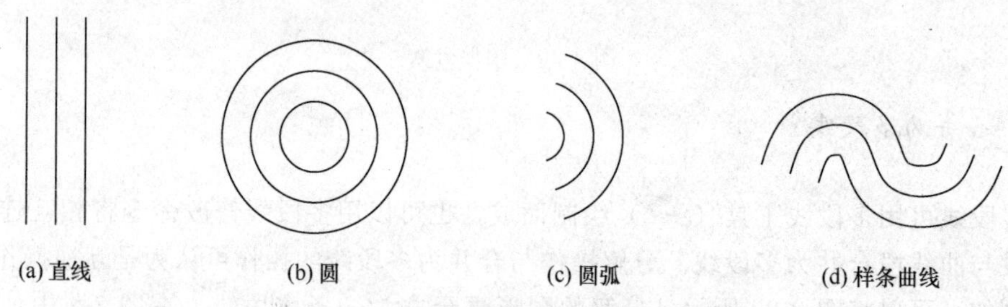

图 2-22 偏移操作示例

使用偏移命令只要在命令行输入一个数据，数据输入较简单，如对图 2-9 图形向内偏移 10，可以选择“修改”→“偏移”命令，或偏移工具用偏移（ ），根据命令行提示操作。

命令：_ offset

当前设置：删除源＝否 图层＝源 OFFSETGAPTYPE＝0

指定偏移距离或[通过(T)/删除(E)/图层(L)] ＜通过＞：10 //输入偏移量10

选择要偏移的对象，或[退出(E)/放弃(U)] ＜退出＞： //选择图形

指定要偏移的那一侧上的点，或[退出(E)/多个(M)/放弃(U)] ＜退出＞：//选择内侧

选择要偏移的对象，或[退出(E)/放弃(U)] ＜退出＞： //回车(结束)

偏移后的图形如图 2-23 所示。使用偏移命令对基准线进行偏移操作，可以输入较少的数据，进行准确又快速的绘图。

再举一例：在机械工程图中常用的表面粗糙度基本图形符号如图 2-24 所示表面粗糙度符号画法如下：

1）选择直线工具（ ），绘制一条－60°斜线（如@10＜－60）和一条 60°斜线（如@20＜60），其长度略大于需要的斜线长度，如图 2-25（a）所示。

2-23　向内偏移

字高 h	3.5
H_1	5.0
H_2	≥10.5
线宽	$h/10=0.35$

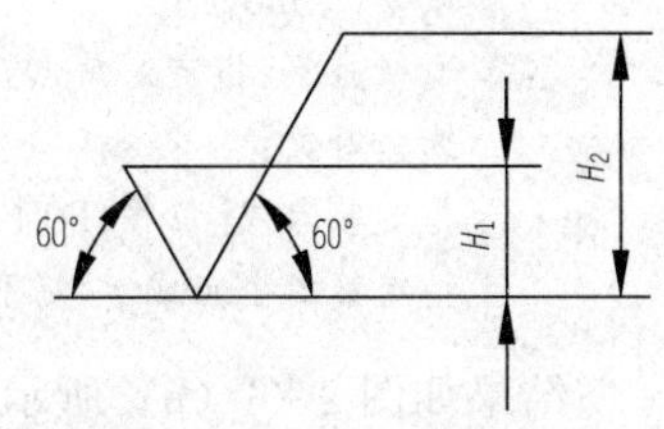

图 2-24　表面粗糙度符号与尺寸

2）选择构造线工具（ ），绘制通过两线交点的水平线，如图 2-25（b）所示。

3）用偏移工具（ ）偏移构造线，绘制两条辅助线，偏移尺寸分别为 5 与 10.5，如图 2-25（c）所示。

4）用修剪工具（ ）与删除工具（ ）删除多余的线段，结果如图 2-25（d）所示。其中，不加工符号绘制时可在三角形中用相切、相切、相切（选择“绘图”→“圆”→“相切、相切、相切”命令）的方法画圆，并删除三角形的上面一条图线即可。

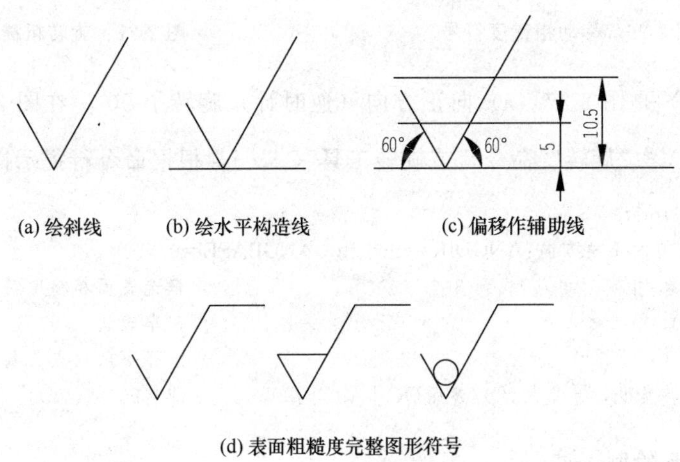

图 2-25　绘制表面粗糙度符号

2.2.4　改变图形位置

1. 移动

图 2-26 所示为将台阶上的粗糙度符号移动到台阶下的实例。

在图 2-26（a）中选择“修改”→“移动”命令，或移动工具（ ），根据命令行提示操作：

```
命令：_ move
选择对象：指定对角点：找到 3 个                          //框选表面粗糙度符号
选择对象：                                              //回车确认
指定基点或[位移(D)] <位移>：                            //选择三角形下部顶点为基点
指定第二个点或 <使用第一个点作为位移>：                  //移动到下面直线上点击
```

结果如图 2-26（b）所示。

2. 旋转

仍以表面粗糙度符号为例，工程图中的表面粗糙度标注通常有两个方向，如图 2-27所示。

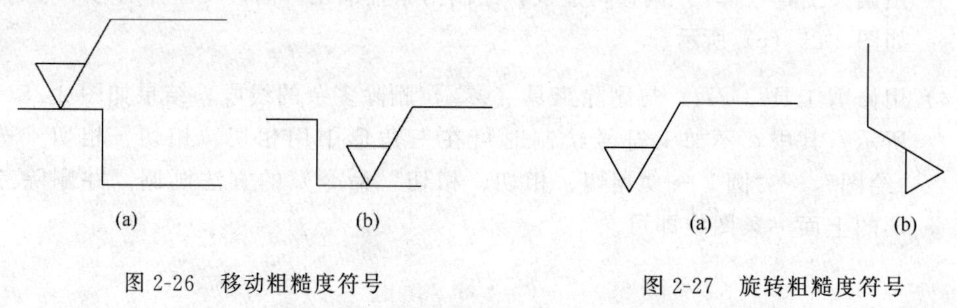

图 2-26　移动粗糙度符号　　　　图 2-27　旋转粗糙度符号

图 2-27（b）是图 2-27（a）向正方向（逆时针）旋转了 90°。在图 2-27（a）中选择菜单“修改”→“旋转”命令，或旋转工具（ ），根据命令行提示操作。

```
命令：_ rotate
UCS 当前的正角方向：ANGDIR＝逆时针    ANGBASE＝0
选择对象：指定对角点：找到 3 个                          //框选表面粗糙度符号
选择对象：                                              //回车确认
指定基点：                                              //选择下部顶点为基点
指定旋转角度，或[复制(C)/参照(R)] <0>：90               //旋转90°
```

2.2.5　相同图形绘制

1. 复制

在工程图绘制过程中，会遇到许多相同形状的图形，如安装孔、螺钉孔、表面粗糙度标注等。如图 2-28（a）所示为常见的四孔底板投影图，在绘图时可以先绘制一个孔与中心线，如图 2-28（b）所示，再应用复制工具（ ），将孔与中心线一起复制到所需位置。具体绘制如下。

1）选择矩形工具（ ），绘制圆角矩形。

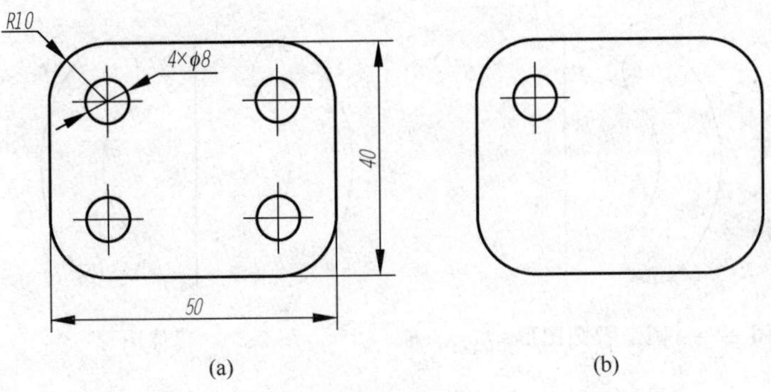

图 2-28 四孔底板

```
命令：_ rectang
指定第一个角点或[倒角(C)/标高(E)/圆角(F)/厚度(T)/宽度(W)]:F
                                                        //选择圆角
指定矩形的圆角半径 <0.0000>:10                          //输入圆角半径
指定第一个角点或[倒角(C)/标高(E)/圆角(F)/厚度(T)/宽度(W)]: //点选第一角点
指定另一个角点或[面积(A)/尺寸(D)/旋转(R)]:@50,40          //输入第二角点
```

2）在一个圆角的中心用画圆工具（）绘制一个圆，用直线工具（）绘制十字中心线，得到如图 2-28（b）所示图形。

3）选择菜单“修改”→“复制”命令，或复制工具（），根据命令行提示操作。

```
命令：_ copy
选择对象:指定对角点:找到 3 个                        //框选小圆与中心线
选择对象:                                            //回车确认
当前设置:复制模式=多个
指定基点或[位移(D)/模式(O)]<位移>:                   //捕捉小圆中心
指定位移的第二点或 <用第一点作位移>:                 //捕捉右上圆角中心
指定第二个点或[退出(E)/放弃(U)]<退出>:               //捕捉右下圆角中心
指定第二个点或[退出(E)/放弃(U)]<退出>:               //捕捉左下圆角中心
指定第二个点或[退出(E)/放弃(U)]<退出>:               //右击(或回车)退出
```

完成后便得到如图 2-28（a）所示的图形。

2. 镜像

如果图形中有对称的图形，可使用镜像工具（）绘制对称图形。如图 2-29 所示为一圆弧腰圆图形，若以直线为对称轴有一对称图形，可用镜像方法复制。结果如

图 2-30所示。

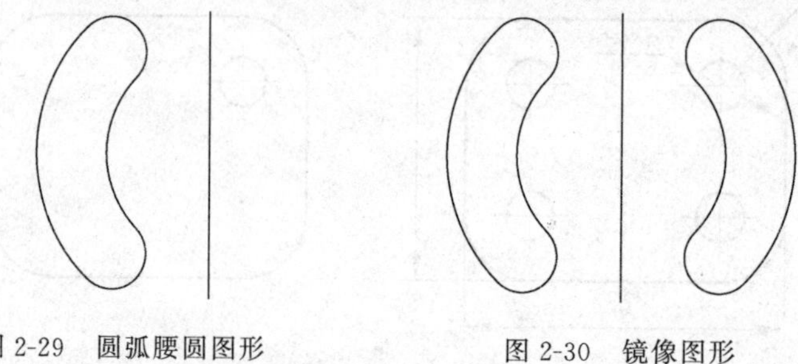

图 2-29　圆弧腰圆图形　　　　图 2-30　镜像图形

选择菜单“修改”→“镜像”命令，或镜像工具（ ），根据命令行提示操作。

```
命令：_ mirror
选择对象：找到 1 个                              //选择圆弧腰圆图形
选择对象：                                       //回车确认
指定镜像线的第一点：                             //指定对称轴的上端
指定镜像线的第二点：                             //指定对称轴的下端
要删除源对象吗？[是(Y)/否(N)] <N>：              //回车(不删除源对象)
```

若操作中，当系统询问是否删除源对象时，若选择输入 Y，将删除右侧源图形。

3. 阵列

阵列分矩形阵列和环形阵列两种。

在绘图的过程中经常会遇到按一定规律分布的图形，如法兰盘这一类零件中的孔，法兰盘的孔多数情况下是360°均布的，对于这样的图形，可以使用“环形阵列”命令来绘制图形。例如图 2-28 所示图形上的四个圆孔可认为按行距 20，列距 30 布置，故也可以通过矩形阵列实现。

图 2-31 所示的圆角矩形内有 12 个小圆成矩形阵列，绘制时可先画左下角的一个圆，再用阵列的方法画出其他小圆。

绘制左下角一个小圆后，选择菜单“修改”→“阵列”命令，或阵列工具（ ）。在打开的阵列对话框中，选中“矩形阵列”单选按钮，按题意设置 3 行 4 列，行偏移即两行孔中心距为 30，列偏移即两列孔中心距为 40，如图 2-32 所示。

单击对话框中“选择对象”按钮，选取要阵列的小圆及其中心线，然后右击或按回车键返回对话框。最后单击“确定”按钮，完成阵列。

图 2-33 所示为法兰盘投影图，在圆周上均匀分布了 8 个小圆，为环形阵列。绘制时可先绘制上端一个圆，并绘制中心线，如图 2-34 所示，再用环形阵列的方法绘制出其他的 7 个圆与中心线。

选择菜单“修改”→“阵列”命令，或阵列工具（ ）。在打开的阵列对话框中

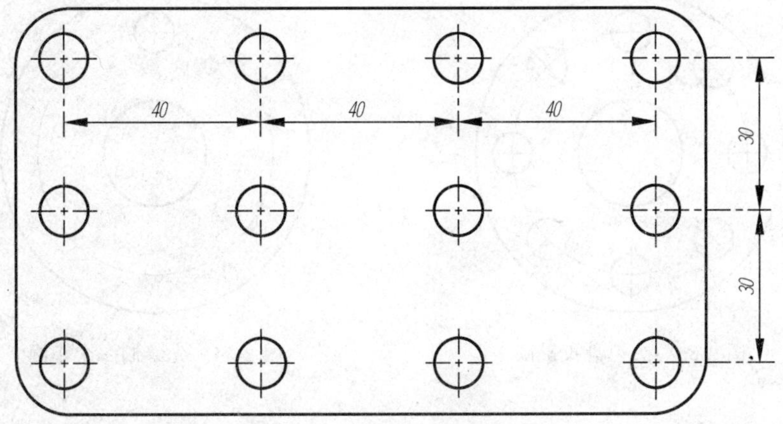

图 2-31　矩形阵列图形

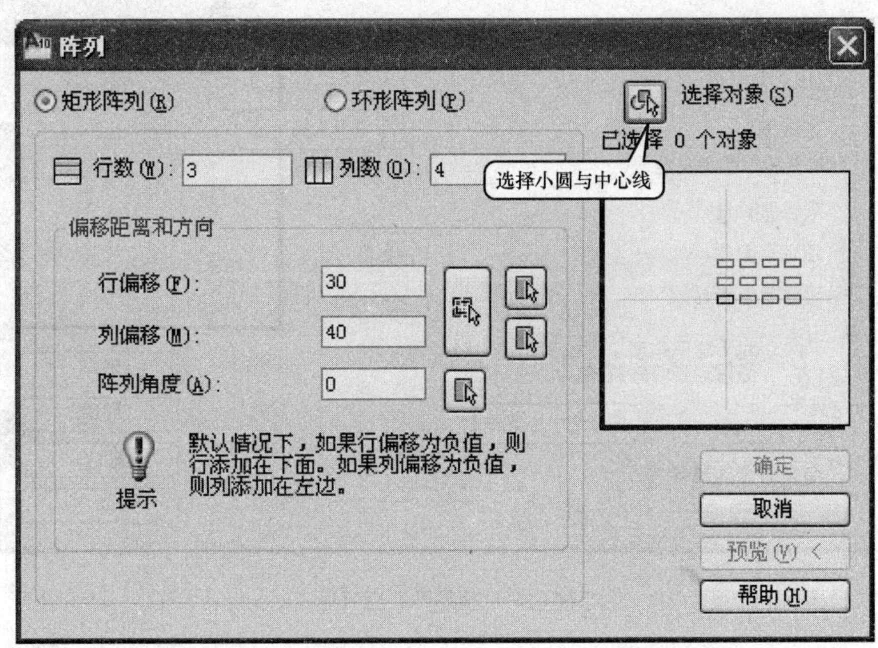

图 2-32　设置矩形阵列

选中“环形阵列”单选按钮，单击“中心点”按钮，选择图中大圆中心为环形阵列中心。

在“项目总数”文本框中输入 8，在“填充角度”文本框中输入 360，表示阵列后共 8 个相同图形，这 8 个相同图形在 360°范围内均匀分布，如图 2-35 所示。

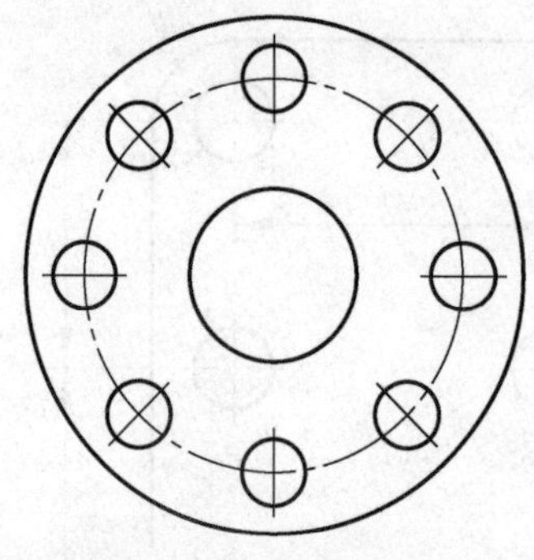

图 2-33 法兰盘投影图

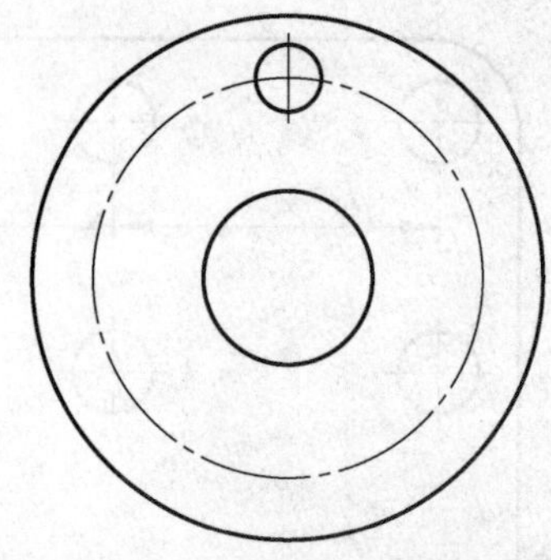

图 2-34 先绘制一个小圆

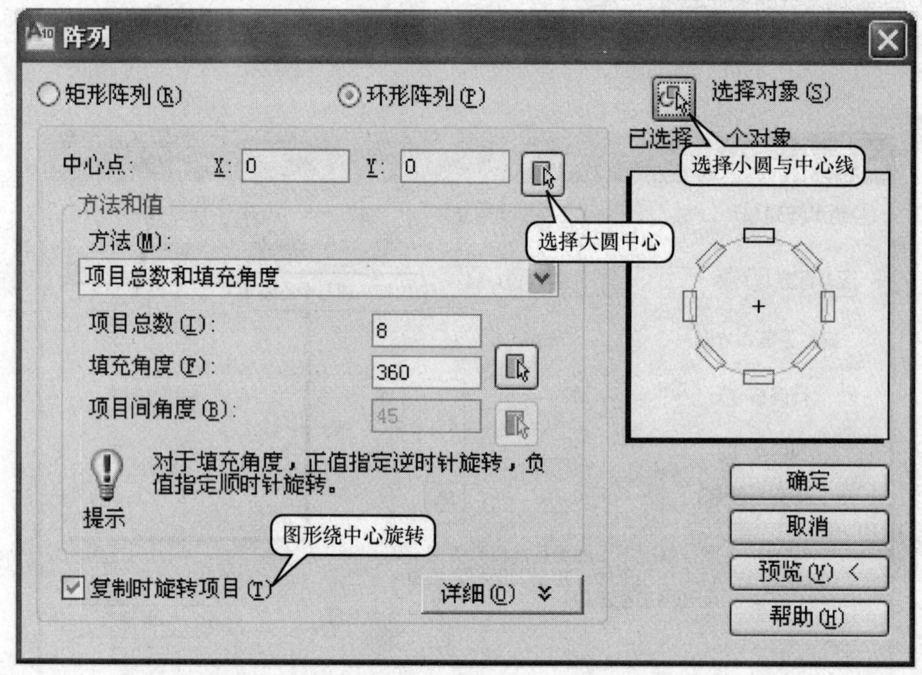

图 2-35 环形阵列对话框

选中左下方“复制时旋转项目”复选框，表示项目的每一根图线都绕中心旋转。

单击“选择对象”按钮，选择图 2-34 中的小圆及其中心线，然后右击或按回车键返回对话框。最后单击“确定”按钮，完成阵列。

提示：在完成阵列之前可以单击“预览”按钮，查看是否正确。另外，对于重复图形绘制时是使用复制还是使用阵列方式要灵活选择，当复制的数量较少，位置已能确定时，用复制可能更方便些。

2.2.6　倒角

1. 直线倒角

图 2-36 所示为一凹口图形，底部倒两处 5×45°角，凹口处倒两处 $R4$ 圆角。倒角前如图 2-37 所示。

选择菜单“修改”→“倒角”命令，或倒角工具（ ），根据命令行提示操作。

命令：_ chamfer
（“修剪”模式）当前倒角距离 1＝0.0000，距离 2＝0.0000
选择第一条直线或[放弃(U)/多段线(P)/距离(D)/角度(A)/修剪(T)/方式(E)/多个(M)]：D
　　　　//选择输入倒角距离
指定第一个倒角距离 ＜0.0000＞：5　　　　//输入 X 方向距离5
指定第二个倒角距离 ＜5.0000＞：　　　　//回车确认 Y 方向距离5
选择第一条直线或[放弃(U)/多段线(P)/距离(D)/角度(A)/修剪(T)/方式(E)/多个(M)]：
　　　　//选择要倒角的第一条边
选择第二条直线，或按住 Shift 键选择要应用角点的直线：　　//选择要倒角的第二条边

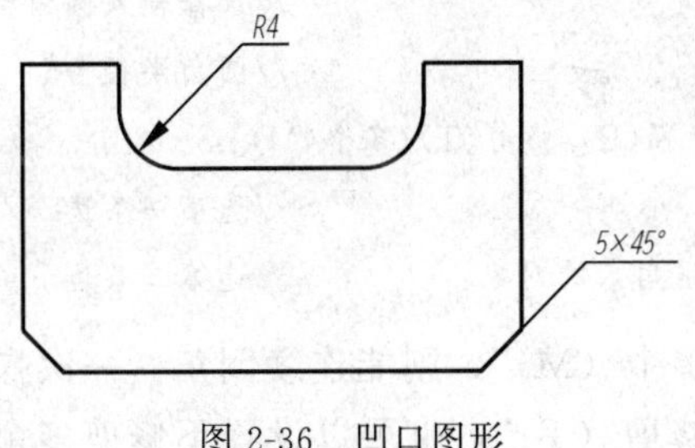

图 2-36　凹口图形

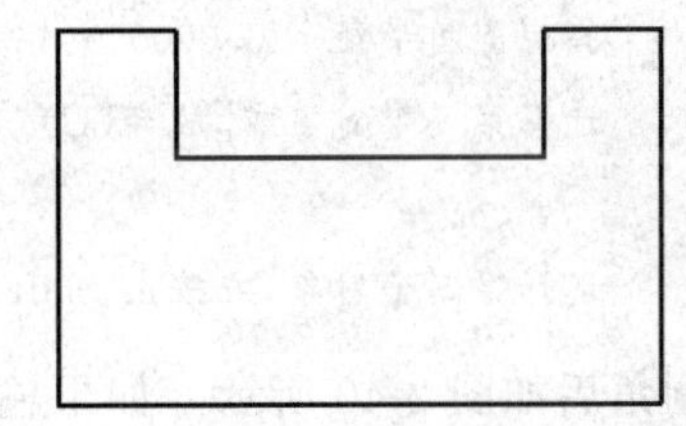
图 2-37　倒角前图形

倒角如图 2-38 所示。

提示：输入倒角距离不相等时，则倒角不为 45°。在选择倒角方式时若选“修剪(T)”，则可以设置不修剪多余的图线，不修剪倒角如图 2-39 所示。在工程图绘制中，不修剪倒角常用于内孔投影图形的倒角。

再次选择菜单“修改”→“倒角”命令，或倒角工具（ ），根据命令行提示操作。

命令：_ chamfer
（“修剪”模式）当前倒角距离 1＝5.0000，距离 2＝5.0000
选择第一条直线或[放弃(U)/多段线(P)/距离(D)/角度(A)/修剪(T)/方式(E)/多个(M)]：
　　　　//选择要倒角的第一条边
选择第二条直线，或按住 Shift 键选择要应用角点的直线：　　//选择要倒角的第二条边

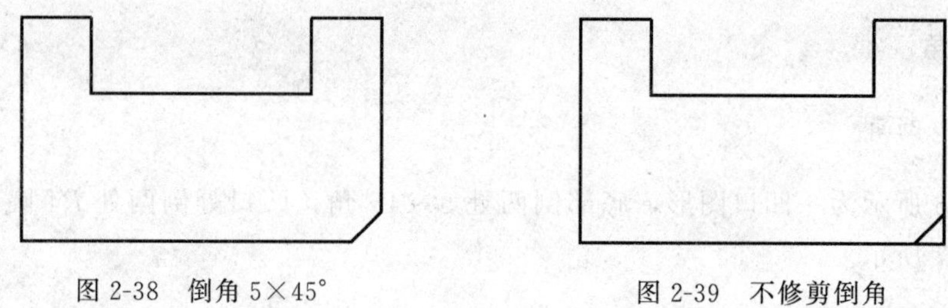

图 2-38　倒角 5×45°　　　　图 2-39　不修剪倒角

结果如图 2-36 的底边所示。由于倒角距离前一次已经输入，连续倒角时则不必再输入距离。

2. 倒圆角

对图 2-36 所示凹口图形的凹口处倒圆角时，先选择菜单“修改”→“圆角”命令，或圆角工具（▢），根据命令行提示操作。

```
命令：_ fillet
当前设置：模式＝修剪，半径＝0.0000
选择第一个对象或[放弃(U)/多段线(P)/半径(R)/修剪(T)/多个(M)]：R
                                                    //选择输入圆角半径
指定圆角半径 ＜0.0000＞：4                            //圆角半径为5
选择第一个对象或[放弃(U)/多段线(P)/半径(R)/修剪(T)/多个(M)]：
                                                    //选第一条边
选择第二个对象，或按住 Shift 键选择要应用角点的对象：     //选第二条边
```

倒角后如图 2-40 所示。如果输入参数“多个（M）”，则能连续倒角。一次操作就能得到图 2-36 所示结果。另外，输入参数“修剪（T）”，也可以设置不修剪多余的图线，如图 2-41 所示。

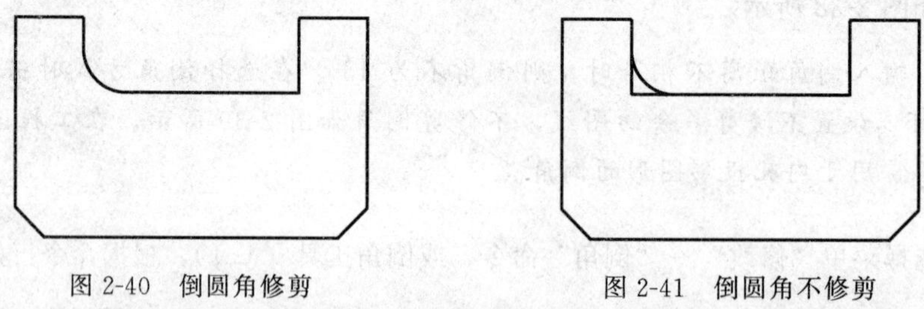

图 2-40　倒圆角修剪　　　　图 2-41　倒圆角不修剪

提示：倒角半径为 0.0000 时，实际操作结果是将两直线修改为相接。另外，直线倒角工具与圆角倒角工具不仅能对平面图形倒角，也能对立体图形倒角。

2.3 文字工具

机械工程图通常要画标题栏、明细表以及填写技术要求等，即图样上通常要有文字，AutoCAD 中提供了文字工具（A），可通过文字工具在图样中写入文字。在图样中写入文字前，首先要进行符合图标文字要求的文字样式设置。

2.3.1 文字样式设置

在文字样式中可设置文字的字体、字号、高宽比等。选择菜单“格式”→“文字样式”命令，或文字样式管理器（A），打开“文字样式”对话框。

单击“文字样式”对话框中“新建”按钮，打开“新建文字样式”对话框，输入样式名“长仿宋体汉字”，如图 2-42 所示。单击“确定”按钮，返回到“文字样式”对话框。

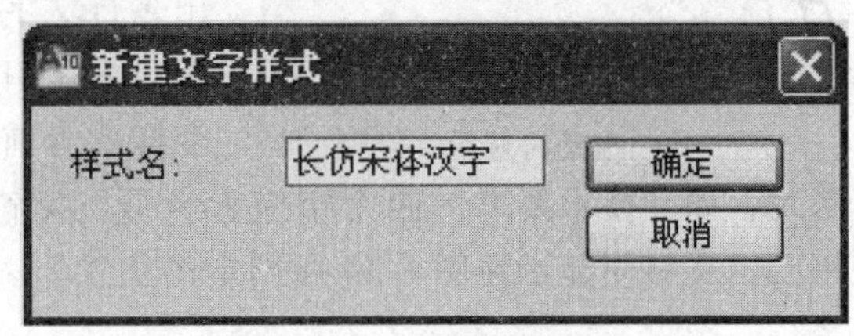

图 2-42 输入样式名

文字样式设置如图 2-43 所示。AutoCAD 中提供了满足国标字体要求的字体文件，如斜体字母数字，可选“gbeitc. shx”；直体字母数字，可选

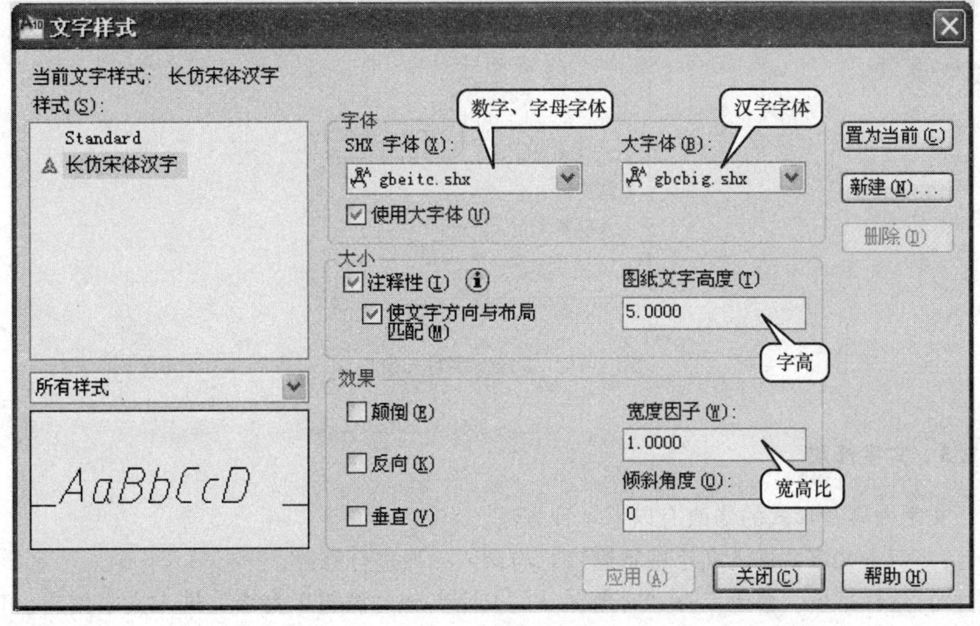

图 2-43 文字样式设置

"gbenor. shx"；长仿宋体汉字为大字体"gbcbig. shx"。设置时选中"使用大字体"复选框，按国标要求文字高度为5，单击"应用"按钮，再单击"关闭"按钮退出。

2.3.2 录入文字

要在图样中录入文字，可选择菜单"绘图"→"文字"→"多行文字"命令或文字工具（A），根据命令行提示操作。

指定第一角点：　　//单击，选择文字框左上角
指定对角点或[高度(H)/对正(J)/行距(L)/旋转(R)/样式(S)/宽度(W)]：
　　//拖动文字框右下角，单击确认

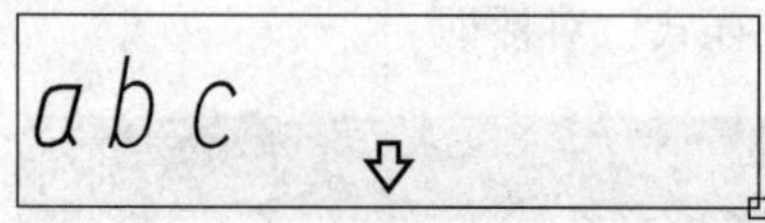

图2-44　拖动时显示文字框

拖动时显示文字框如图2-44所示，确认后弹出多行文字写入窗口，写入所需文字。在多行文字写入窗口中编辑如同编写Word文档一般，文字样式为前面已设置的文字样式，字的大小也可以修改，如"技术要求"四个字应大一号，字高为7，如图2-45所示。单击"确定"按钮后，文字便显示在图2-44所圈定的位置上。

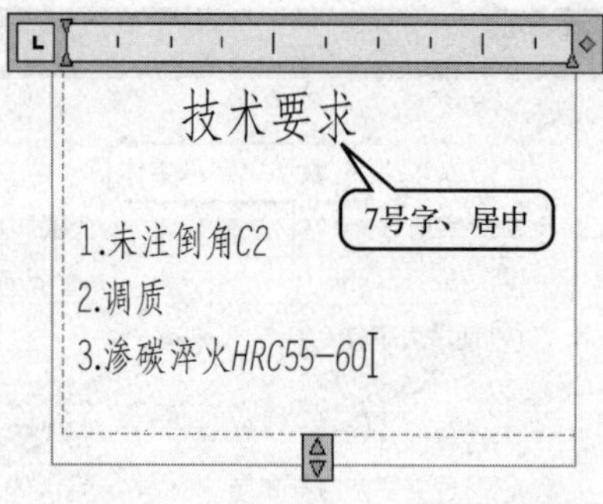

图2-45　多行文字写入窗口

2.3.3 文字修改

文字内容及形式的修改有以下4种方法。

1）双击文字，进入文字编辑窗口，与录入一样进行修改。
2）选择菜单"修改"→"对象"→"文字"→"编辑"命令，进入文字编辑窗口进行修改。

3）选择菜单“修改”→“特性”命令，或在快捷菜单中选择“特性”命令，调出特性选项板进行修改。

4）在快捷特性（ ）打开时，单击文字，会显示其特性窗口，进行修改。

2.3.4 文字录入示例

以绘制标题栏为例，练习文字输入。进行绘图练习时，为了简化标题栏的绘制，建议练习时标题栏的尺寸如图 2-46 所示，标题栏中大字高 7，小字高 5，文字居中放置。国标提供的标题栏格式参考本书后附图 1。

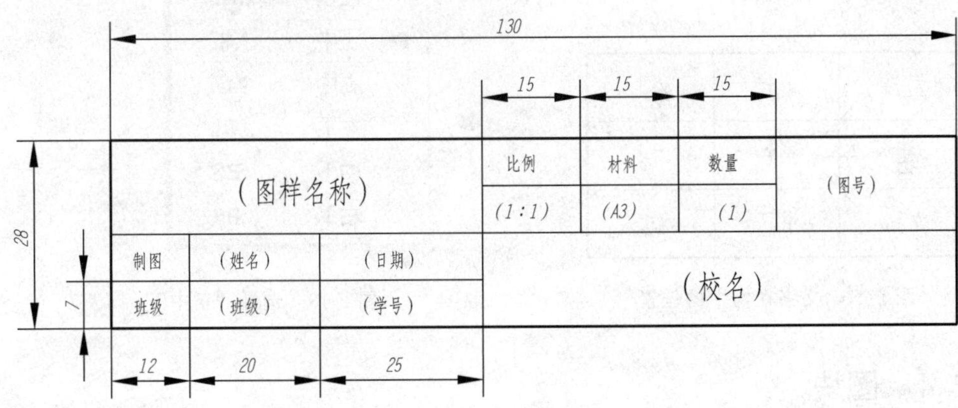

图 2-46 标题栏

绘制此标题栏时的步骤简述如下。

1）用矩形工具（ ）绘制一个 130×28 的矩形框，并用分解工具（ ）分解为 4 条直线段。

2）用偏移工具（ ）根据图示尺寸（间距 7）上下偏移，得到横向分隔的水平直线。

3）用偏移工具（ ）根据图示尺寸左右偏移，得到各尺寸的纵向分隔线段，从而得到一网状结构。

4）用修剪工具（ ）和删除工具（ ）删除不需要的线段，得到标题栏空栏。

5）用文字工具（ ）在空栏内写入相应文字，因为文字在表格中应居中放置，所以文字框的左上角应是每格的左上角，文字框的右下角应是每格的右下角。因为文字在文字框中有如图 2-47 所示的 9 个位置，而标题栏中文字要居中填写，故文字写入后，在文字格式工具栏中，需选择对正工具（ ），从其下拉菜单中选择“正中”选项，如图 2-48 所示。

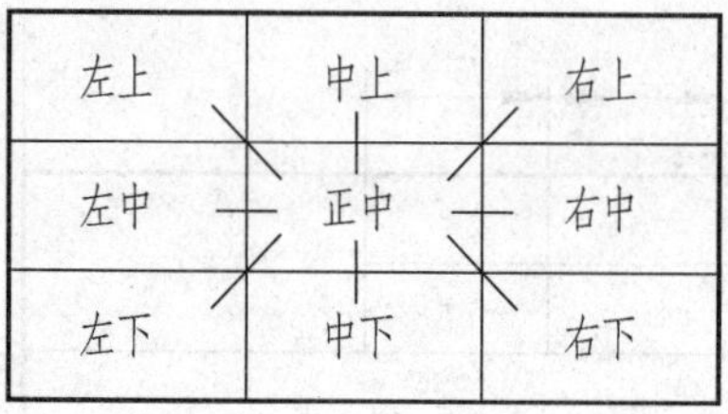

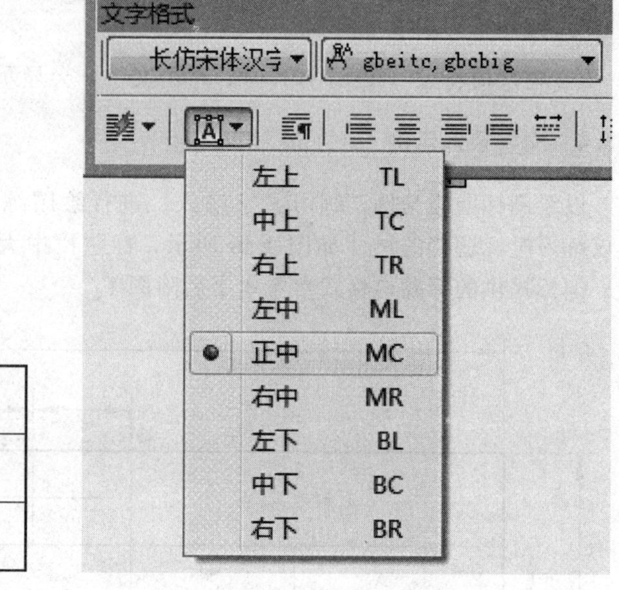

左上	中上	右上
左中	正中	右中
左下	中下	右下

图 2-47　文字在框中的位置

图 2-48　选择“正中”

2.4　图块

在绘制工程图形时，常常有一些反复出现的图形结构，这些图形结构可以设置成图块，保存在文件中，在需要的时候调用，而且在调用时可以缩放、旋转，使用比复制工具灵活。例如：工程图中表面粗糙度的标注就是反复出现的相同结构，但实际使用中放置位置与角度不一样，使用图块功能就比较方便。

2.4.1　创建图块

使用图块前首先要创建图块，图块的创建主要通过选择菜单“绘图”→“块”→“创建”命令，或创建块工具（）实现。以表面粗糙度图块为例：首先绘制表面粗糙度符号，并标注数值，参考图 2-25，文字高度为 3.5，完整的表面粗糙度标注如图 2-49所示。

选择菜单“绘图”→“块”→“创建”命令，或创建块工具（），弹出“块定义”对话框，如图 2-50 所示，在“名称”文本框中输入“粗糙度”。单击“对象”选项区域中的“选择对象”按钮，在绘图界面中框选图 2-49 所示的表面粗糙度图形。在“基点”选项区域中单击“拾取点”按钮以确

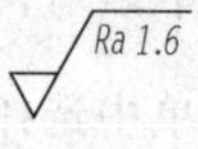

Ra 1.6

图 2-49　完整的表面粗糙度标注

定插入点，选择图 2-49 所示的表面粗糙度图形下部端点为基点。在返回的对话框“名称”选项后面会出现选择的内容，如图 2-50所示。最后单击对话框中的“确定”按钮，便在文件中创建了名为“粗糙度”的图块。创建的图块以整体的形式存在与使用。

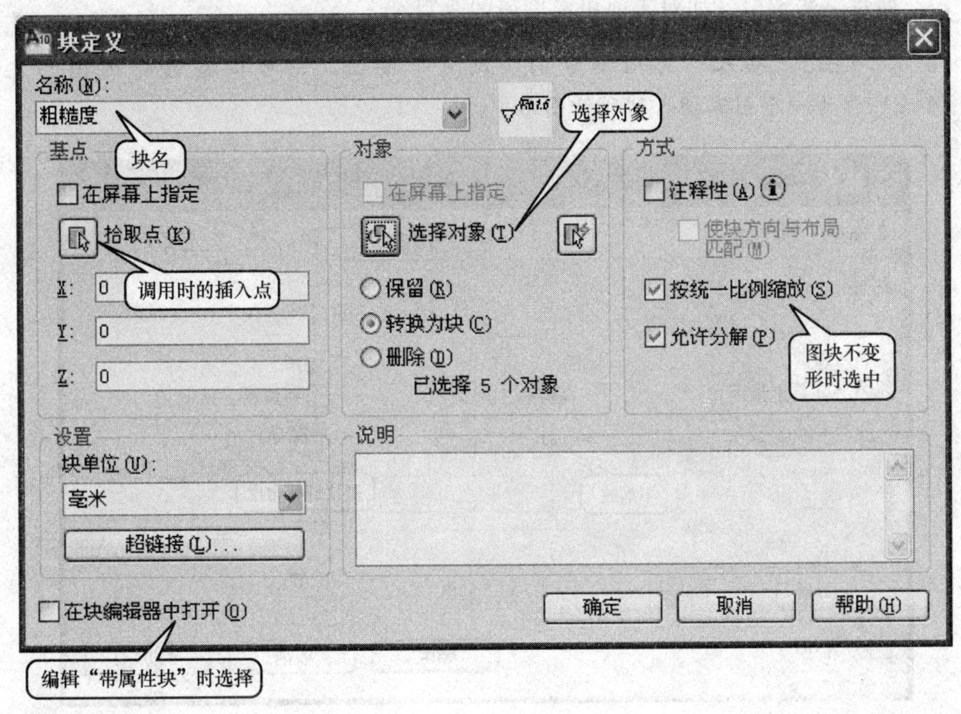

图 2-50 “块定义”对话框

2.4.2 使用图块

图块的使用，主要通过选择菜单“插入”→“块”命令，或插入块工具（ ）进行调用。以对图 2-51 所示的长方体的两个面进行表面粗糙度标注为例，讨论图块调用方法。

选择菜单“插入”→“块”命令，或插入块工具（ ），弹出“插入”对话框，在“名称”下拉列表框中选择所需要的图块，如图 2-52 所示。

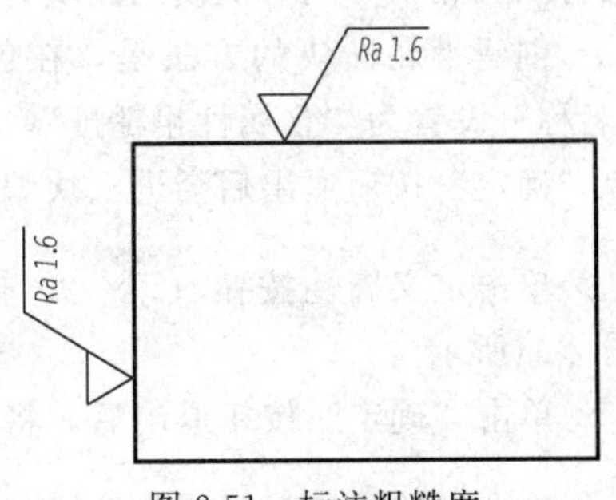

图 2-51 标注粗糙度

1）对上表面标注：在“插入”对话框中选择名称为“粗糙度”的图块，旋转角度为 0°，因为不需要缩放，故缩放比例为 1，如图 2-52所示。单击“确定”按钮后，将块放置到图 2-51所示图形的上表面。

2）对左侧表面标注：选择名称为“粗糙度”

的图块，旋转角度为 90°。插入后的结果如图 2-51 所示。以上是缩放比例统一为 1∶1 时的标注，使用时比例可任意调整。

3）若选中“分解”复选框，则图块插入时图块会分解为各独立的图形要素。以方便进一步编辑，如对表面粗糙度值的改写等。

提示：通过“插入”对话框中的“浏览”按钮，还可以将选择的图形文件（*.dwg）作为一个图块插入到所绘图形中。

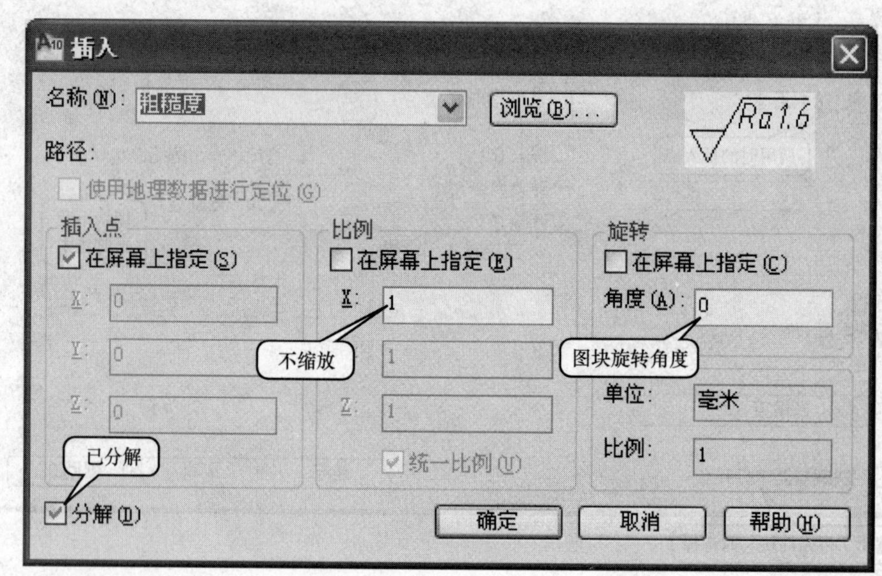

图 2-52 “插入”对话框

2.4.3 创建、使用带属性图块

1. 创建带属性的图块

有时创建的图块中的参数需要根据需要输入，如图 2-50 所示创建的图块使用时，若粗糙度值不为 *Ra*1.6，则只能分解（ ）图块后对数据进行修改。若将粗糙度值定义为图块属性，则每次使用图块时系统会提示输入属性值。

创建带属性块的方法是，在创建图块时，在“块定义”对话框中（参考图 2-50）“名称”设置为“含属性粗糙度”，选中左下方的“在块编辑器中打开”复选框，则在单“确定”按钮退出后会进入块编辑器，如图 2-53 所示，定义的块图形如图示。

单击定义属性按钮（ ），打开“属性定义”对话框。写入属性相关信息，如图 2-54所示。

单击“确定”按钮退出后，将标记（RA）放置在图 2-55 所示位置。

单击“关闭块编辑器”按钮（关闭块编辑器(C)），一个“含属性粗糙度”块编辑完成。

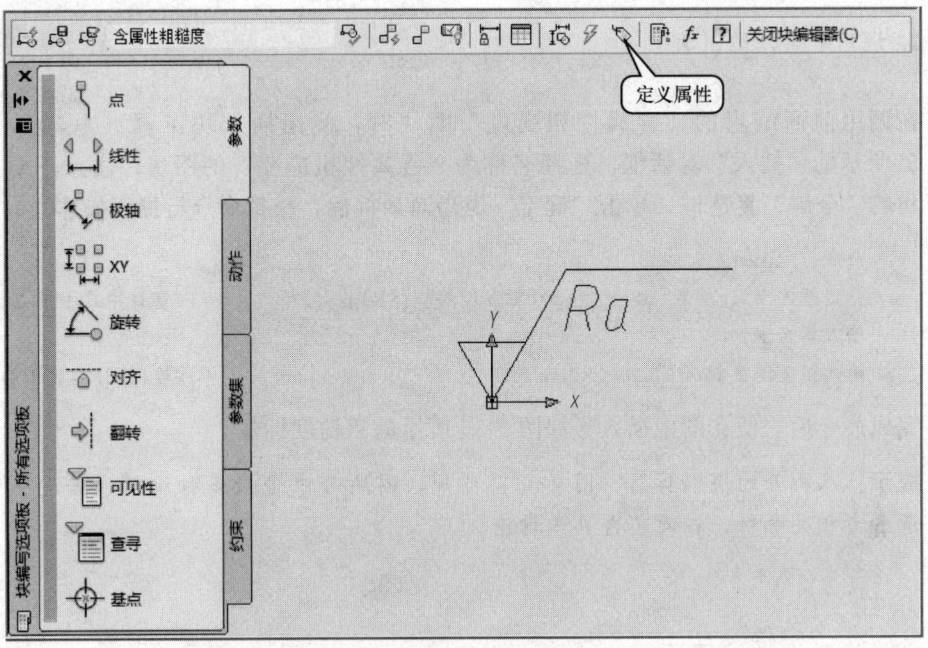

图 2-53　块编辑器

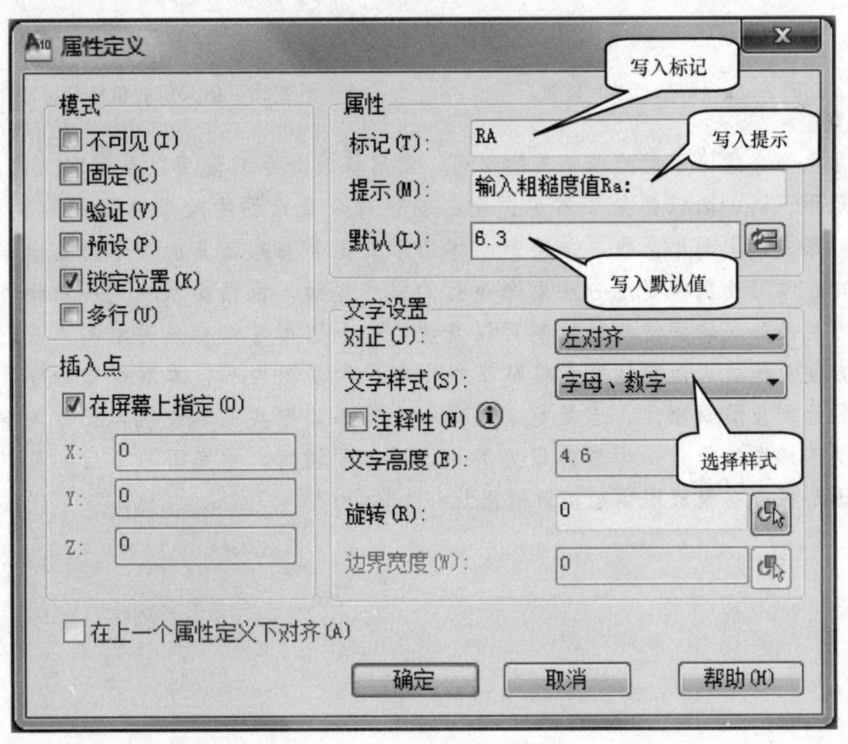

图 2-54　“属性定义”对话框

2. 调用带属性的图块

在调用前面编辑的“含属性粗糙度”图块时，使用插入块工具（ ），打开图 2-52所示的“插入”对话框，选择名称为“含属性粗糙度”的图块。注意不要选中左下角的“分解”复选框，单击“确定”退出对话框后，根据命令行提示操作。

命令：_ insert
指定插入点或[基点(B)/比例(S)/X/Y/Z/旋转(R)]：　　　　//窗口中单击插入位置
输入属性值
输入粗糙度值 *Ra*：<6.3>：12.5　　　　//输入12.5，回车确认

完成命令后，便在图中插入了如图 2-56 所示的粗糙度标注。

提示：从打开的块编辑器（图 2-53）可知，图块可以进行多种编辑，若进一步学习，请参考相关资料，在此不再具体讨论。

图 2-55　标记（RA）位置　　　　图 2-56　插入后的粗糙度标注

本章主要介绍了平面绘图工具的使用、常用修改命令的使用以及文字工具的使用。直线、矩形、圆、圆弧都是最常见图形；偏移命令是绘图中绘制辅助线的主要手段；多段线可形成封闭图形曲线，是绘制立体图形的重要基础工具；命令行是操作的信息提示窗口，学习绘图时要十分注意命令行的操作提示，根据提示一步一步操作。从机械零件常见的耳座轮廓结构的绘制可以发现，一个图形可以有多种绘制方式，绘图时应力求方便简捷。表面粗糙度是机械工程图样中的重要内容，本章结合命令介绍进行了具体的绘制与编辑操作，连贯起来就是一个具体绘图实例，在机械工程图样中，表面粗糙度图形通常作为一个整体设置为块，以方便调用，学完下一章后，可以将表面粗糙度图形保存在模板中供绘图时调用。

第3章 绘制零件平面图

零件图是生产中的主要技术文件，它反映了设计者的意图，表达了机器或部件对该零件的要求，是制造和检验零件的依据。因此，必须绘制出符合国家标准的零件平面图，从而完整、清晰地表达出零件的全部结构形状、尺寸和技术要求。

一张能满足生产要求的、完整的零件图，应具备以下4个基本内容：一组视图、完整的尺寸、技术要求和标题栏。一般绘图步骤是首先设置并保存好符合国家标准的绘图模板，然后在模型空间（模型）绘制一组视图，最后切换到布局页面（布局1）中的图纸空间绘制图框、标题栏、设置图形比例、标注尺寸并填写技术要求。虽然在模型空间也能打印出图，但布局的图纸空间提供了所见即所得的出图方式，故建议在布局页面中完成零件图出图。

3.1 制图标准模板设置与保存

打开AutoCAD“新建”文件时选择公制图形样板Acadiso.dwt（单位：毫米），由于其默认设置并不符合国家标准的要求，因而从图线、文字样式到标注样式都需要按照国家标准的要求重新进行设置。并保存为图形样板文件，以便直接调用。

3.1.1 图层设置

机械图样都是由各种图线所构成的。《机械制图》国家标准以及《CAD工程制图规则》规定了绘制各种技术图样的基本线型，其中常用的线型如表3-1所示。各种图线分别代表了不同功能与不同含义，在AutoCAD中需要通过图层设置加以确定。

同一张图样中，相同线型的线宽应一致。机械图样中通常采用两种线宽，其比例关系为2∶1，粗线宽度（d）优先采用0.5、0.7，通常A0、A1幅面优先采用0.7，

A2、A3、A4 幅面优先采用 0.5。因此，需要在图形模板中分别建立粗实线、细实线、尺寸线、虚线、点画线等常用图层，并且每个图层均需指定线型、颜色及线宽。

表 3-1 线型与应用

线型名称	线宽	屏幕上的颜色	一 般 应 用
粗实线	d	白色	可见轮廓线
细实线	$d/2$	绿色	尺寸线及尺寸界线、剖面线、引出线、重合剖面轮廓线、螺纹牙底线、齿轮的齿根线、分界线
波浪线	$d/2$	绿色	断裂处的边界线、局部剖视图中剖与未剖的分界线
双折线	$d/2$	绿色	断裂处的边界线
虚线	$d/2$	黄色	不可见轮廓线
细点画线	$d/2$	红色	轴线、对称中心线、齿轮的分度圆
粗点画线	d	棕色	有特殊要求的表面范围表示线
双点画线	$d/2$	粉红色	假想轮廓线、断裂处的边界线、轨迹线

选择菜单“格式”→“图层”命令，或在“图层”工具栏（如图 3-1 所示）中单击图层特性管理器（）按钮，弹出“图层特性管理器”对话框。系统自动提供了初始层图层（“0”层），该层状态为：打开且解冻解锁、线型为“Continuous”（连续线）、颜色为白色等。一般建议不使用该层。“0”层不能被删除。通过“新建图层”（）、“删除图层”（）按钮可以提供若干个图层或者去除无用的图层。绘制零件图时，将所需各类图线对应设置为图层，设置好图层的层名、线型、颜色、线宽等，建议常用图层设置如图 3-2 所示。

图 3-1 “图层”工具栏

图层特性管理器对话框说明：

1）“新建图层”（）按钮。单击按钮后，系统会自动建立名为“图层 n”（n 为从 1 开始的数字）的若干个新图层，单击该图层的层名或通过右键快捷菜单均可重新命名该图层。对应的图层名称如图 3-2 所示。

2）“删除图层”（）按钮。用于删除无用的图层。使用时应注意，要删除的图层不能是当前层或者是包含对象的图层，否则系统会拒绝删除。

3）“置为当前”（）按钮。设置某图层为当前层。用光标选择某图层，然后单击按钮，则该层被设置为当前层。若双击某图层名，则该图层也会被设为当前层。

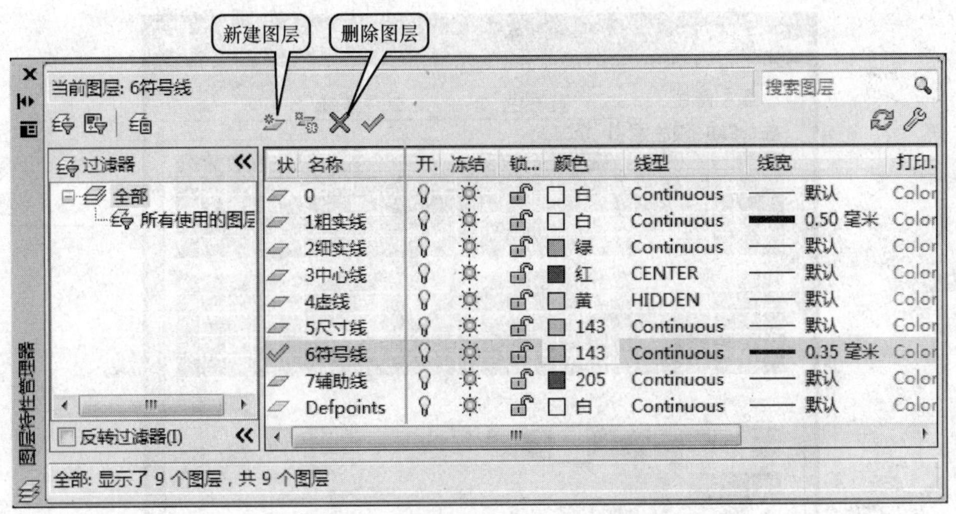

图 3-2 “图层特性管理器”对话框及图层的设置

提示： 绘图时图层工具栏上的“将对象的图层置为当前”（ ）工具、“上一个图层”（ ）工具，以及在图层工具栏中的图层下拉框中选择图层都可以用来设置当前层。

4）打开（ ）与关闭（ ）图层。在图层工具栏中的操作参考图 1-29。

5）解冻（ ）与冻结（ ）图层。在图层工具栏中的操作参考图 1-29。

6）图层的解锁（ ）与锁定（ ）。在图层工具栏中的操作参考图 1-29。

7）颜色选项。若改变某图层的颜色，单击对应颜色图标，屏幕上将会弹出“选择颜色”对话框，以选择所需的颜色，如图 3-3 所示。

提示： 颜色应按 CAD 制图标准设定（如表 3-1 所示），相同类型的图线应采用同样的颜色。尺寸线一般用细实线，按规定为“绿”色，但为了学习时易于区别，避免图层使用的混乱，此处设置为 143 号索引色。

未明确的图线（如符号线与辅助线）颜色应以清晰为度，应使图形与文字无论在黑底还是白底上都能清晰可见。画标注符号用的符号线建议与尺寸用同一种颜色，辅助线建议采用不太明显的颜色，如 205 号索引色，以减少对其他图线表达的干扰。

8）线型设置。单击对应线型名，在屏幕上弹出“选择线型”对话框，如图 3-4 所示。在该对话框中，单击“加载”按钮，弹出“加载或重载线型”对话框，如图 3-5 所示。从中选择所需要加载的线型，单击“确定”按钮后返回“选择线型”对话框（图 3-4），再选择已加载的线型，单击“确定”按钮，便完成了图层线型的设置。

提示： 一般情况下，建议点画线采用 CENTER 线型，虚线采用 HIDDEN 线型。

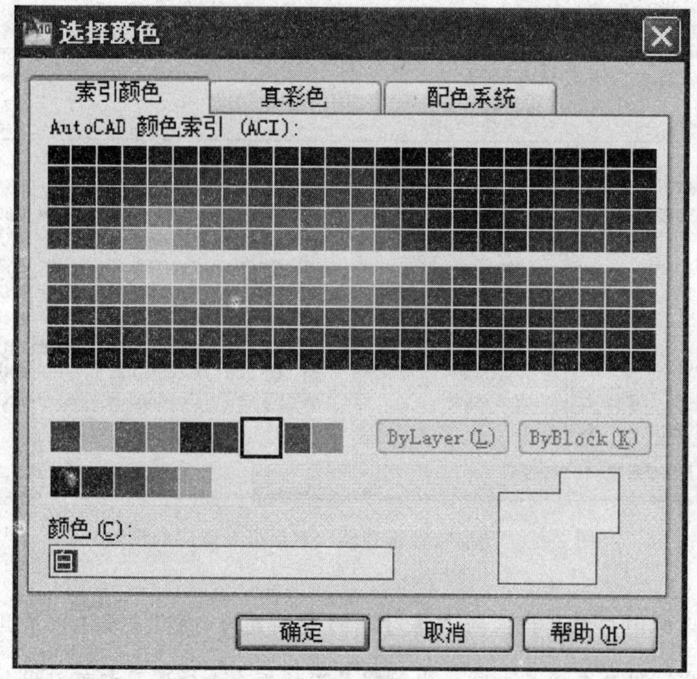

图 3-3 “选择颜色”对话框

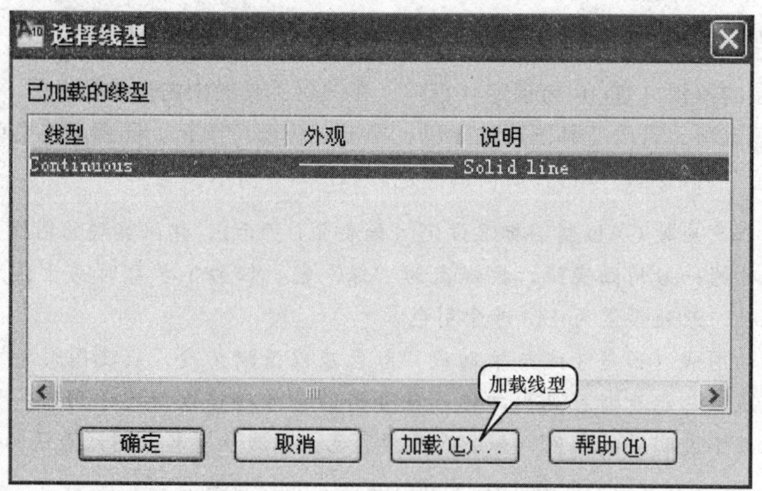

图 3-4 “选择线型”对话框

但须注意，Acadiso.lin 线型文件中的 CENTER 与 HIDDEN 线型并不符合国标要求。

可以仿照 Acadiso.lin 线型文件格式，创建一个符合国标的线型文件。如：创建一个“AcadGB.lin”的线型文件，文件中设置 3 种线型——点画线（CENTER），虚线（HIDDEN），双点画线（PHANTOM），写入如下内容。

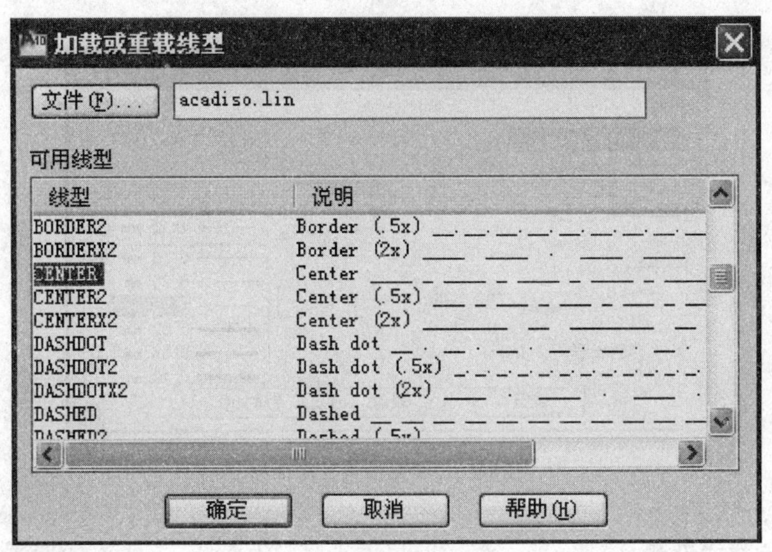

图 3-5 “加载或重载线型”对话框

*CENTER(GB),Center ____ _ ____ _ ____ _ ____ _ ____

A, 12, −1, 1, −1

*HIDDEN(GB),Hidden __ __ __ __ __ __ __ __ __ __ __

A, 4, −1

*PHANTOM(GB),Phantom ____ _ _ ____ _ _ ____ _ _ ____

A,12,−1, 1, −1, 1, −1

9）线宽设置。在图 3-2 所示图中单击对应的线宽，屏幕上弹出“线宽”对话框，如图 3-6 所示，从中可选择所需要的线宽。

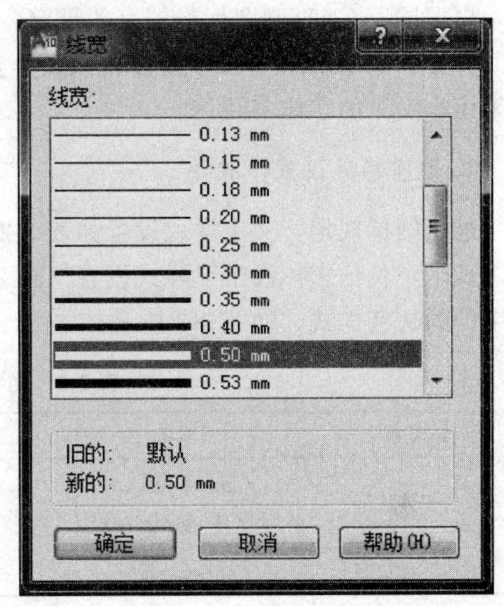

图 3-6 “线宽”对话框

通常细线采用默认线宽比较方便，所以首先要设置默认线宽。设置方法为选择“格式”→“线宽”命令，或右击绘图界面状态栏上的线宽（+）按钮，在弹出的快捷菜单中选择“设置”命令，弹出“线宽设置”对话框，如图 3-7所示。在下拉列表框中选择所需默认线宽，如 0.25 毫米，单击“确定”按钮即可。

提示：根据图幅大小设置线宽，通常 A0、A1 幅面采用粗线 0.7mm、细线 0.35mm，A2、A3、A4 幅面采用粗线 0.5mm、细线 0.25mm。

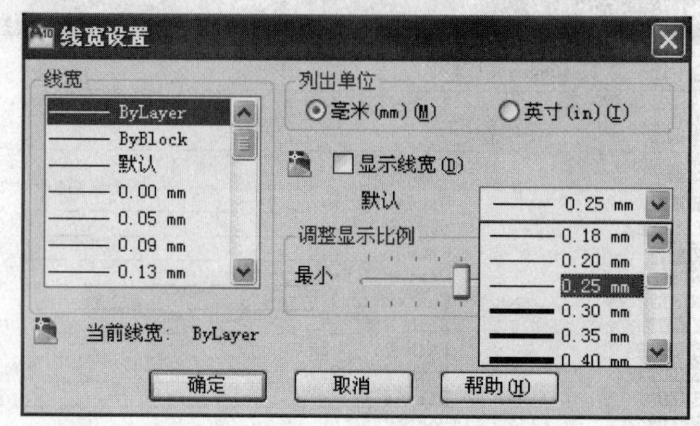

图 3-7 “线宽设置”对话框

3.1.2 文字样式设置

1. 国家标准有关规定

机械图样中除了用来表示机件形状的图形外，还要用文字、数字和字母来表达机件的大小、技术要求等内容。国家标准对这些文字的样式做了如下规定：

1）图样中的汉字应采用长仿宋体，并应采用国家正式公布推行的简化字。字体高度（h）的公称系列为：1.8mm、2.5mm、3.5mm、5mm、7mm、10mm、14mm、20mm。实际使用过程中，汉字高度不应小于 3.5mm。

2）图样中的数字和字母可采用正体或斜体。

根据国家 CAD 制图标准的有关规定，字体高度主要有 3.5 与 5，其中字母数字采用 3.5 号，汉字采用 5 号。用作指数、分数、极限偏差和注角等的数字及字母，一般应采用小一号的字体书写。

2. 文字样式设置步骤

根据国标规定，文字样式设置如表 3-2 所示。在第二章“2.3.1 文字样式设置”中已进行了“长仿宋体汉字”样式设置（图 2-43）。重复以上步骤，可以设置“斜体字母数字”的文字样式，如图 3-8 所示。

表 3-2 文字样式参数表

样式名	字体名	字体高度	宽度比例	倾斜角度
长仿宋体汉字	gbeitc. shx 大字体 gbcbig. shx	5	1	0
斜体字母数字	gbeitc. shx	4.6	1	0

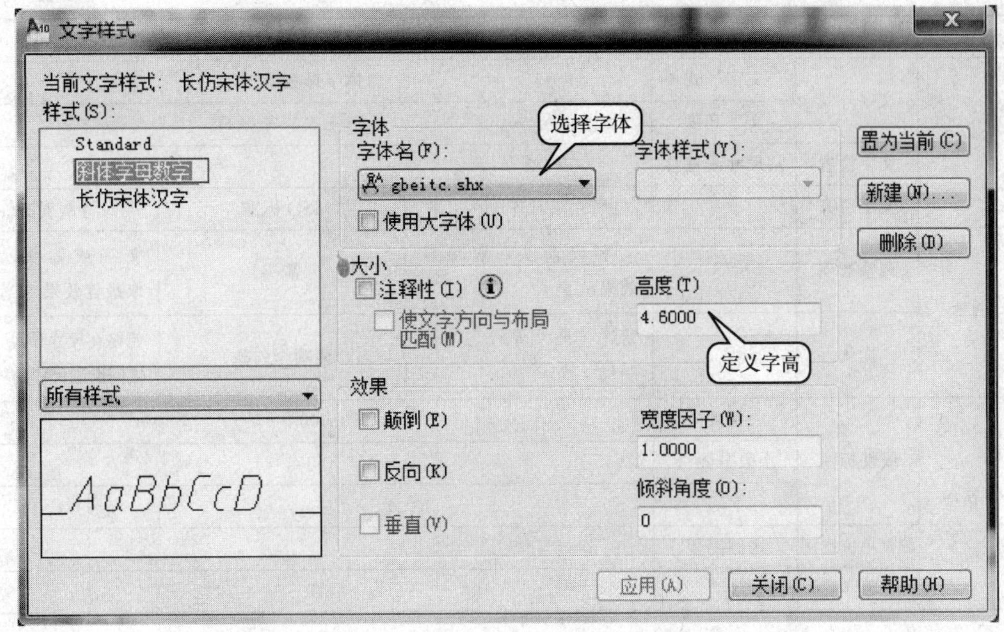

图 3-8 “斜体字母数字”样式设置

提示：“斜体字母数字”是为工程图中标注尺寸而设置的文字样式，由于“gbeitc. shx”字体设置字高 3.5 时，实际字高要小于国标所规定的高度，所以，为了保证输出图纸中的字母及数字的字高为 3.5mm，须将设置的字体高度尺寸放大至约 4.6mm。此外，“gbeitc. shx”本身即为斜体，所以不用再设置倾斜角度。而汉字字体“gbcbig. shx”本身即为长仿宋体，所以不用再设置宽度比例。

3.1.3 标注样式设置

为了使标注符合机械制图标准中有关尺寸标注的规定，在 AutoCAD 中需进行标注样式设置，对于常用 A2、A3、A4 图幅，标注样式的具体参数如表 3-3 所示。

表 3-3 标注样式参数设置一览表

选项卡	标注要素	参数名称	线性标注	角度标注	半径标注	直径标注	线性直径标注
线	尺寸线	基线间距	7				
	延伸线	超出尺寸线	2				
		起点偏移量	0				
符号和箭头	箭头	箭头大小	4				
	圆心标记	类型	无				

续表

选项卡	标注要素	参数名称	线性标注	角度标注	半径标注	直径标注	线性直径标注
文字	文字外观	文字样式	斜体字母数字				
		文字高度	4.6				
	文字位置	从尺寸线偏移	1				
	文字对齐		与尺寸线对齐	水平	ISO 标准		与尺寸线对齐
调整	调整选项		文字或箭头，取最佳效果		箭头		文字或箭头，取最佳效果
	优化		始终在尺寸界线之间绘制尺寸线		（两项全勾选）		始终在尺寸界线之间绘制尺寸线
主单位	线性标注	精度	0.000				
		小数分隔符	'.'（句点）				
		前缀	（无）				%%C
	测量单位比例	比例因子	1				
	消零		后续				

从表 3-3 标注样式参数设置一览表中可以发现各类标注中的大部分参数是一样的，因此，可以先根据“线性标注”的参数要求设置一个基础样式，然后再进行少量的修改，以形成具体的标注样式。

1. 基础样式的设置

选择菜单“格式”→“标注样式”命令或“标注”→“样式”命令，或从“标注”工具栏（图 3-9）中选择标注样式工具（），弹出“标注样式管理器”对话框，删除其他样式后如图 3-10 所示。

图 3-9 “标注”工具栏

右击默认的样式名“ISO-25”，在弹出的快捷菜单中选择“重命名”命令，修改样式名称为“常用标注”。在“标注样式管理器”对话框中单击“修改”按钮，弹出“修改标注样式：常用标注”对话框。参照表 3-3 所示的“线性标注”参数，对其进行修改，具体设置如下：

1）打开“线”选项卡，设置直线的参数。“基线间距”设置为“7”；“超出尺寸线”设置为“2”；“起点偏移量”设置为“0”，如图 3-11 所示。

2）打开“符号和箭头”选项卡，设置符号和箭头各参数。“箭头大小”设置为

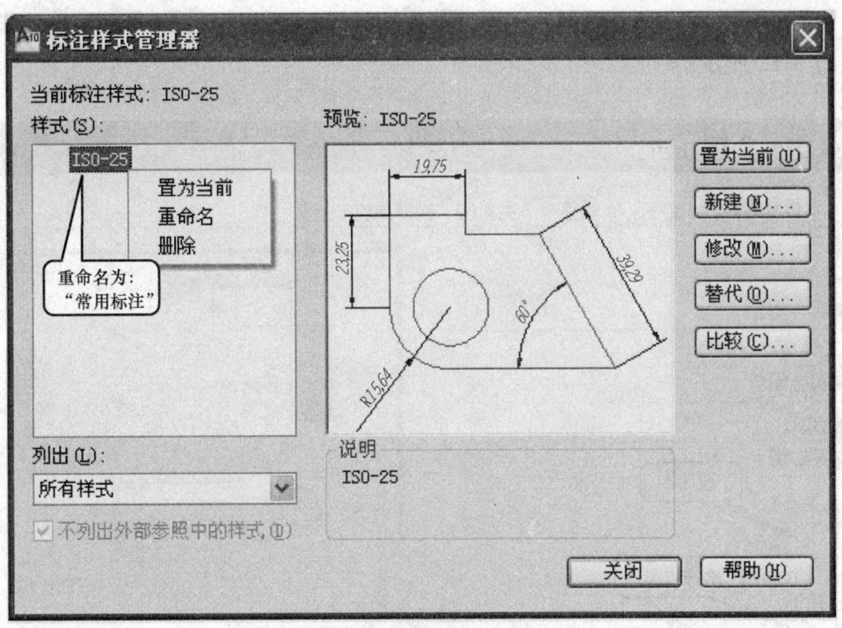

图 3-10 “标注样式管理器”对话框

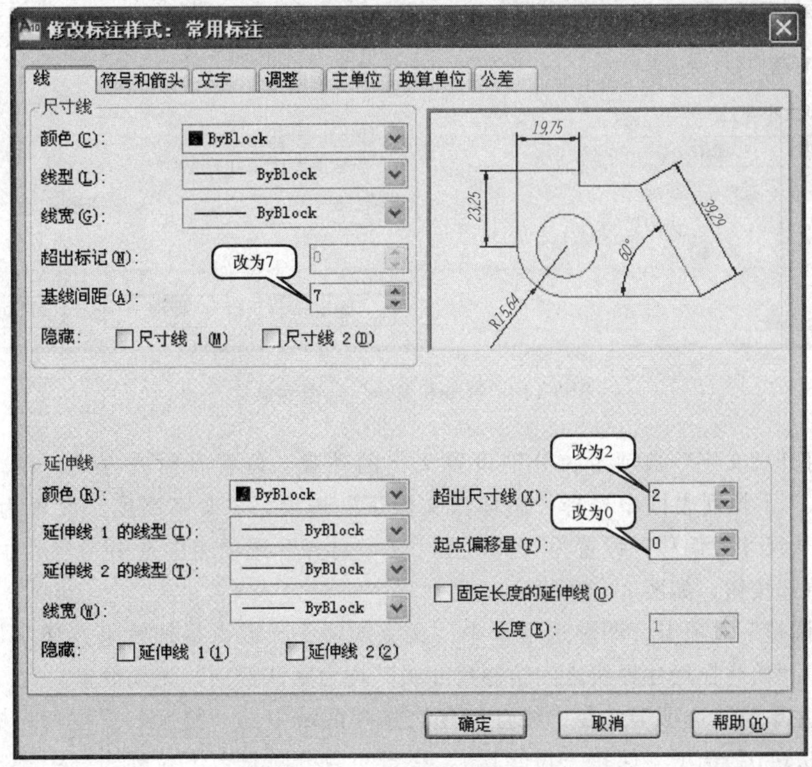

图 3-11 “线”选项卡设置

“4”（A2、A3、A4 图幅）；在“圆心标记”选项组中选中“无”单选按钮，如图 3-12 所示。

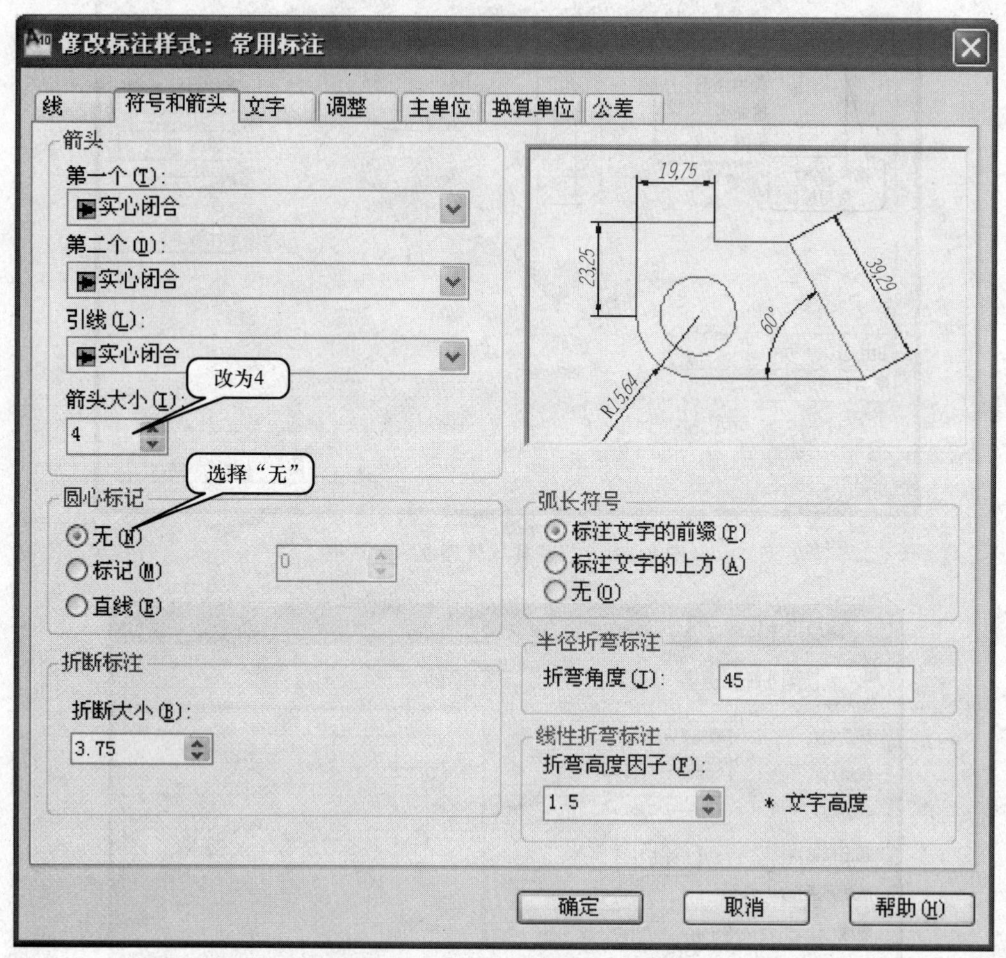

图 3-12 “符号和箭头”选项卡设置

3）打开“文字”选项卡，分别设置文字的外观、位置及对齐方式。在“文字样式”下拉列表框中选择“斜体西文数字”选项，“文字高度”设置为“4.6”，“从尺寸线偏移”设置为“1”，在“文字对齐”选项组中选中“与尺寸线对齐”单选按钮，如图 3-13所示。

4）“调整”选项卡。调整选项卡中“文字或箭头，取得最佳效果选择”与调整框中“始终在尺寸界线之间绘制尺寸线”均为默认选项，无须设置。

5）“主单位”选项卡。在“线性标注”选项区域中的“精度”下拉列表框中选择“0.000”选项（保持三位精度），在“小数分隔符”下拉列表框中选择“‘.’（句点）”选项。比例因子“1”与“消零”选项区域中的“后续”均为默认值，

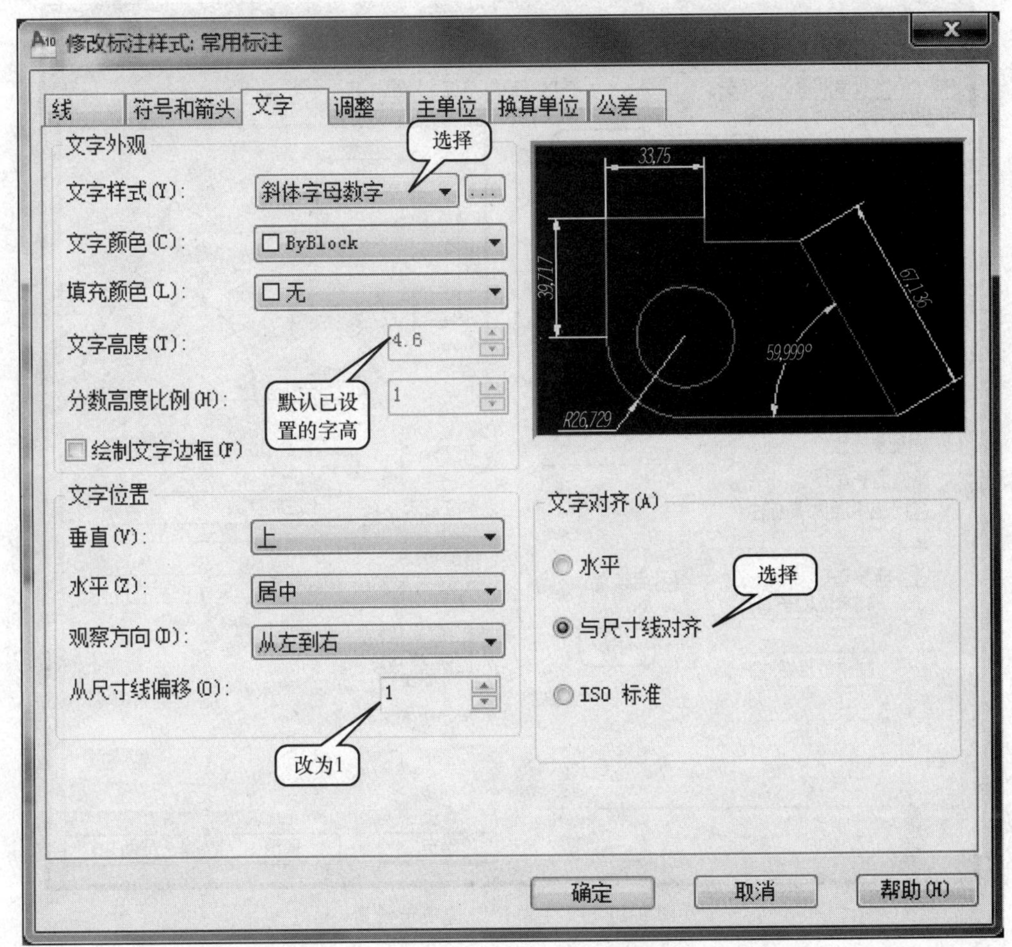

图 3-13 “文字”选项卡设置

无须设置。结果如图 3-14 所示。

单击“确定”按钮，返回“标注样式管理器”对话框，最后单击“关闭”按钮。至此，“常用标注”样式设置成为符合国标要求的基础标注样式。但对具体不同形式的标注可能还有不同的要求，如线性尺寸文字可以水平或垂直放置，而角度标注时规定文字只能水平放置。

机械制图中常用的尺寸标注方式有以下几种基本类型：线性尺寸标注（、）、角度尺寸标注（）、半径尺寸标注（）、直径尺寸标注（）等。为了使用方便，应建立相应的标注样式。另外，由于在标注直径时，可以在非圆视图上进行标注，此时虽为线性标注，但此尺寸应有前缀“ϕ”，为此，需另外建立样式名为“线性直径”的标注样式。具体的标注样式设置参数如表 3-3 所示。

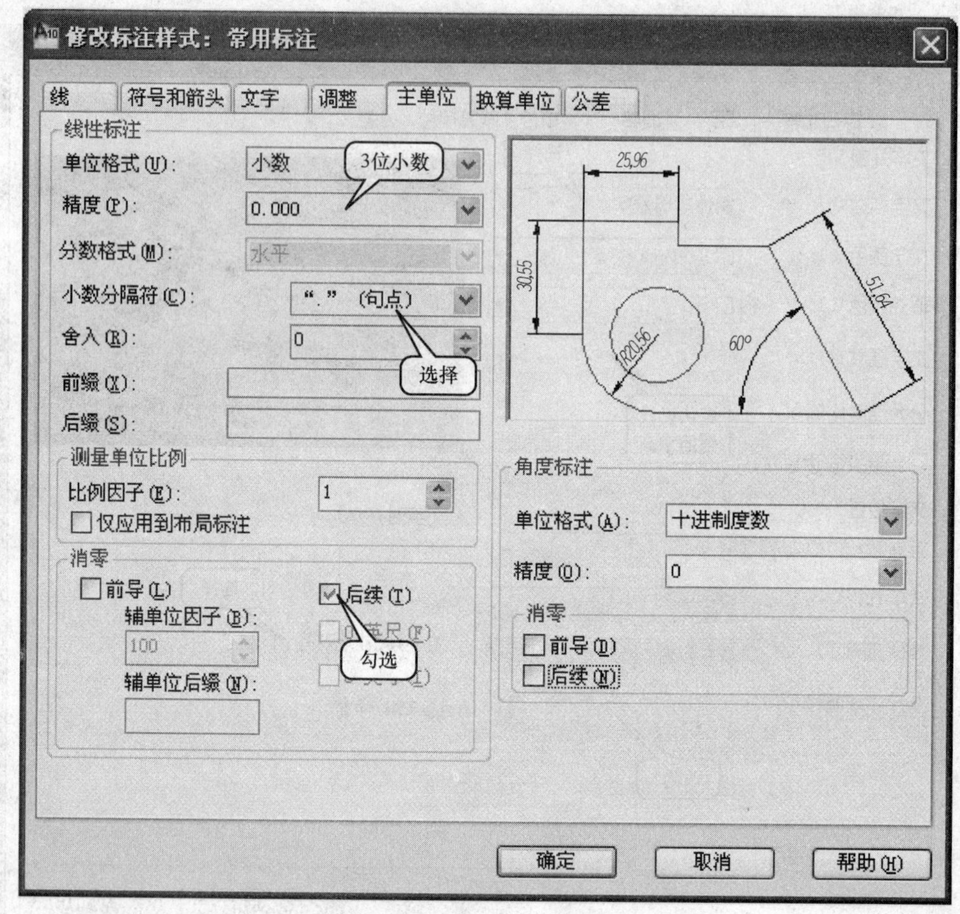

图3-14 “主单位”选项卡设置

2. 创建具体的标注样式

1）在“标注样式管理器”对话框（图3-10）中，单击“新建”按钮，弹出“创建新标注样式”对话框（图3-15），可创建新的标注样式。

2）在“基础样式”下拉列表框中选择前面设置好的基础样式“常用标注”。即后面的设置是在“常用标注”标注样式的基础上进行的。

3）在“用于”下拉列表框中显示了所有尺寸标注类型，可分别选择线性、角度、半径、直径等标注进行设置，如图3-15所示。

因为已设置的基础标注样式（常用标注）是参照线性标注要求设定的，所以线性尺寸标注无须对基础样式进行改动。选择线性标注后，单击“继续”按钮，在弹出“新建标注样式：常用标注：线性”对话框后，直接单击“确定”按钮返回。

角度标注样式设置。在图3-15所示对话框中的“用于”下拉列表框中选择“角度标注”选项，系统自动给定样式名为“常用标注：角度”。单击“继续”按钮，弹出

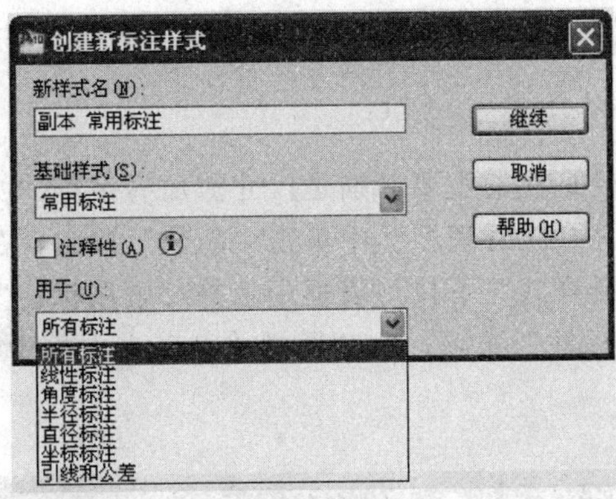

图 3-15 “创建新标注样式”对话框

“新建标注样式：常用标注：角度”对话框。打开“文字”选项卡，在“文字对齐”选项组中选中“水平”单选按钮，如图 3-16 所示。单击“确定”按钮，返回“标注样式管理器”对话框。

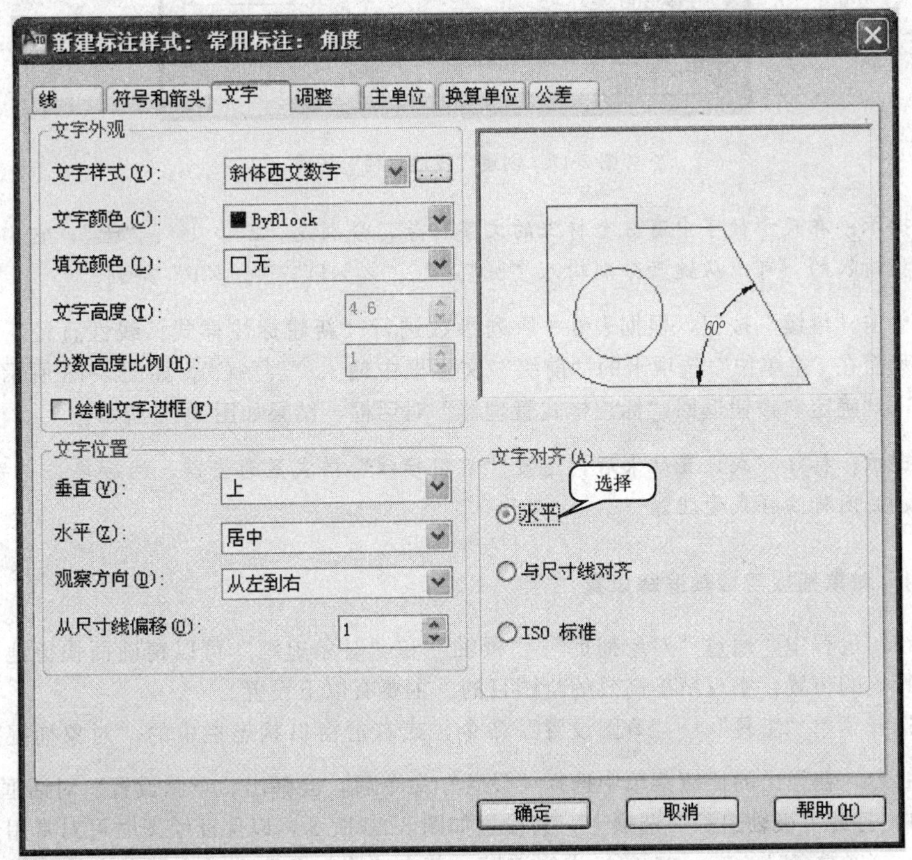

图 3-16 角度标注样式的“文字”设定

参考表 3-3 重复以上步骤，分别建立半径、直径、引线等标注样式。

3. 创建线性直径标注样式

线性直径标注与线性标注的主要区别是尺寸前加有字符“ϕ”，标注时需要另外设置样式。设置时在“标注样式管理器”中单击“新建”按钮，在弹出的“创建新标注样式”对话框中的“基础样式”下拉列表框中选择“常用标注”选项，在“用于”下拉列表框中选择“所有标注”选项，在“新样式名”文本框中输入“线性直径”，如图 3-17所示。

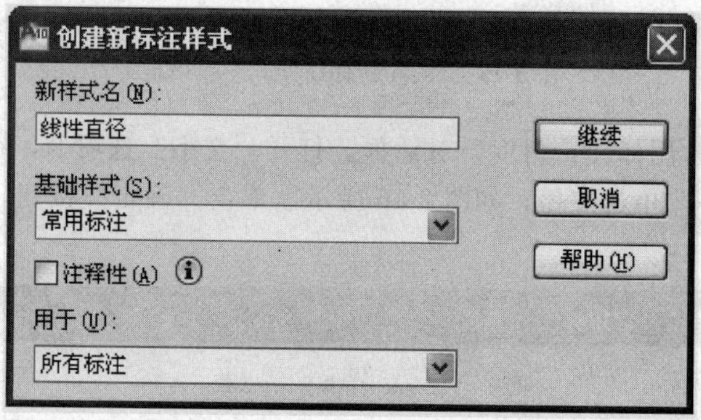

图 3-17　创建“线性直径”样式

提示：在尺寸数字中有 3 个特殊的文字符号，分别是“ϕ”、“°”、“±”，它们是不能直接输入的，可以从键盘分别输入“%%C”、“%%D”、“%%P”得到。

单击“继续”按钮，根据表 3-3 所列参数进行“新建标注样式：线性直径”的设置，只需在“主单位”选项卡的“前缀”文本框中输入“%%C”，如图 3-18 所示。最后单击“确定”按钮返回“标注样式管理器”对话框，结果如图 3-19 所示。

提示：标注样式设置结束后，通常“常用标注”样式置为当前，然后单击“关闭”按钮，关闭标注样式管理器。

3.1.4　对象捕捉与极轴追踪设置

绘图过程中，通过“对象捕捉”、“极轴”和“对象追踪”可以精确而快捷地找到一些特定的位置，实现精确高效的绘图目的。主要有以下设置。

选择菜单“工具”→“草图设置”命令，或右击窗口状态栏中的“对象捕捉”按钮（![]），在弹出的快捷菜单中选择“设置”命令后，会弹出“草图设置”对话框。

1）打开“极轴追踪”选项卡，其设置如图 3-20 所示，以保证绘图时可对常用角度（30°、45°、60°、90°等）进行追踪，其中“附加角”选项也可以在绘图时根据需要进行设置。图 3-20 中，增量角的设置相当于一个 30°与 60°角的三角板，附

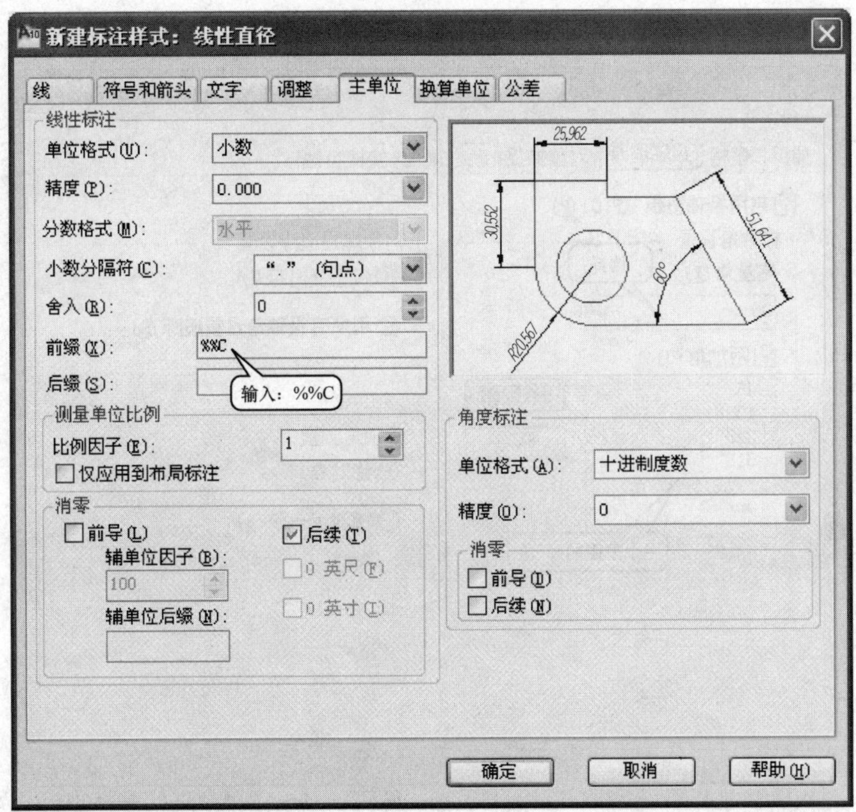

图 3-18 “新建标注样式：线性直径”对话框

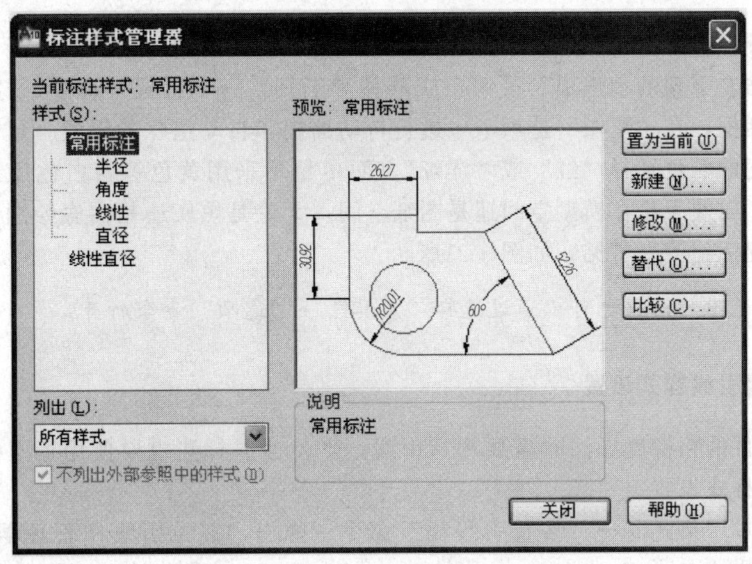

图 3-19 设置完成后的标注样式管理器

加角的设置相当于 45°角的三角板。

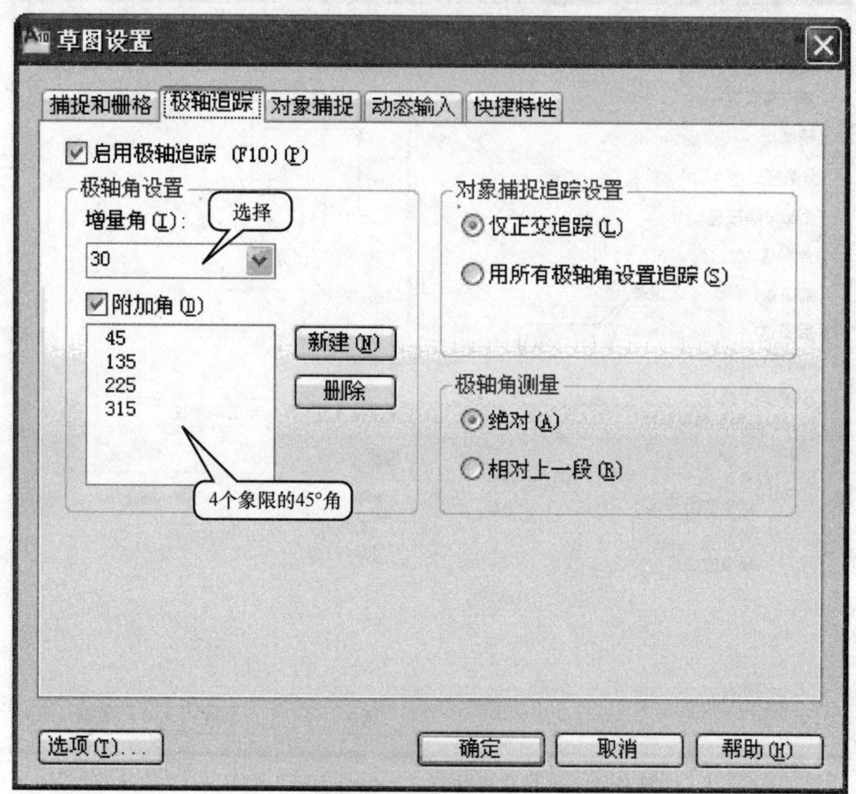

图 3-20 设置后的“极轴追踪”选项卡

2）打开“对象捕捉”选项卡，设置常用的对象捕捉模式，如图 1-21 所示。

3）单击左下角的“选项”按钮，或选择“工具”→“选项”命令，打开“选项”对话框，在“草图”选项卡中进行自动捕捉和自动追踪的设置。建议自动捕捉标记的颜色选择“红”或“洋红”，而尽量不采用黄色等与白色反差太小的颜色，以便无论在模型空间还是图纸空间，无论是黑底还是白底绘图，都能保证捕捉标记清晰可见，如图 3-21所示。

提示：选项对话框也可以通过选择“工具”→“选项”命令打开。

3.1.5 多重引线样式设置

由于零件的粗糙度标注时需要用指引线，形位公差标注也要使用指引线，故要进行多重引线样式设置。

选择菜单“格式”→“多重引线样”命令，弹出“多重引线样管理器”对话框，右击默认的样式名 Annotative，在快捷菜单中选择“重命名”命令，更改样式名称为“标注指引线”，如图 3-22 所示。

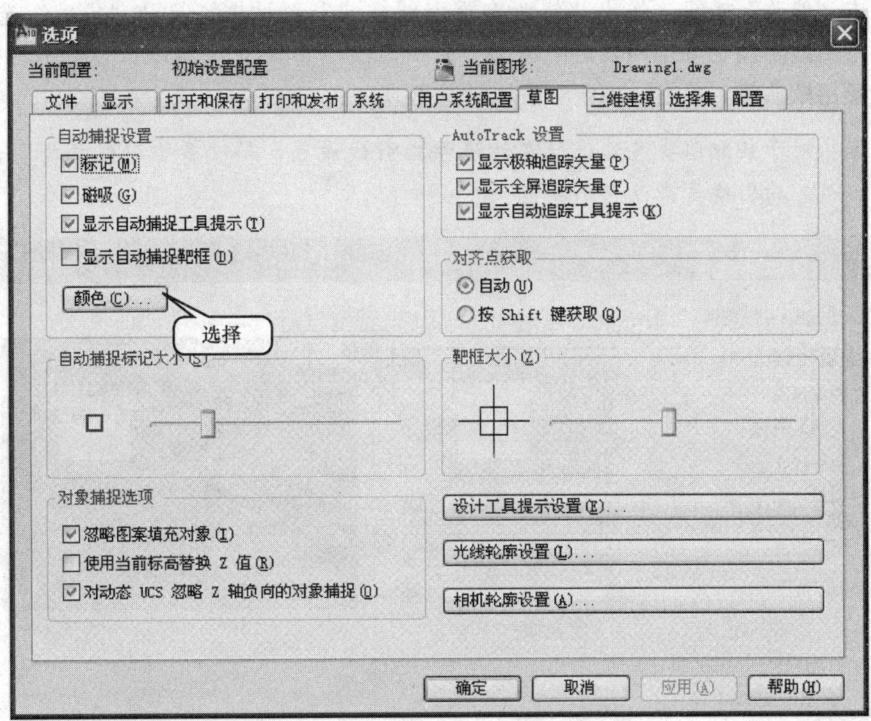

图 3-21　自动捕捉标记的颜色设置

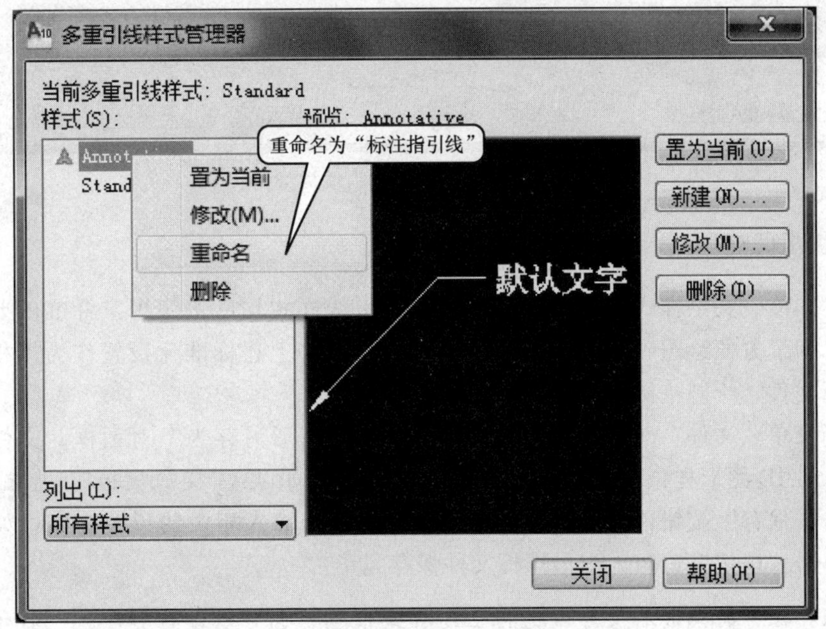

图 3-22　多重引线样式设置

单击“修改”按钮，弹出“修改多重引线样式”对话框，打开“内容”选项卡，在“多重引线类型”下拉列表框中选择“无”选项，如图 3-23 所示。多重引线样式的其他设置用默认值，单击“确定”按钮后退出。

提示：对于装配图要另外进行零件序号指引线设置，如“多重引线类型”设置为“多行文字”，指引线箭头改“小点”。

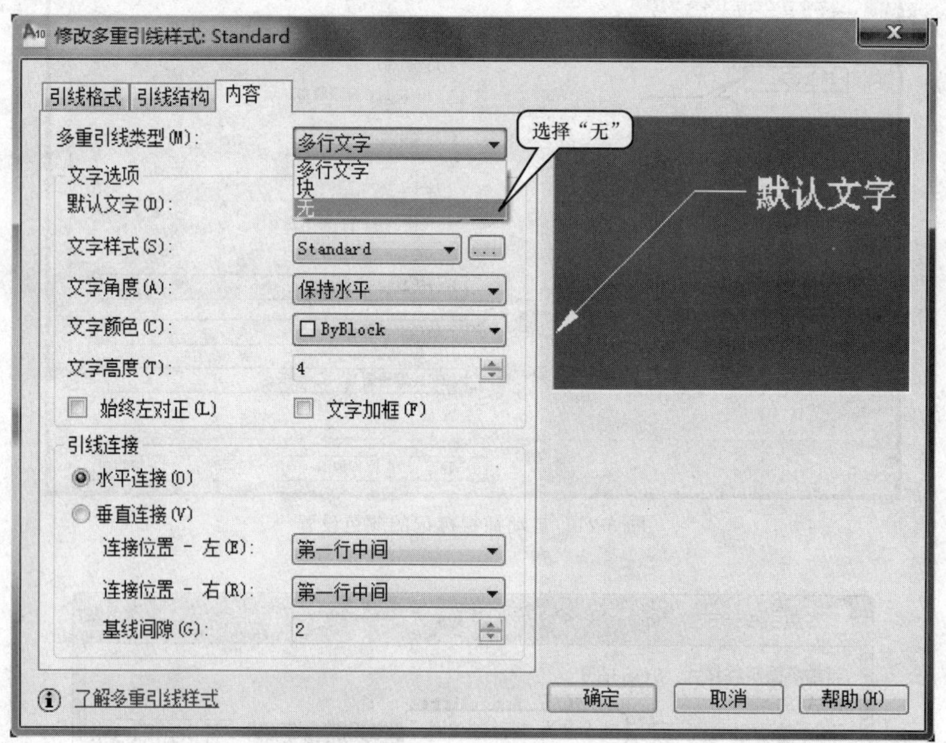

图 3-23　修改多重引线类型

3.1.6　模板保存

上述图线、文字样式标注、标注样式以及引线样式均已按照国家标准的要求进行了设定。为了方便绘图时调用，避免重复设置，可将上述标准化设置作为模板保存为图形样板文件，绘制机械图样时只需直接调用。

选择菜单“文件”→“另存为”命令，弹出“图形另存为”对话框。文件类型选择“AutoCAD 图形样板（*.dwt)”，输入文件名，如“A4 横放模板”，如图 3-24 所示。单击“保存”按钮，弹出“样板选项”对话框，输入相关的说明文字，如图 3-25 所示，单击“确定”铵钮，图形样板文件保存完毕。

提示：保存的模板不仅可以进行上述样式设置，也可以进行打印机、打印样式与图纸设置，还可以在布局的图纸空间中画好图框与标题栏，一同保存为模板。

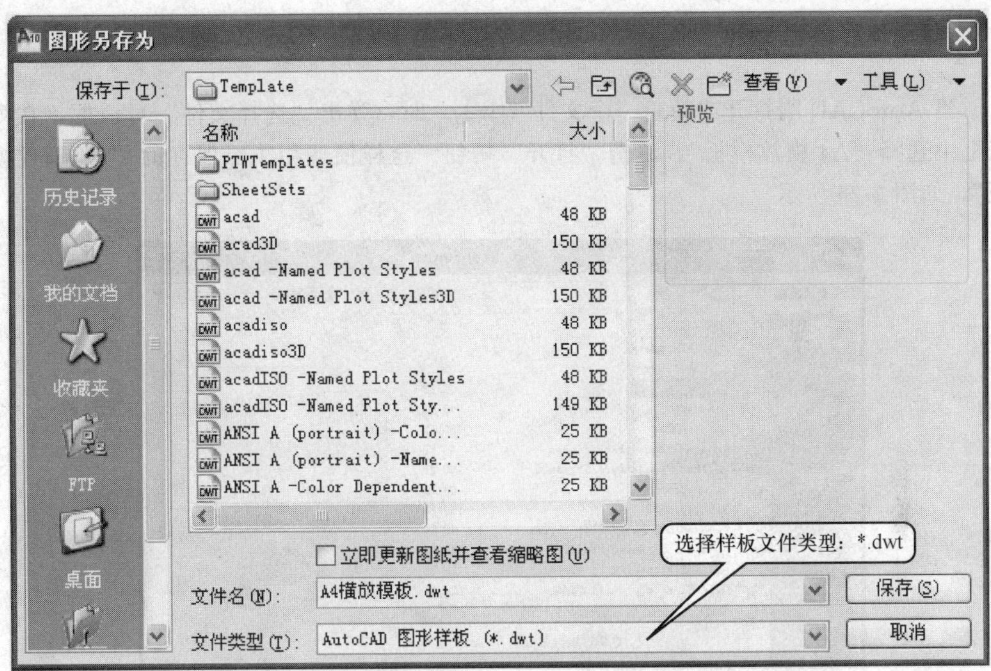

图 3-24　保存图形样板文件对话框

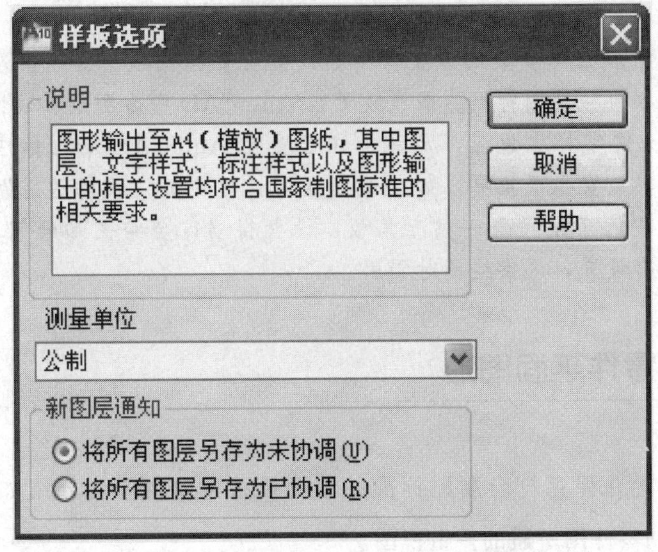

图 3-25　图形“样板选项”对话框

提示： 国标 A4 纸只有竖置，没有横置。本书中为了操作时在 AutoCAD 窗口中能得到完整预览显示的图样，故设置“A4 横放模板”。以后的出图也主要使用 A4 横放的图纸。

3.1.7 模板调用

当AutoCAD刚打开或新建一个文件（ ）时，弹出“选择文件”对话框，在列表框中选择“A4横放模板”，单击“打开”按钮。这样便调用了已保存的“A4横放模板”，如图3-26所示。

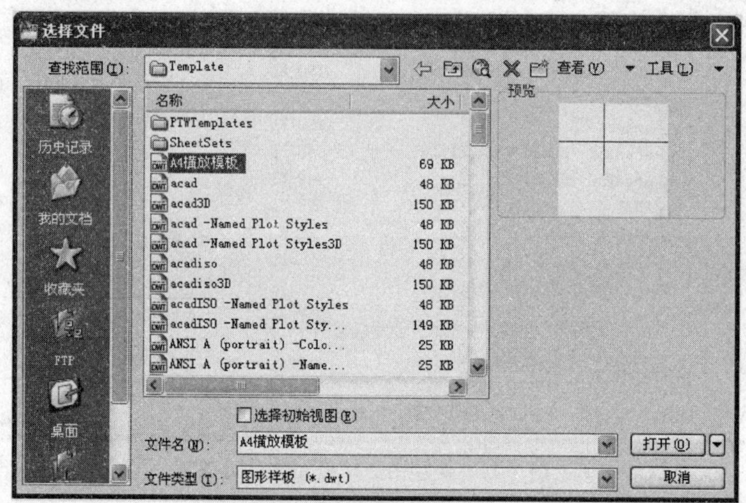

图3-26 调用模板

本节介绍了图形相关参数的设置。参数设置主要指图线、文字、尺寸标注等，参数设置要符合国家机械制图标准。图线设置在AutoCAD中为图层参数设置，文字设置在AutoCAD中为文字样式设置，尺寸标注设置在AutoCAD中为标注样式设置。另外，绘图辅助工具设置也很重要，如草图设置对话框中的“极轴追踪”设置，此设置相当于手工绘图中的丁字尺与一付三角板，设置得当，会给图形绘制带来较大方便。模板可以保存所有设置，以供绘图时调用。

3.2 绘制零件平面图形

本节将在设置并保存符合制图标准的绘图模板的基础上，介绍如何在模型空间（模型）绘制零件图所需的一组视图。

在模型空间绘图的步骤与手工绘图的步骤基本一致，首先要对零件进行形体分析，了解零件由哪几部分组成，各部分之间的相对位置、组合形式以及各表面间的连接关系，对零件的结构特点以及尺寸大小有一个总体印象，为绘图做好准备。然后确定并绘制绘图基准线，按投影规律逐个画出各组成部分的视图。绘图时要注意，反映每个组成结构的几个视图尽量配合着画，先画反映实形结构的投影视图，再画其他视图，如先画圆，后画圆的投影直线等；先画主要结构，后画次要结构，最后画细节结构；最后检查并做适当的修改。

打开 AutoCAD 绘图软件，在正式绘图之前，应先设置友好的绘图界面。

首先，单击绘图界面右下角的“切换工作空间”按钮，弹出下拉菜单，将工作空间切换至“AutoCAD 经典”（AutoCAD 经典）。然后，选择菜单“工具”→“工具栏”→“AutoCAD”命令，勾选“修改”、“图层”、“对象捕捉”、“标准”、“标注”、“绘图”等工具条，并将各工具条分别放置于界面的上、左、右。同时，打开界面下方的“极轴”、“对象捕捉”与“对象追踪”按钮，其余的可关闭，如图 3-27 所示。

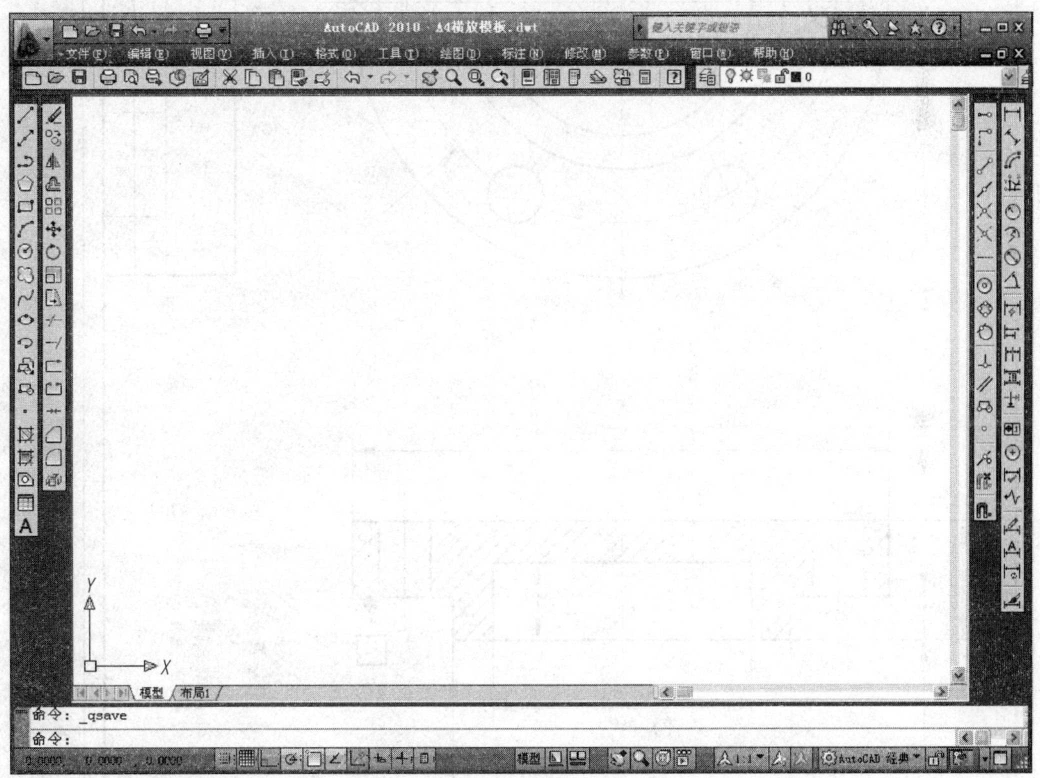

图 3-27　绘图界面

提示： 为了方便绘图，应保证绘图区尺寸最大，故一般仅需取出最常用的工具栏，用得较少的命令可直接从菜单中调用。

3.2.1　绘图示例 1：端盖

端盖零件图如图 3-28 所示。

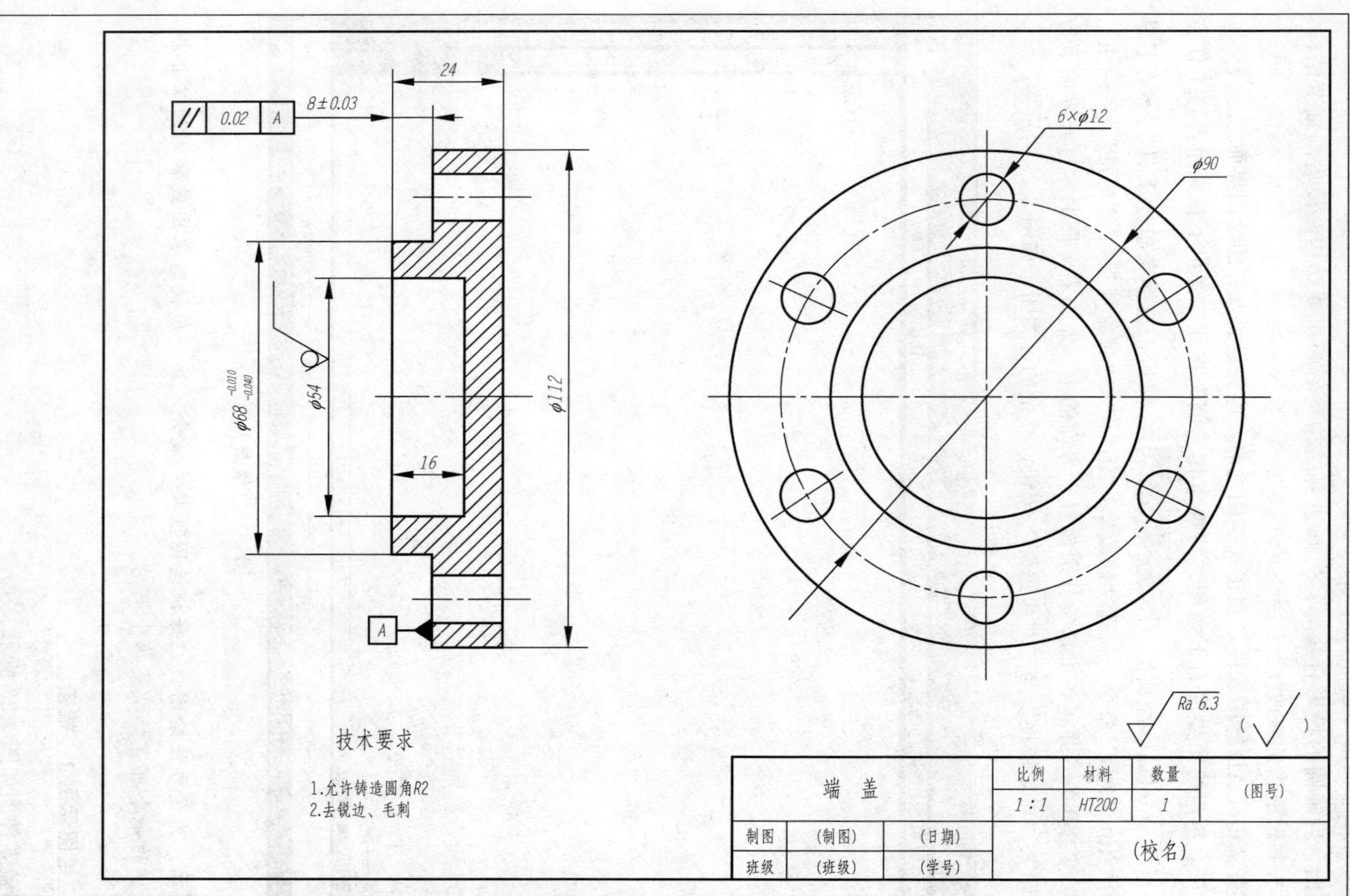
0.02
A
8±0.03
24
6×φ12
φ90
φ68 -0.010 -0.040
φ54
16
φ112
A
Ra 6.3
( )
技术要求
1.允许铸造圆角R2
2.去锐边、毛刺
端　盖
比例
材料
数量
1:1
HT200
1
(图号)
制图
(制图)
(日期)
班级
(班级)
(学号)
(校名)

图 3-28　端盖零件图

1. 形体分析

从零件图可见该零件为一盘盖类零件，均由回转体构成，上有沿圆周均匀分布的6个 $\phi12$ 的圆孔。表达方案采用了两个基本视图。绘图时可以设置零件轴线作为基准。

2. 绘制图形的步骤

(1) 创建新文件并保存

打开已保存的符合机械制图标准的绘图模板“A4横放模板.dwt”。在打开的窗口中，默认的文件名为“Drwing1.dwg”。

保存文件为“端盖.dwg”。

(2) 绘制各个视图的绘图基准线

在图层工具栏中选择“辅助线”为当前图层，如图3-29所示。

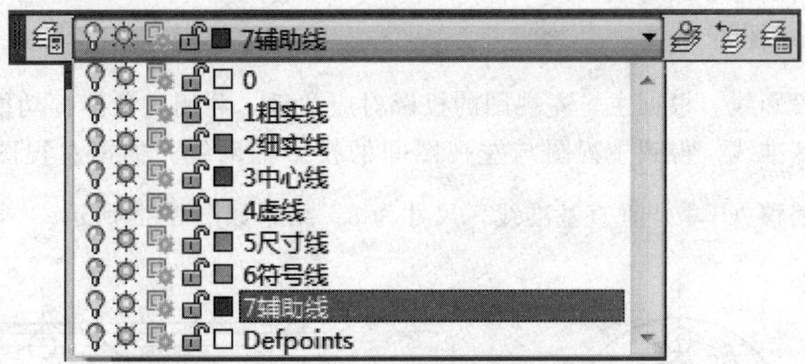

图3-29　选择当前图层

选择菜单“绘图”→“构造线”命令或构造线工具（），从命令行输入：0，0、9，0、0，9得到通过坐标原点的相互垂直的基准线。将坐标原点设置在左视图圆心，如图3-30所示。

(3) 画左视图

1) 选择“粗实线”为当前图层。用画圆工具（）绘制直径 $\phi54$、$\phi68$、$\phi112$ 的轮廓线，如图3-31所示。

2) 选择点画线图层，用画圆工具（）绘制 $\phi90$ 的定位圆。再在定位圆与垂直基准线的交点绘制 $\phi12$ 的圆，并用中心线绘制 $\phi12$ 圆的中心线，如图3-32所示。

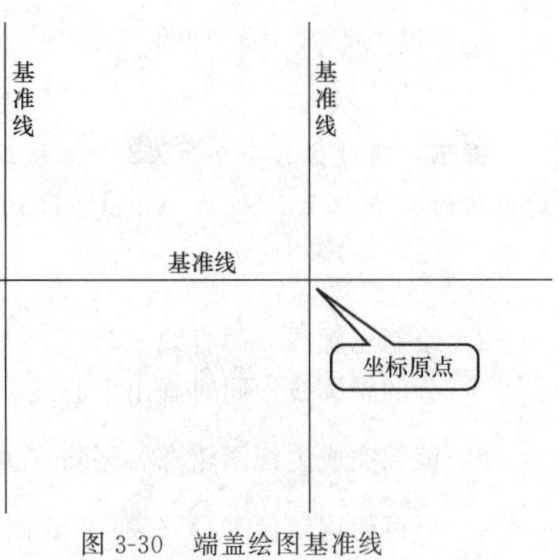

图3-30　端盖绘图基准线

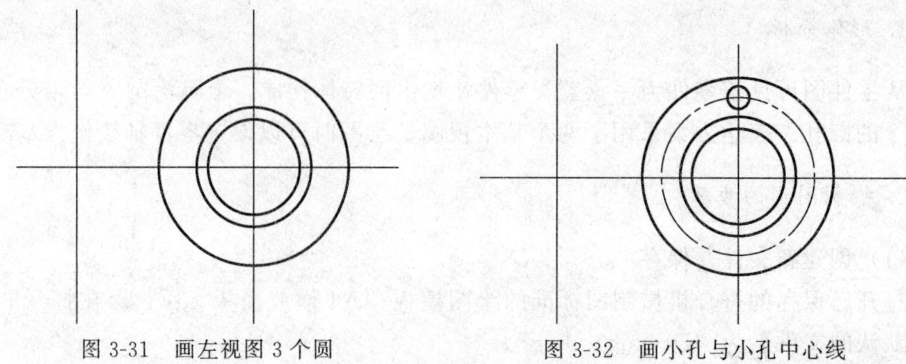

图 3-31　画左视图 3 个圆　　图 3-32　画小孔与小孔中心线

3）用阵列工具（ ）绘制沿 ϕ90 的定位圆均匀分布的 6 个 ϕ12 的圆及其中心线。阵列后如图 3-33 所示。

（4）绘制主视图

1）绘制投影线。根据主、左视图的投影对应关系，利用对象捕捉功能复制（ ）水平基准线，得到主视图与左视图间的投影辅助线。根据左视图端面轮廓尺寸，偏移（ ）垂直基准线，尺寸为 8。结果如图 3-34 所示。

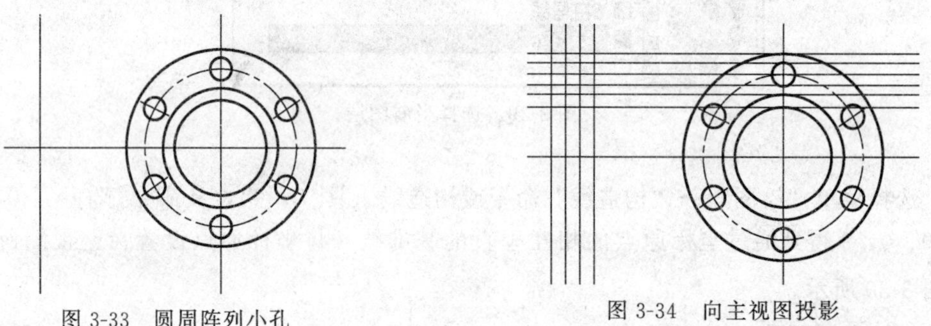

图 3-33　圆周阵列小孔　　图 3-34　向主视图投影

提示：通过偏移命令（ ）画辅助线可以使零件结构准确定位，同时也提供了轮廓形状的交点位置，利用 AutoCAD 的捕捉功能，进行交点捕捉可以很方便地绘制轮廓。

2）绘制轮廓线。用直线工具（ ）通过捕捉辅助线的交点，绘制主视图上半部分的轮廓线，同时画出中心线。结果如图 3-35 所示。

3）镜像完成主视图轮廓。删除（ ）图 3-35 中的辅助线。主视图下部的对称部分可使用镜像工具（ ）绘制，结果如图 3-36 所示。

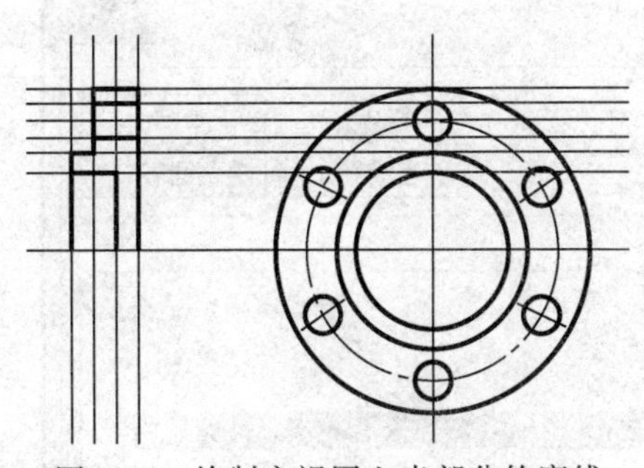

图 3-35　绘制主视图上半部分轮廓线

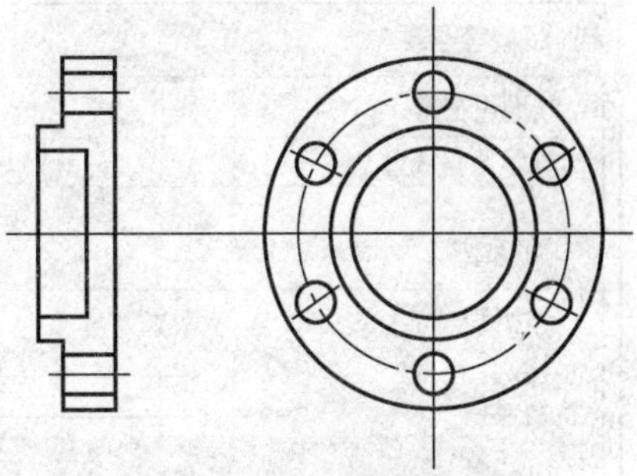

图 3-36　绘制镜像结构

4）填充剖面线。选择“细实线”为当前图层，采用图案填充工具（　）填充剖面线。

（5）完成端盖视图

完成端盖的两个视图绘制还需做以下工作。

1）补画中心线。选择“点画线”为当前图层，用直线工具（　）沿基准线（对象捕捉设置“最近点”）绘制主视图与左视图的中心线。

2）隐藏基准线。用删除工具（　）或按 Delete 键删除图中所有辅助线。然后，关闭（　）辅助线图层，将基准线隐藏。完成的端盖视图，如图 3-37 所示。

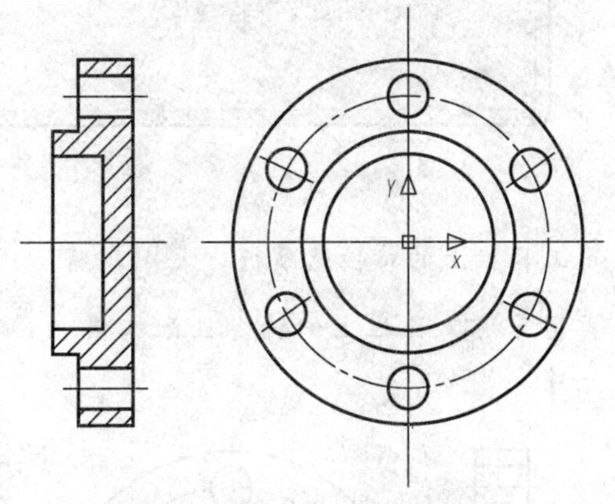

图 3-37　画中心线，隐藏辅助线

提示：只将基准线隐藏，不要删除。假若以后对图形进行修改，还可以打开绘图基准线。

3）修改中心线比例。由于左视图的中心线看上去像细实线，故必须修改。

选择“格式”→“线型”命令。打开“线型管理器”对话框，单击“显示细节”（显示细节(D)）按钮，“线型管理器”对话框如图 3-38 所示。同时“显示细节”（显示细节(D)）按钮变成为“隐藏细节”（隐藏细节(D)）按钮。

在“线型管理器”对话框中先选择点画线线型（CENTER），再修改全局比例因子为 0.2，比例因子的设置要能在出图时看出来是点画线，确定后退出。最终结果如图 3-39所示。

提示：以上对全部点画线统一进行了修改，若只修改部分点画线，则可打开常

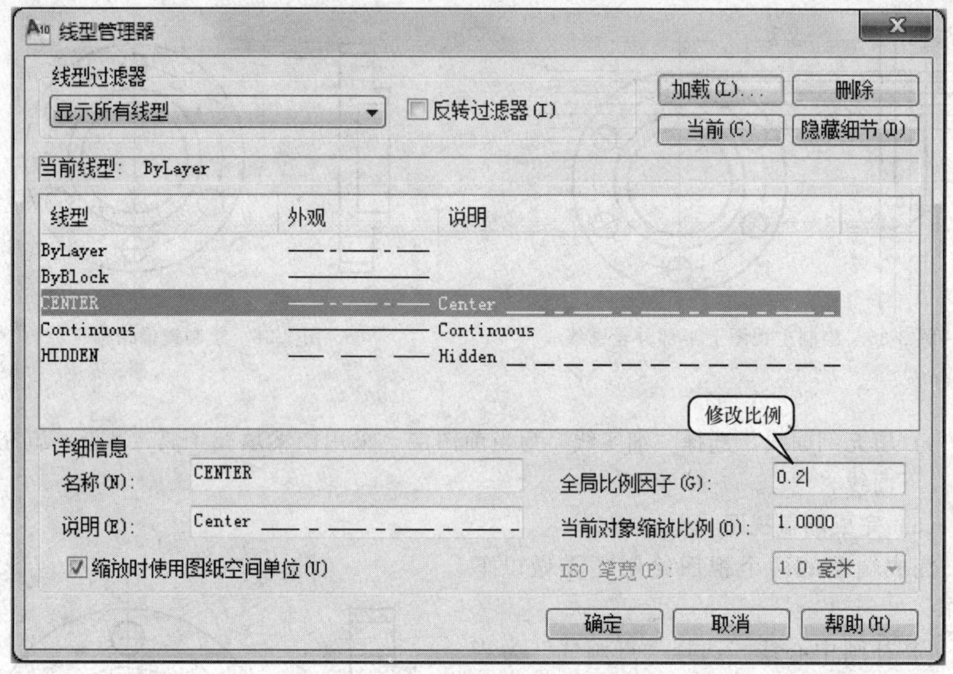

图 3-38　修改线形全局比例

用工具栏上的特性选项板（ ），将“线型比例”改为 0.2，如图 3-40 所示。然后，再用常用工具栏上的特性匹配工具（ ）单击中心线，将所需修改的中心线改成一致。

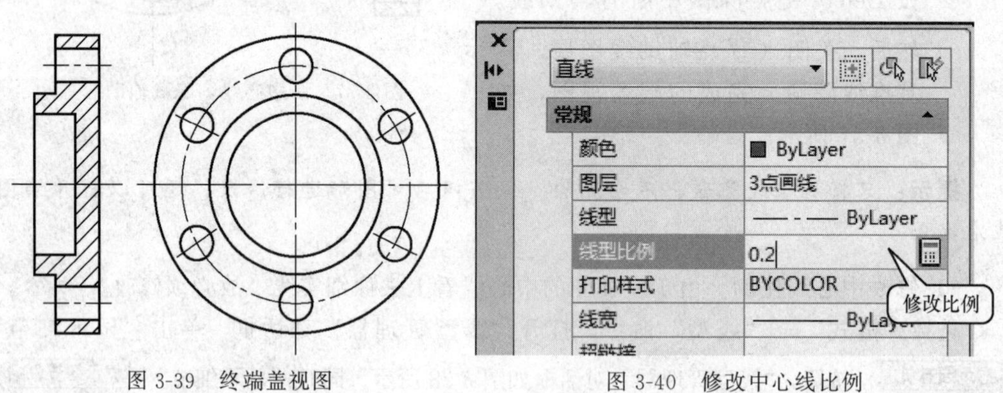

图 3-39　终端盖视图　　　　图 3-40　修改中心线比例

3.2.2　绘图示例 2：支座

支座零件图如图 3-41 所示。

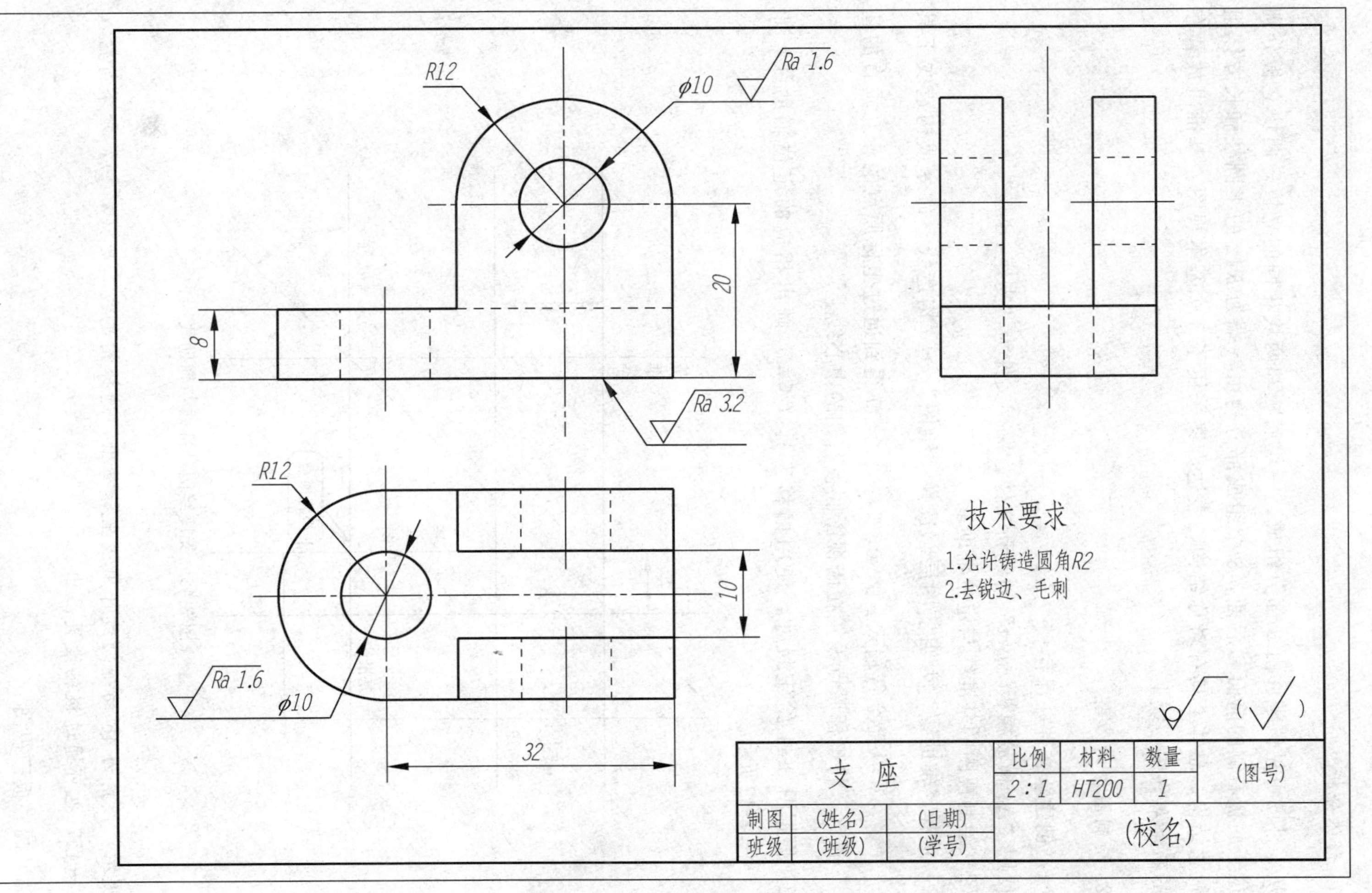
R12
φ10
Ra 1.6
20
8
Ra 3.2
R12
10
Ra 1.6
φ10
32
技术要求
1.允许铸造圆角R2
2.去锐边、毛刺
支 座
比例
材料
数量
(图号)
2 : 1
HT200
1
制图
(姓名)
(日期)
班级
(班级)
(学号)
(校名)

图 3-41 支座零件图

1. 形体分析

从零件图可见该零件由 3 部分组成，一块底板和两块相同的立板。两块立板分别对称位于底板右侧的前面和后面，3 个组成部分均由一端为 $R12$ 的半圆柱和长方体组成的板状结构。总体上具有对称结构，表达方案采用了 3 个基本视图。基准可放置在底板的右端对称中心线上。

2. 绘制图形的步骤

(1) 创建新文件并保存

使用“A4 横放模板 . dwt”创建新文件，保存文件为“支座 . dwg”。

(2) 绘制视图的基准线与定位辅助线

1) 选择“辅助线”为当前图层。选择“绘图”→“构造线”命令或构造线工具（），从命令行输入：0，0、9，0、0，9 得到通过坐标原点的相互垂直的基准线。将坐标原点设置在俯视图底板右侧的中心线上。

2) 根据图 3-41 给定尺寸，使用偏移工具（）画出相应的定位辅助线，如图 3-42所示。

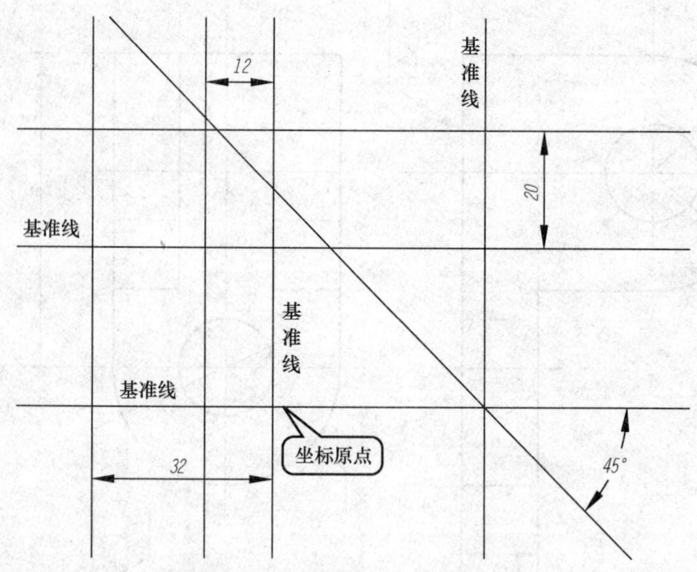

图 3-42　支座绘图基准线与辅助线

提示：倾角为 45°的辅助线可用极坐标画出，选择构造线工具（），命令行输入@9＜－45，也可通过极轴设置画出。

(3) 画底板三视图

1) 画俯视图。选择“粗实线”为当前图层。根据支座结构，先绘制底板为宜，因俯视图反映底板的实形，因而先从俯视图开始绘制，用画圆工具（）画半径 $R12$、$R5$ 的圆。然后偏移（）水平基准线，过上下象限点作辅助线。用直线工具（）通过捕捉象限点、交点绘制底板俯视图（这一步也可用矩形工具（）实现），再用修剪工具（）和删除工具（）删除多余的图线。

2）向主视图与左视图投影。使用偏移工具（）得到底板厚度尺寸 8。复制（）垂直基准线向主视图投影。再利用 45°的倾斜辅助线，向左视图投影，以实现三视图间的“长对正、高平齐、宽相等”。

3）绘制主视图与左视图。选择“粗实线”图层为当前图层，绘制外轮廓。选择“虚线”图层为当前图层，绘制孔的投影线。删除孔投影辅助线后的图形如图 3-43 所示。

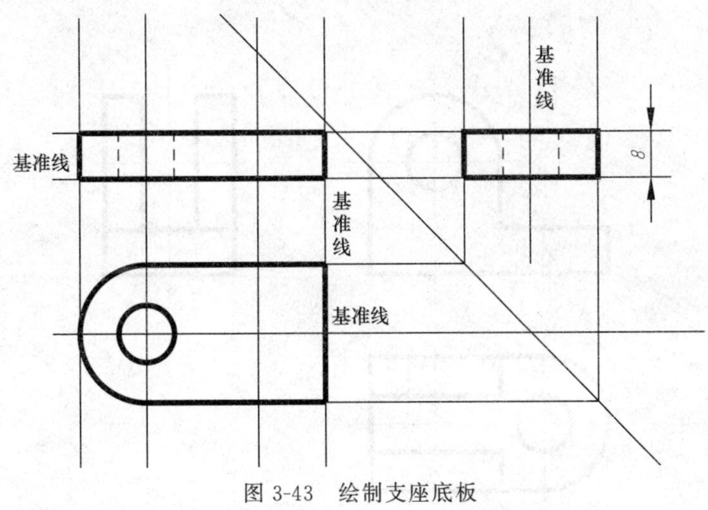

图 3-43　绘制支座底板

（4）绘制立板三视图

1）从主视图开始，与前述同样的方法，绘制立板的三视图。并用修剪（）工具对形体结合部分的图线进行适当的修改，并将不可见部分的图线改为虚线。

2）同理绘制左视图。结果如图 3-44 所示。

（5）完成支座三视图

1）选择“点画线”图层为当前图层。用直线工具（）在辅助线上描画中心线和对称线（对象捕捉设置“最近点”），完成支座三视图。

2）用删除工具（）或按 Delete 键删除图中所有辅助线。隐藏基准线后，结果如图 3-45 所示。

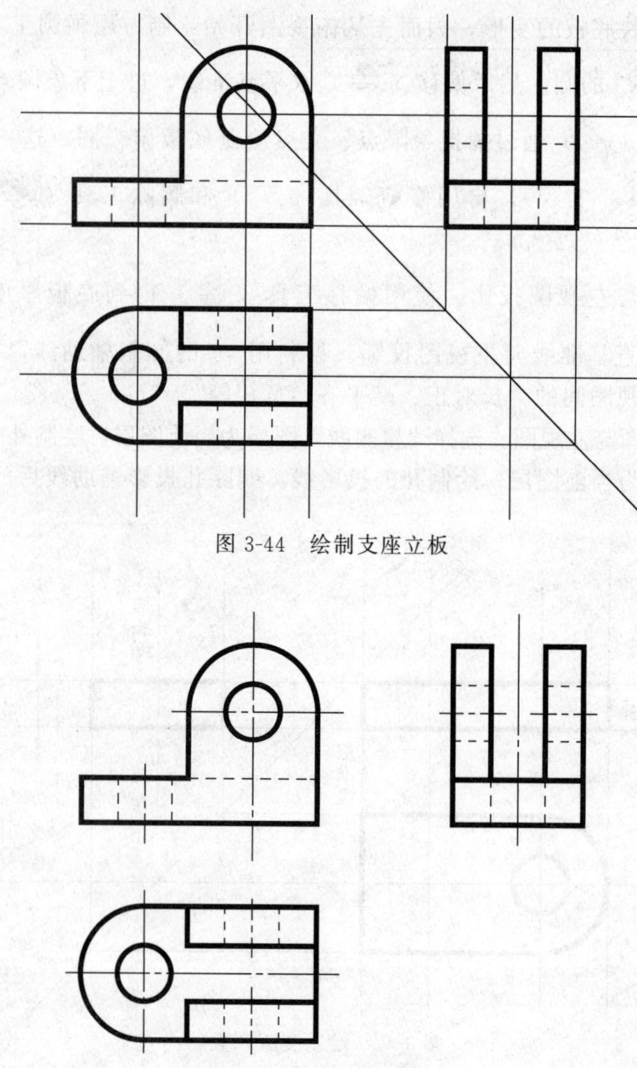

图 3-44　绘制支座立板

图 3-45　支座三视图

提示：若发现中心线与虚线看起来像细实线，则需要打开特性选项板修改线型比例。

3.2.3　绘图示例 3：三级宝塔皮带轮

三级宝塔皮带轮零件图如图 3-46 所示。

1. 形体分析

从零件图可见该零件是由回转体形成的盘状零件，轮缘部分是呈塔状分布的 3 个相同的轮槽，轮辐部分有一个带有斜面的环形沟槽，轮毂部分有一带键槽的轴孔并右端

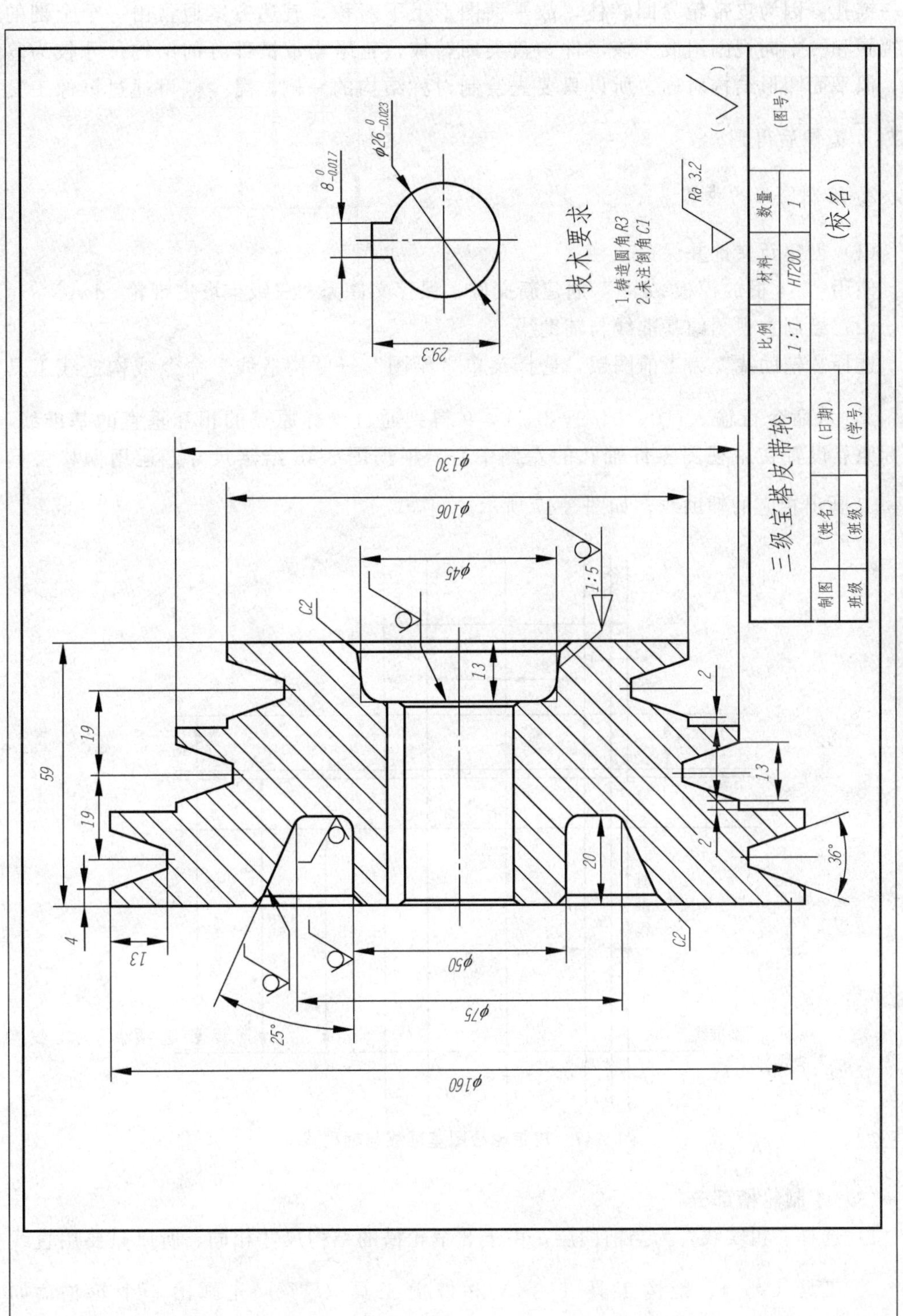

图 3-46　三级宝塔皮带轮零件图

有一锥孔。因为皮带轮为回转体，故平面图形上下对称，表达方案通常由一个全剖的主视图和一个向视图组成。该零件为盘类回转体，轮缘皮带槽部分的结构尺寸较为复杂，但平面图形结构对称，所以只要先绘制对称结构的一侧，另一侧可通过镜像工具（）镜像后得到。

2. 绘制图形的步骤

（1）创建新文件并保存

使用“A4 横放模板 . dwt”创建新文件，保存文件为“三级宝塔皮带轮 . dwg”。

（2）绘制主视图的基准线与辅助线

选择“辅助线”为当前图层，选择菜单“绘图”→“构造线”命令或构造线工具（），从命令行输入：0，0、9，0、0，9 得到通过坐标原点的相互垂直的基准线，坐标原点设置在主视图零件轴孔的左侧中心。根据图 3-46 给定尺寸，运用偏移工具（）画出相应的辅助线，如图 3-47 所示。

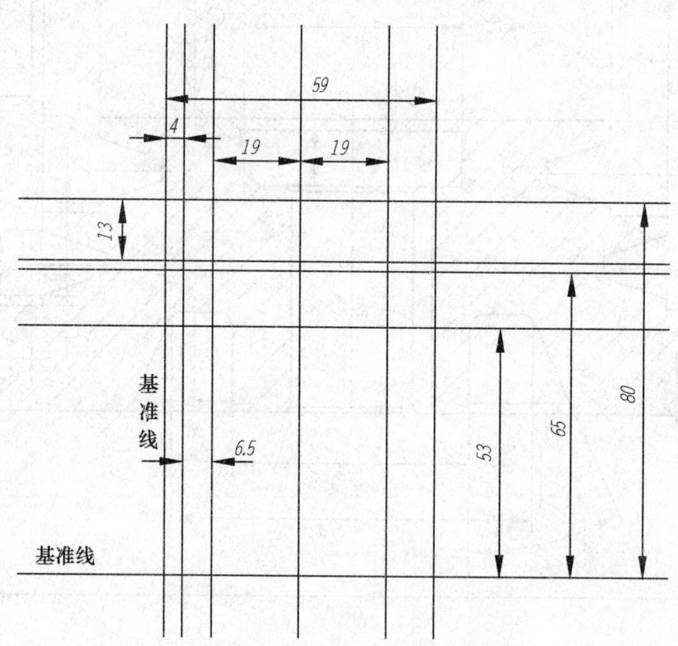

图 3-47　皮带轮绘图基准线与辅助线

（3）绘制轮槽部分

1）选择“粗实线”为当前图层。由于 3 个轮槽的结构尺寸相同，所以只要用直线工具（）、镜像工具（）和修剪工具（）先画出一个轮槽，如图 3-48所示。

2）以轮槽上口对称中心为基准，使用复制工具（ ）得到其他两个轮槽，如图 3-49所示。

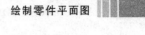

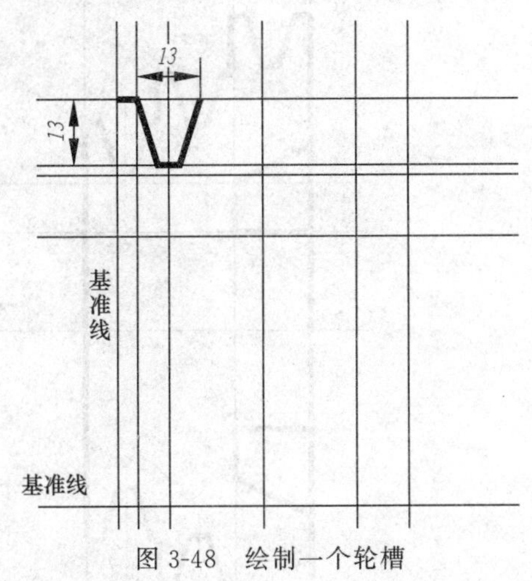

图 3-48　绘制一个轮槽

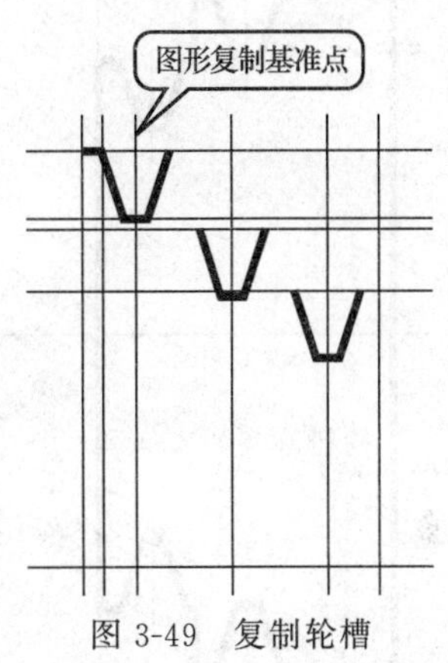

图 3-49　复制轮槽

3）根据零件图绘制出轮槽间投影轮廓线以及轮槽中心线，再用镜像工具（ ）镜像绘制另一侧的轮槽，用直线工具（ ）连接两部分，得到皮带轮外轮廓投影。用删除工具（ ）或按 Delete 键删除部分辅助线，以便进一步绘图，结果如图 3-50 所示。

（4）绘制轮辐部分的投影图

1）绘制左侧带 25°的沟槽。使用偏移工具（ ）定位轮辐部分的沟槽位置，采用直线工具（ ）和修剪工具（ ）先绘制出沟槽的一侧，再通过镜像工具（ ）得到另一侧沟槽，如图 3-51 所示。

2）绘制 1∶5 的锥孔。零件右侧有一锥度为 1∶5 的锥孔，其锥度的画法如下：用矩形工具（ ）绘制一个矩形，其宽长比等于 1∶5，如图 3-52 所示。若用直线连接一角点与相对边中点，即得到具有 1∶5 锥度的直线。

提示： 若连接对角线则得到具有 1∶5 斜度的直线，如图 3-52 所示。

将绘制的锥度为 1∶5 的斜线用移动工具（ ）移至指定位置，修剪（ ）后，得到的锥度为 1∶5 的锥孔投影图，如图 3-53 所示。

（5）绘制轴孔与键槽

带键槽的轴孔要从投影为圆的左视图开始画，然后利用对象捕捉与极轴追踪功能分别画出轴孔及键槽在主视图上的投影，如图 3-54 所示。

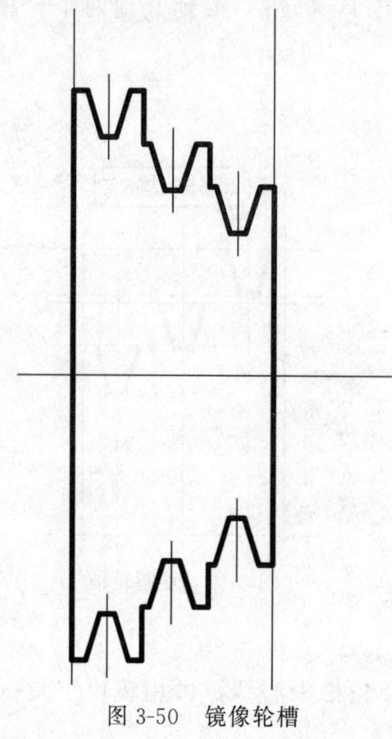

图 3-50　镜像轮槽

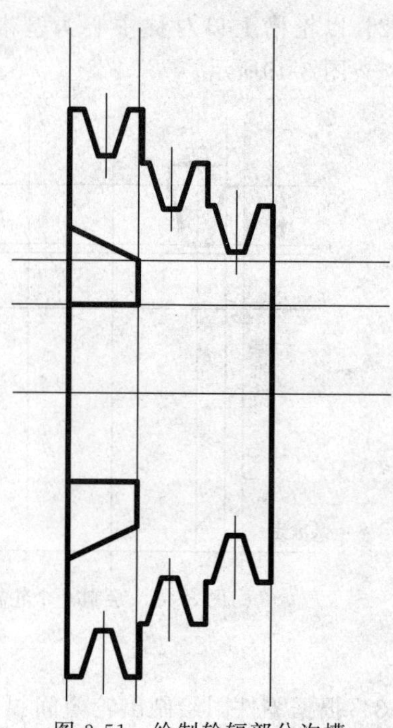

图 3-51　绘制轮辐部分沟槽

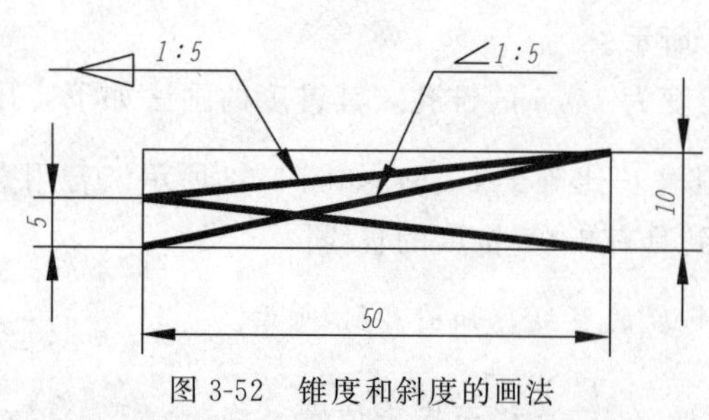

图 3-52　锥度和斜度的画法

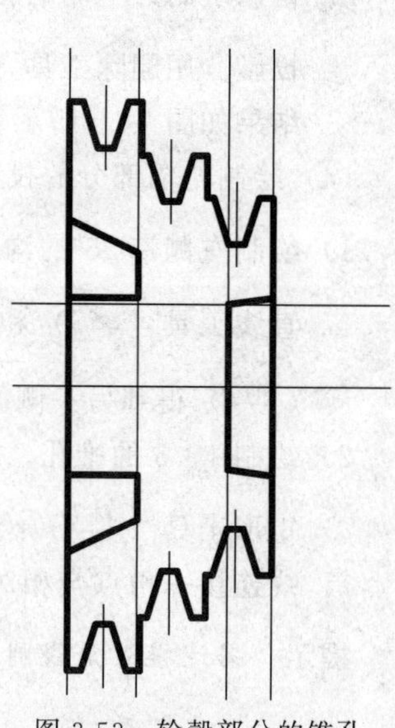

图 3-53　轮毂部分的锥孔

（6）倒角

用删除工具（）或按 Delete 键删除图中所有辅助线。选择“点画线”为当前图

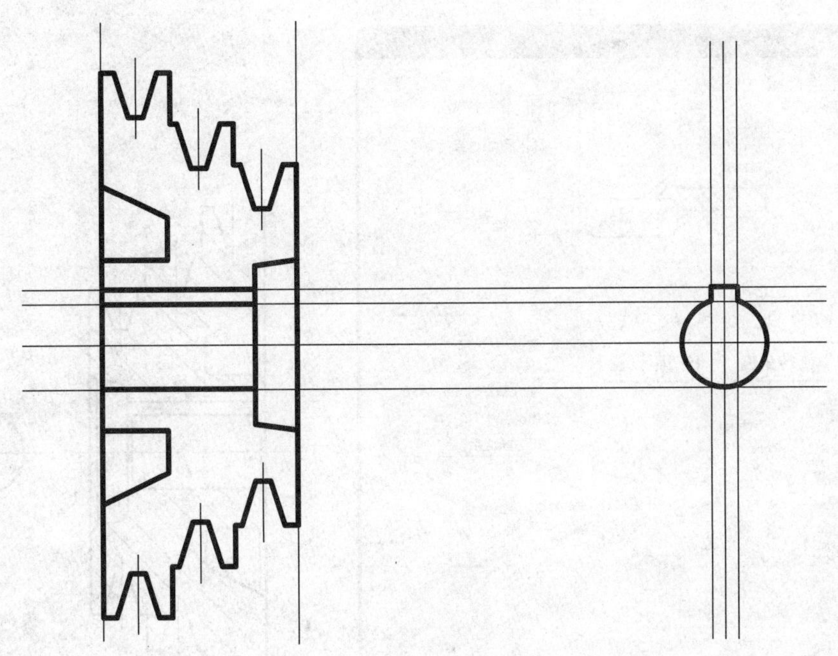

图 3-54　轮毂部分的轴孔

层，利用对象捕捉与极轴追踪功能补画轴线和中心线。选择圆角工具（），设置为修剪状态，倒 $R3$ 圆角。选择直线倒角工具（），设置为不修剪状态，进行 $C2$ 倒角，同时采用直线工具（）和修剪工具（），补画缺漏的图线和修剪掉多余的图线，如图 3-55 所示。

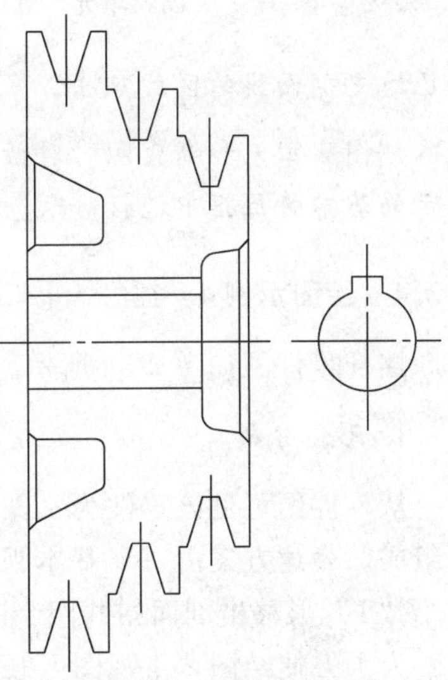

图 3-55　直线倒角和圆角

提示：对于图 3-55 所示图中轮辐部分的直线倒角，尺寸应以垂直边线为准。

(7) 填充剖面线，完成皮带轮的视图表达

填充剖面线时，将“细实线”设为当前图层，选择菜单“绘图”→“图案填充”命令，或图案填充工具（），在弹出的“图案填充和渐变色”对话框中打开“图案填充”选项卡。在“图案”下拉列表框中选择“ANSI31”选项，图案“比例”设置为“2”，如图 3-56 所示。填充后的皮带轮的视图如图 3-57 所示。

提示：“图案填充”选项卡中，“比例”根据剖面线的间距要求设置，“角度”根据所需要的剖面线倾角设置，角度指的是“样例”旋转的角度。若需要修改剖面线，可

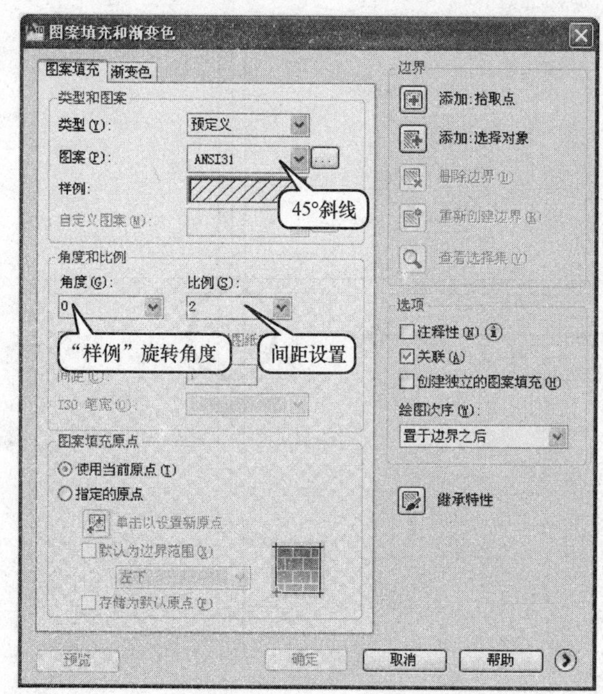

图 3-56 “图案填充”选项卡设置

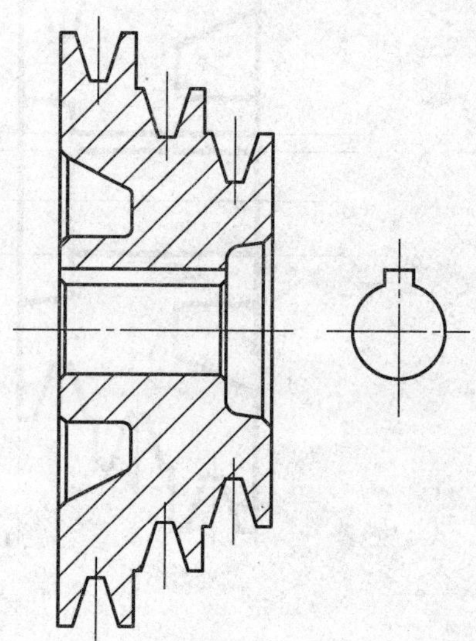

图 3-57 三级宝塔皮带轮的视图表达

在已填充剖面线的区域双击，或右击从快捷菜单中选择“编辑图案填充”命令，就能进入“图案填充和渐变色”对话框进行修改。也可打开快捷特性按钮（），在旁边显示的基本特性框中进行修改。

3.2.4 绘图示例 4：摇杆

摇杆零件图如图 3-58 所示。

1. 形体分析

从零件图可见该零件为叉架类零件，由三个孔结构以及相连的支撑板、肋板等部分组成。表达方案由一个基本视图、一个采用局部剖视的俯视图、一个斜剖视图以及一个“T”形移出剖面图共四个图组成，而且俯视图上还有一个重合剖面。

为了方便绘图，主视图上倾斜 75°的叉杆结构可以先垂直绘制，完成后，再使其顺时针旋转 15°到位。

提示：由于 AutoCAD 的图形调整比较方便，所以对倾斜的零件结构，通常先在水平或垂直位置上绘制图形，最后使用旋转工具（），将倾斜结构旋转到所需位置。这样绘图时容易找准投影关系，特别对倾斜剖切面投影图的绘制更为便捷。

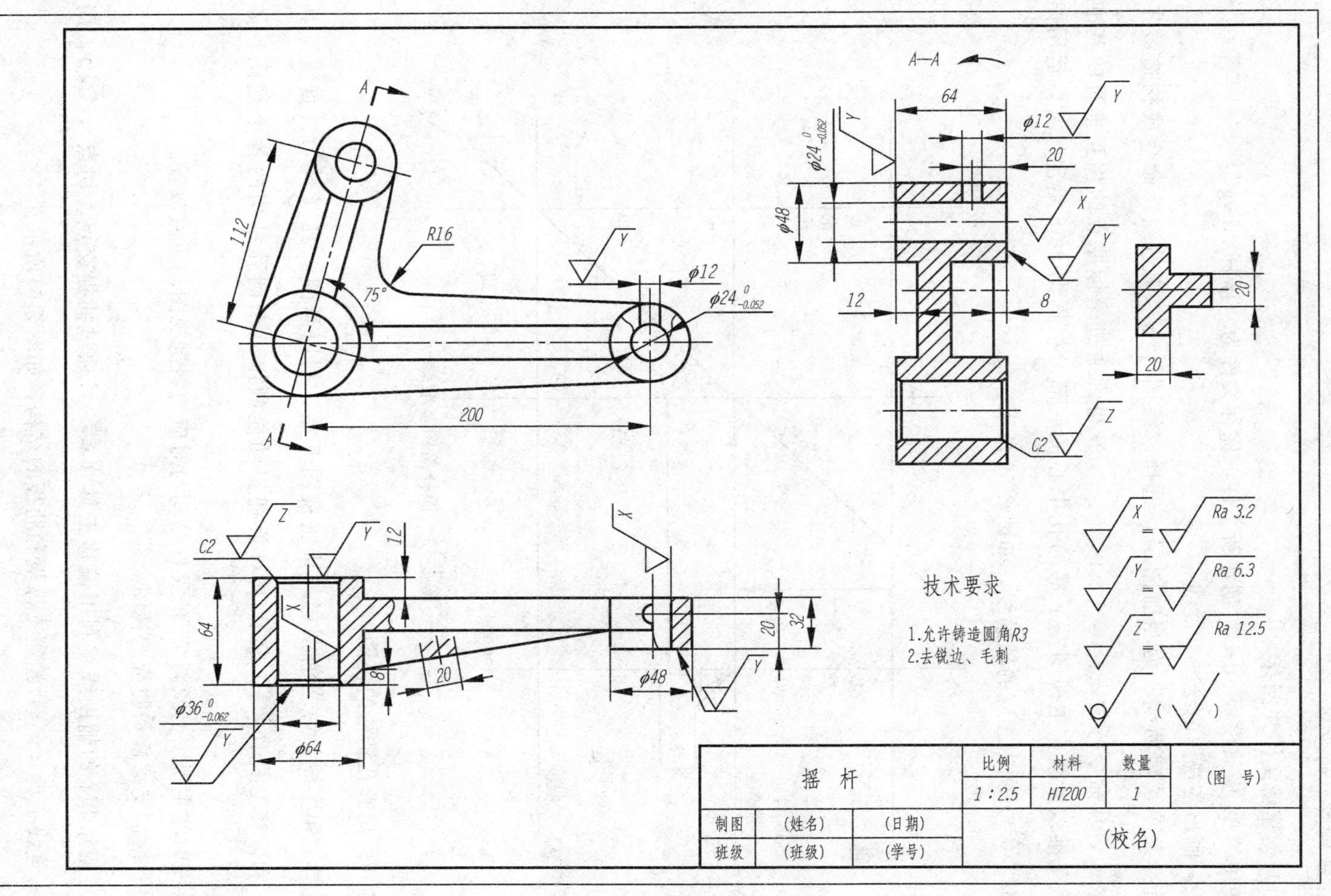
A—A
技术要求
1.允许铸造圆角R3
2.去锐边、毛刺
Ra 3.2
Ra 6.3
Ra 12.5
摇 杆
比例
材料
数量
(图 号)
1 : 2.5
HT200
1
制图
(姓名)
(日期)
班级
(班级)
(学号)
(校名)

图 3-58 摇杆零件图

2. 绘制图形的步骤

(1) 创建新文件并保存

使用“A4 横放模板 . dwt”创建新文件，保存文件为“摇杆 . dwg”。

(2) 画出各视图的绘图基准线

选择菜单“辅助线”为当前图层，选择“绘图”→“构造线”命令或构造线工具（），从命令行输入：0，0、9，0、0，9 得到通过坐标原点的相互垂直的基准线，将基准线设置在主视图左下部的孔中心的后部。根据图 3-58 给定尺寸，运用偏移工具（）画出相应的辅助线，如图 3-59 所示。

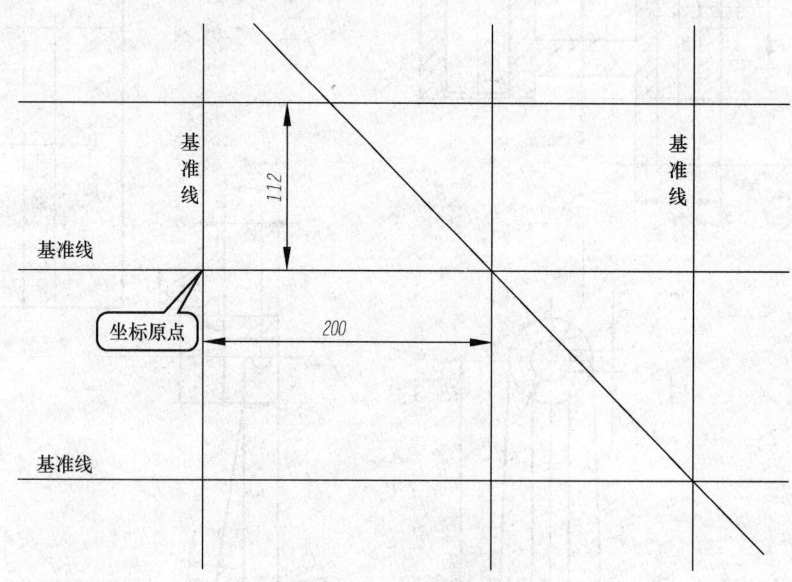

图 3-59　摇杆绘图基准线

(3) 画出圆孔结构的视图

选择“粗实线”为当前图层。从主视图开始，利用画圆工具（）、直线工具（）和偏移工具（）等以及对象捕捉功能画出三个圆孔结构的各个视图，如图 3-60所示。

绘图时将主视图上倾斜 75°的叉杆结构与对应的斜剖视图均垂直放置。

(4) 绘制支撑板和肋板的视图

1) 删除多余的辅助线，利用偏移工具（），通过捕捉交点、切点（），用直线工具（）绘制支撑板和肋板的结构，如图 3-61所示。

提示：切点、垂足等对象的捕捉若未曾在“对象捕捉”中进行过设置，需要捕捉这些对象时，建议采用“对象捕捉”工具栏中的相应工具进行临时捕捉，或使用如

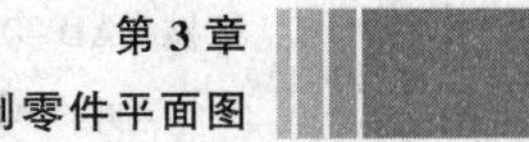

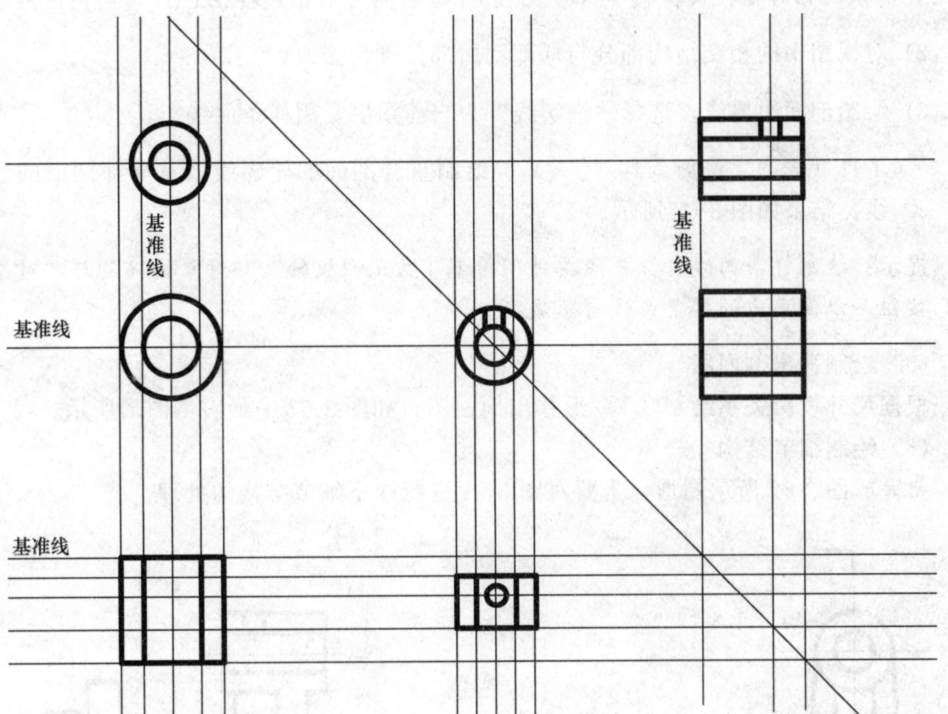

图 3-60　圆孔结构的视图

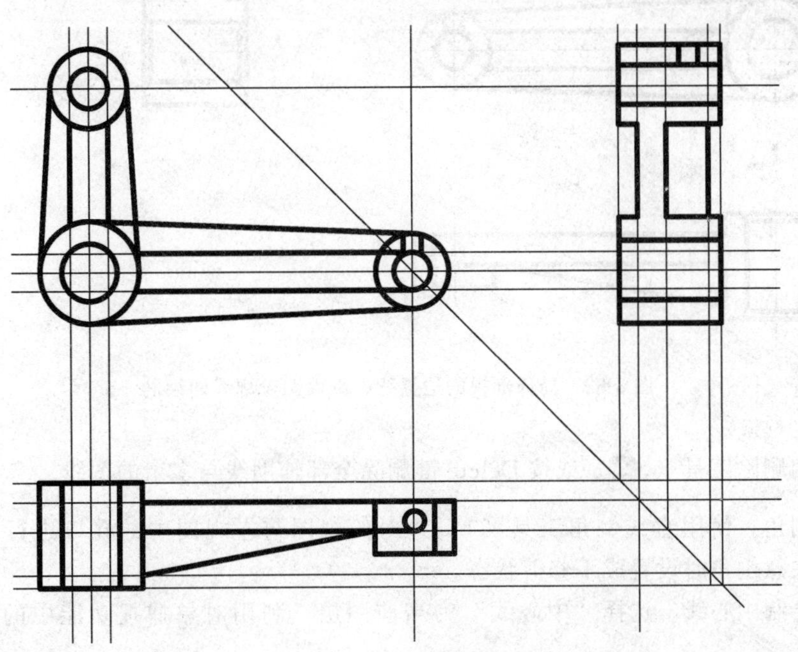

图 3-61　绘制支撑板和肋板

图 1-15所示的临时捕捉快捷菜单（按住 Shift 键的同时右击或按住 Ctrl 键的同时右击）。

2）对视图中的相交结构部分与局部剖面部分进行修改。

3）绘制剖面边界线。选择“细实线”为当前图层，用样条曲线工具（ ）、直线工具（ ）、修剪工具（ ）等绘制重合剖面的轮廓线以及局部剖面的边界线。结果如图 3-62 所示。

提示： 绘制样条曲线时，一般要关闭屏幕下方的“极轴”、“对象捕捉”与“对象追踪”按钮，以使画出的样条曲线自然流畅。

（5）绘制移出剖面图

根据尺寸投影关系绘制“T”形移出剖面图，如图 3-62 中最右侧图形所示。

（6）绘制细节结构

要完成图 3-62 所示图形，需要对图 3-61 进行以下细节结构的处理。

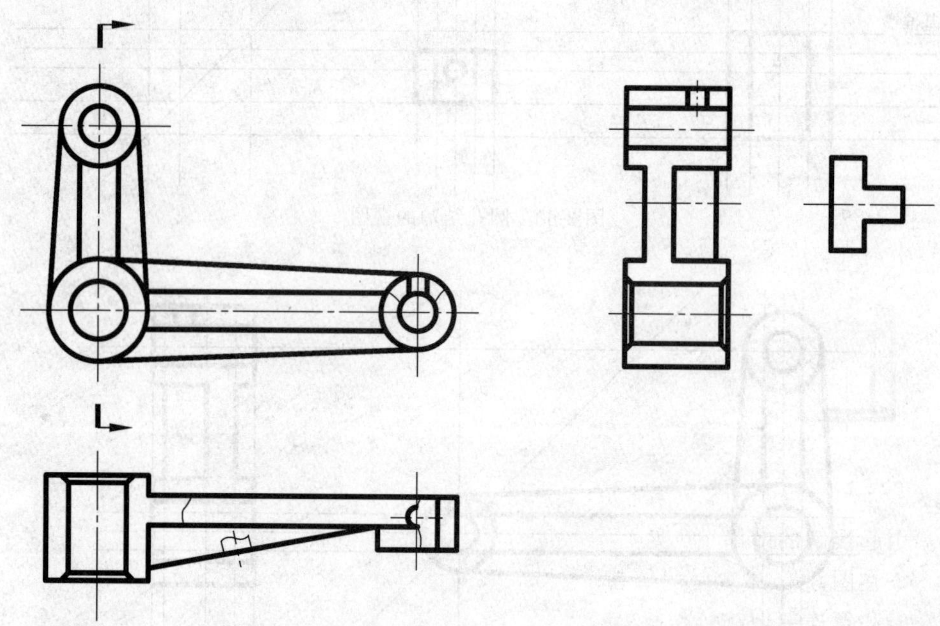

图 3-62　局部剖视的边界线、剖面图轮廓线的绘制

1）用删除工具（ ）或按 Delete 键删除全部辅助线与多余的图线。

2）倒角。使用直线倒角工具（ ）对俯视图与左视图中的孔口进行 C2 倒角，注意倒角时设置成不修剪状态。

3）绘制中心线。选择“中心线”为当前图层，利用对象捕捉功能中的“最近点（ ）”捕捉辅助线画中心线。

(7) 剖切符号绘制

剖切符号使用细实线层，选择“标注”→“多重引线”命令绘制，竖短线用粗实线描粗，结果如图 3-62 所示。

提示：剖切符号是为了下面描述图形旋转而加入的，实际绘图时可以暂不画出，最终标注尺寸时再作处理，但不如此处处理简捷。

(8) 图形旋转

使用旋转工具（）将倾斜结构连同斜剖视图一起顺时针旋转 15°（在命令行输入“－15”）至图 3-63 所示位置。

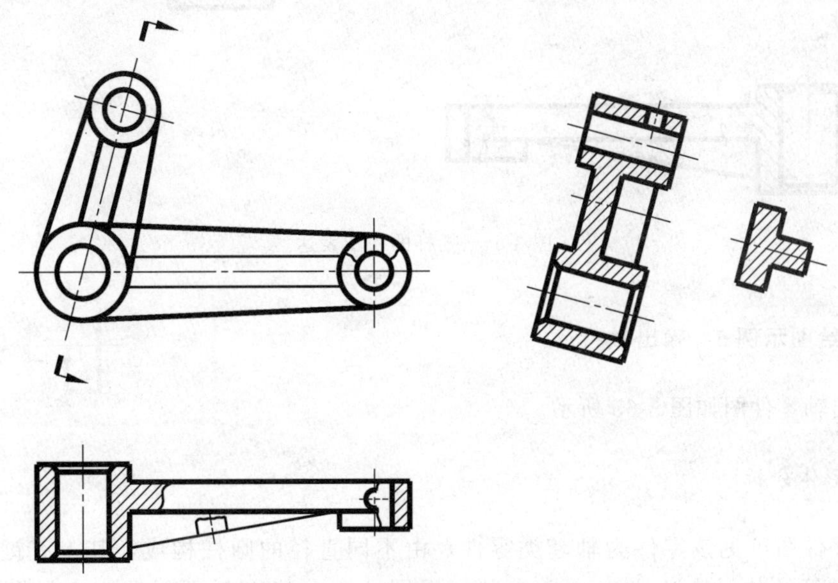

图 3-63　旋转倾斜结构及斜剖视图

在不引起误解的前提下，也可只旋转主视图的倾斜结构，而将斜剖视图摆正成为旋转视图，在图 3-64 中，就只旋转了主视图上的倾斜叉杆部分。

旋转时注意连剖切符号一起旋转。

(9) 倒圆角、填充剖面线

1) 用圆角工具（）将 $R16$ 的圆角倒出，如图 3-64 所示。

2) 选择图案填充工具（），弹出“图案填充和渐变色”对话框，在“图案”下拉列表框中选择剖面线图案选项“ANSI31”，根据本零件的尺寸大小，图案“比例”设置为“2”，填充剖面线后，完成摇杆的全部视图，如图 3-64 所示。

提示：对于俯视图中的重合剖面，上部没有轮廓界线，在填充剖面线后删除。

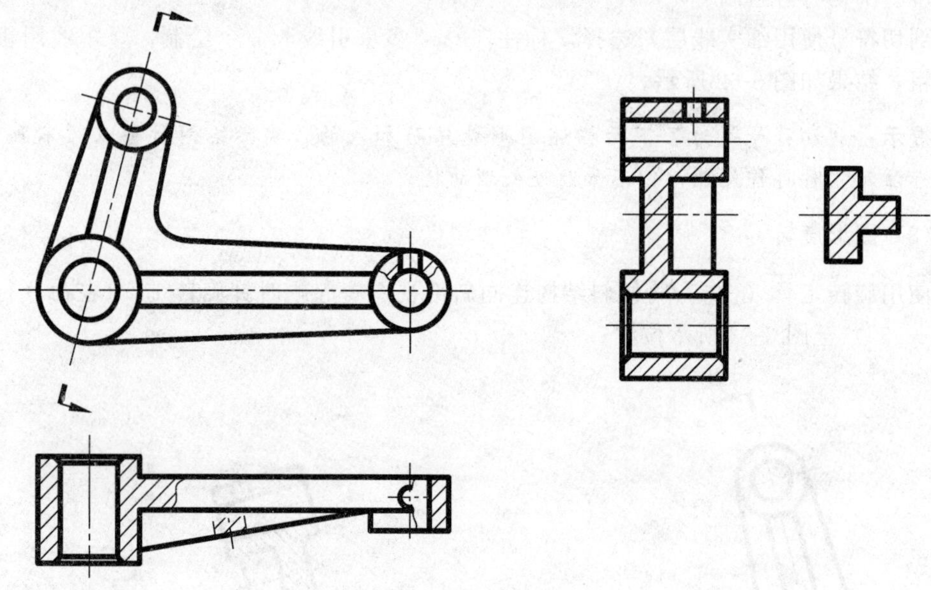

图 3-64 摇杆的视图表达

3.2.5 绘图示例 5：输出轴

输出轴零件图如图 3-65 所示。

1. 形体分析

从零件图可见该零件为轴套类零件，由不同直径的圆柱构成，其上有键槽、轴方和螺纹等结构。表达方案由一个基本视图、两个移出剖面图和一个局部放大图组成。

2. 绘制图形的步骤

(1) 创建新文件并保存

使用“A4 横放模板 . dwt”创建新文件，保存文件为“输出轴 . dwg”。

(2) 画出各视图的绘图基准线

选择“辅助线”为当前图层，选择菜单“绘图”→“构造线”命令或构造线工具（ ），从命令行输入：0，0、9，0、0，9 得到通过坐标原点的相互垂直的基准线，原点坐标设置在轴中心线的右端。根据图 3-65 给定尺寸，运用偏移工具（ ）画出相应的辅助线，如图 3-66 所示。

M22×1.5-6g
2×A3.15/6.7
2×45°
45°
2:1
R0.5
R1.5
6×2
Ra 6.3
( )
60°
22×22
φ26
20
45
200
60
40
16
28
Ra 1.6
Ra 3.2
B
A
A—B
φ0.03
12 0 -0.043
44.5 0 -0.2
技术要求
1.未注圆角R2
2.去锐边、毛刺
输出轴
比例
1:1
材料
20Cr
数量
1
(图号)
制图
(姓名)
(日期)
班级
(班级)
(学号)
(校名)

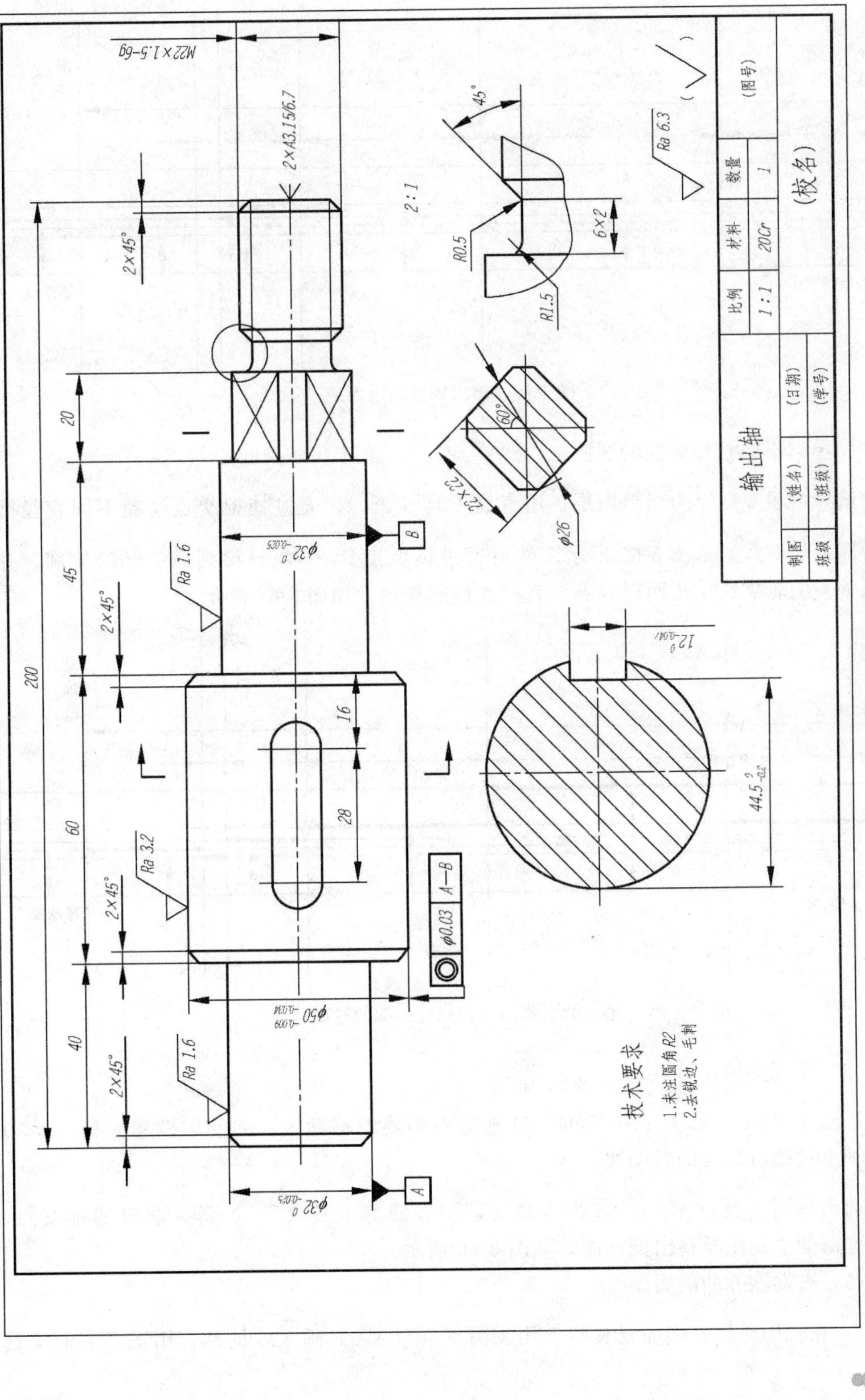

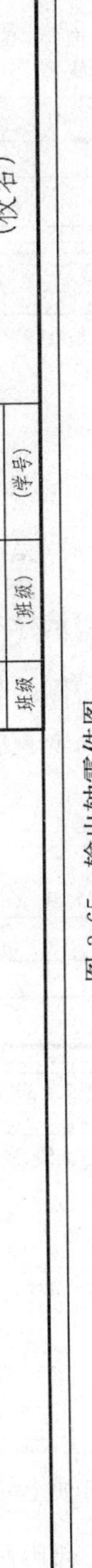

图 3-65 输出轴零件图

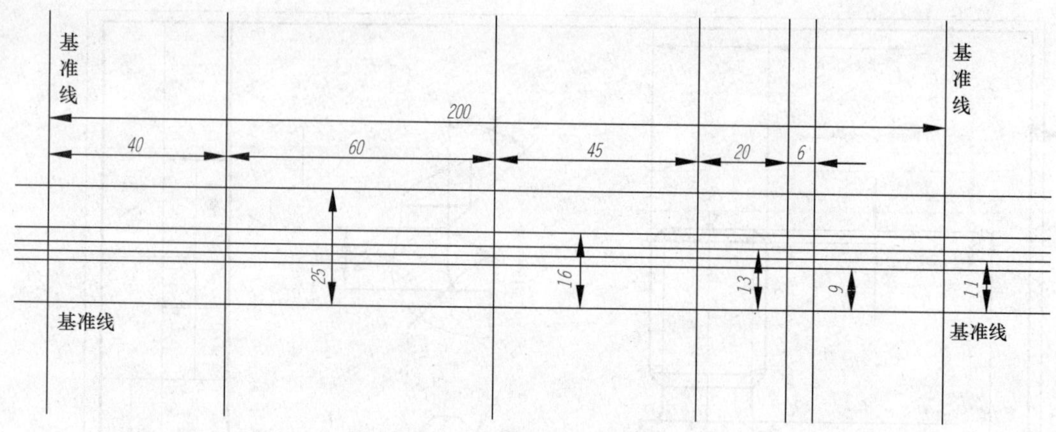

图 3-66　输出轴绘图辅助线

(3) 画不同直径圆柱的视图

选择"粗实线"为当前图层，用直线工具（ ），通过捕捉交点绘制不同直径圆柱一侧的轮廓线，如图 3-67 所示。然后通过镜像工具（ ）得到另一侧的轮廓，并补画垂直的轮廓线，从而得到不同直径圆柱的视图，如图 3-68 所示。

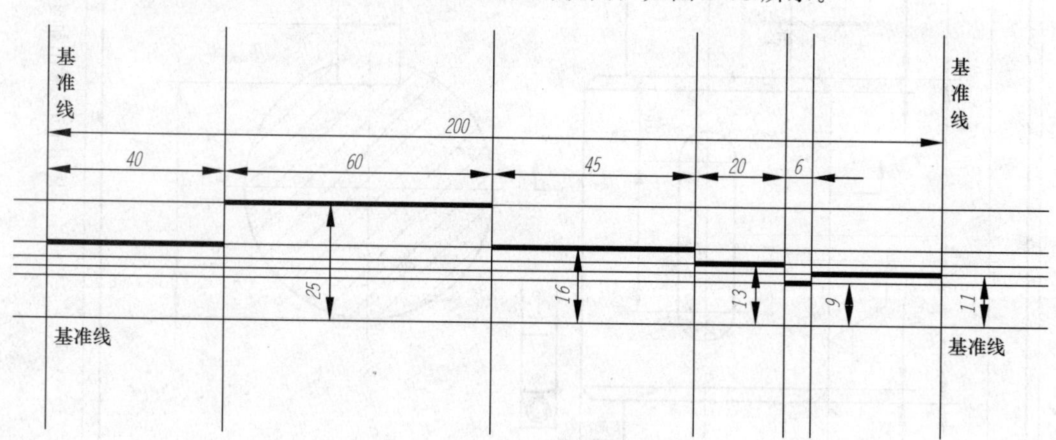

图 3-67　不同直径圆柱一侧的轮廓线

(4) 绘制键槽

用删除工具（ ）或按 Delete 键删除不必要的辅助线，并使用偏移工具（ ）绘制轴上键槽所需要的辅助线。

利用画圆工具（ ）、直线工具（ ）、修剪工具（ ）等，通过捕捉交点、画出键槽的主视图及移出剖面图，如图 3-69 所示。

(5) 右端轴方的剖面图

1）在轴中心线右侧的延长线上用画圆工具（ ）画 $\phi 26$ 的圆，用正多边形工具

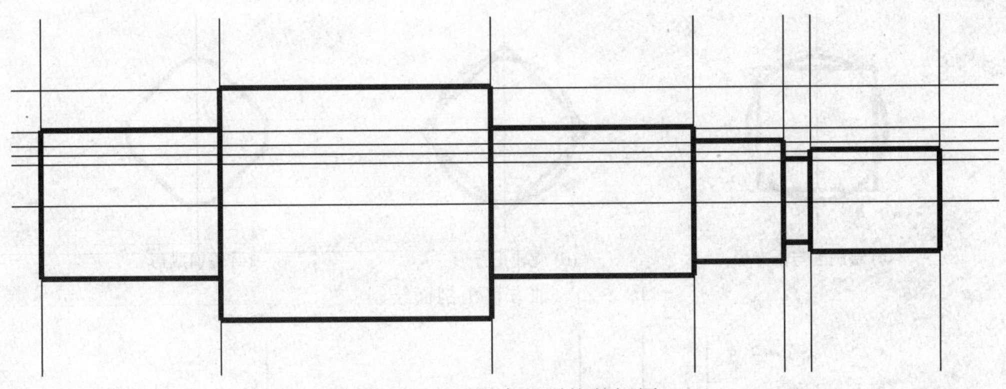

图 3-68　不同直径圆柱的视图

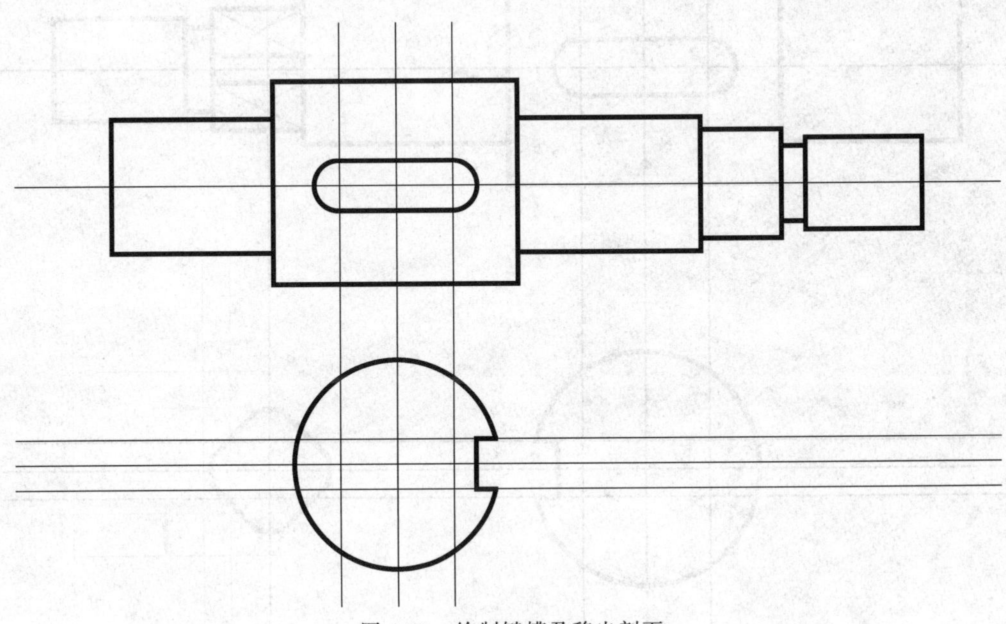

图 3-69　绘制键槽及移出剖面

（⬠）画 22×22 的正方形，如图 3-70（a）所示。

2）用旋转工具（↻）将正方形旋转 45°，如图 3-70（b）所示。

3）最后用修剪工具（-/--）修剪成形，如图 3-70（c）所示。

4）根据移出剖面的投影，修改主视图的轴方结构图形。

5）最后，将移出剖面图移到剖切平面延长线上，如图 3-71 所示。

（6）绘制倒角和螺纹

删除多余辅助线，用直线倒角工具（⌂）和倒圆角工具（⌂）倒角。用细实线按规定画法画出螺纹小径，如图 3-72 所示。

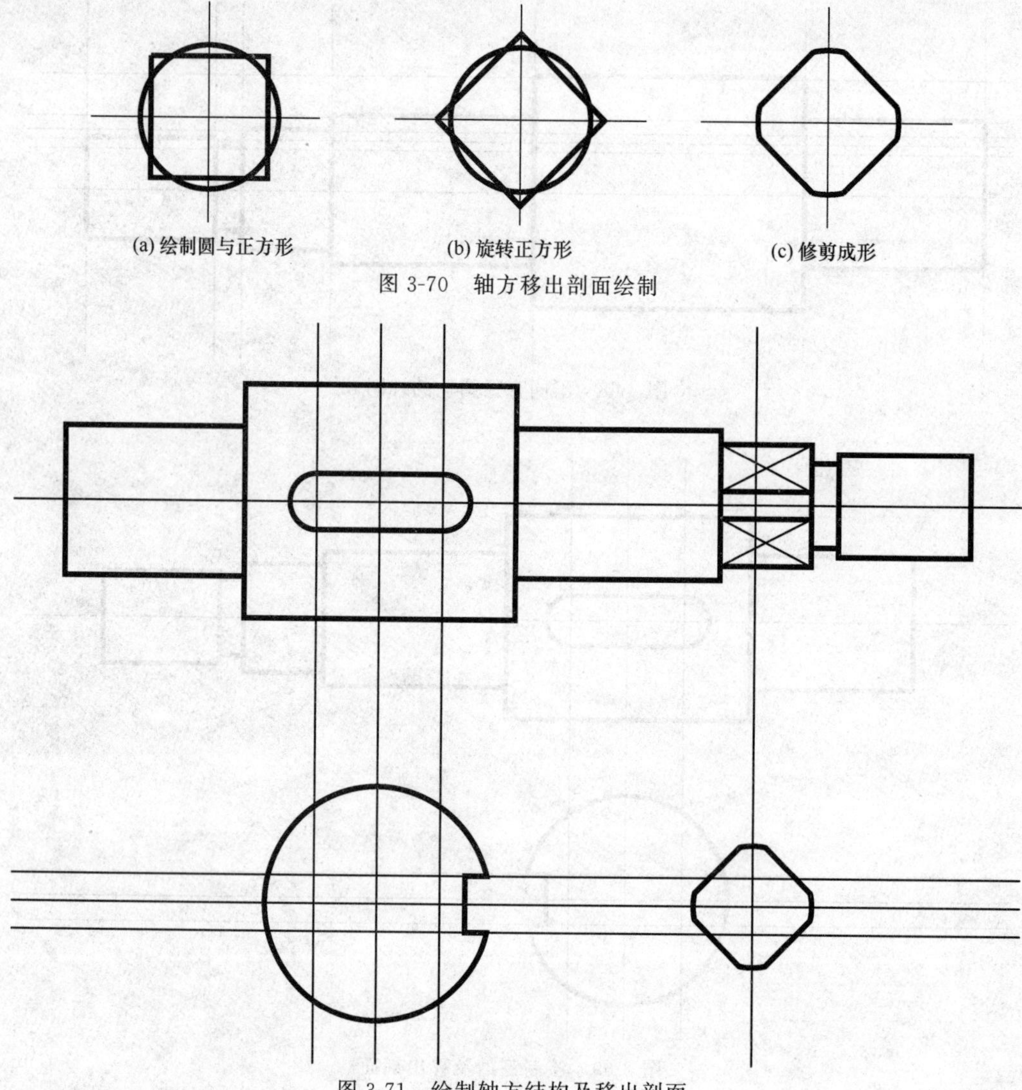

图 3-70　轴方移出剖面绘制

图 3-71　绘制轴方结构及移出剖面

提示：*绘制螺纹时，螺纹小径按制图的规定画法，应为大径尺寸的 0.85 倍左右，以表示清晰为宜。*

（7）绘制轴线、中心线、填充剖面线

1）选择“点画线”为当前图层，利用对象捕捉功能捕捉最近点补画轴线和中心线。

2）选择图案填充工具（ ），弹出“图案填充和渐变色”对话框，在“图案”下拉列表框中选择剖面线图案选项“ANSI31”，根据本零件的尺寸大小，图案比

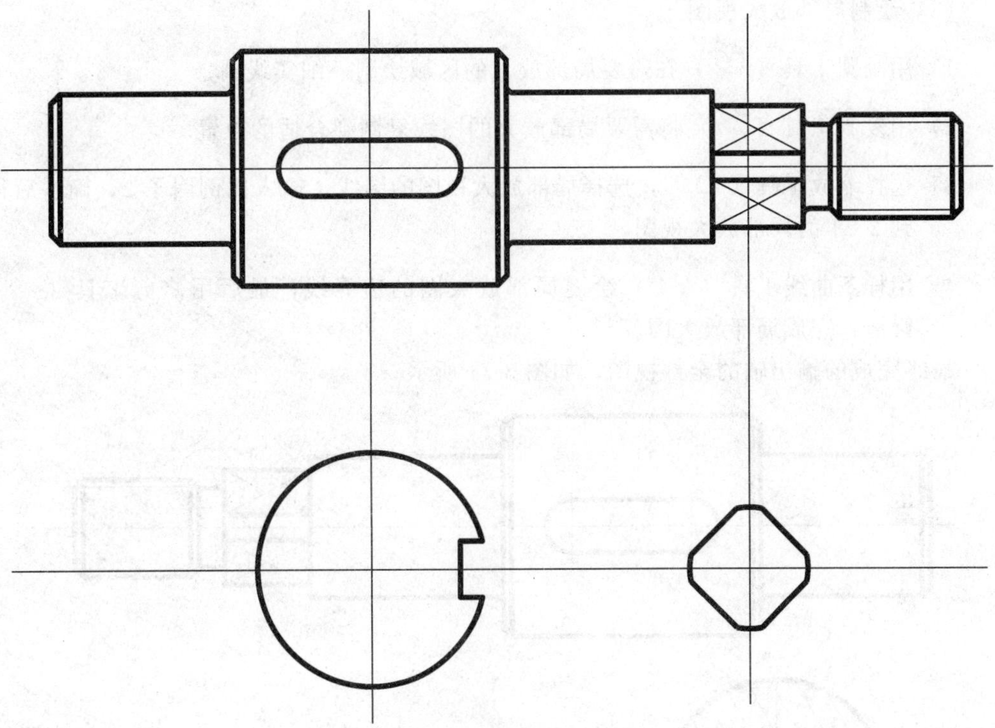

图 3-72　绘制倒角和螺纹

例选用“1.5”。因为轴方轮廓线呈现 45°位置，故应将剖面线样图略旋转，在“角度”下拉列表框中选择“15”（剖面线呈 60°），填充剖面线后结果如图 3-73 所示。

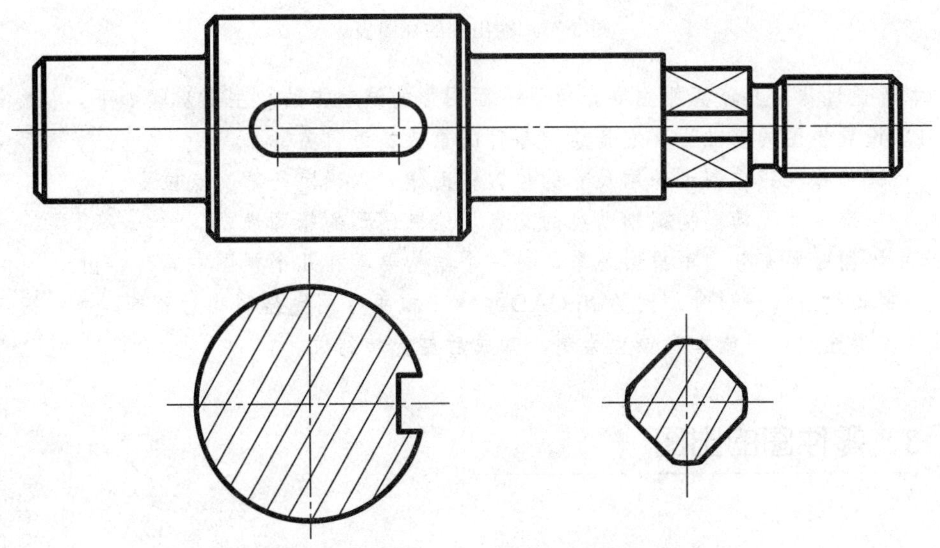

图 3-73　轴线、中心线及剖面线的绘制

(8) 绘制局部放大视图

1) 用画圆工具( ) 在需要局部放大的区域绘制一细实线圆。

2) 用复制工具( ) 将需要局部放大的图线复制到合适的位置。

3) 选择缩放工具( ),选择局部放大视图的图线,输入比例因子 2,确认后得到 2∶1 的局部放大视图。

4) 用样条曲线工具( ) 绘制局部放大图的边界线,最后用修剪工具( ) 修剪,完成局部放大图。

最终完成的输出轴的全部视图,如图 3-74 所示。

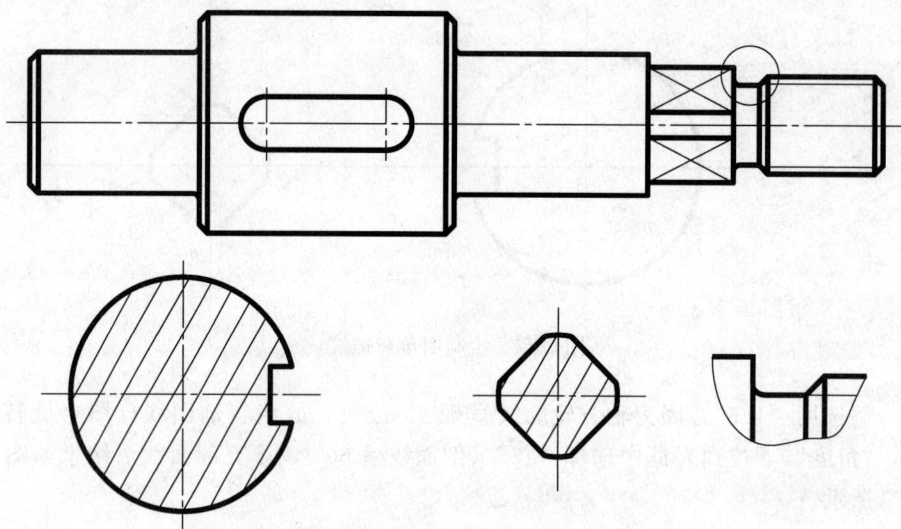

图 3-74 输出轴的视图表达

本节通过几个具体实例主要介绍了平面图形的绘制方法。主要步骤如下:

1) 设置绘图的基准线,它是绘制零件的重要参考位置。

2) 偏移基准线作图形轮廓尺寸的位置辅助线,以确定轮廓交点位置。

3) 用交点捕捉功能捕捉辅助线的交点,绘制图形的轮廓线。

4) 绘图时要充分利用投影关系,将一个结构要素在几个视图中同时绘出。

绘制倾斜结构图形时,因 AutoCAD 中水平或垂直图线绘制相对简单,故一般可将倾斜的图形置于水平或垂直位置绘制,完成后再旋转到位。

3.3 零件图的出图

在模型空间(模型) 绘制完成表达零件所需的一组视图后,还需要绘制图框、标题栏、标注尺寸并填写技术要求，才能成为完整的零件图。

AutoCAD中输出图形主要通过布局（布局1）中的图纸空间实现，平面图形可以直接从模型空间打印，但若在布局中的图纸空间处理则会显得更规范，也更简捷。布局里的图纸空间就像在我们面前铺开一张标准空白图纸，可以先在图纸上绘制图框、标题栏，再放置表达零件所需的一组视图，然后设置图形比例、标注尺寸并填写技术要求，完成零件图必要的编辑与修改。通过打印预览（ ）可以随时观察实际的输出效果。

本节将根据上一节的示例，讨论具体的出图方法。

3.3.1 绘制示例1：端盖

本节讨论在模型空间（模型）的完整表达。平面图形可以直接从模型空间（模型）打印输出，具体方法是在模型空间将图形表达后，继续绘制图框和标题栏，标注尺寸以及技术要求，全部绘制完成之后，进行页面设置打印输出即可。

提示：如果在模型空间采用放大或缩小的比例输出图形，则图中标注的所有文字及符号，包括尺寸数字、箭头、技术要求、图框、标题栏等可能会同时被放大或缩小，这就不符合制图国家标准的相关规定，因而，这种输出方式对于比例1∶1出图的情况较好。否则字体、标注等均要考虑出图比例的影响。对此，AutoCAD企图用“注释性”功能解决，但又可能会造成绘图时的视觉效果与打印效果的不一致，“注释性”功能本书不讨论。

绘制的端盖零件图如图3-39所示。

1. 模型空间绘制图框与标题栏

根据所完成图形的实际大小，选择图纸的幅面尺寸。本图例选择A4图幅，且横放。选择“细实线”为当前图层，用矩形工具（ ）绘制一个297×210的矩形表示A4图纸尺寸。

选择“粗实线”为当前图层，用矩形工具（ ）绘制一个267×200的矩形作为图框，放置在A4纸内，左边距为25，其余边距为5。

在图框右下角绘制标题栏，标题栏尺寸参考图2-46绘制，填写内容参照图3-28。

运用移动工具（ ）调整图框与图形的相对位置，使所有图形均匀位于图框之中。

2. 模型空间标注尺寸

符合国家标准的尺寸标注的样式已经设置，并已保存在绘图样板文件中，标注尺寸时可以直接应用。

(1) 默认尺寸标注

绘图时图线尺寸均已按尺寸绘制，标注时 AutoCAD 会自动提取尺寸作为默认值。

选择“尺寸线”为当前图层。

将“常用标注”置为当前。选择“格式”→“标注样式”命令或“标注”→“标注样式”命令，或在“标注”工具栏中选择标注样式工具（），在弹出的“标注样式管理器”对话框中，选择“常用标注”样式，单击“置为当前”按钮，如图 3-75 所示，然后单击“关闭”按钮退出对话框。

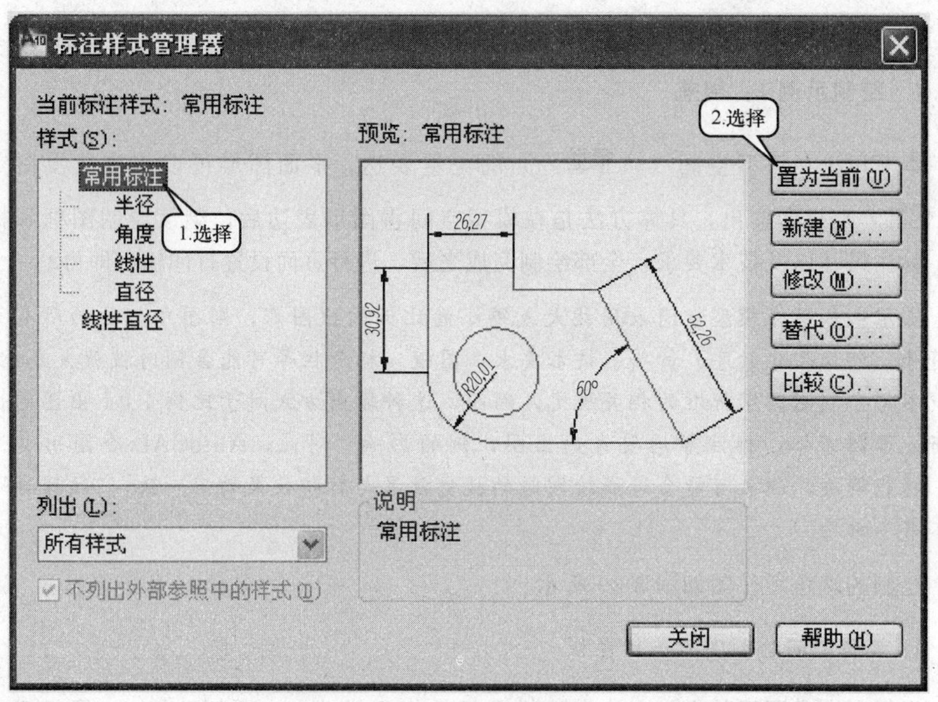

图 3-75 选择“常用标注”样式

标注线性尺寸。线性尺寸是指沿 X、Y 坐标方向的尺寸，如本例中的“8”、“16”、“24”等尺寸，具体标注方法是选择“标注”→“线性”命令或在标注工具栏中选择线性标注工具（），再利用对象捕捉功能，单击需要标注图线的两个端点，拖放到适合的位置，单击确认后，一个线性尺寸即标注完毕。

标注直径尺寸。选择菜单“标注”→“直径”命令或用直径标注工具（），单击圆，拖放到适合的位置，单击确认。

标注线性直径尺寸。打开“标注样式管理器”对话框，选择“线性直径”样式，单击“置为当前”按钮，然后单击“关闭”按钮退出对话框。选择线性标注工具（），分别标注 ϕ68、ϕ54 和 ϕ112 等尺寸。

提示： 如果标注的尺寸线和尺寸数字的位置不理想，可以直接单击尺寸拖动到理想的位置，也可以通过编辑标注文字工具（ ）来实现。

（2）修改标注

对于少数不符合要求的默认尺寸值，要进行适当的修改，如 6 个小孔的直径“ϕ12”需要修改成“6×ϕ12”，可选择菜单“修改”→“对象”→“文字”→“编辑”命令，也可以打开快捷特性按钮（ ），在快捷特性中进行文字替代。其中默认尺寸数字（ϕ12）可以用“<>”（大于、小于符号）代替。

提示： 尺寸中的乘号“×”不要用中文符号，用大写字母“X”代替。

（3）尺寸公差标注

尺寸公差的标注是通过修改已标注的默认尺寸值的方法来实现的。具体方法是选择“修改”→“对象”→“文字”→“编辑”命令，然后选择有公差要求的尺寸，如：主视图中“ϕ68”，弹出对话框，保留默认的尺寸数字“ϕ68”，在其后输入“－0.010^－0.040”，如图 3-76（a）所示。选中“－0.010^－0.040”，单击堆叠工具（ ）便得到公差表示形式，如图 3-76（b）所示。最后单击“确定”按钮，完成尺寸“$\phi 68^{-0.010}_{-0.040}$”的尺寸公差标注。若单击“确定”按钮前再选择堆叠的公差标注形式“$^{-0.010}_{-0.040}$”，单击堆叠工具（ ），则又返回为写入形式“－0.010^－0.040”。

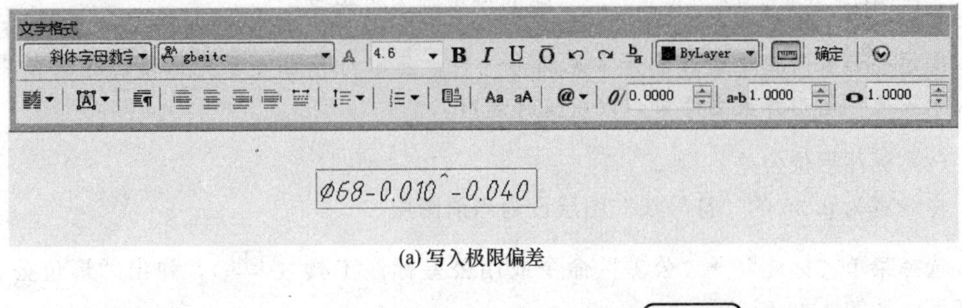

(a) 写入极限偏差

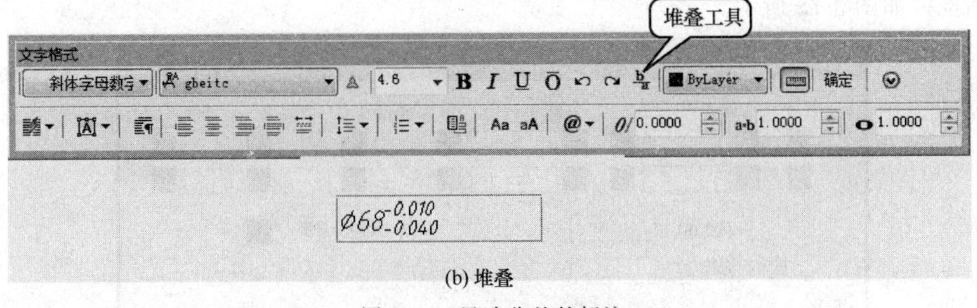

(b) 堆叠

图 3-76　尺寸公差的标注

提示： 上下偏差的分隔符号为半角符号“^”。用堆叠方法标注公差比较直接、简便，不推荐使用“标注样式管理器”中的“公差”选项卡修改。

分隔符号用“/”、“#”，则可写入配合形式，如“H7/h6”堆叠后成为$\frac{H7}{h6}$；“H7#h6”堆叠后成为 H7/h6。

对于对称尺寸公差“8±0.03”，则直接修改尺寸“8”，在其后输入“%%P0.03”即可。特殊符号“%%C”、“%%P”等也可以从文字格式工具栏的符号工具（@▾）下选取。

3. 模型空间标注形位公差

首先绘制基准符号，然后标注形位公差。

（1）标注基准符号

将“符号线”（线宽 0.35，等于 1/10 字高，用于各种技术符号绘制）设为当前图层。

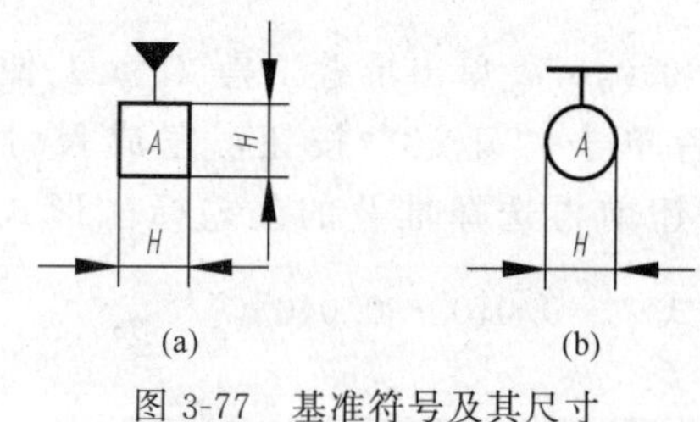

图 3-77 基准符号及其尺寸

用矩形工具（□）和多行文字工具（A）等绘制标注基准符号。基准符号及其尺寸如图 3-77所示，其中 $H=2h$（h 为字高），若图中字高为 3.5，则 H 为 7，基准符号中的线宽为字高的 1/10。如图 3-77（b）所示，基准符号中上端的一短画为粗实线。

提示：与表面粗糙度符号等常见图形一样，基准符号也可预先画好，存放在某一文件中或某一图形样板文件中，以便随时调用。

（2）标注形位公差

将线宽为 0.35 的“符号线”图层设为当前图层。

选择菜单“标注”→“公差”命令或用公差标注工具（⊕1），弹出“形位公差”对话框，如图 3-78 所示。

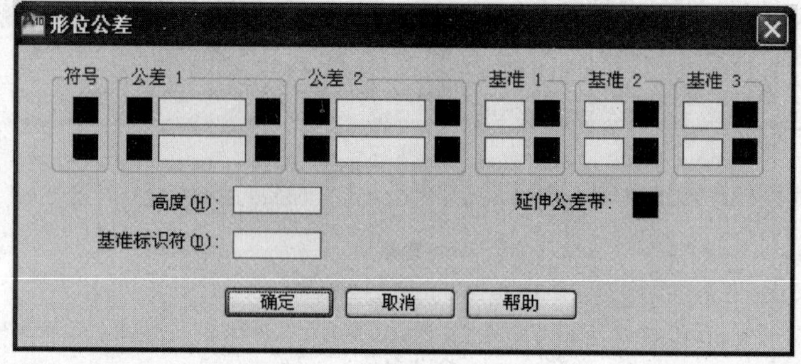

图 3-78 “形位公差”对话框

选择“符号”选项中的黑色方格，弹出“特征符号”对话框，如图 3-79 所示。

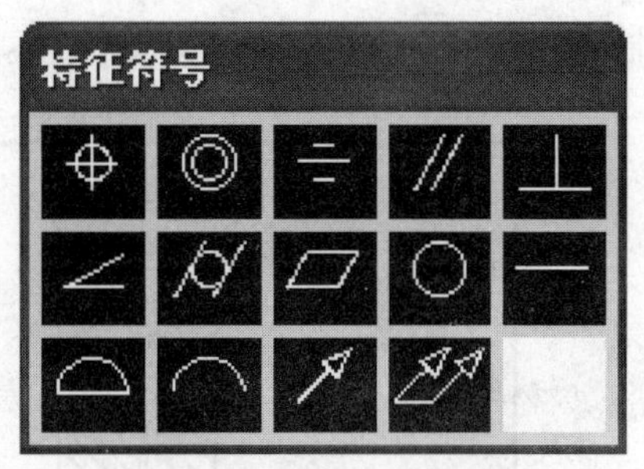

图 3-79 “特征符号”对话框

从“特征符号”对话框中选择平行度符号“// ”，在“形位公差”对话框“公差 1”选项中的白色框格中输入“0.02”，在“基准 1”选项中的白色框格中输入“A”，如图 3-80所示。

最后单击“确定”按钮，得到形位公差框格，运用移动工具（ ）将其移至“8±0.03”的尺寸线位置，从而完成形位公差的标注。

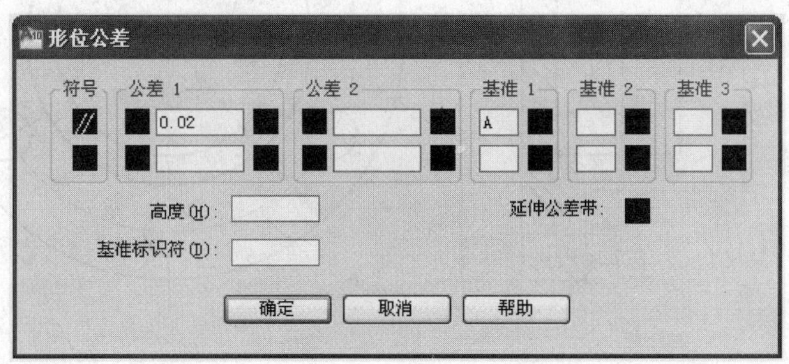

图 3-80 填写形位公差

4. 模型空间标注表面粗糙度

选择“符号线”图层，绘制表面粗糙度，表面粗糙度符号的画法及尺寸如图 2-24、图 2-25 所示。

“其余”粗糙度的标注放置在标题栏附近，括号可使用“txt.shx”字体写。

提示： 表面粗糙度符号作为常见图形，可预先画好，存放在某一文件中或某一图形样板文件中，以便随时调用。

5. 模型空间填写技术要求

文字叙述的技术要求一般注写在零件图的右下方或左下方的空白处。选择“绘图”→“文字”→“多行文字”命令，或多行文字工具（A），写入具体技术要求内容，文字样式选择图形模板中已设定好的“长仿宋体汉字”。

6. 设置打印机与图纸

在模型空间绘制完成端盖零件图之后，可以在“页面设置管理器”中进行打印相关设置，根据提示选择打印机、打印样式、打印区域与图纸幅面尺寸等。设置后可以打印预览（ ）。预览结果如图 3-81 所示。

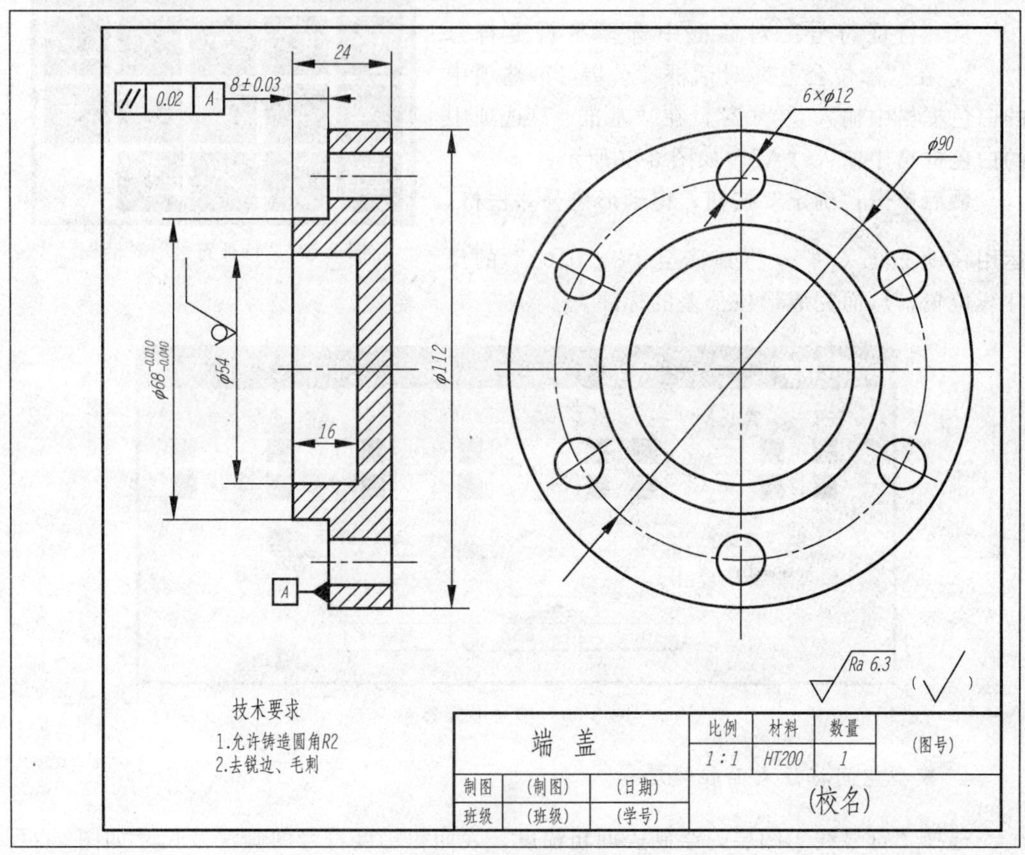

图 3-81　在模型空间绘制完成的端盖零件图

对于打印的具体设置，通过“页面设置管理器”对话框进行，在此暂不讨论，可参考图 3-83。

提示： 通过打印预览可发现，若在模型空间直接打印，较难在图纸中准确定位以及获得精确的输出比例（虽然误差较小）。若在布局的图纸空间设置则能较轻松实现精确打印（见后续讨论）。当然，模型空间完整的图样也可以放在布局中打印、预览处理。

3.3.2　绘制示例 2：支座

在图 3-45 中已完成支座的三视图绘制，下面讨论如何在布局空间完成整个工程图的绘制及输出。

1. 设置打印机与图纸

支座零件的一组视图在平铺视口模型空间中绘制完成后，在绘图区下方将当前的平铺视口模型空间（模型）切换到布局（布局1）的图纸空间。选择菜单“文件”→“页面设置管理器”命令，弹出“页面设置管理器”对话框，如图 3-82 所示。

提示：如果需要改变布局名称，则可右击布局选项卡（布局1），在弹出的快捷菜单中选择“重命名”命令。

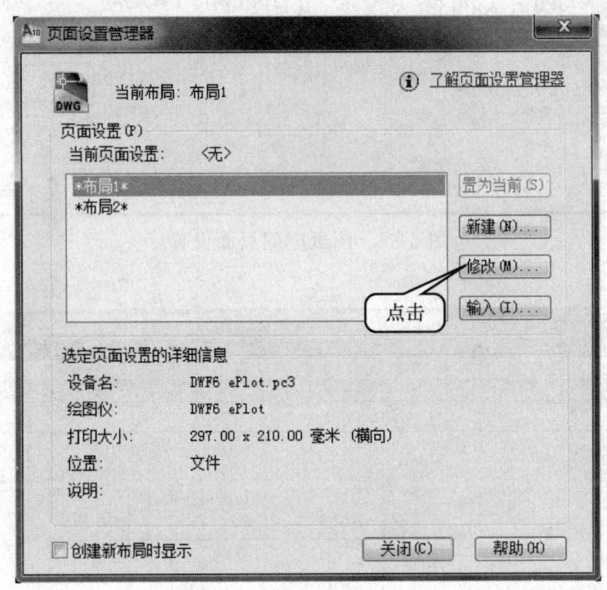

图 3-82 页面设置管理器

选择当前布局，单击“修改”按钮，弹出“页面设置—布局 1”对话框，提示选择打印机与图纸尺寸，要根据所安装的打印机与可使用的纸张（如 A4 图幅）进行设置，如图 3-83 所示。

在“打印机/绘图仪”选项区域中选择已安装的打印机，若没有安装打印机，建议打印设备选择“DWF6 ePlot. pc3”虚拟电子打印机。

在“图纸尺寸”选项区域中选择合适的图纸尺寸。本书为了练习与打印方便，所有图纸均选择常见的 A4 幅面。选择全幅面打印图纸“ISO full bleed A4（297.00mm×210.00mm）”，“图形方向”设置为“横向”。在“打印样式表”选项区域中选择黑白打印选项“monochrome. ctb”。

单击“确定”按钮后，得到如图 3-84 所示的布局，图纸边沿的虚线以内为可打印区域，当前零件图形出现在默认的浮动视口中。

提示：AutoCAD 中至少有一个布局，要创建多个布局可使用“插入”→“布

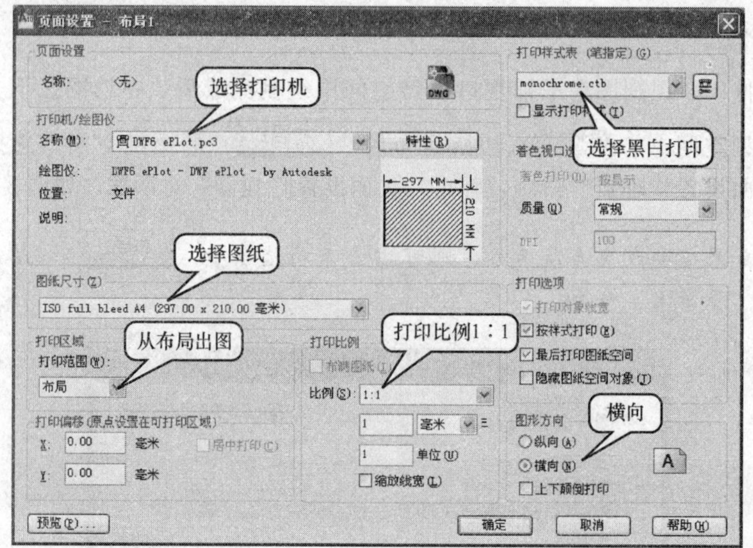

图 3-83　图纸空间页面设置

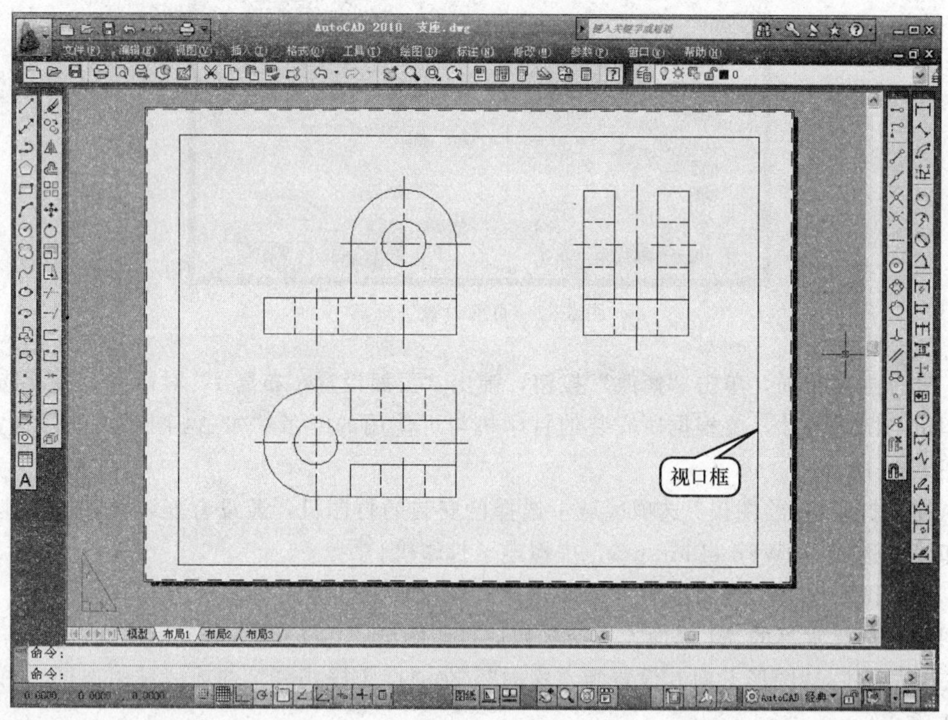

图 3-84　布局显示

局”→“新建布局”命令，或右击“模型”或“布局”按钮，在弹出的快捷菜单中选择“新建布局”命令。当然，也可右击某布局按钮，将其删除。

若在模型空间进行页面设置，在“打印范围”下拉列表框中选择“窗口”选项，则可打印或预览模型空间中选择的图形。

AutoCAD 中任何图形都存在于某一“视口”中，每一视口都可以独立进行操作。在图纸空间，可以设置多个视口（称为“浮动视口”）。首次由模型空间切换至图纸空间时，在平铺视口模型空间中绘制的一组视图将出现在图纸空间默认的浮动视口中，默认的浮动视口可以根据需要保留或删除，也可以重新建立若干个新的浮动视口（选择菜单“视图”→“视口”→“一个视口”命令）。由于本章绘制的是零件平面图形，所以这里有一个默认的浮动视口就足够了。

2. 绘制图框与标题栏

（1）绘制图框

若在图纸左边留个装订边，则可在图纸左下角（纸的边沿）用矩形工具（ ）绘制一个矩形（@267，200），然后使用移动工具（ ）移动（@25，5）到位，如图 3-85所示。

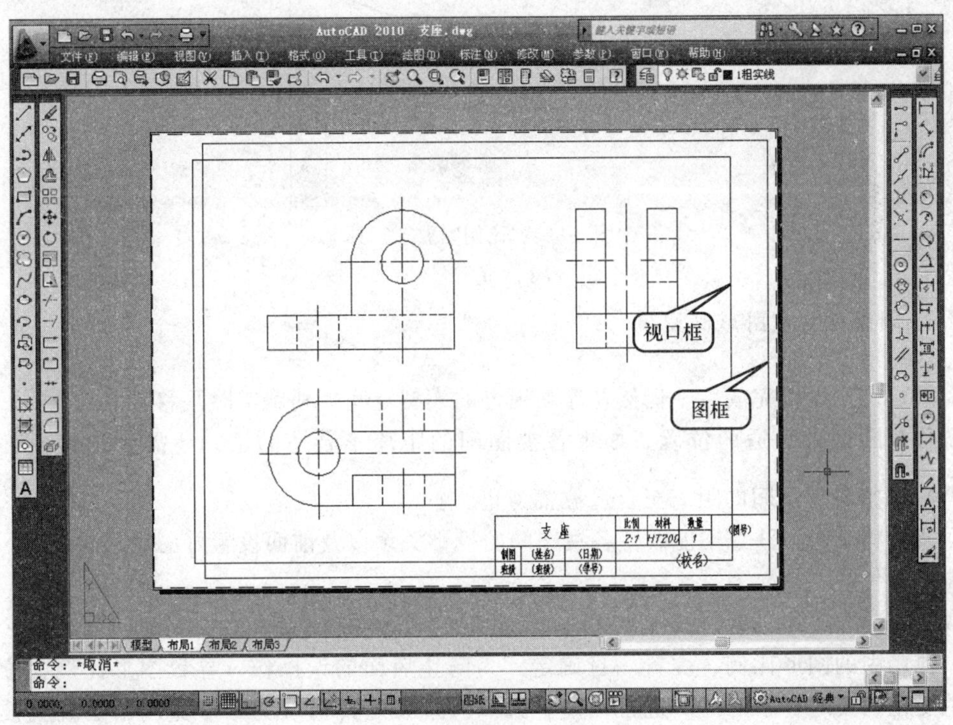

图 3-85 绘制图框与标题栏

（2）绘制标题栏

在图框右下角绘制标题栏，标题栏尺寸参考图 2-49 绘制，填写内容参照图 3-44，结果如图 3-85 所示。

提示：由于标题栏在每张零件图中均会出现，所以建议将它设置并保存在图形样板文件中，以免不必要的重复绘制。

3. 设置图形比例

正式工程图样的打印输出均应按国家标准规定的比例系列进行。如按比例 2∶1 输出图形，可在视口线框内双击，进入布局视口的模型空间（模型），此时视口边框显示为粗线框。在“标准”工具栏中选择比例缩放工具（ ），如图 3-86 所示，从命令行输入绘图比例 2XP，回车确认后视口中的视图将按 2∶1 显示。此操作也可以从窗口下部状态栏中的“视口比例”选择工具中选择比例 2∶1（2:1）。

图 3-86 “比例缩放”工具

4. 调整视口中图形位置

图形比例设置完成后，仍然在浮动视口的模型空间，利用实时平移工具（ ）将视图移至图纸中合适的位置。如果各视图间的距离不合适的话，还需要用移动工具（ ）调整各视图间的距离至合适位置为止。

调整移动时，注意不能改变各视图间的投影关系以及前面设置好的比例关系。

5. 锁定视口

视口中的图形比例、位置一旦确定，为防止后面的误操作，导致图形比例、位置发生变化，要对显示的视口进行锁定。视口一旦锁定，视口中图形比例和位置就被固定下来，不可再更改。

在模型（模型）空间状态下，窗口下部的状态栏中有一个视口锁定工具（ ），单击变为（ ），则视口锁定。若再单击（ ），则视口又恢复为不锁定（ ）状态。

在图纸（图纸）空间状态下，选择视口线框并右击，在弹出的快捷菜单中选择“显示锁定”→“是”命令，如图 3-87 所示。锁定视口操作为可逆的，选择“显示锁定”→“否”命令，则又返回不锁定状态。

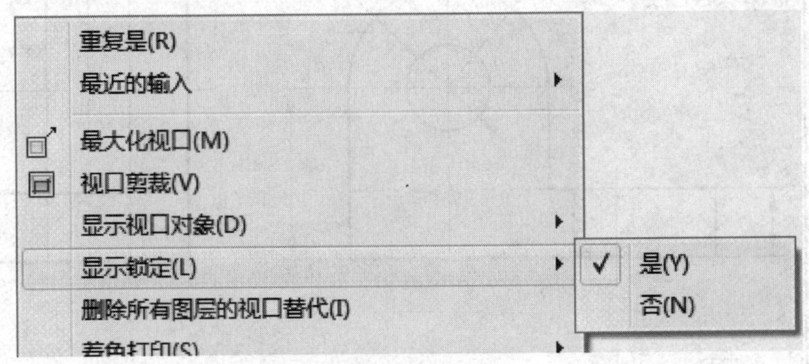

图 3-87　锁定视口

视口锁定后，将视口框线设置为“辅助线”加以隐藏，则布局窗口中不再显示视口框线。

6. 标注尺寸

尺寸标注在图纸空间进行，选择“尺寸线”为当前图层。

标注线性尺寸。打开“标注样式管理器”对话框，选择“常用标注”样式，单击“置为当前”按钮，然后单击“关闭”按钮退出对话框。

选择线性标注工具（），分别标注 8、20、10、32 等尺寸。

标注半径尺寸。选择菜单“标注”→“半径”按钮或半径标注工具（），单击圆弧，拖放到适合的位置，单击确认。

标注直径尺寸。选择菜单“标注”→“直径”命令或直径标注工具（）标注圆弧的直径。

选择菜单“文件”→“打印预览”命令或打印预览工具（），就可以得到如图 3-88所示的打印预览图形。

7. 标注表面粗糙度与填写技术要求

标注底面的表面粗糙度时，先调用已设置的多重引线（菜单：“标注”→“多重引线”）画指引线，再插入粗糙度块。

技术要求的文字写入调用文字工具（A），写入后放置在适当位置。

完成后的支座零件图，如图 3-41 所示。

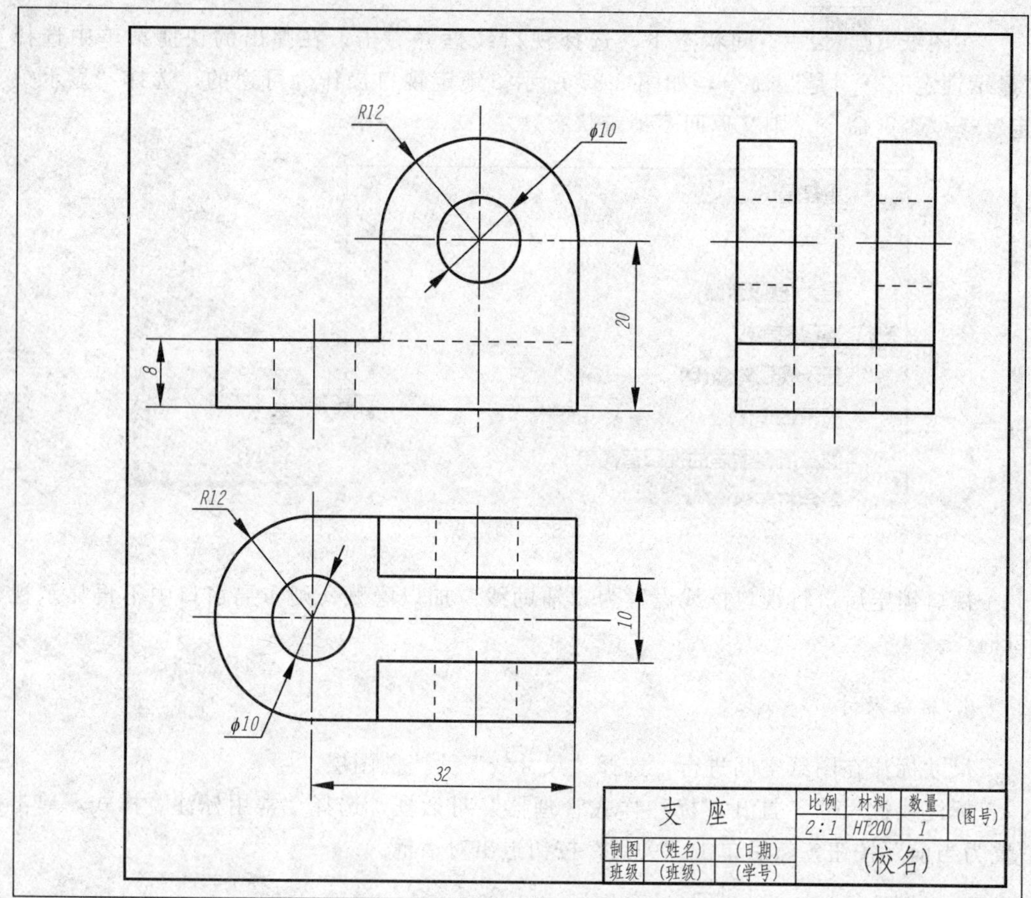

图 3-88　尺寸标注后的图形预览

提示：本例的所有操作均应在布局中进行。

3.3.3　绘制示例 3：三级宝塔皮带轮

已绘制的三级宝塔皮带轮的视图如图 3-57 所示。

1. 设置打印机与图纸

进入布局（布局1），设置打印机与图纸。设备设置为“DWF6 ePlot. pc3”，图纸设置为“ISO full bleed A4 (297.00mm × 210.00mm)”，打印样式设置为“monochrome. ctb”。

2. 绘制图框与标题栏

绘制图框与标题栏，根据图 3-46，填写标题栏内容。

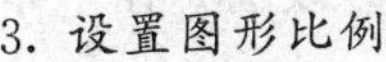

3. 设置图形比例

因为实际绘图比例为 1∶1，据此进入布局视口的模型空间，选择比例缩放工具（🔍），在命令行输入 1XP。设置比例后退出视口的模型空间。

4. 锁定视口

移动图形到适当位置，选择视口框线右击，在快捷菜单中选择“视口锁定”→“是”命令。

隐藏视口框线后的图形打印预览如图 3-89 所示。

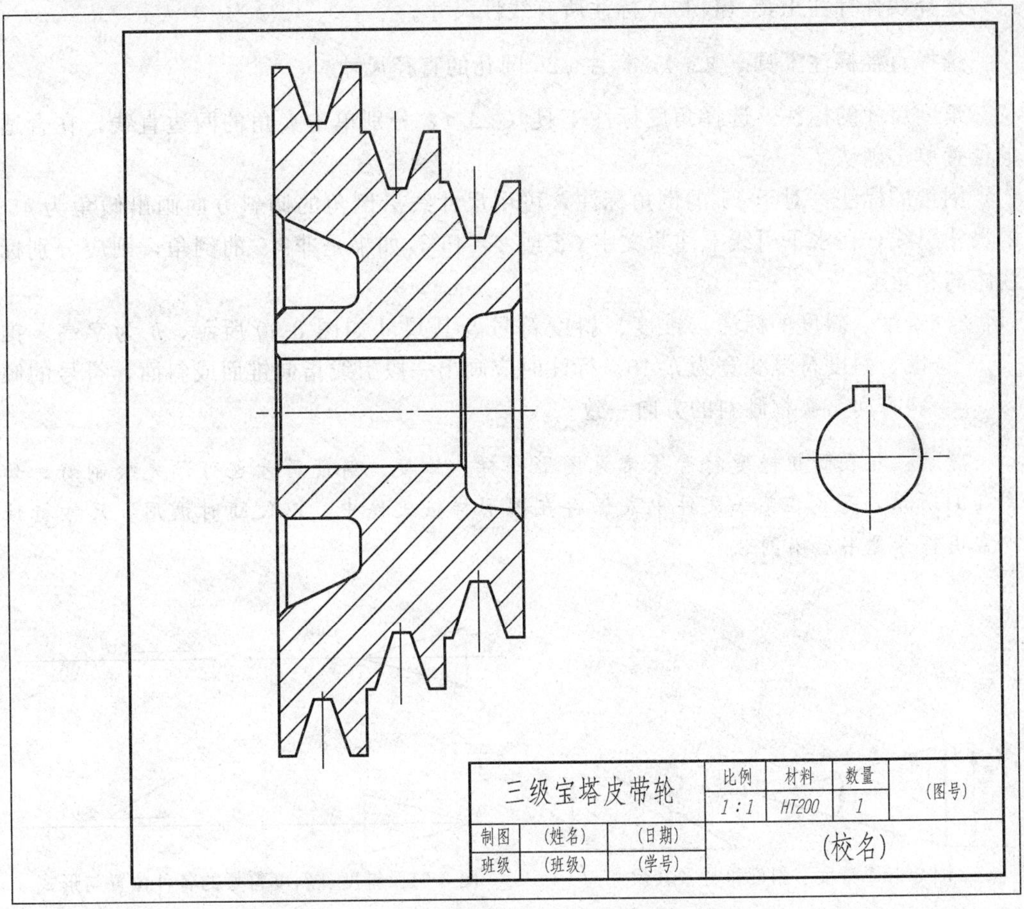

三级宝塔皮带轮			比例	材料	数量	(图号)
			1∶1	HT200	1	
制图	(姓名)	(日期)	(校名)			
班级	(班级)	(学号)				

图 3-89 视口锁定后的图形预览

5. 标注尺寸

尺寸标注在图纸空间进行，选择“尺寸线”为当前图层。

1）标注线性直径尺寸。打开“标注样式管理器”对话框，将“线性直径”样式置为当前，然后关闭对话框。

选择线性标注工具（），标注所有的线性直径尺寸，如 ϕ160、ϕ106、ϕ50 等。

提示： 标注线性直径 ϕ75、ϕ45 时，由于这两处已经过圆角倒角，将导致尺寸界线的端点无法准确捕捉，这就需要用尺寸线将倒圆角前的尖角补起来，然后通过捕捉交点标注该尺寸。

2）标注其他尺寸。与上面同样的方法，在“标注样式管理器”中将“常用标注”样式置为当前。

选择线性标注工具（），标注所有线性尺寸。

选择直径标注工具（），标注 ϕ26 圆孔的直径尺寸。

角度尺寸的标注：选择角度标注工具（），分别单击夹角的两边直线，在合适的位置单击确认。

倒角的标注：对于45°的倒角标注，可用尺寸线沿倒角的倾斜方向画出倾角为45°的尺寸引线，在水平引线上注写文字 *C*2 或 2×45°，如果是非45°的倒角，则应分别标注距离和角度。

3）锥度、斜度的标注。锥度、斜度符号及其尺寸如图3-90所示，*h* 为字高，锥度、斜度符号线宽为 *h*/10。标注时应画出一段引线指向锥面或斜面，符号的倾斜方向与实物倾斜的方向一致。

提示： 与表面粗糙度符号等常见图形一样，锥度、斜度符号也可预先绘制好，如图3-91所示，存放在某一文件中或保存在图形样板文件中，以便随时调用。尺寸标注中常用符号见书后附图3。

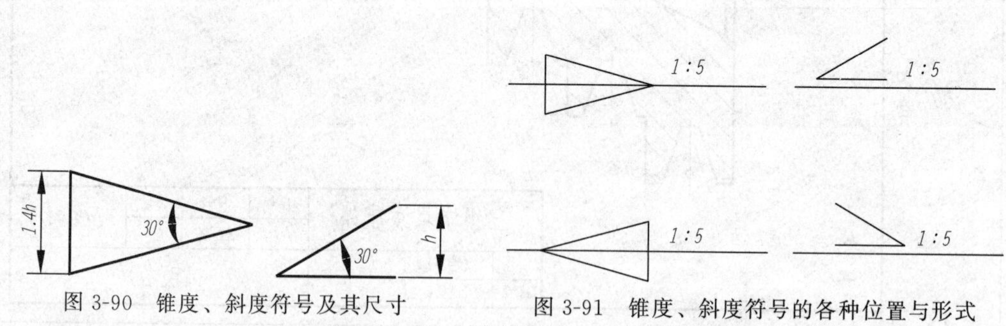

图3-90　锥度、斜度符号及其尺寸

图3-91　锥度、斜度符号的各种位置与形式

尺寸标注结束后，需要对标注位置不理想的尺寸进行调整。制图标准规定任何图线不能穿过尺寸数字，因此还必须对部分图线进行修改与调整。当某些图线从尺寸数字上穿过时，就需要将它从尺寸数字处断开，具体方法是切换至视口的模型空间（模型），用打断工具（）将穿过尺寸数字的图线从此处断开。

尺寸标注完成后的图形预览如图 3-92 所示。

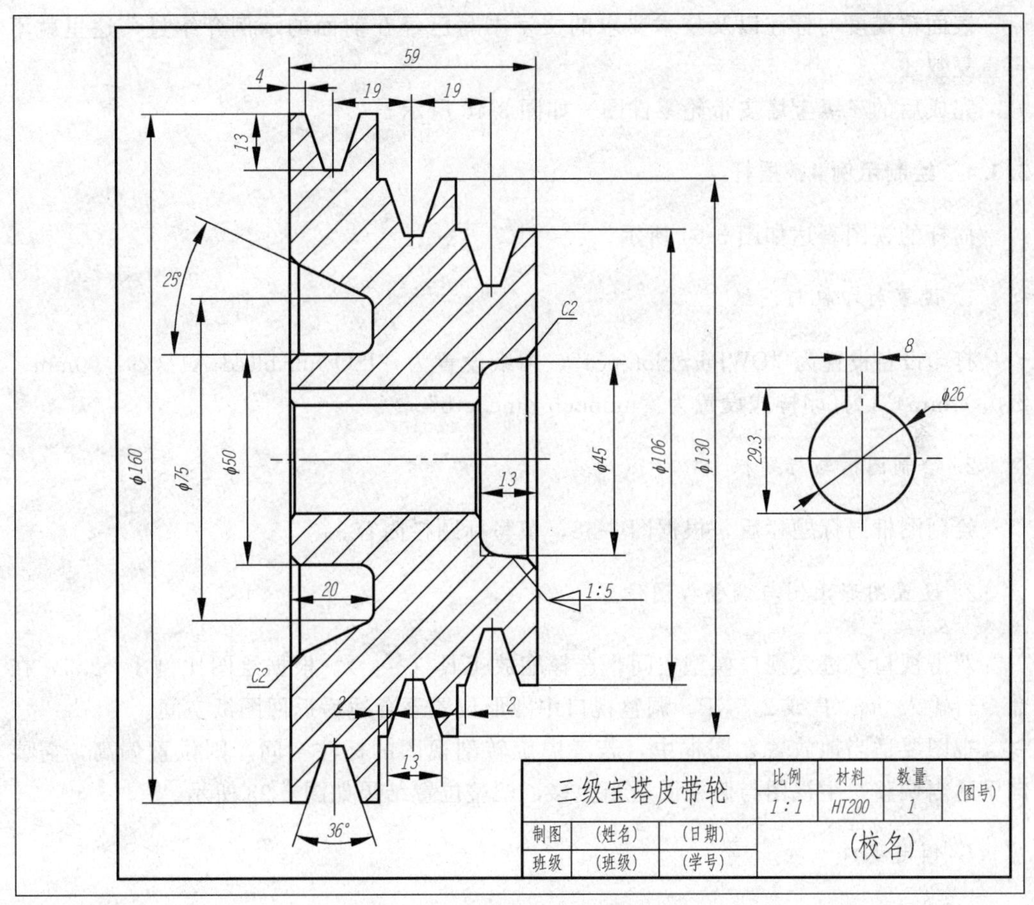

图 3-92　尺寸标注后的图形预览

提示：采用打断工具（）时，一般要关闭屏幕下方的对象捕捉（）按钮，以方便操作。

6. 尺寸公差的标注

对有公差要求的尺寸数字进行修改，添加极限偏差，如 8 修改为 $8_{-0.017}^{\ 0}$，ϕ26 修改为 $\phi26_{-0.023}^{\ 0}$。

提示：注意输入“ 0^-0.017”时，“0”前面有一空格，以保证堆叠时上、下偏差的第一个数字“0”能对齐。

7. 标注表面粗糙度与填写技术要求

表面粗糙度的标注以及技术要求的文字书写已经在前面的示例介绍过，这里就不再重复叙述。

完成后的三级宝塔皮带轮零件图，如图 3-46 所示。

3.3.4 绘制示例 4：摇杆

摇杆的视图表达如图 3-64 所示。

1. 设置打印机与图纸

打印设备设置为“DWF6 ePlot. pc3”，图纸设置为“ISO full bleed A4（297.00mm×210.00mm）”，打印样式设置为“monochrome. ctb”。

2. 绘制图框与标题栏

绘制图框与标题栏后，根据图 3-58，填写标题栏内容。

3. 设置图形比例与调整视图位置

双击视口，进入视口模型空间，选择缩放工具（），根据绘图比例 1∶2.5，在命令行输入 0.4XP 或 2/5XP。调整视口中图形位置至合适后返回图纸空间。

视图要适当地放置在图框中，若考虑旋转剖视图的标注空间，则位置偏高，需要向下适当调整，主视图与俯视图适当上移，调整位置结果如图 3-93 所示。

4. 锁定视口

比例、位置设置后，选择视口框线右击，在快捷菜单中选择“视口锁定”→“是”命令。

隐藏视口框线后，图形打印预览（）如图 3-93 所示。

5. 标注尺寸

尺寸标注在图纸空间进行，选择“尺寸线”为当前图层。

1）标注线性直径尺寸。打开“标注样式管理器”对话框，将“线性直径”样式置为当前，然后关闭对话框。

选择线性标注工具（），标注所有的线性直径尺寸，如 ϕ12、ϕ64、ϕ48 等。

2）标注其他尺寸。进入“标注样式管理器”对话框中，将“常用标注”样式置为当前。

选择“标注”→“对齐”命令或在标注工具栏中选择对齐标注工具（），标注

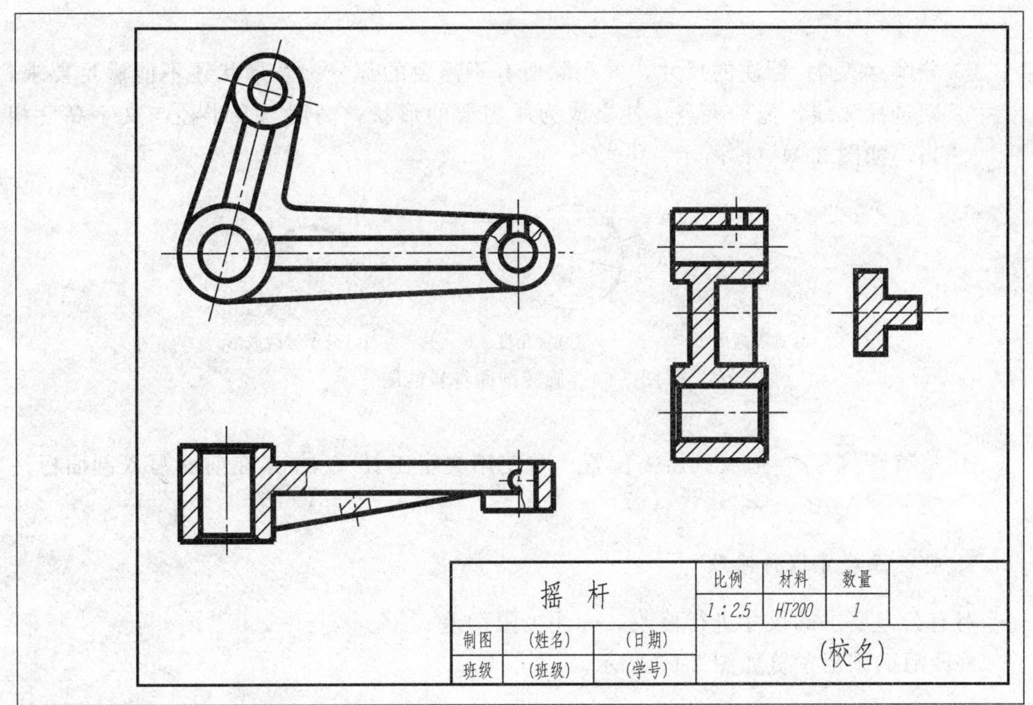

图 3-93　视口锁定后的预览图形

倾斜的线性尺寸，如本例中的“112”和“20”。对齐标注工具是用来标注两点间直线距离的工具，凡是不平行于 *X*、*Y* 坐标轴的线性尺寸，包括线性直径尺寸均需采用这一工具进行标注。

选择线性标注工具（），标注所有线性尺寸。

选择半径标注工具（）与直径标注工具（），标注圆或圆弧的直径和半径尺寸。

选择角度标注工具（），标注角度尺寸。

用尺寸线图层画尺寸引线，标注倒角的尺寸“*C*2”。

3）剖切符号（　）的标注。若在图形绘制时没有画，则需要在此绘制剖切符号。剖切符号使用细实线层，选择菜单“标注”→“多重引线”命令绘制。

先绘制孔下方的剖切符号，另一个剖切符号可以通过镜像工具（）得到，再通过旋转工具（）、移动工具（）等放置到指定位置。

4）旋转剖面“A-A”标注。旋转剖面的旋转符号“”比较难绘制，实际处理可采用下面的方法。

① 使用直线工具绘制一个较小的角度，如图 3-94（a）所示。

② 标注角度，注意位置要靠近尖角才能得到较小半径的圆弧状尺寸线，如图 3-94

(b) 所示。

③ 分解（ ）标注的尺寸，并删除所有不需要的部分。若形状还不能满足要求，则选择弧线，拖动夹点，使之成为所需要的形状，高度与及半径与文字高度相当，如图 3-94 (c)所示。

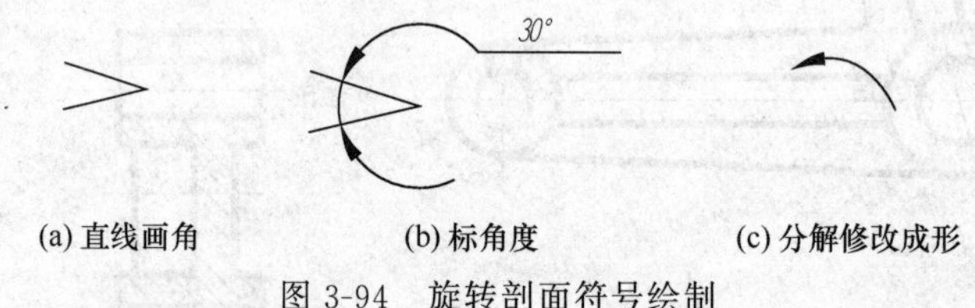

图 3-94　旋转剖面符号绘制

④ 将旋转符号 拖放到所需位置。并使用文字工具（ ）在前面写入剖面标注文字“A-A”。

6. 对标注尺寸进行修改

对有公差要求的尺寸进行修改，标注极限偏差。
修改后的图形预览如图 3-95 所示。

7. 标注表面粗糙度与填写技术要求

本示例中表面粗糙度的标注与技术要求的文字书写与前述一致，不再重复叙述。

3.3.5　绘制示例 5：输出轴

输出轴的视图表达如图 3-74 所示。

1. 设置打印机与图纸

打印设备设置为“DWF6 ePlot. pc3”，图纸设置为“ISO full bleed A4 (297.00mm×210.00mm)”，打印样式设置为“monochrome. ctb”。

2. 绘制图框与标题栏

绘制图框与标题栏后，根据图 3-65，填写标题栏内容。

3. 设置图形比例

进入视口的模型空间，选择比例缩放工具（ ），在命令行输入 1XP，按 1∶1 输出图形。调整视口中图形位置至合适后返回图纸空间。

4. 锁定视口

选择视口框线右击，在快捷菜单中选择“视口锁定”→“是”命令。
隐藏视口框线后，图形打印预览如图 3-96 所示。

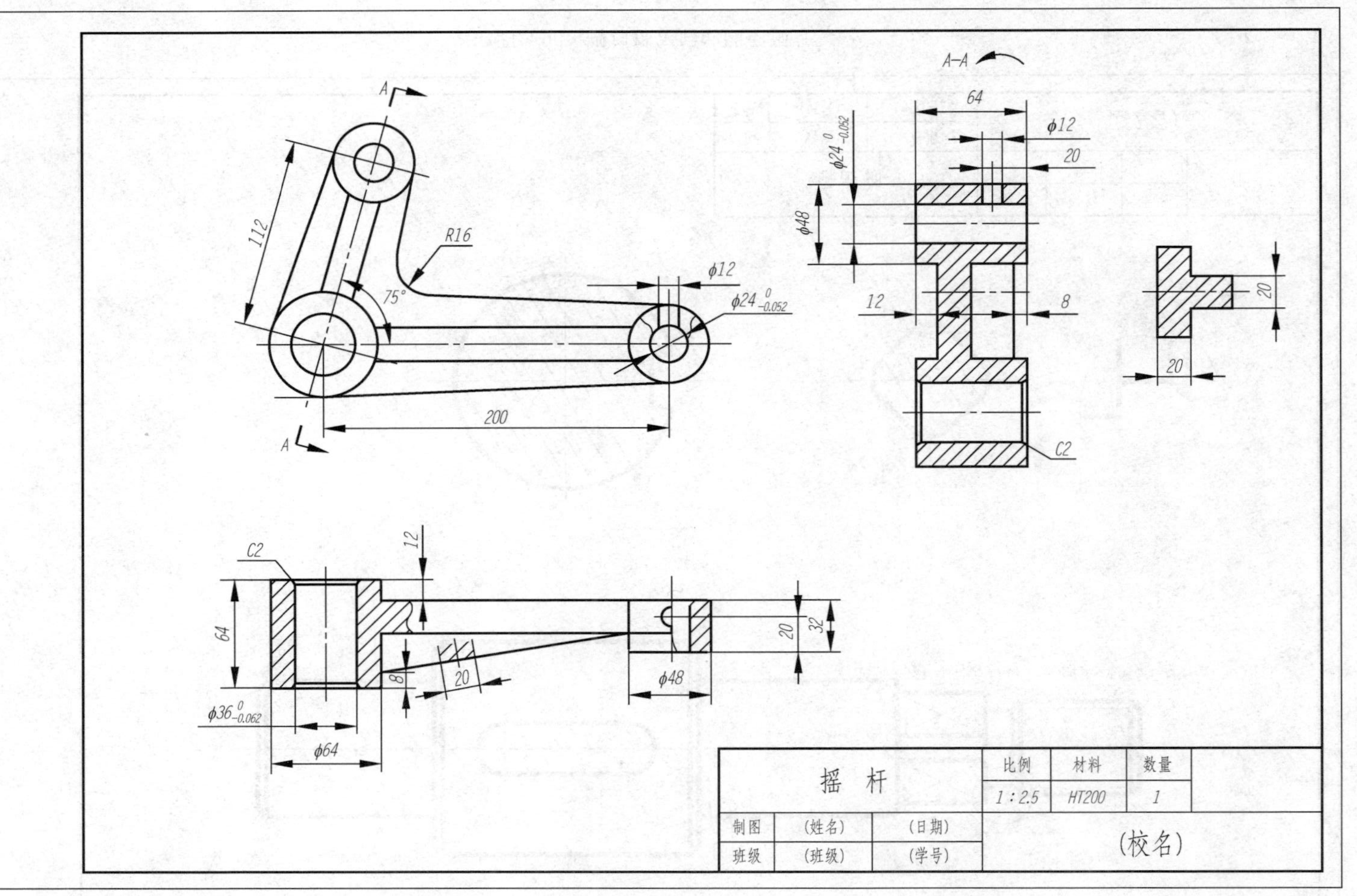

图 3-95 尺寸标注后的预览图形

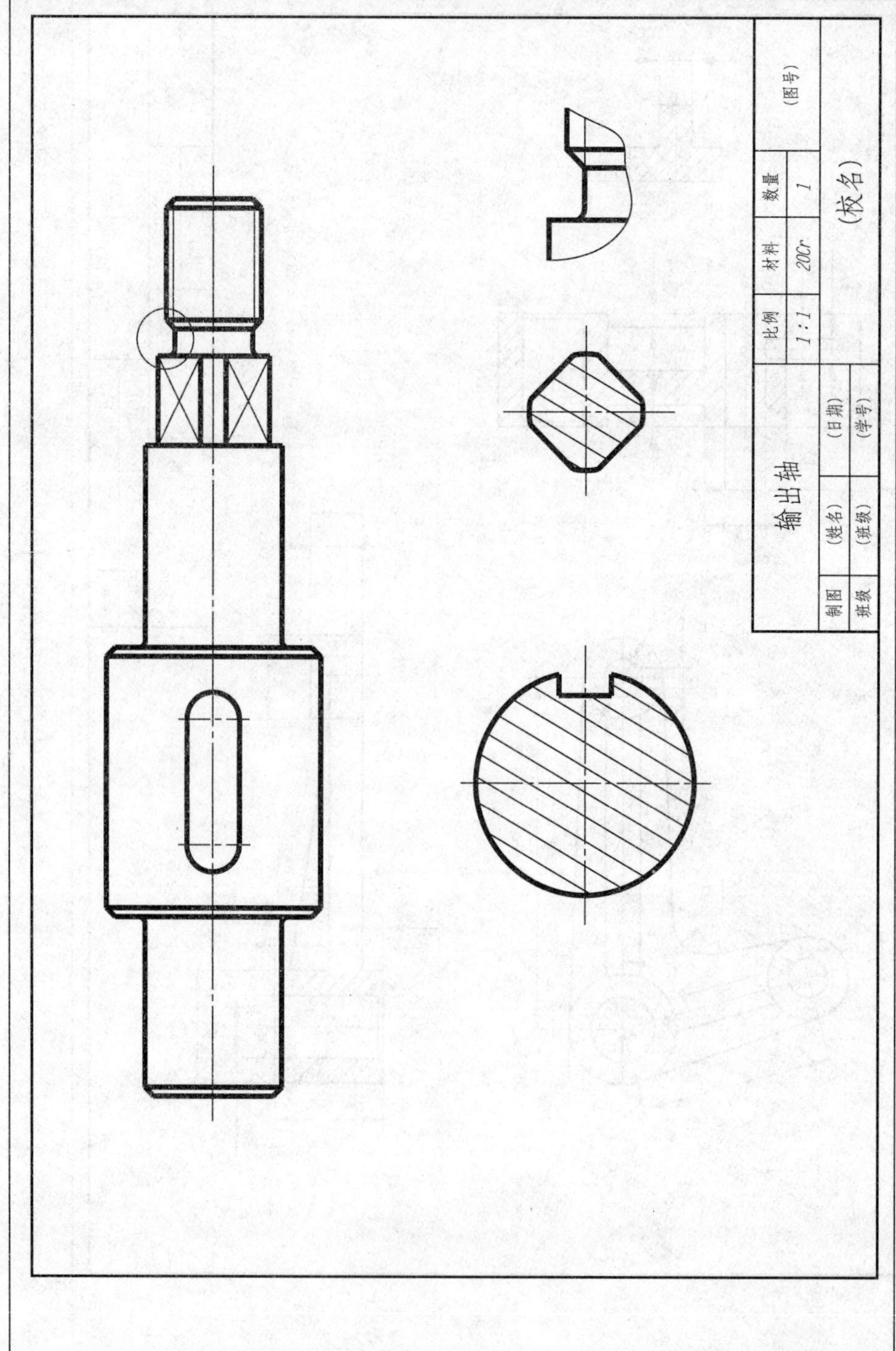

图 3-96 视口锁定后的图形预览

5. 标注尺寸

尺寸标注在图纸空间进行，选择“尺寸线”为当前图层。

1）标注线性尺寸。打开“标注样式管理器”对话框中，将“线性直径”样式置为当前，然后关闭对话框。

选择线性标注工具（），标注所有的线性直径尺寸，如 ϕ32、ϕ50。

2）标注其他尺寸。与上面同样的方法，将样式“常用标注”样式置为当前。

选择对齐标注工具（），标注倾斜的线性尺寸，如本例中的轴方结构尺寸“22×22”。也可以用符号标注成“□22”。

选择线性标注工具（）标注所有线性尺寸。

选择半径标注工具（）和直径标注工具（），标注圆弧或圆的半径或直径尺寸。

选择角度标注工具（），标注角度尺寸。

用多行文字工具（A）注写局部放大图的比例“2∶1”。

6. 标注中心孔

用直线工具（）和多行文字工具（A）等标注两端中心孔的代号“< 2XA3.15/6.7 ”。中心孔的符号及其尺寸如图 3-97 所示，其中 $H=1.4h$（h 为尺寸数字高度），即图中尺寸字高为 3.5，则 H 为 5，线宽为 1/10 字高。

提示：与表面粗糙度符号等常见图形一样，中心孔的符号也可预先绘制好，存放在某一文件或某一图形样板文件中，以便随时调用。

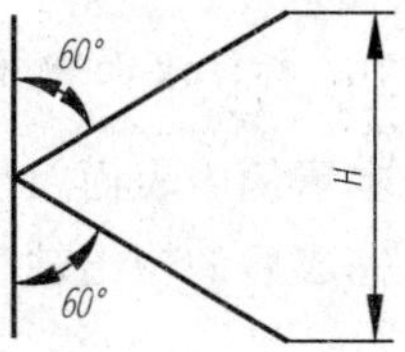

图 3-97　中心孔的符号及其尺寸

7. 剖切符号（）的标注

剖切符号使用细实线层，选择菜单：“标注”→“多重引线”命令绘制。竖线用粗实线描粗。

8. 修改标注

1）选择菜单：“修改”→“对象”→“文字”→“编辑”命令，对少数不符合要求的默认尺寸数字进行适当的修改，如局部放大图的所有尺寸、螺纹尺寸“M22×1.5-6g”、倒角尺寸“2×45°”、轴方尺寸“22×22”等都需要修改默认的尺寸数字。

2）对标注位置不理想的尺寸部位进行调整。进入视口的模型空间，使用打断工具（）将中心线从尺寸“ϕ50”、“ϕ32”等处断开。

3）尺寸公差标注。修改相关尺寸标注，添加极限偏差，如：线性直线 ϕ32 修改为 $\phi 32_{-0.025}^{\ 0}$，ϕ50 修改为 $\phi 50_{-0.034}^{-0.009}$。键槽的线性尺寸 12 修改为 $12_{-0.047}^{-0.010}$，44.5 修改为 $44.5_{-0.2}^{\ 0}$。

尺寸标注修改后的图形预览如图 3-98 所示。

9. 形位公差标注

（1）标注基准符号

基准符号的画法参见图 3-77。

（2）标注形位公差

1）选择菜单：“尺寸线”为当前图层。选择“标注”→“多重引线”命令，与标注粗糙度引线一样绘制出形位公差的标注引线。

2）标注形位公差。将线宽为 0.35 的图层设为当前图层。

选择“标注”→“公差”命令或公差标注工具（），在弹出的“形位公差”对话框的“符号”选项中选择同轴度符号“”，单击“公差 1”选项中的黑色方格，出现符号“”，在白色框格中输入“0.03”，在“基准 1”选项中的白色框格中输入“A-B”，如图 3-99 所示。

最后单击“确定”按钮，得到形位公差框格，将其放置到引线的末端，从而完成形位公差的标注，如图 3-100 所示。

10. 标注表面粗糙度与填写技术要求

本示例中表面粗糙度的标注与技术要求的文字书写与前述一致，不再重复叙述。

完成后的输出轴零件图，如图 3-65 所示。

从以上讨论的实例可以看出，零件的视图到工程图样的出图过程，应注意以下几点。

1）在布局的图纸空间出图，可以以所见即所得的方式随时了解打印输出效果。模型空间虽然也能打印，但若获得理想打印效果，设置较困难，故不建议采用。

2）工程图上不应有视口框线，可以将视口框线图层设置为辅助线图层并隐藏。

3）在模型空间以 1∶1 绘制视图，转入图纸空间时应选择适当的视图比例，设置后视口要锁定，防止意外改变。

4）在布局的图纸空间标注尺寸与技术要求，可保证输出的字高即为设置的字高，不受出图比例设置的影响。

5）要经常“打印预览”，发现问题及时修改，以确保打印效果。

6）工程图中常用的一些符号，如基准、斜度、锥度、剖面符号、中心孔以及粗糙度等，可以事先绘制在模板中，做成图块调用。

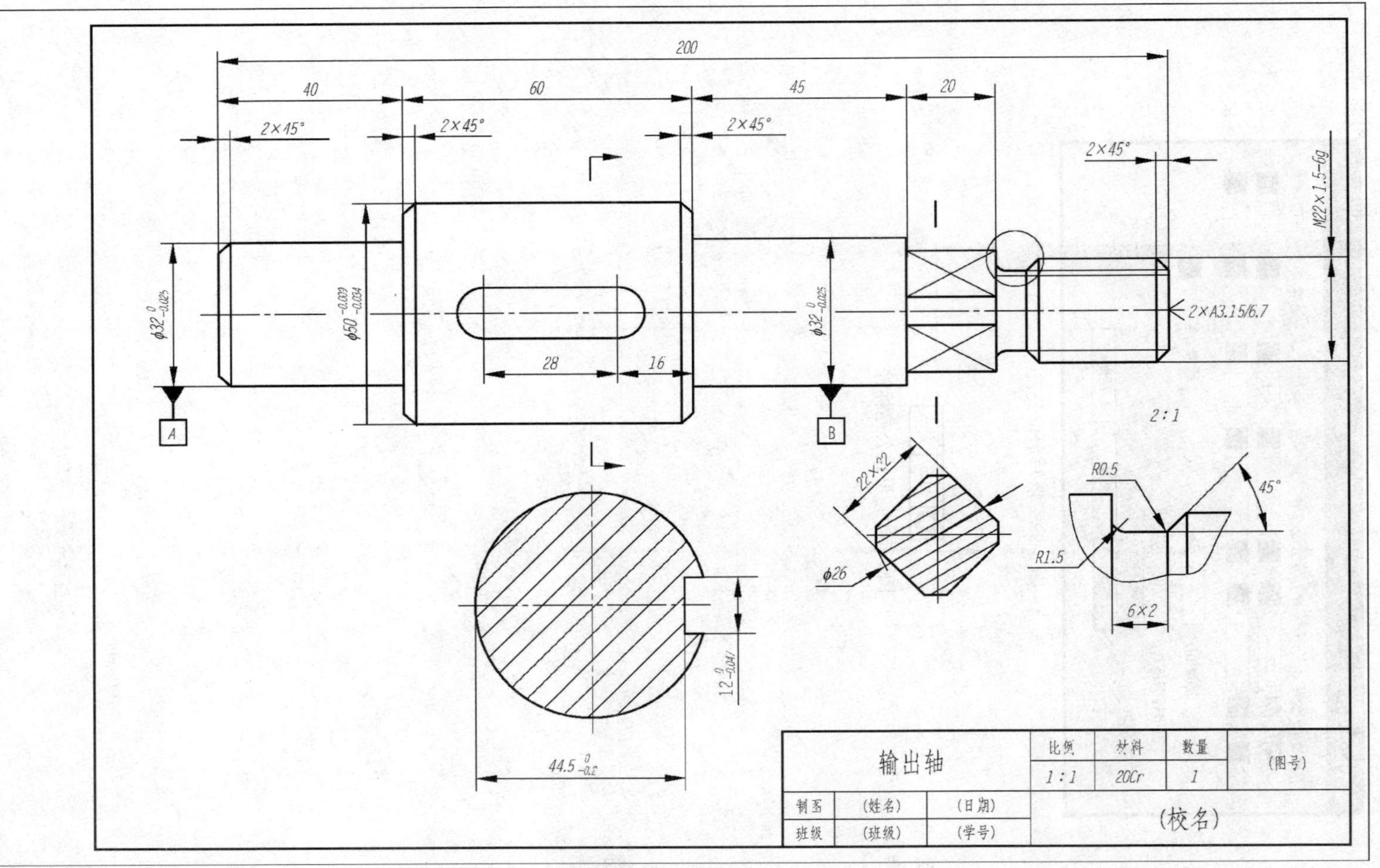

图 3-98 尺寸标注后的图形预览

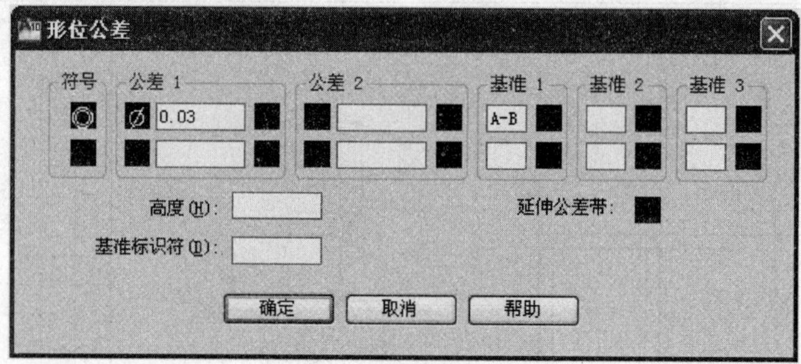

图 3-99 填写形位公差

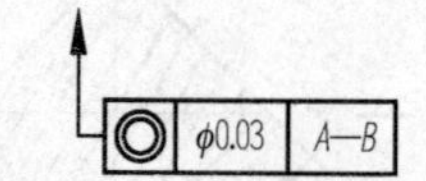

图 3-100 形位公差标注

第 4 章

绘制三维立体图形

4.1 实体绘图与常用编辑工具

绘制三维立体图形在 AutoCAD 2010 中称为建模（或称创建实体）。绘制零件三维立体图形主要使用菜单："绘图"→"建模"中的命令，或使用建模工具栏中的工具进行绘图；建模操作的主要工具与命令如图 4-1 所示。

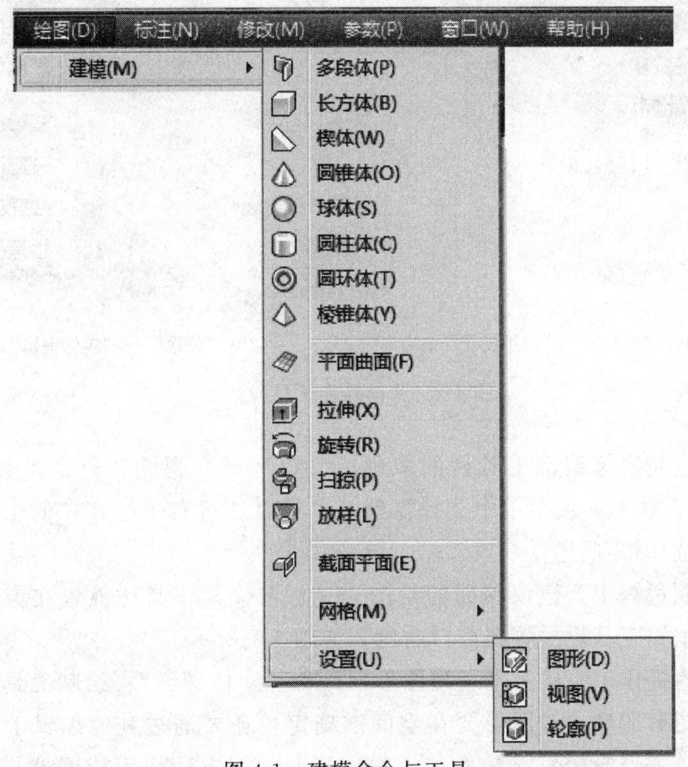

图 4-1　建模命令与工具

三维立体图形的编辑主要通过“修改”→“实体编辑”命令进行，相应的工具栏为实体编辑工具栏；三维图形的空间变换可使用“修改”→“三维操作”→“三维阵列（三维镜像、三维旋转、对齐）”命令进行操作。三维立体图形编辑操作的主要命令如图 4-2所示。

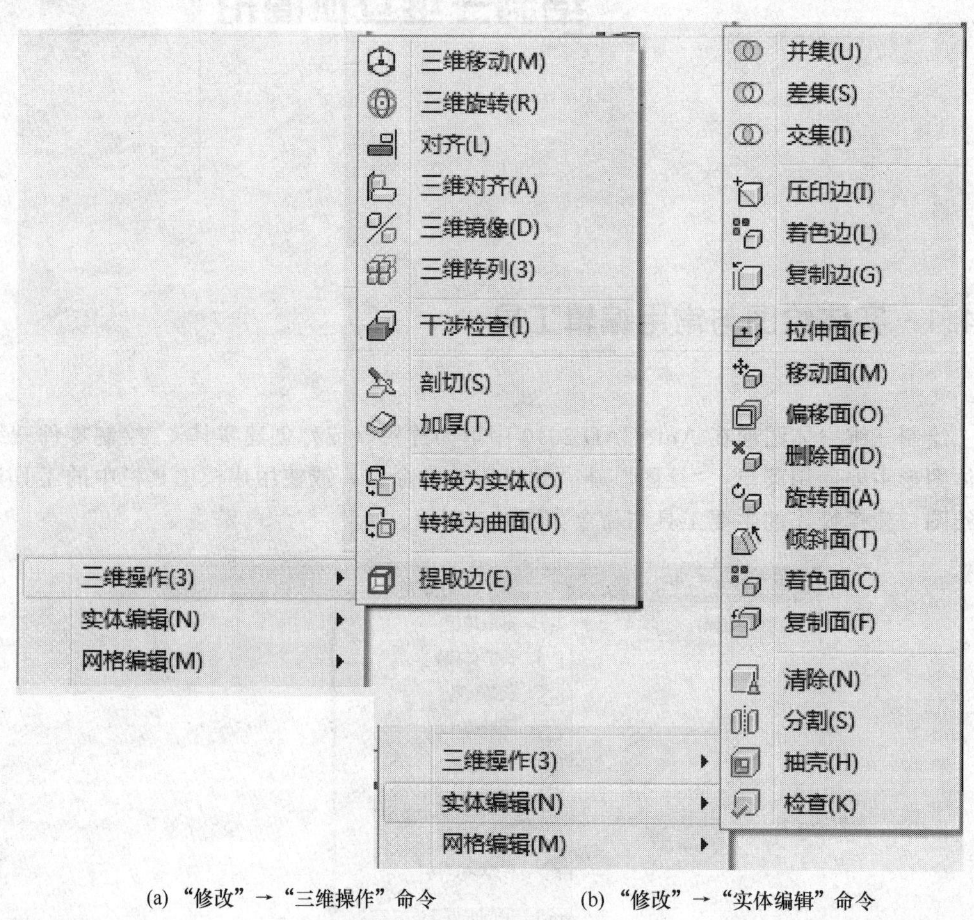

(a) “修改”→“三维操作”命令　　(b) “修改”→“实体编辑”命令

图 4-2　实体操作工具与命令

建模工具栏与实体编辑工具栏的取出，可以选择“视图”→“工具栏”→AutoCAD 下的命令，在下一级菜单中选择得到；也可以通过右击已存在的工具栏，在弹出的快捷菜单中选择得到。

在实际绘制过程中，建议平面的绘图工具栏与修改工具栏放置在窗口左侧，实体工具栏与实体编辑工具栏放置在窗口右侧，如图 1-4 所示。

建模工具栏提供了一些基本三维图形（又称“实体图元”）绘制工具，可以方便地进行基本三维图形造型，但图形要在空间准确定位还要通过其他编辑手段，有时操作较复杂，还有，若绘制较复杂轮廓的三维图形时，此方法使用较困难。对此，可以通过绘制平面投影图形，然后拉伸或旋转形成三维图形的方法操作，此法无论对简单实体还是较复杂实体图形均能有效生成。通过拉伸或旋转形成三维图形的方法另一个较突出的优点是图形从一开始就有准确的位置，这可能更适合一般人绘图时的思维习惯。

本章对使用基本三维图形（实体图元）进行绘图的方法只作简单介绍，主要讨论通过拉伸或旋转形成三维图形（实体）的方法，而一些特殊三维图形的建模方法可参照第 6 章的相关题例。由于本教材主要针对初学者，故对曲面建模等较复杂内容不作讨论。

4.2 实体生成的基本方法

4.2.1 实体图元工具绘图

机械零件的结构往往由一些基本三维实体图形（AutoCAD 中称为“实体图元”）组合而成，这些实体图元主要有长方体、楔体、圆锥体、球体、圆柱体、圆环体、棱锥体等。AutoCAD 中提供了实体图元绘图工具，可以直接绘制基本三维实体图形。这些基本三维实体图形绘制时，选择相应实体图元工具后，根据命令行提示输入必要的参数就能生成。如绘制 50×40×30 的长方体，可选择长方体工具（ ），根据命令行提示进行操作。

```
命令：_ box
指定长方体的角点或[中心点(C)]:0,0                //以坐标原点为角点
指定其他角点或[立方体(C)/长度(L)]:L              //选择输入各边长度
指定长度:50                                      //输入长度(长度为 X 方向)
指定宽度:40                                      //输入宽度
指定高度或[两点(2P)]:30                          //输入高度
```

因为 AutoCAD 默认的当前视图是俯视图，故长方体在俯视图上显示投影轮廓为50×40 的矩形，如图 4-3（a）所示，若改变成为立体显示方式，需选择菜单：“视图”→“三维视图”→“西南等轴测”命令，便得到三维立体线框图形，如图 4-3（b）所示。

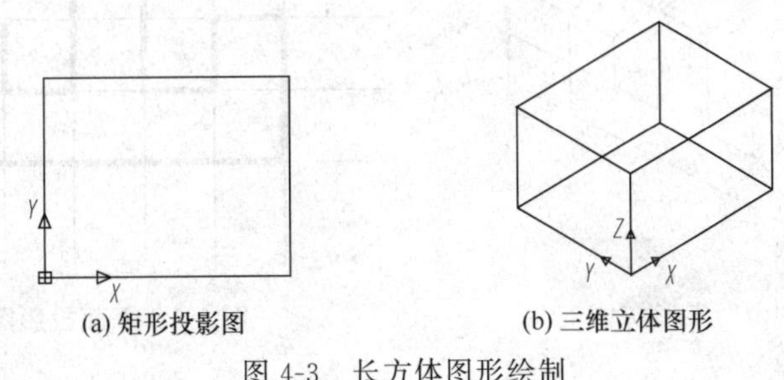

图 4-3　长方体图形绘制

其他基本三维实体图形（球体、圆柱体、圆锥体、楔体、圆环体）的绘制方法与长方体的绘制基本一致，可参考图 4-4 所示的数据自行绘制，括号中数值为绘制时可选择的数据输入值。

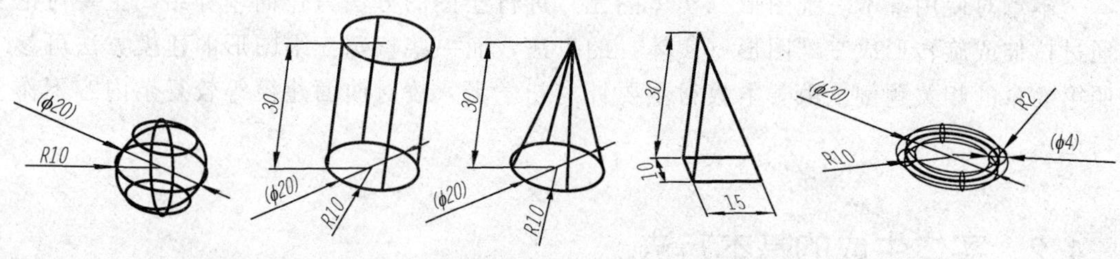

图 4-4　基本实体图形绘制

4. 2. 2　平面图形拉伸为实体

机械零件有许多结构是柱体结构，这些结构可以看成是平面图形在空间拉伸而成。绘制平面图形后再拉伸成为实体，是最常见的三维图形绘制方法之一。例如：绘制一个如图 4-5 所示的“山”字形三维图形，可以先在反映实形的主视图投影方向上绘制一个“山”字形平面投影图形，再拉伸成为三维立体。

平面图形绘制时，先在主视图（选择菜单：“视图”→“三维视图”→“前视图”命令）上绘制相互垂直的构造线（）作为基准线，基准点可设置在图形的左下角，再根据图形尺寸利用偏移工具（）偏移（尺寸 5）构造线作为辅助线，得到精确的轮廓交点，再使用多段线工具（），利用捕捉交点的方法，绘制“山”字形平面封闭轮廓线，如图 4-6 所示，最后删除辅助线。选择“绘图”→“实体”→“拉伸”命令，或实体工具栏中的拉伸工具（），按照命令行提示操作。

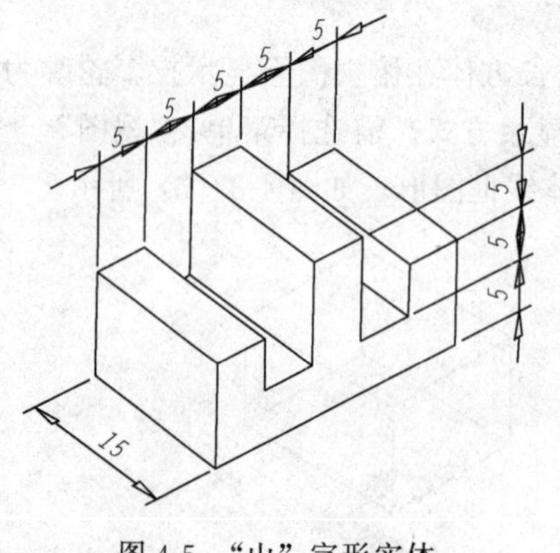

图 4-5　“山”字形实体

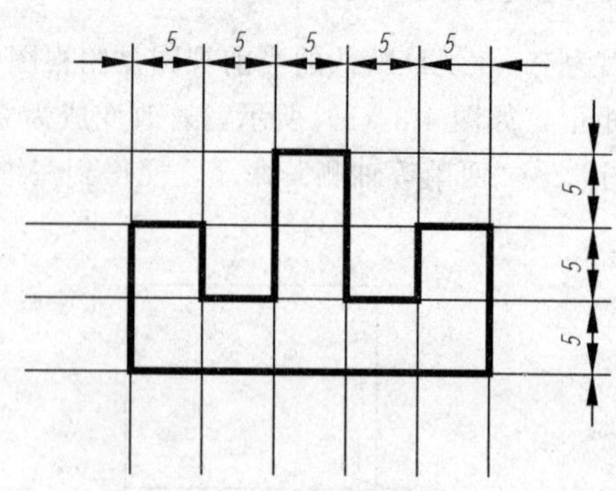

图 4-6　平面投影图形

```
命令：_ extrude
当前线框密度：ISOLINES=4
选择要拉伸的对象：找到 1 个                         //框选"山"形轮廓
选择对象：                                          //回车确认
指定拉伸高度或[方向(D)路径(P)/倾斜角(T)]：15        //输入拉伸高度15，回车
```

拉伸后屏幕显示的图形并未改变，若成为图 4-5 所示的立体显示方式，需选择“视图”→“三维视图”→“西南等轴测”命令，并选择“视图”→“视觉样式”→“三维隐藏”命令，便得到图 4-5 所示的“山”字形三维消隐立体图形。

提示：平面投影图形绘制时可以使用输入坐标（绝对坐标或相对坐标）的方法确定图形的坐标点，但使用偏移工具确定图形的坐标点更简单快捷。拉伸工具只能拉伸封闭的多段线或面域，故绘制轮廓线时假若使用直线工具（）而不是多段线工具（），则完成投影图后，还必须将直线段图形修改成封闭多段线图形（选择“修改”→“对象”→“多段线”命令，或编辑多段线工具（）或面域（选择“绘图”→“面域”命令，或面域工具（）)）。

拉伸命令除直线拉伸外，还可以使某个截面沿一个曲线路径拉伸生成实体。例如：可将一个 $\phi4$ 的圆沿 $R10$ 半圆路径拉伸成半个圆环，也就是形成图 4-4 中圆环体的一半。具体绘制方法如下。

1) 首先绘制通过坐标原点的三维基准线。选择构造线（），分别输入 0，0、9，0、0，9、0，0，9 得到三条通过坐标原点并与三根坐标轴 X、Y、Z 重合的三维基准线。
2) 绘制路径。在俯视图（选择菜单：“视图”→“三维视图”→“俯视图”命令）中以坐标原点为圆心绘制 $R10$ 圆。用修剪工具（）修改成如图 4-7 所示的半圆。
3) 绘制直径为 $\phi4$ 的小圆。在左视图（选择“视图”→“三维视图”→“左视图”命令）中偏移基准线 10 得到辅助线，并在交点处绘制 $\phi4$ 小圆，如图 4-8 所示。

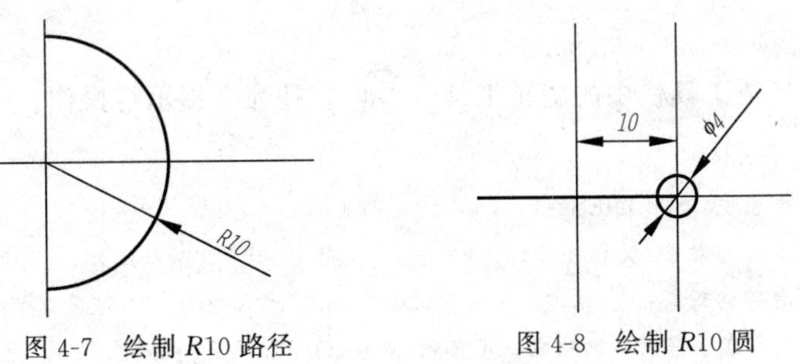

图 4-7　绘制 $R10$ 路径　　　图 4-8　绘制 $R10$ 圆

4）拉伸成实体。选择菜单："视图"→"三维视图"→"西南等轴测"命令，使图形显示成等轴测状态，然后选择实体拉伸工具（），按命令行提示操作。

```
命令：_ extrude
当前线框密度：ISOLINES＝4
选择要拉伸的对象：找到 1 个                                  //选择 φ4小圆
选择要拉伸的对象：                                           //回车确认
指定拉伸高度或[方向(D)/路径(P)/倾斜角(T)]：p                 //选择按路径拉伸
选择拉伸路径或[倾斜角(T)]：                                  //选择 R10圆弧
```

得到如图 4-9 所示的半个圆环体。

4.2.3 半截面图形旋转为实体

有许多实际的零件或结构是回转体，对于这类结构绘制三维立体时可以先绘制半个回转截面投影图（半截面投影），然后绕回转轴旋转形成实体。图 4-9 所示的半个圆环体也可以认为是由 $\phi4$ 小圆绕垂直轴旋转 180°而形成的。常见的轴类、轮盘类零件主体结构都可以使用这种方法由半截面绕回转轴 360°生成。例如：图 3-46 所示的三级宝塔皮带轮，就可以用半截面旋转的方法生成实体，其步骤如下。

1）首先绘制三级皮带轮的半截面平面投影图，并修改为封闭多段线，同时绘制三级宝塔皮带轮的回转中心线，如图 4-10 所示。

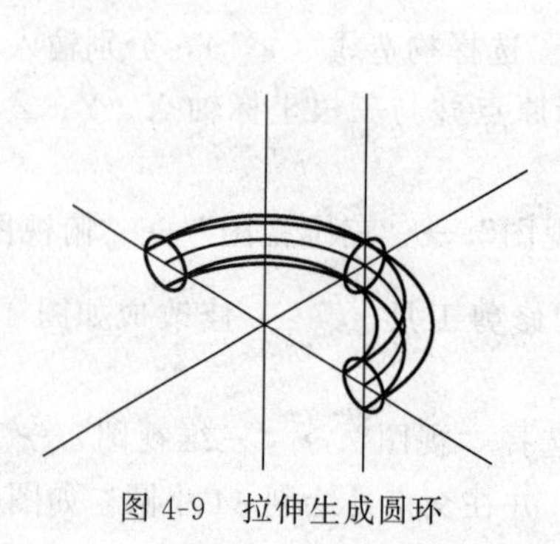

图 4-9 拉伸生成圆环

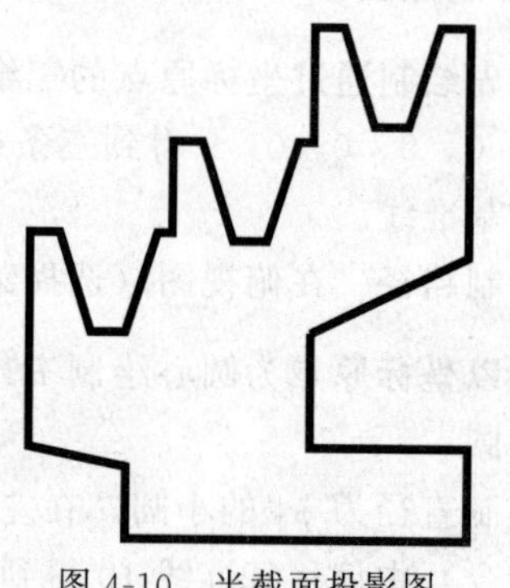

图 4-10 半截面投影图

2）再选择实体工具栏中的旋转工具（），按命令提示行操作。

```
命令：_ revolve
当前线框密度：ISOLINES＝4
选择要旋转的对象：找到 1 个                                   //选择半截面投影图
选择要旋转的对象：                                            //回车确认
指定轴起点或根据以下选项之一定义轴[对象(O)/X/Y/Z]<对象>：     //回车确认
选择对象：                                                    //选择回转中心线
```

指定旋转角度或[起点角度(ST)] <360>：　　//回车确认

确认后，得到如图 4-11 所示的三维实体投影图。选择菜单："视图"→"三维视图"→"西南等轴测"命令，以及"视图"→"视觉样式"→"三维隐藏"命令，便得到如图 4-12所示的三级皮带轮的立体图形。

提示：若回转中心在 X 轴上，半截面投影图也可以绕 X 轴旋转生成实体。

若旋转的对象是封闭图形，则旋转生成三维实体。若旋转对象是线段，则生成三维回转曲面。

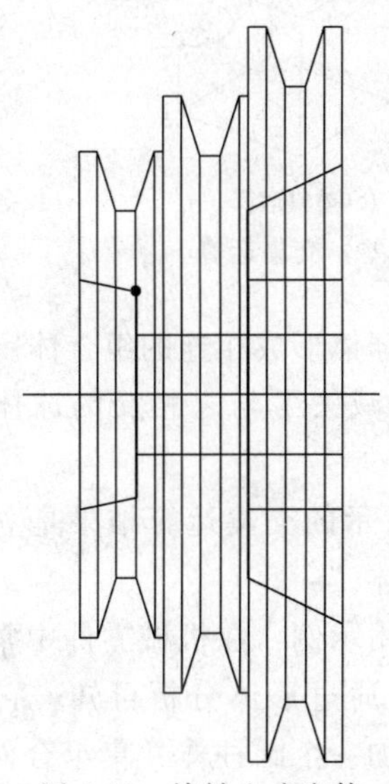

图 4-11　旋转生成实体

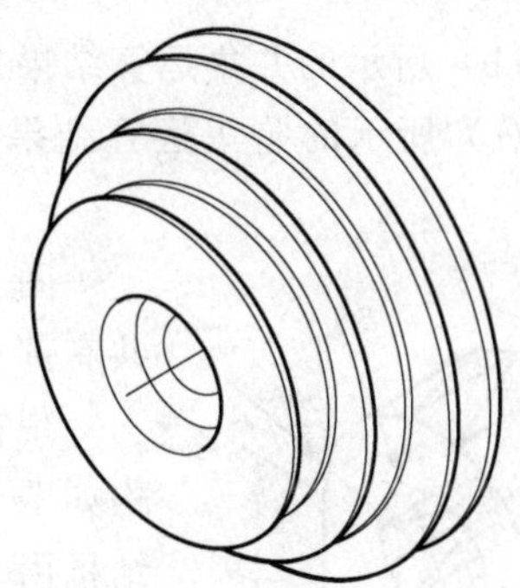

图 4-12　西南等轴测图

4.2.4　基本实体切割

有一些零件的结构从形体上分析，可以认为是某个基本实体经过切割而成的。如图 4-13 所示的图形可以认为是一个长方体被两个斜面切割而成的实体，图 4-9 所示的半个圆环体也可以认为是图 4-4 中的圆环体被切去一半。关于实体的切割在本章"4.5 立体图的剖切"一节中有专门讨论，在此不再叙述。

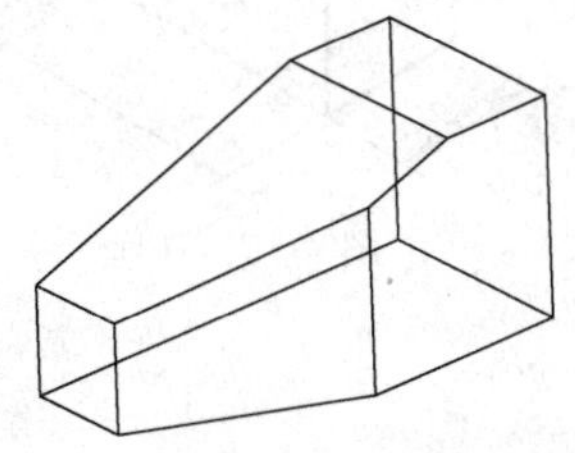

图 4-13　切割而成的实体

4.2.5　实体合成

通常，大多数三维立体图形并非单一图形，而是由若干个简单实体图形组合而形成的组合体。如图 4-6 所示的"山"字形实体可看成由若干个长方体组合而成；圆筒可认为是由一个大圆柱体中间去除一个小圆柱体组合而成；即使图 4-13 所示的切割实体也可以看成一个长方体与两个楔形体相减而获得的。这一类的实体合成处理在 AutoCAD 中有三个专门的运算工具：并集运算工具（ ）、差集运算工具（ ）与交集运算工具（ ）。

对于图 4-14（a）所示的一个立方体与一个球体分别进行并、差、交集运算，得到的图形分别如图 4-14（b）、图 4-14（c）、图 4-14（d）所示。

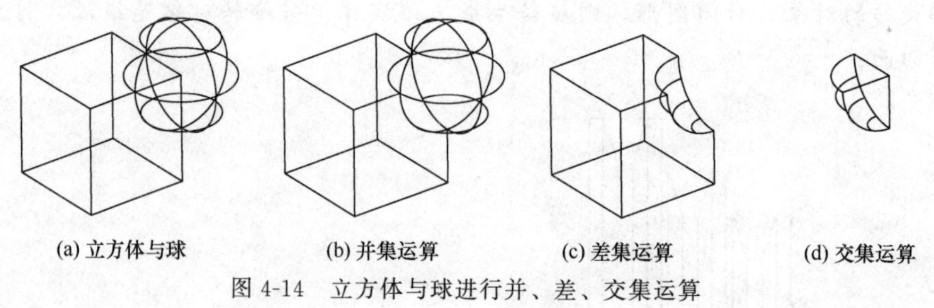

图 4-14　立方体与球进行并、差、交集运算

图 4-14（b）所示的并集运算结果是立方体与球体形成相连的组合体。

图 4-14（c）所示的差集运算结果是立方体中减去了与之相交的球体部分形成组合体。

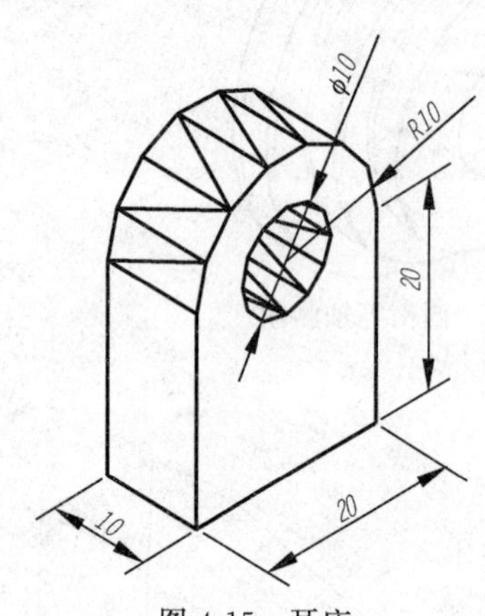

图 4-15　耳座

图 4-14（d）所示的交集运算结果是立方体与球体共有部分形成组合体。

现在看一个应用示例：在机械零件中常见的耳座结构如图 4-15 所示，通过形体分析可知，它的实体主要结构由一个长方体加一个圆柱体并集组合而成（并集运算），在圆柱体的中间有一孔，可看成组合体再与小圆柱体相减（差集运算）而成。绘制步骤如下。

1）在主视图中绘制三个实体结构的平面投影图，一个 ϕ20 大圆、一个同心 ϕ10 小圆与一个 20×20 矩形，如图 4-16 所示。

2）拉伸三个平面图形，高度为 10。选择拉伸工具（ ），根据命令行提示操作。

```
命令：_ extrude
当前线框密度:ISOLINES=4
选择要拉伸的对象:指定对角点:找到 3 个                       //框选三个图形对象
选择要拉伸的对象:                                          //回车确认
指定拉伸的高度或[方向(D)/路径(P)/倾斜角(T)]:10      //输入拉伸高度10后回车
```

拉伸成实体后，显示方式设置成西南等轴测，如图 4-17 所示。

3）将长方体与大圆柱并集运算形成组合体。选择菜单：“修改”→“实体编辑”→“并集”命令，或选择并集运算工具（），根据命令行提示操作如下。

```
命令：_ union
选择对象:找到 1 个                                        //选择 φ20大圆
选择对象:找到 1 个,总计 2 个                              //选择矩形
选择对象:                                                 //回车确认
```

结果如图 4-18 中粗线所示。

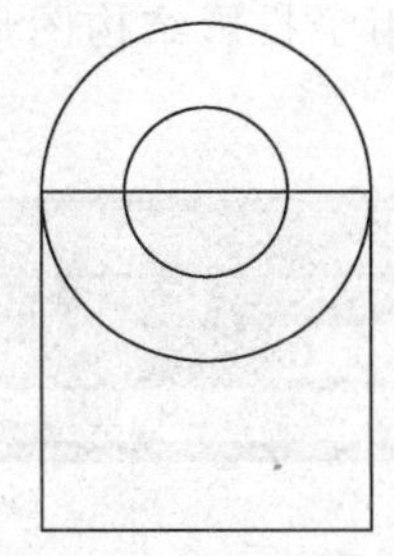
图 4-16　平面投影图

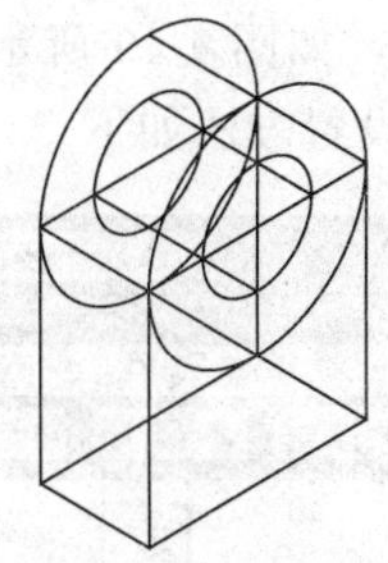
图 4-17　拉伸为实体

图 4-18　并集运算

4）将组合体与小圆柱进行差集运算。选择菜单：“修改”→“实体编辑”→“差集”命令，或选择差集运算工具（），根据命令行提示操作如下。

```
命令：_ subtract 选择要从中减去的实体或面域
选择对象:找到1个                                         //选择组合体
选择对象:                                                //回车确认
选择要减去的实体或面域…
选择对象:找到 1 个                                       //选择 φ10小圆
选择对象:                                                //回车确认
```

再选择菜单：视图\消隐，得到耳座消隐后的三维立体图形，如图 4-15 所示。

4.3　绘制零件实体图形

在绘制零件立体图形时，先要仔细进行形体分析，分析各部分形体的三维结构与形成实体的方式，形体分析时要解决以下几个问题。

1）向哪个面上投影最能反映结构特征？立体图形的绘制通常先从平面投影图开始，平面投影图应绘于最能反映结构特征的投影面上。

2）用什么方式形成实体？有时形成实体有多种方式，要选一种方便简捷的形成方式。例如要考虑是通过拉伸方式形成实体方便，还是通过旋转方式形成实体方便。

3）各部分形体结构的实体如何合成零件实体？合成的顺序有时会极大地影响绘图效率，尤其要注意何时处理孔的结构，如存在相贯的孔结构时最好放在最后生成。

绘制投影图时要充分考虑实体生成的操作特点，充分考虑并、差、交集特性，以简化平面图形结构绘制。合成零件实体时，应该先处理大的实体零件结构，再处理细节结构；先处理并集实体结构，再处理差集实体结构。

为了能很好地显示所绘制图形的投影状态，又能很好地显示图形的空间状态，建议在模型空间绘图时使用两个视口，如图 4-19 所示。一个用于投影结构图形的绘制，另一个用于立体图形的观察。具体设置方法如下。

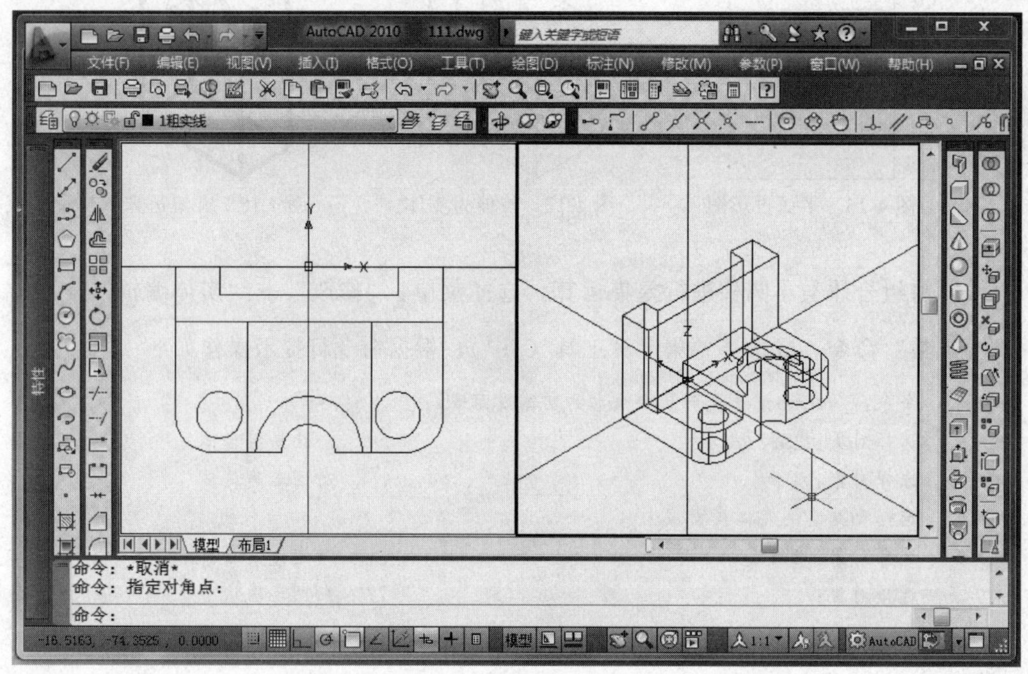

图 4-19　两个绘图视口

1）确认当前视图为俯视图。选择“视图”→“三维视图”→“俯视”命令。

2）设置两个视口。选择“视图”→“视口”→“两个视口”命令，根据命令行提示操作。

```
命令：_ －vports
输入选项[保存(S)/恢复(R)/删除(D)/合并(J)/单一(SI)/?/2/3/4] <3>：_2
输入配置选项[水平(H)/垂直(V)] <垂直>：                //确认配置为垂直分隔
正在重生成模型。
```

操作后形成左右两个视口。生成的两个视口均可进行绘图操作，只是显示效果不同而已。

3）设置一个视口用于三维空间显示。若选择左边一个视口主要用于绘制投影视图，右边一个视口主要作为三维空间显示，则首先单击确认右边视口，再选择“视图”→“三维视图”→“西南等轴测”命令。选择后，右边视口将显示轴测图形。两个视口的显示状态可参考图 4-19。

通过前面的一节讨论可知，虽然 AutoCAD 提供了基本的实体图元创建工具，但采用投影图拉伸或旋转生成实体的方法，可以使所绘制结构从一开始就有准确的位置，故三维立体图形的绘制可从平面投影图开始。建议绘图操作时步骤如下：

1）过坐标原点绘制与坐标轴重合的三维基准线作为绘图基准，并设置两个视口。

2）在投影平面内绘制投影平面图。

3）将投影图形通过拉伸或旋转形成局部结构实体。

4）移动局部结构实体，定位到所需位置。

5）并、差、交集运算合成零件实体。

提示：因为在 AutoCAD 中只能在 *X-Y* 平面内绘图，故应正确选择投影图的投影平面，操作时可选择“视图”→“三维视图”→“前视（左视、俯视）”命令。另外，绘图过程中要及时删除不必要的辅助线，以防止干扰后续的绘图操作。

4.3.1 绘制示例 1：轴撑挡块

轴撑挡块如图 4-20 所示。

1. 形体分析

从零件图纸可见该零件除了 *R*12 半圆柱、*R*6 半圆孔以及两个 ϕ10 孔外，其余部分均由矩形立体组成。所有组成实体均可从俯视图向上拉伸形成，另外从实体差集运算特性可以知道，*R*6 半圆孔、*R*12 半圆柱可以通过圆柱与一个矩形体作差集形成。

2. 绘制图形的步骤

（1）过坐标原点画出三维基准线

选择菜单：“视图”→“三维视图”→“俯视”命令，转换到俯视图平面。

选择菜单：“绘图”→“构造线”命令或构造线工具（），从命令行输入：0，0；9，0；0，9；0，0，9 得到通过坐标原点的三维基准线。

选择菜单：“视图”→“视口”→“两个视口”命令，设置成左右两个视口。在右边视口选择菜单：“视图”→“三维视图”→“西南等轴测”命令，作为图形空间观察窗口（参考图 4-19）。

（2）在俯视图上绘制投影平面图

当前在俯视图平面，坐标原点（绘图基准）放置在零件后部中间。根据图 4-20 所示尺寸用偏移工具（）画相应的辅助线，如图 4-21 所示。

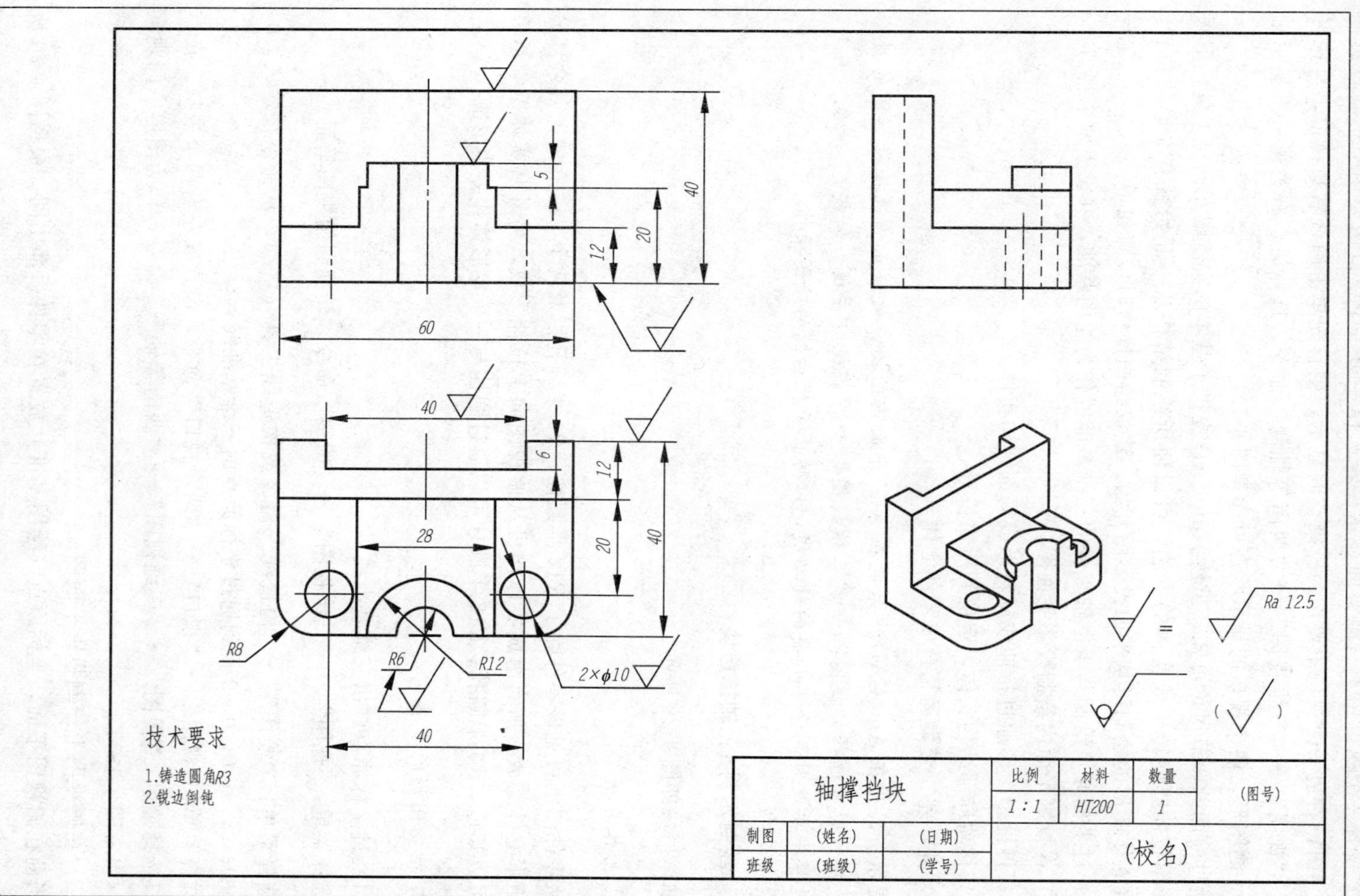

图 4-20 轴撑挡块零件图

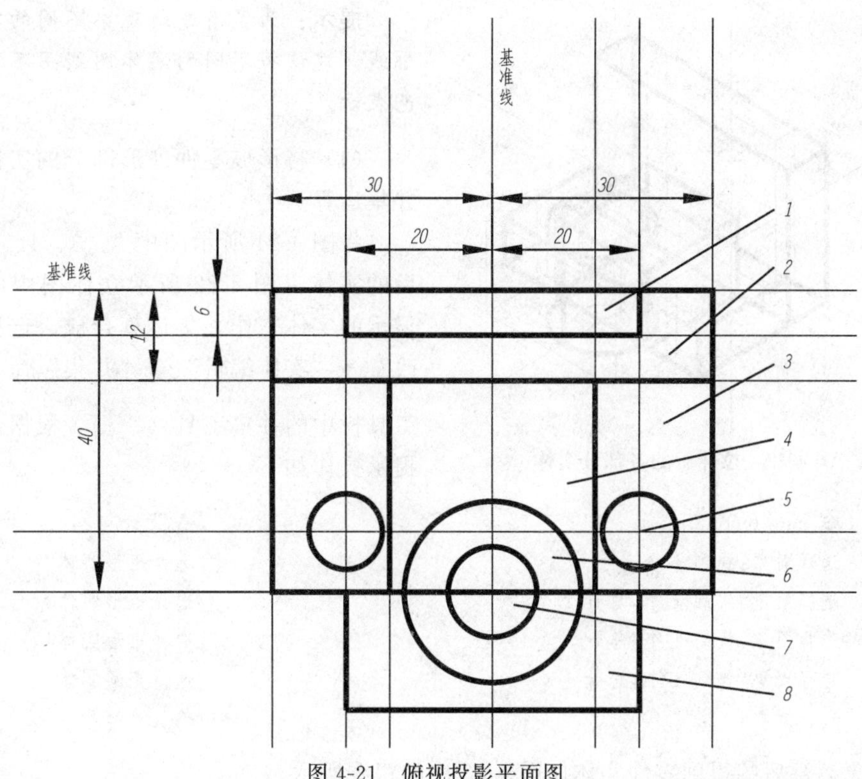

图 4-21　俯视投影平面图

用矩形工具（　）通过捕捉交点绘制各个矩形，用画圆工具（　）画圆。结果如图 4-21 所示。其中矩形 8 是准备用于切割 6、7 的辅助矩形，其尺寸要大于圆的直径。因为最终的图形要通过并、差、交集处理，所以此投影平面图与实际投影图略有区别。

提示：通过偏移命令（　）画辅助线可以使零件轮廓结构准确定位，使用 AutoCAD 的交点捕捉功能，可以很方便地捕捉辅助线的交点。

（3）将各组成结构的投影通过拉伸形成实体

1）删除图 4-21 所示投影平面图中的辅助线，保留通过坐标原点的三维基准线。

提示：基准线不要删除，否则在图形复杂时失去绘图基准，会造成绘图困难。图形完成后隐藏基准线。通过原点的三维基准线也可以加入到模板中，以免反复绘制。

2）选择菜单："绘图"→"实体"→"拉伸"命令，或使用工具栏拉伸工具（　）拉伸实体。根据图 4-20 所示零件轮廓尺寸，图 4-21 中矩形 1、2 拉伸高度为 40；矩形 4 拉伸高度为 20；矩形 3 与两个小圆 5 拉伸高度为 12；矩形 8 与两个圆 6、7 拉伸高度为 25。

拉伸后，将要切去的部分轮廓线改为细实线，右边视口中的显示结果应如图 4-22所示。

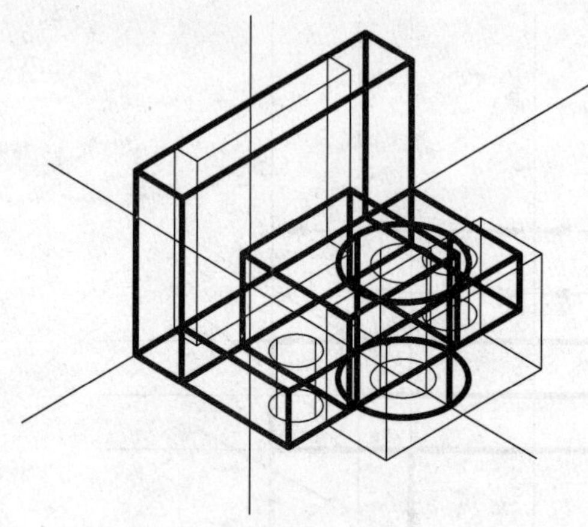

图 4-22　拉伸后的各部分实体

提示：为了清楚地观察不同的实体轮廓线，建议将不同的实体图线用不同的颜色表示。

（4）将形成零件外形部分的实体进行并集运算

将图 4-21 所示图中 2、3、4、6 拉伸后的实体（图 4-22 所示立体图中的粗线显示的实体）作并集运算合成。选择“修改”→“实体编辑”→“并集”命令，或工具栏中的并集工具（），根据命令行提示操作如下。

```
命令：_ union
选择对象：找到 1 个                                    //选择矩形实体2
选择对象：找到 1 个，总计 2 个                         //选择矩形实体3
选择对象：找到 1 个，总计 3 个                         //选择矩形实体4
选择对象：找到 1 个，总计 4 个                         //选择大圆实体6
选择对象：                                             //确认
```

并集运算后的得到零件实体如图 4-23 中的粗线所示。

（5）将并集后的实体与应去除的部分实体进行差集运算

图 4-23 所示图中通过并集形成的实体还不是零件实体，其中还有些部分是不需要的，可通过与图 4-23 所示图中的细线部分实体进行差集运算切除。选择菜单：“修改”→“实体编辑”→“并集”命令，或工具栏中的差集工具（），根据命令行提示操作如下。

```
命令：_ subtract 选择要从中减去的实体、曲面和面域...
选择对象：找到 1 个                          //选择并集后的实体
选择对象：                                   //确认
选择要减去的实体、曲面和面域...
选择对象：找到 1 个                          //选择矩形实体1
选择对象：找到 1 个，总计 2 个               //选择 φ5小圆实体5
选择对象：找到 1 个，总计 3 个               //选择另一 φ5小圆实体5
选择对象：找到 1 个，总计 4 个               //选择下端 φ6圆实体7
选择对象：找到 1 个，总计 5 个               //选择矩形实体8
选择对象：                                   //确认
```

差集运算后得到图 4-20 所示轴撑挡块零件的实体如图 4-24 所示。

（6）倒角

一般零件图形结构中还有些细节结构，如倒角等，一般放在主体图形结构完成后

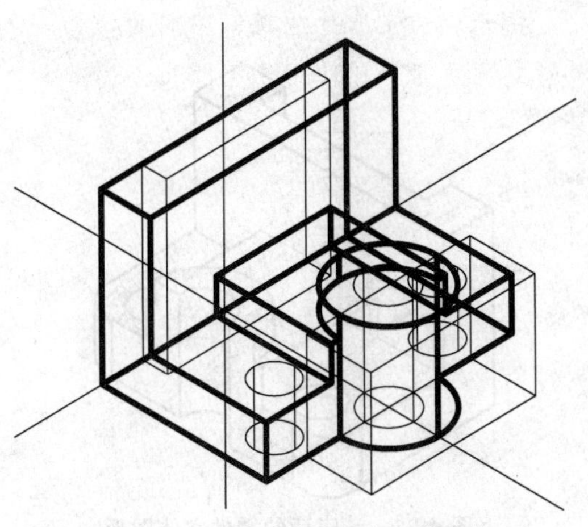

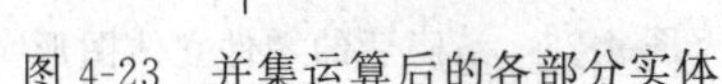

图 4-23　并集运算后的各部分实体

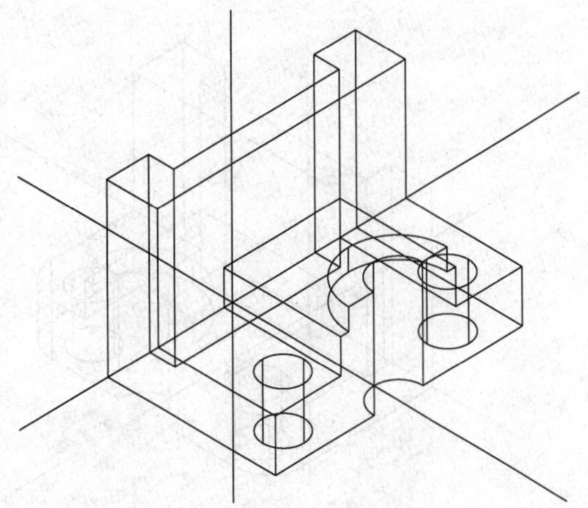

图 4-24　差集运算后的零件实体

进行。选择“修改”→“圆角”命令，或工具栏中的圆角工具（ ），根据命令行提示操作如下。

```
命令：_ fillet
当前设置：模式＝修剪，半径＝0.0000
选择第一个对象或[放弃(U)/多段线(P)/半径(R)/修剪(T)/多个(M)]:
                                          //选择一个要倒角的棱边
输入圆角半径 <0.0000>:8                   //输入倒角尺寸
选择边或[链(C)/半径(R)]:                  //确认
已选定 1 个边用于圆角。                   //提示倒角成功
```

操作后，指定的棱边被倒角。再次选择菜单：“修改”→“圆角”命令，或工具栏中的圆角工具（ ），根据命令行提示对另一个棱边进行倒角。操作如下。

```
命令：_ fillet
当前设置：模式＝修剪，半径＝8.0000        //显示前面已输入的值
选择第一个对象或[放弃(U)/多段线(P)/半径(R)/修剪(T)/多个(M)]:
                                          //选择另一个要倒角的棱边
输入圆角半径 <8.0000>:                    //确认
选择边或[链(C)/半径(R)]:                  //确认
已选定 1 个边用于圆角。                   //提示倒角成功
```

操作后，得到零件三维零件立体图形如图 4-25 所示。隐藏基准线，选择菜单：“视图”→“视觉样式”→“三维隐藏”命令，零件立体图形如图 4-26 所示。

此图形绘制时充分考虑了差集运算特性，多绘制了一个矩形实体用于切割圆柱得到半圆孔，使得图形绘制相对简单，否则就要通过绘制多段线轮廓进行拉伸形成实体。

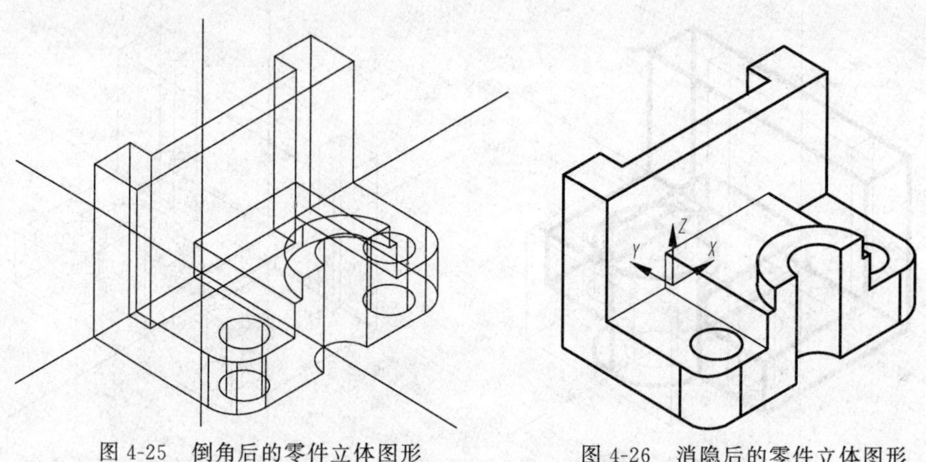

图 4-25 倒角后的零件立体图形　　图 4-26 消隐后的零件立体图形

另外，此轴撑挡块零件结构比较简单，在一个投影面上拉伸基本可以完成所有实体操作，稍微复杂些的零件绘制时，常常要在几个投影面上进行拉伸操作。

4.3.2 绘图示例 2：轴承支座

轴承支座如图 4-27 所示。

1. 形体分析

从图 4-27 所示的轴承支座零件图可知，该零件主要结构由底部的一个矩形底板，上面有一个圆孔（轴承孔）结构以及厚度为 8 的连接板与一个肋板组成，连接板上部与圆筒结构相按。次要结构是底板上有两个小孔，底板前端两个角要倒圆角，上部圆孔中间有个小孔结构等。

从结构图形绘制方面分析，矩形底板、圆孔结构与连接板由主视图的投影平面图拉伸形成实体比较方便，肋板从左视图的投影平面图拉伸形成实体比较方便，几个小孔结构由俯视图拉伸形成实体比较方便。

2. 绘制图形的步骤

1）过坐标原点画出三维基准线。选择菜单："视图"→"三维视图"→"俯视"命令，转换到俯视图平面。

选择菜单："绘图"→"构造线"命令或构造线工具（![]），从命令行输入：0，0；9，0；0，9；0，0，9 得到通过坐标原点的三维基准线。

选择菜单："视图"→"视口"→"两个视口"命令，设置成左右两个视口。在右边视口选择菜单："视图"→"三维视图"→"西南等轴测"命令，作为图形空间观察窗口（参考图 4-19）。

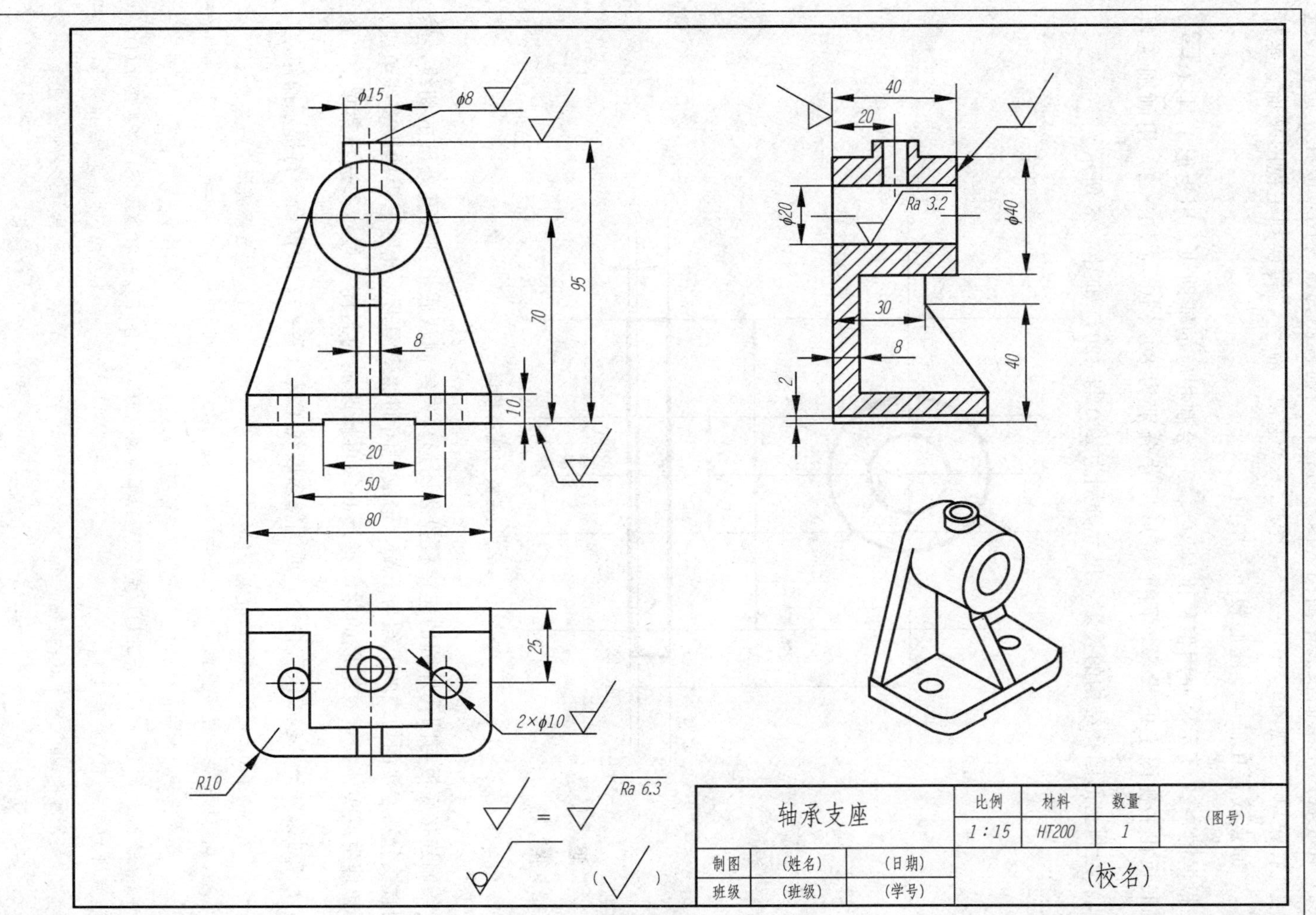

图 4-27　轴承支座零件图

2）在主视图上绘制投影平面图。因左边视口当前视图为俯视图，故在左边视口选择菜单："视图"→"三维视图"→"主视"命令，转换到主视图平面。坐标原点放置在轴承支座底板下部中间。

根据图 4-27 所示尺寸用偏移工具（）绘制相应的辅助线，用矩形工具（）绘制底板在主视图上的投影，两个矩形尺寸分别为 80×10 与 30×2。用画圆工具（）绘制上部圆孔结构的投影，尺寸分别为 $\phi40$ 与 $\phi20$，如图 4-28 所示。

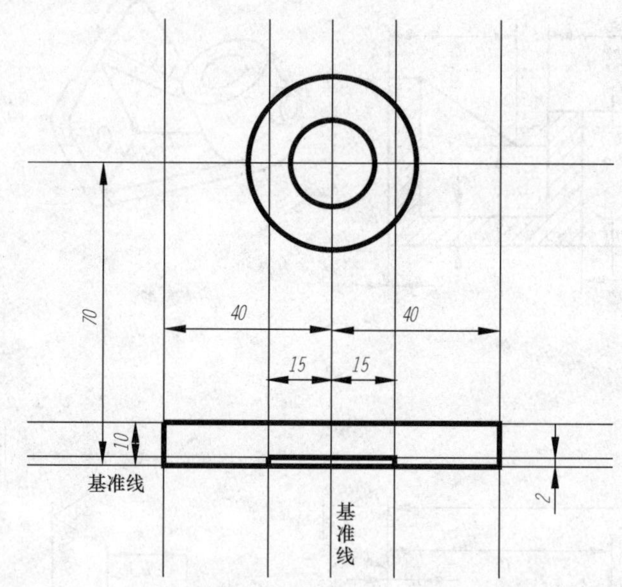

图 4-28　底板与圆筒投影

绘制连接底板与圆孔外圆的连接板投影图形。先绘制从底板到圆孔外圆的切线，然后用直线分别连接两切线的上端与下端，形成封闭的梯形图形。此图形由四根直线组成。为了拉伸生成实体，直线组成的封闭梯形必须再修改成为封闭多段线。选择菜单："修改"→"对象"→"多段线"命令，或编辑多段线工具（），根据命令行提示操作。

命令：_ pedit 选择多段线或[多条(M)]：　　//选择梯形中一条线段

选定的对象不是多段线

是否将其转换为多段线？<Y>　　//确认

输入选项[闭合(C)/合并(J)/宽度(W)/编辑顶点(E)/拟合(F)/样条曲线(S)/非曲线化(D)/线型生成(L)/反转(R)/放弃(U)]：j　　//输入"合并"操作命令

选择对象：指定对角点：找到 4 个　　//框选梯形的四条直线

选择对象：　　//确认

多段线已增加 3 条线段

输入选项[打开(O)/合并(J)/宽度(W)/编辑顶点(E)/拟合(F)/样条曲线(S)/非曲线化

(D)/线型生成(L)/反转(R)/放弃(U)]:*取消*　　　　　　　　　　　　//ESC 取消命令

通过此操作后，由四根直线组成的封闭梯形转换成为由一条封闭多段线组成的封闭梯形。结果如图 4-29 所示。

在图 4-29 所示图中有 5 个封闭图形，其中 1 为圆孔的投影线，2 为圆孔外圆的投影线，3 为连接板投影线（封闭梯形），4 为底板投影线（矩形），5 为底板通槽的投影线（矩形）。

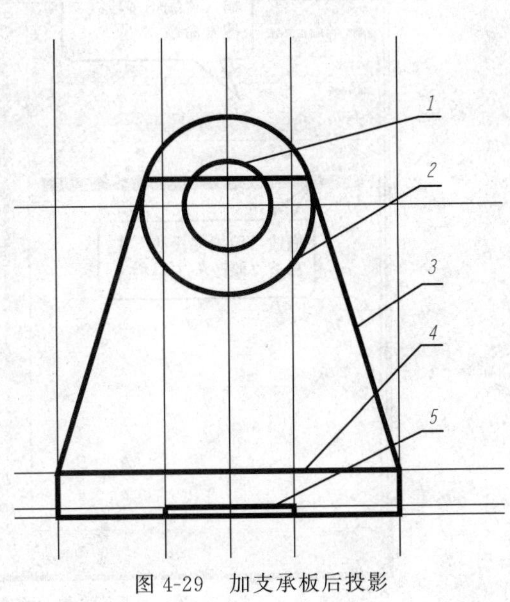

图 4-29　加支承板后投影

提示：“修改”工具栏中没有编辑多段线工具（ ），若要取出，可调出“修改Ⅱ”工具栏。若单独将编辑多段线工具取出来放置到“修改”工具栏中，则可以按以下方法操作。首先选择菜单：“工具”→“自定义”→“界面”命令。在打开的“自定义用户界面”中“自定义”选项卡的搜索文本框中输入“编辑多段线”，则命令列表框中出现编辑多段线工具，如图 4-30 所示。拖放“编辑多段线”工具到“修改”工具栏中即可。假若要从“修改”工具栏中去除“编辑多段线”工具，可以将“编辑多段线”工具直接拖放到“自定义用户界面”的命令列表框中。

3）将主视图上的封闭投影线拉伸为实体。根据图 4-27 所示尺寸进行拉伸（ ），1、2 拉伸高度为 40；3 拉伸高度为 8；4、5 拉伸高度为 50。删除辅助线，形成孔的实体与形成底板通槽的实体用细线层表示。在右边视口中，拉伸的立体图形如图 4-31 所示。

4）在左视图上画肋板。在左边视口中选择菜单：“视图”→“三维视图”→“左视”命令。根据图 4-27 所示尺寸作辅助线，用多段线（ ）画肋板投影封闭图形，如图 4-32（a）所示。然后对肋板封闭图形拉伸，拉伸高度为 8，选择菜单：“视图”→“三维视图”→“西南等轴测”命令，得到立体图如图 4-32（b）所示。

使用移动工具（ ）使肋板向后移动 4（命令行输入：@0，0，−4），使肋板对称面与零件实体的对称面重合，如图 4-32（c）所示。

提示：因为肋板要与孔外圆相交，所以肋板绘制高度必须高于孔外圆下端投影线（如图 4-31（a）所示），否则并集后肋板不能与孔外圆相交。

5）删除辅助线，除上孔与底板通槽（细线）外，将其他实体结构作并集处理，然后与底板通槽作差集处理，结果如图 4-33 所示。

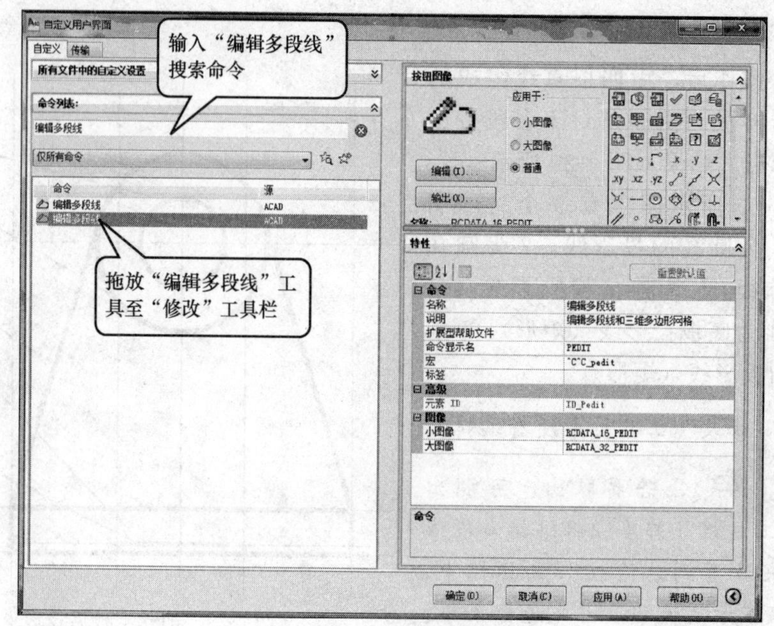

图 4-30　取出“编辑多段线”工具

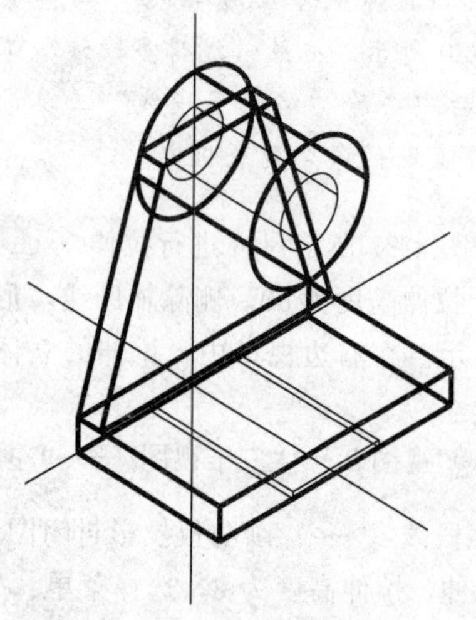

图 4-31　拉伸后的实体

6）绘制孔结构。选择菜单：“视图”→“三维视图”→“俯视”命令。根据图 4-27 所示孔的位置尺寸作辅助线，绘制圆孔投影图，如图 4-34 所示。

对俯视图上的几个圆分别进行拉伸。1、4 拉伸高度为 10；2、3 拉伸高度为 25。选择移动工具（ ）在高度方向移动 2、3 拉伸后的实体，在命令行输入移动距离：@0，0，70。

提示： 图 4-27 所示图中轴承支座孔高为 70，最上方的小孔顶部位置为 95，为了方便计算，拉伸高度取 25（＝95－70）；另外，移动结构实体时不要使用鼠标操作，而要通过命令行输入数据，以防止移动位置不准确。

孔结构用细线层表示，删除辅助线，窗口中右边视口里的线框实体如图 4-35 所示。

7）先将图 4-35 中上孔外圆实体与原组合实体进行并集处理，再将组合实体与四个孔实体（细线层表示）进行差集处理，实体图形如图 4-36 所示。

8）对图 4-36 所示的底板进行实体倒角处理。选择倒圆角工具（ ），根据命令

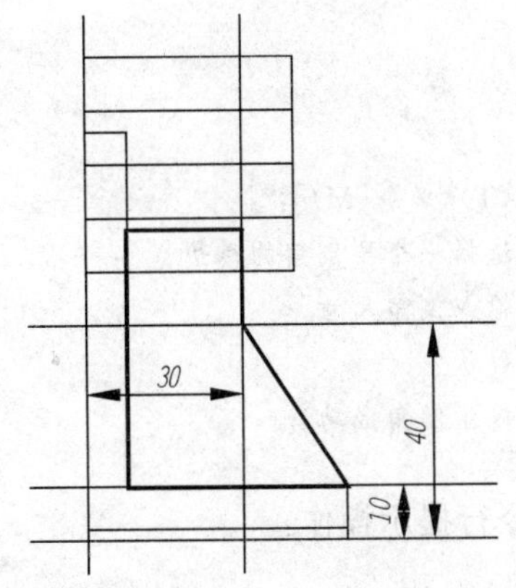

(a) 画肋板投影封闭图形

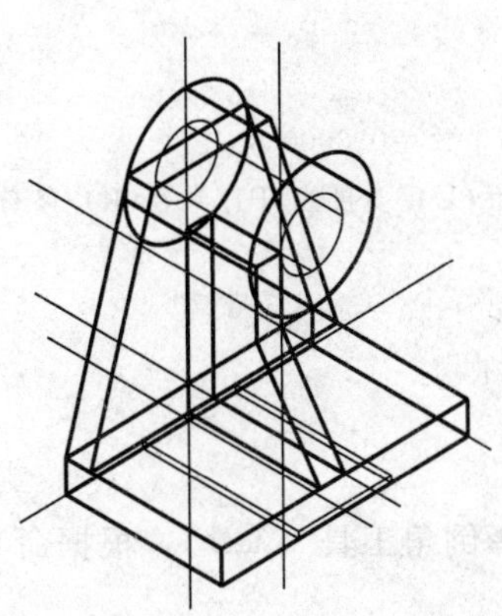
(b) 肋板拉伸后立体图形

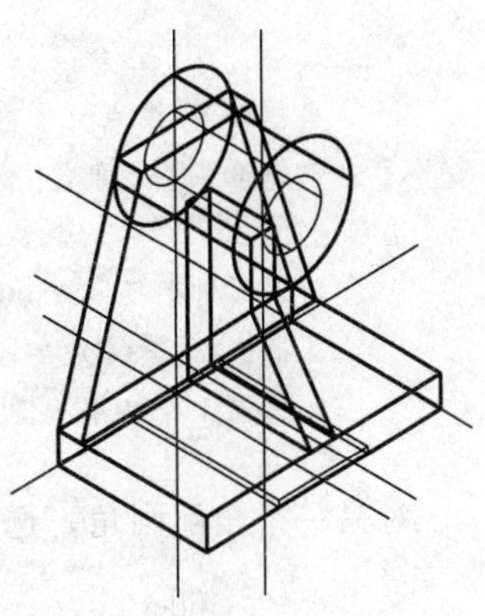
(c) 肋板移动后立体图形

图 4-32　肋板绘制

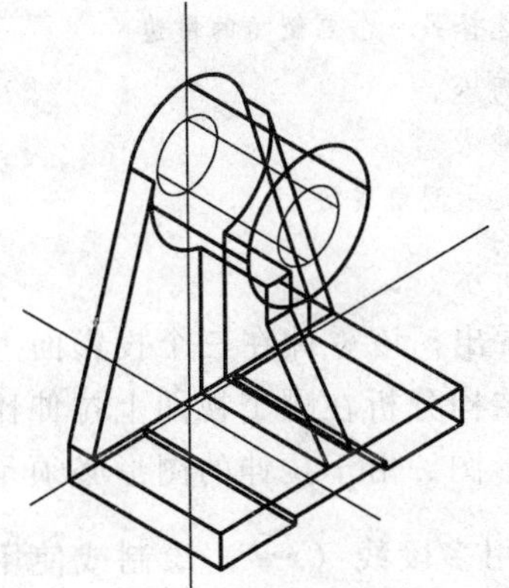
图 4-33　并集后实体图

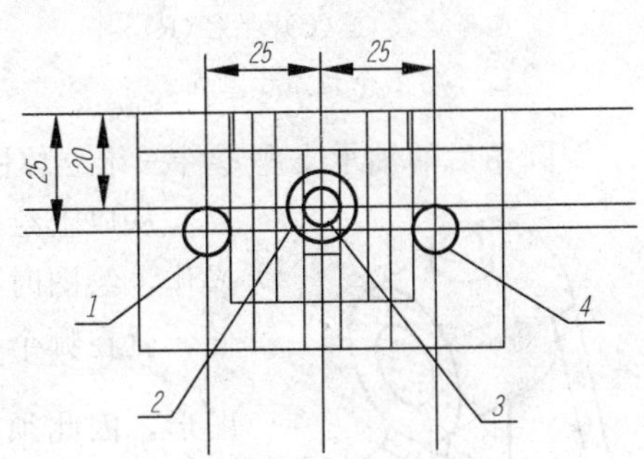

图 4-34　俯视图上画圆

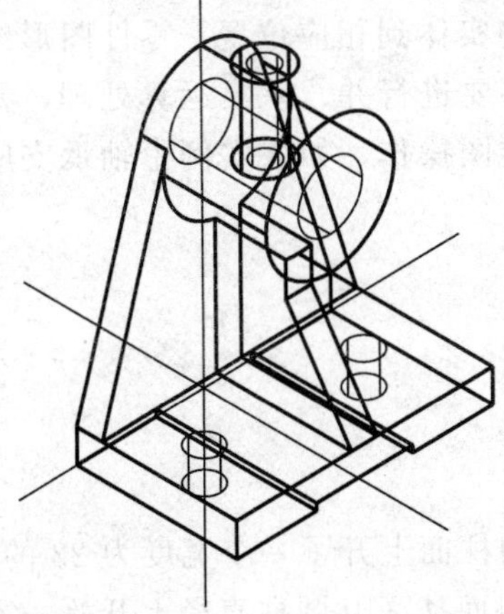
图 4-35　圆孔移动后的立体图

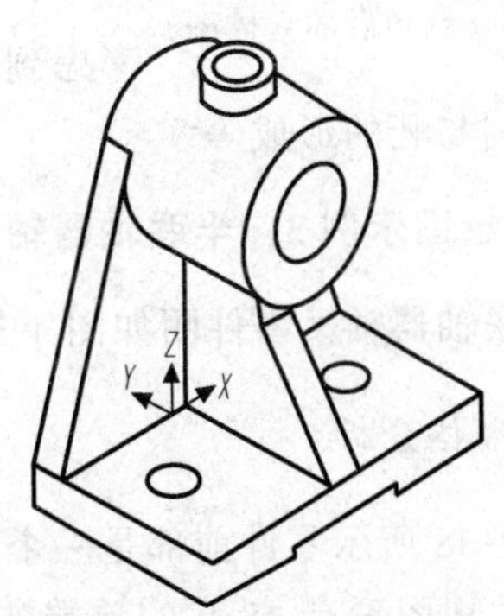

图 4-36　差并集后的消隐立体图

行提示操作。

```
命令：_ fillet
当前设置：模式＝修剪，半径＝0.0000
选择第一个对象或[放弃(U)/多段线(P)/半径(R)/修剪(T)/多个(M)]：
                                               //选择一个要倒角的棱边
输入圆角半径 <0.0000>:10                        //输入倒角尺寸
选择边或[链(C)/半径(R)]：                        //确认
已选定 1 个边用于圆角。                          //提示倒角成功
```

对另一个角倒圆角，选择倒角工具（ ），根据命令行提示操作：

```
命令：_ fillet
当前设置：模式＝修剪，半径＝10.0000          //显示前面已输入的值
选择第一个对象或[放弃(U)/多段线(P)/半径(R)/修剪(T)/多个(M)]：
                                             //选择另一个要倒角的棱边
输入圆角半径 <10.0000>：                      //确认
选择边或[链(C)/半径(R)]：                     //确认
已选定 1 个边用于圆角。                       //提示倒角成功
```

倒圆角后的轴承支座零件三维立体图如图 4-37 所示。

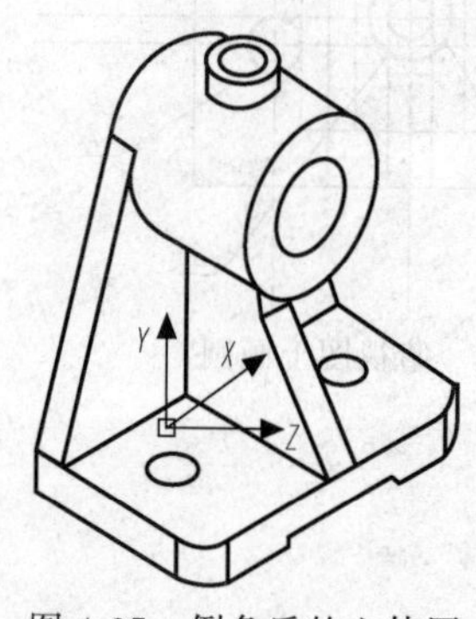

图 4-37　倒角后的立体图

从以上绘图过程可以看出，该零件在三个投影面上都有操作，绘图时要根据零件结构分析在哪个视图上拉伸比较方便，就在哪个视图上画投影图。由于拉伸的图形必须是封闭图形，因此须将相关图线用多段线（ ）绘制或使用编辑多段线工具（ ）将图形修改为封闭的多段线。另外由于平面图形只能在 X-Y 平面内绘制，故拉伸后的实体往往不在所需位置，还必须再平移实体到相应位置。零件图形绘制过程中，各局部结构实体都要进行并、差集运算处理，要充分考虑到运算特点，简化绘图操作，如该实例中轴承支座的支承板绘制与孔的形成等。

4.3.3　绘图示例 3：半联轴器轴叉

半联轴器轴叉零件图如图 4-38 所示。

1. 形体分析

图 4-38 所示零件前部是一个叉头，是在 $\phi40$ 圆柱面上开了一个宽度为 22 的通槽，并且从主视图看有 $\phi8$ 孔的前端被收缩了，收缩的斜面从 $\phi40$ 圆柱直径上开始。零件后部是个 $\phi34$ 圆柱，中间有一个 $\phi20$ 可以装轴的孔。

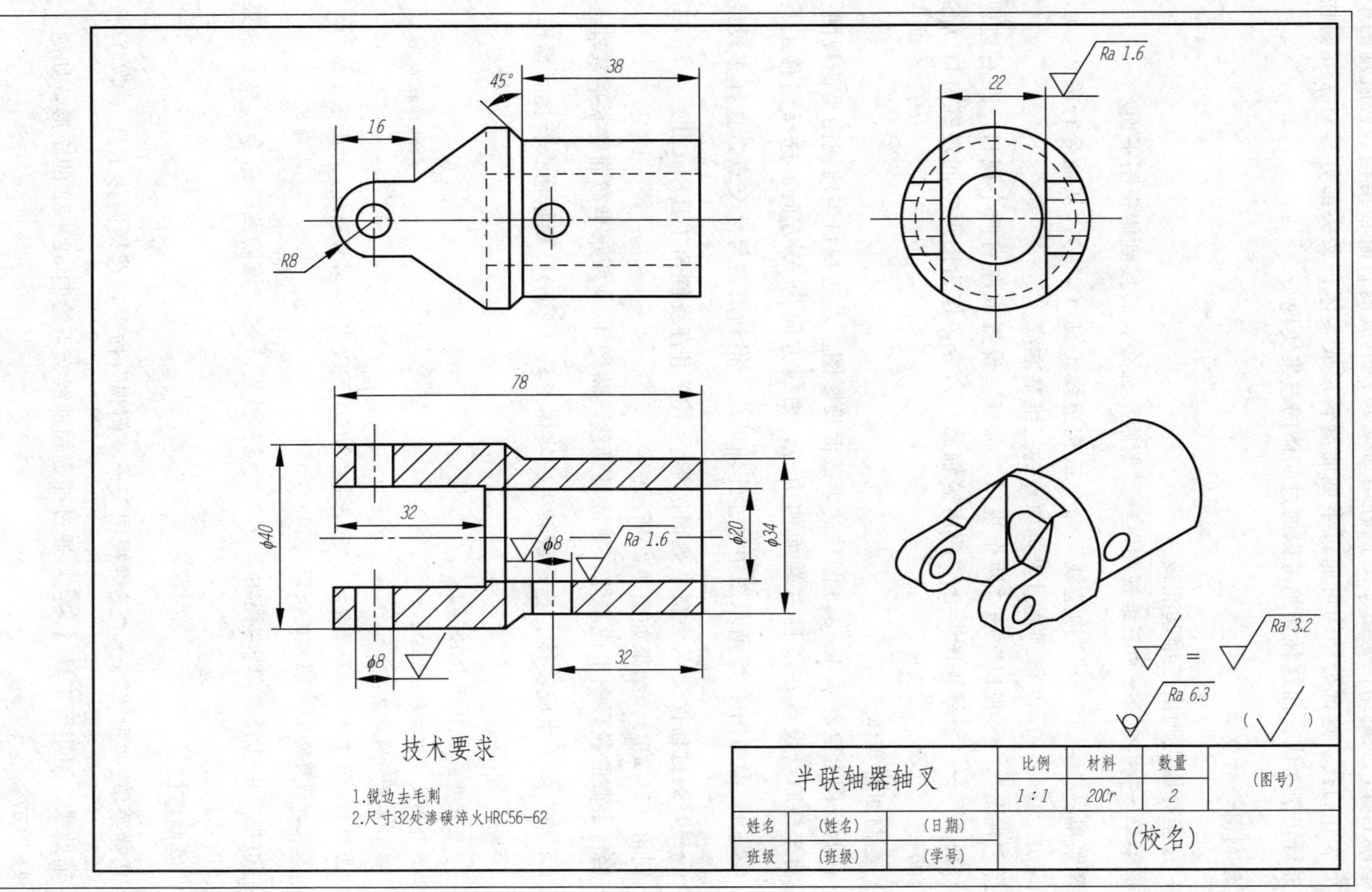

图 4-38 十字半联轴器轴叉零件图

从整体上看，大的结构是由 ϕ40 圆柱与 ϕ34 圆柱组成的台阶轴结构，台阶轴的中间有一个 ϕ20 的孔。这部分结构可通过半截面旋转形成实体；叉头部分是对 ϕ40 圆柱面部分进行切割而成。而这种切割可以通过实体的差集实现。

2. 绘制图形的步骤

(1) 过坐标原点画出三维基准线

选择菜单："视图"→"三维视图"→"俯视"命令，转换到俯视图平面。

选择菜单："绘图"→"构造线"命令或构造线工具（），从命令行输入：0，0；9，0；0，9；0，0，9 得到通过坐标原点的三维基准线。

选择"视图"→"视口"→"两个视口"命令。设置成左右两个视口。在右边视口选择"视图"→"三维视图"→"西南等轴测"命令，作为图形空间观察窗口（参考图 4-19）。

(2) 绘制回转实体

1) 在俯视图上绘制 ϕ34、ϕ40 圆柱的半截面投影图。左边视口当前视图是俯视图。将坐标原点设置在零件右端面的中心，轴线方向为 X 方向。选择偏移工具（），参考图 4-38 所示图中尺寸作辅助线，得到所需尺寸交点，选择多段线（）通过捕捉交点绘制半截面图形，并使用直线倒角工具（）进行 45°倒角（3×45°），结果如图 4-39所示。
2) 旋转半截面投影图生成实体。删除辅助线，将图 4-39 所示半截面绕水平基准线（X 轴）旋转生成实体。选择旋转生成实体工具（），根据命令行提示操作。

```
命令：_ revolve
当前线框密度：ISOLINES=4
选择要旋转的对象：找到 1 个                                      //选择截面图
选择要旋转的对象：
指定轴起点或根据以下选项之一定义轴[对象(O)/X/Y/Z] <对象>：x      //指定 X 轴
指定旋转角度或[起点角度(ST)] <360>：                             //确认
```

在右边视口中选择菜单："视图"→"视觉样式"→"三维隐藏"命令，显示结果如图 4-40所示。

(3) 绘制槽口

1) 选择菜单："视图"→"三维视图"→"俯视"命令，选择偏移工具（）作辅助线，用矩形工具（）通过捕捉辅助线交点绘制 32×22 的矩形，如图 4-41 所示。
2) 拉伸槽口矩形成实体，并移动到零件对称面。删除辅助线，选拉伸工具（）

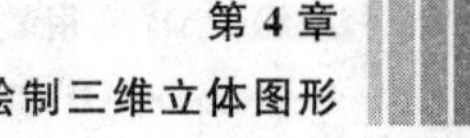

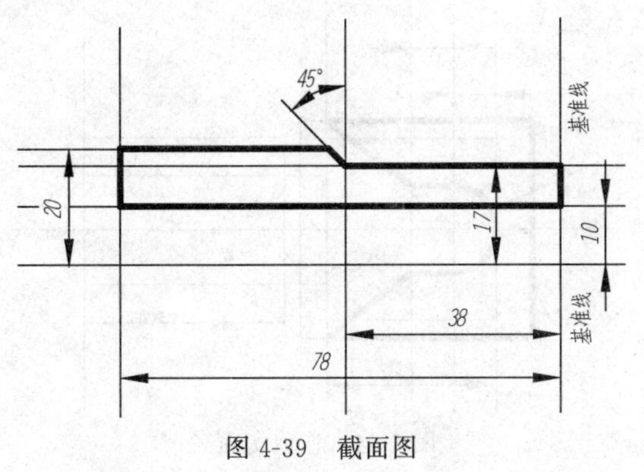

图 4-39　截面图

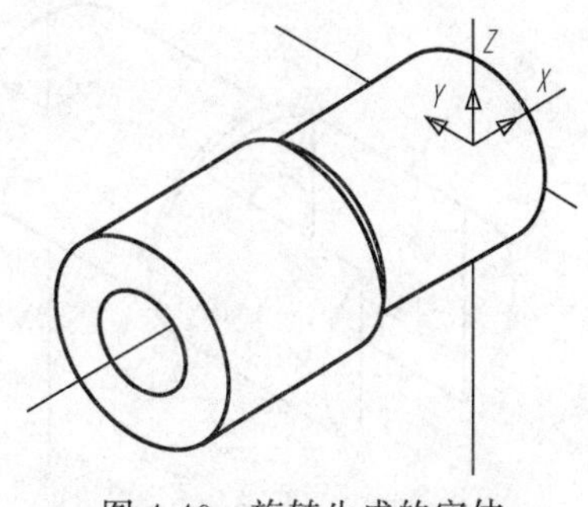

图 4-40　旋转生成的实体

拉伸矩形，拉伸高度为 50（大于圆柱直径 ϕ40）。选择移动工具（ ）向后移动矩形实体，退回 25（@0，0，－25）与零件对称面对称。观察右边视口中线框图形如图 4-42 所示。

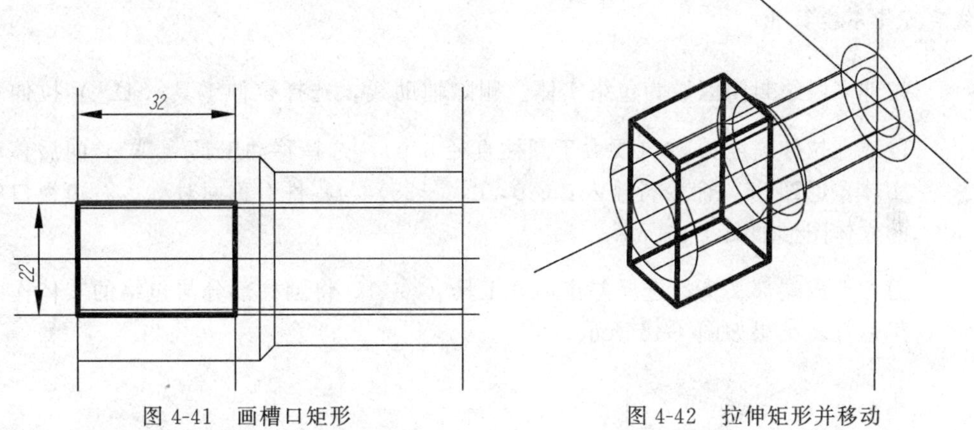

图 4-41　画槽口矩形　　　　图 4-42　拉伸矩形并移动

3）开槽。选择差集运算工具（ ），将圆柱部分与矩形体作差集运算，结果如图 4-43所示。

（4）绘制叉头

1）为了能切割出叉头的形状，必须作一个与叉头形状切除部分吻合的实体，先绘制出此投影图。切换到主视图（选择菜单："视图"→"三维视图"→"主视"命令），选择偏移工具（ ）作辅助线，用画圆工具（ ）绘制 $R8$ 圆，用直线工具（ ）绘制直线，使用修剪工具（ ）修剪后得到图 4-44 所示图形。

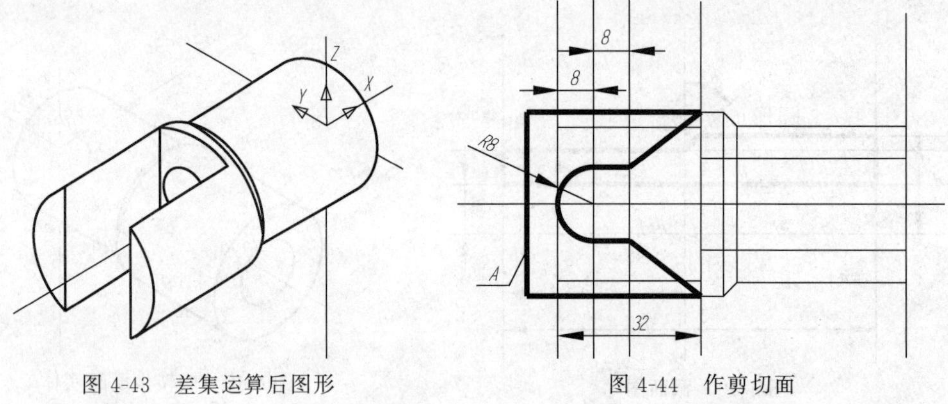

图 4-43 差集运算后图形　　　　图 4-44 作剪切面

2）修改为多段线。选择菜单："修改"→"对象"→"多段线"命令，或编辑多段线工具（），将图 4-44 所示图形修改为封闭多段线。

提示：左边垂直线 A 要向左多画些，不能画成与 $R8$ 圆弧相切，否则修改成封闭多段线后可能不能拉伸。

3）拉伸多段线封闭区域为包络实体。删除辅助线，选择拉伸工具（）拉伸多段线，拉伸高度为 50（要大于圆柱直径 $\phi 40$），选择移动工具（）向后移动实体，退回 25（命令行输入：@0，0，－25）与零件对称面对称。右边视口中的立体图形如图 4-45所示。

4）剪切形成端部叉头。选择差集运算工具（），将圆柱部分与包络的实体作差集运算，结果如图 4-46 所示。

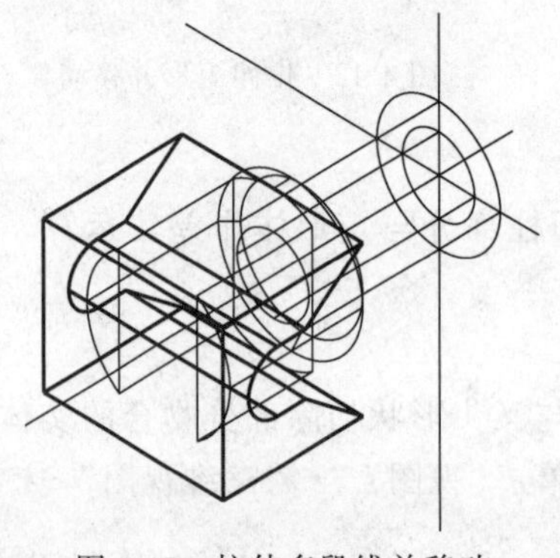

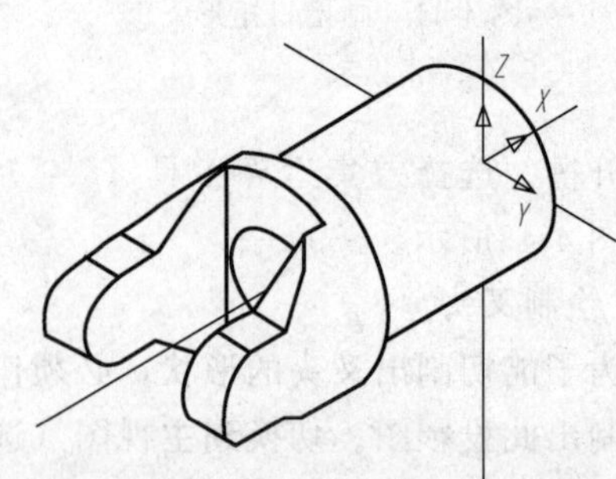

图 4-45 拉伸多段线并移动　　　　图 4-46 差集运算后图形

（5）绘制 $\phi 8$ 小孔结构

1）切换到主视图，选择菜单："视图"→"三维视图"→"主视"命令，选择偏移工具（ ）作辅助线，用画圆工具（ ）在叉头部分画 $\phi8$ 圆，在 $\phi34$ 圆柱部分画 $\phi8$ 圆，如图 4-47 所示。

2）拉伸 $\phi8$ 圆形成实体。删除辅助线，选择拉伸工具（ ）拉伸 $\phi8$ 圆成圆柱实体，叉头部 $\phi8$ 圆拉伸高度为 50（大于圆柱直径 $\phi40$）；右端圆柱部分 $\phi8$ 圆拉伸高度为 20（大于 $\phi34$ 圆柱半径），选择移动工具（ ）使叉头部 $\phi8$ 圆柱实体向后移动，退回 25（@0，0，−25）与零件对称面对称。拉伸后结果如图 4-48 所示。

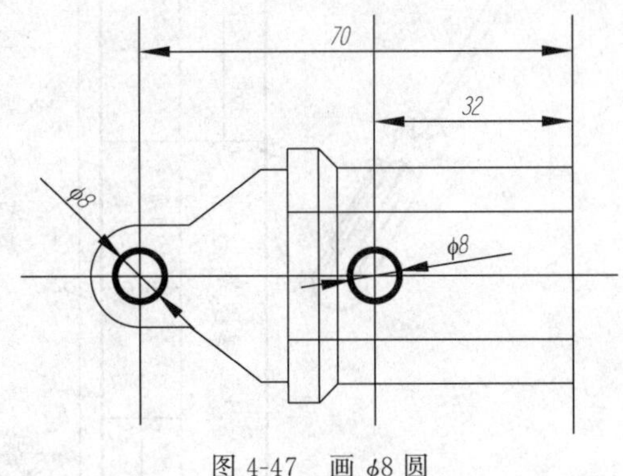

图 4-47　画 $\phi8$ 圆

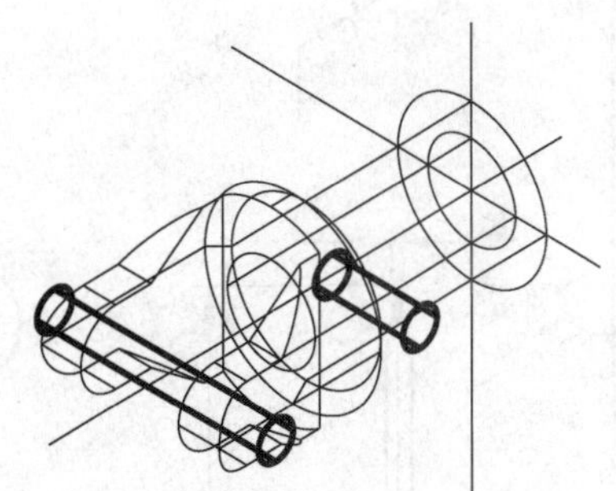

图 4-48　拉伸 $\phi8$ 圆形成实体并移动

3）剪切完成 $\phi8$ 孔结构。选择差集运算工具（ ），将零件实体与 $\phi8$ 圆柱实体作差集运算。隐藏基准线，右边视口中得到最终三维零件实体的实体图形如图 4-49 所示。

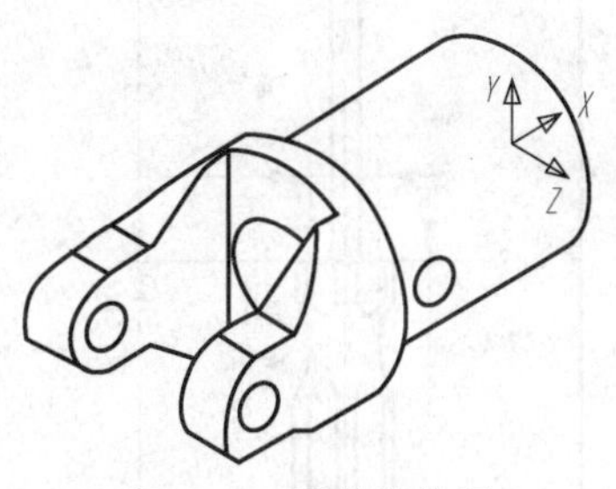

图 4-49　零件实体图

提示：叉头部分与 $\phi8$ 孔结构可以一起绘制、拉伸、移动、差集运算。

该零件主体结构通过截面旋转生成，其余部分主要通过对圆柱的切割而成。只要将被切割掉的部分绘制成实体，再通过差集运算就可以实现切割。对于叉头部分外轮廓的切割，要绘制一个与所需外轮廓相吻合的实体，再进行差集运算。

4.3.4　绘图示例 4：一字螺丝起

一字螺丝起如图 4-50 所示。

1．形体分析

图 4-50 所示一字螺丝起主要由柄部与端部为起口的杆两部分组成，柄部主体是圆柱，左端部为球形，纵向有若干圆弧槽；杆为圆柱体，端部起口由圆台削扁形成。可见一字螺丝起主体形状为回转体。

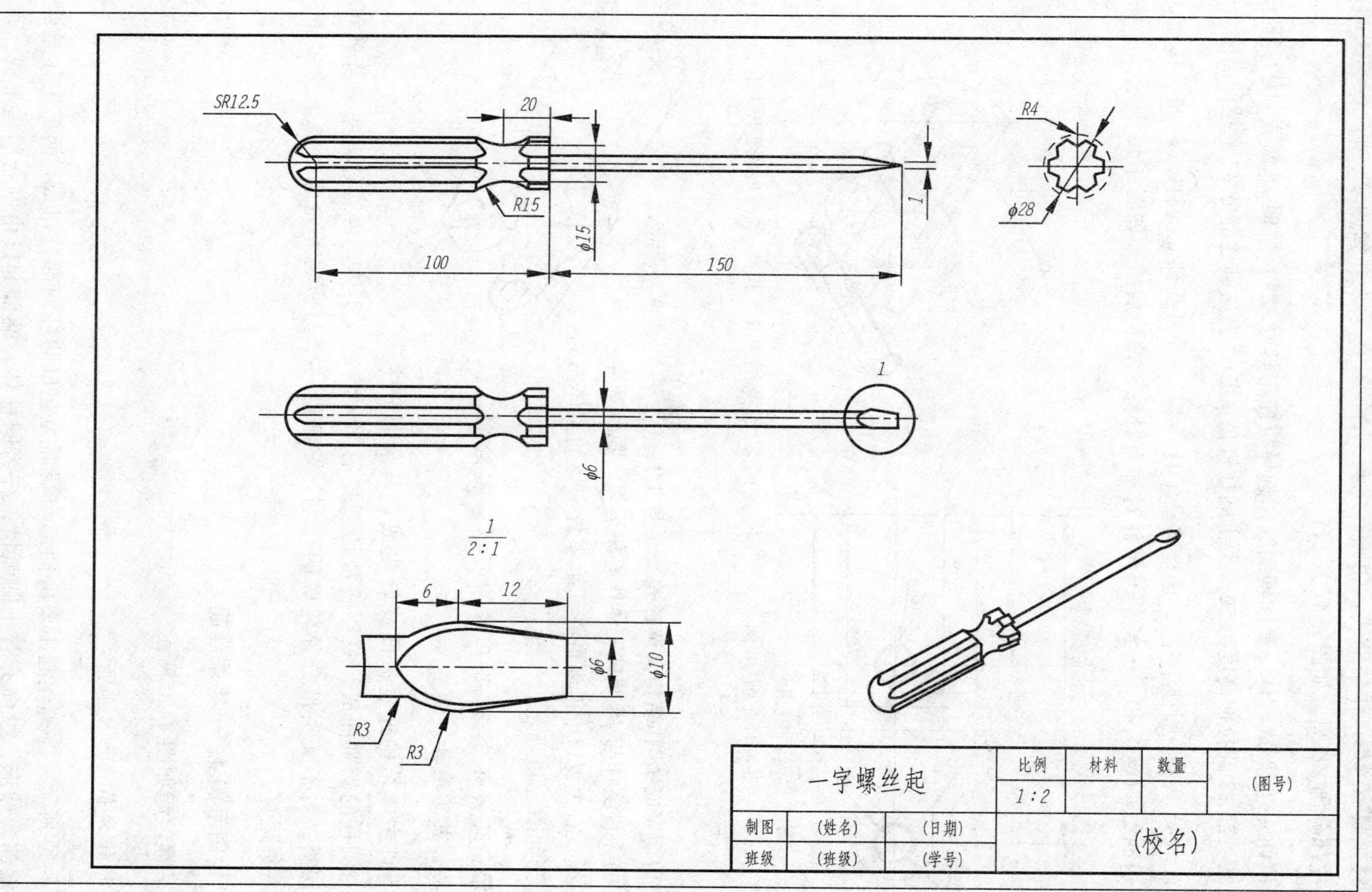
SR12.5
20
R15
φ15
1
100
150
R4
φ28
1
φ6
1
2:1
6
12
φ6
φ10
R3
R3
一字螺丝起
比例
材料
数量
(图号)
1:2
制图
(姓名)
(日期)
班级
(班级)
(学号)
(校名)

图 4-50 一字螺丝起

2. 绘制图形的步骤

(1) 过坐标原点画出三维基准线

选择菜单：“视图”→“三维视图”→“俯视”命令，转换到俯视图平面。

选择“绘图”→“构造线”命令或构造线工具（ ），从命令行输入：0，0；9，0；0，9；0，0，9得到通过坐标原点的三维基准线。

选择菜单：“视图”→“视口”→“两个视口”命令。设置成左右两个视口。在右边视口选择“视图”→“三维视图”→“西南等轴测”命令，作为图形空间观察窗口（参考图4-19）。

(2) 绘制一字螺丝起两个半截面投影图

坐标原点设置在柄部与杆的交接处，长度方向设置为 X 方向。使用划圆工具、直线工具、倒角工具等分别绘制一字螺丝起柄部与杆部的半截面投影图形，如图4-51所示。

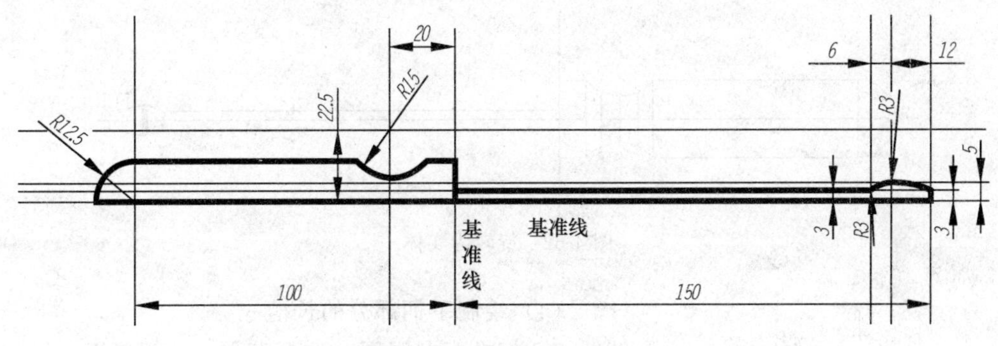

图4-51 一字螺丝起半截面

(3) 回转半截面投影图形成实体

1) 将以上两个半截面分别修改成为两条封闭的多段线。如将柄部半截面曲线组成封闭多段线时，选择菜单：“修改”→“对象”→“多段线”命令，或选择编辑多段线工具（ ），根据命令行提示操作。

```
命令：_ pedit 选择多段线或[多条(M)]：                    //选择梯形中一条线段
选定的对象不是多段线
是否将其转换为多段线？<Y>                                //确认
输入选项[闭合(C)/合并(J)/宽度(W)/编辑顶点(E)/拟合(F)/样条曲线(S)/非曲线化(D)/
线型生成(L)/反转(R)/放弃(U)]:j                          //输入"合并"操作命令
选择对象:指定对角点:找到 6 个                             //框选柄部图线
选择对象:                                                //确认
多段线已增加 5 条线段                                     //提示合并成功
```

输入选项[打开(O)/合并(J)/宽度(W)/编辑顶点(E)/拟合(F)/样条曲线(S)/非曲线化(D)/线型生成(L)/反转(R)/放弃(U)]:*取消* //ESC 取消命令

对杆部实施同样操作，得到杆部封闭多段线。

2）旋转形成实体。选择旋转生成实体工具（），将柄部半截面与杆部半截面绕X 轴回转生成实体。

```
命令：_ revolve
当前线框密度：ISOLINES=4
选择要旋转的对象：找到 2 个                          //选择两个封闭曲线
选择要旋转的对象：
指定轴起点或根据以下选项之一定义轴[对象(O)/X/Y/Z] <对象>：x
                                                     //指定 X 轴
指定旋转角度或[起点角度(ST)] <360>：                  //确认回转一周
```

旋转后的图形如图 4-52 所示。

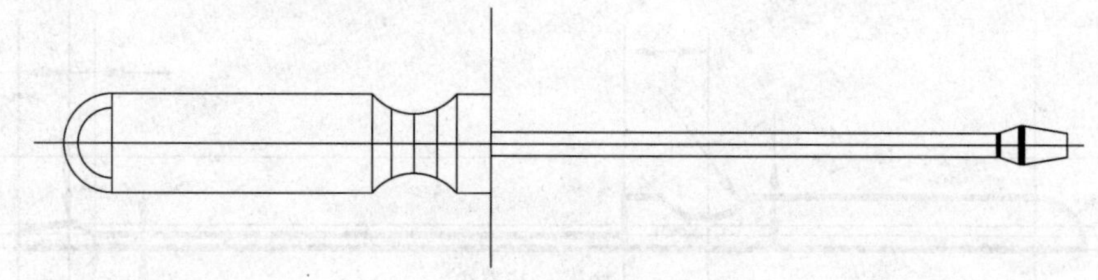

图 4-52　旋转为实体

(4) 绘制手柄部分的长槽

1）切换至左视图，选择菜单：“视图”→“三维视图”→“左视图”命令。使用划圆工具（）绘制出 $R4$ 圆，选择阵列工具（），生成 6 个相同的 $R4$ 圆，如图 4-53 所示。

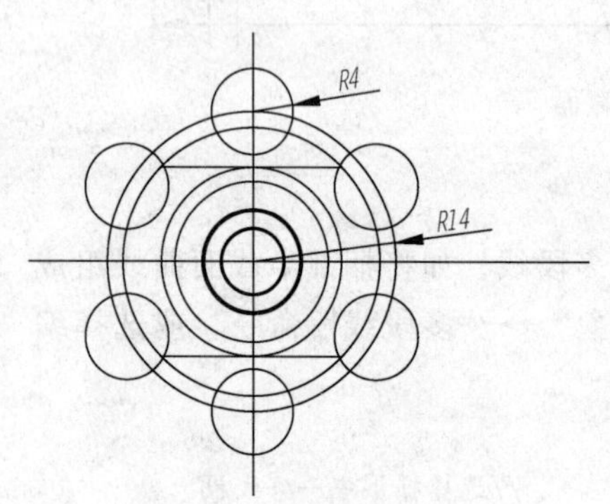

图 4-53　绘制 6 个小圆

2）拉伸 6 个 $R4$ 小圆为实体。选择拉伸工具（），拉伸 $R4$ 小圆成圆柱体，高度为 130（大于手柄部分长度），结果如图 4-54 所示。

3）选择差集工具（），将一字螺丝起主体与 6 个小圆柱体作差集运算，在手柄上切割产生 6 个圆弧槽，实体如图 4-55 所示。

(5) 修剪起口部分结构

起口为斜面，对于外部轮廓的切割，可以先作一个包络实体再作差集运算。

1）切换至主视图，选择菜单：“视图”→“三维视图”→“主视图”命令。在起

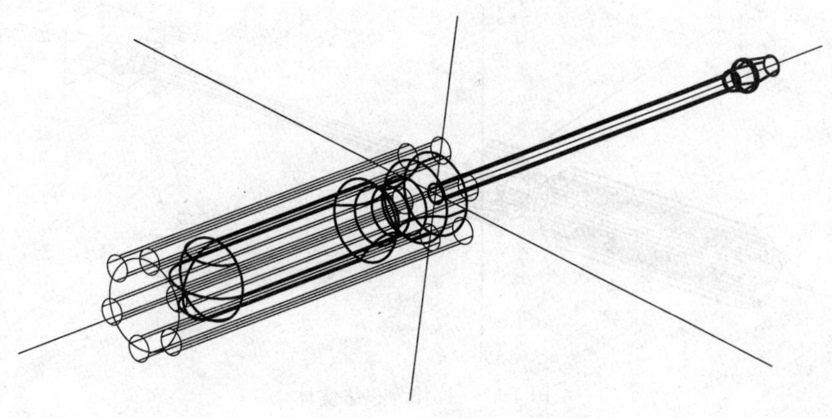

图 4-54　*R*4 小圆拉伸为实体

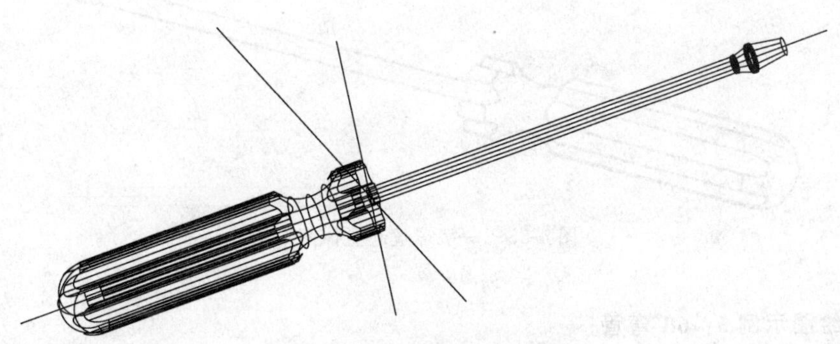

图 4-55　手柄上产生圆弧槽

口端部用直线工具（ ）绘制与起口形状相配的图形并修改成多段线，如图 4-56 所示，注意起口宽度为 1，斜面长度为 18，其余线段随意。

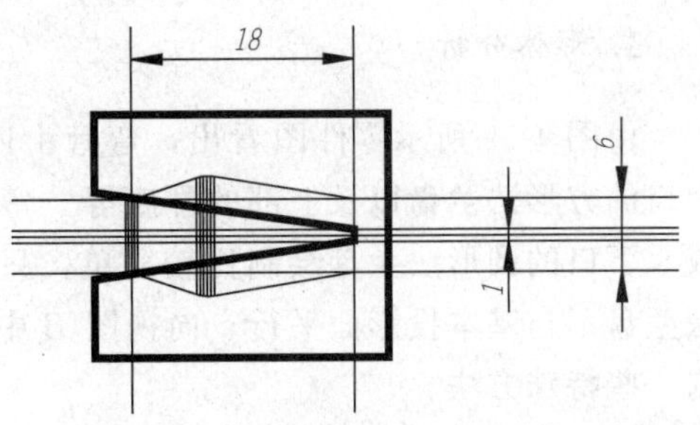

图 4-56　绘制与起口形状相配的图形

2）拉伸图 4-56 所示图形，拉伸高度 20，形成包络实体，再后移 10（@0，0，−10），使之与轴对称，立体如图 4-57所示。

3）选择差集运算工具（ ），将一字起杆与包络实体作差集运算形成起口。

一字螺丝起柄部结构图形中线段太多，显示线框图形不容易看清结构。选择菜单："视图"→"视觉样式"→"三维隐藏"命令，图形显示结果如图 4-58 所示。

一字螺丝起是典型的回转结构，先作回转半截面投影图，再旋转成为实体，其余细节部分通过实体差集运算操作形成。

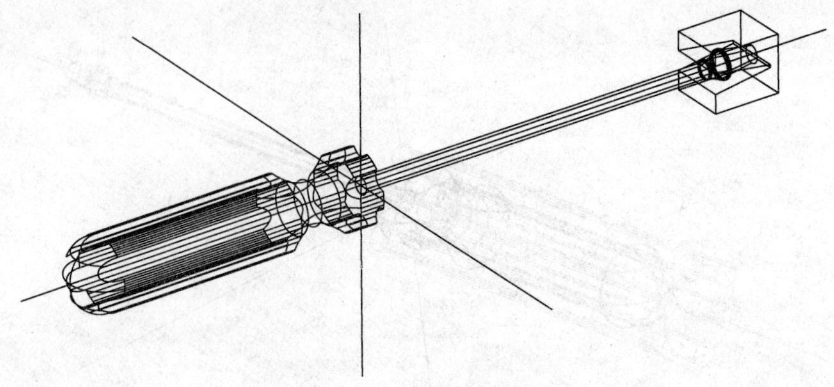

图 4-57 拉伸为包络实体

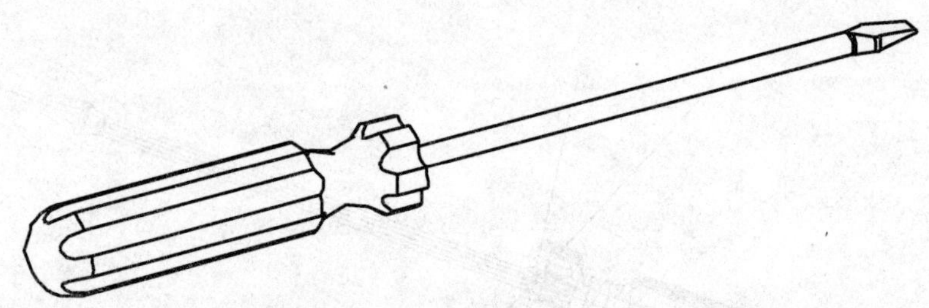

图 4-58 一字螺丝起立体图形

4.3.5 绘图示例 5：60°弯管

60°弯管零件图如图 4-59 所示。

1. 形体分析

由图 4-59 所示零件图看出，弯管由四个部分组成，即弯管、下口的圆形法兰盘，上口的方形法兰盘以及上部的耳座等。弯管的图形绘制可以通过沿路径拉伸的方式形成。下口的圆形法兰盘绘制比较简单，只要从俯视图上拉伸就可以了。弯管上口方形法兰盘不与基本投影面平行，向视图 *B* 中的耳座也不与基本投影面平行，绘制时要采取一些特殊方法。

2. 绘制图形的步骤

(1) 过坐标原点画出三维基准线

选择菜单：“视图”→“三维视图”→“俯视”命令，转换到俯视图平面。

选择菜单：“绘图”→“构造线”命令或构造线工具（），从命令行输入：0，0；9，0；0，9；0，0，9 得到通过坐标原点的三维基准线。

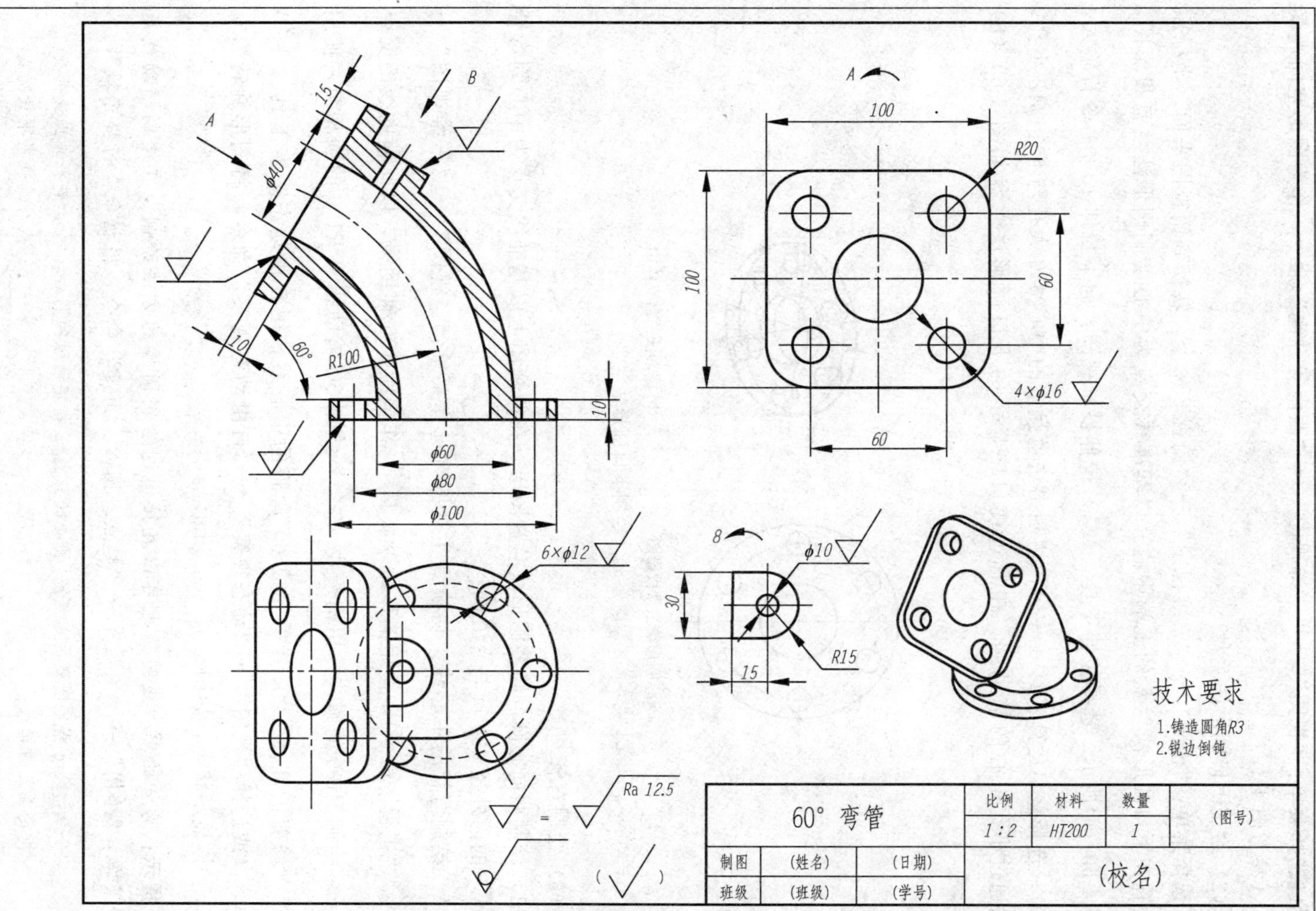

图 4-59 60°弯管零件图

选择菜单："视图"→"视口"→"两个视口"命令。设置成左右两个视口。在右边视口选择菜单："视图"→"三维视图"→"西南等轴测"命令，作为图形空间观察窗口（参考图 4-19）。

(2) 绘制下口圆形法兰盘

选择菜单："视图"→"三维视图"→"俯视"命令，转换到俯视图平面。坐标原点设置在下口圆形法兰盘的上端中心。以基准线交点为中心绘制圆形法兰盘投影图，如图 4-60 (a)所示。选择拉伸工具（）拉伸投影视图，向下拉伸 10（命令行输入：−10)。选择差集运算工具（），切割出法兰盘上的中心 $\phi40$ 大孔与 6 个 $\phi12$ 小孔。删除通过小孔中心的辅助圆。在右边视口中显示的下口圆形法兰盘如图 4-60 (b) 所示。

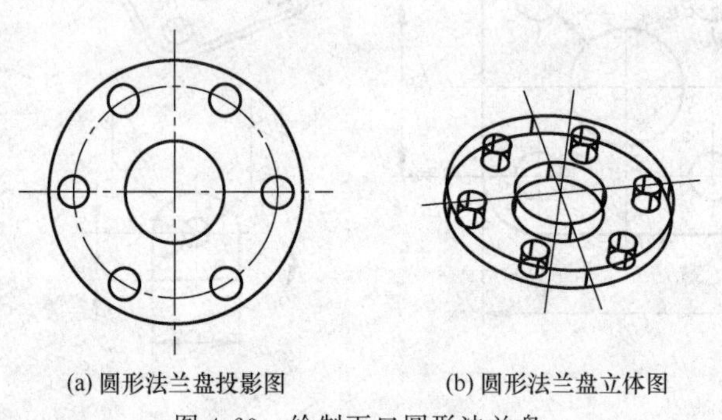

(a) 圆形法兰盘投影图　　(b) 圆形法兰盘立体图

图 4-60　绘制下口圆形法兰盘

(3) 绘制弯管

1) 绘制两同心圆。隐藏圆形法兰盘图层，在俯视图上以基准线交点为中心划弯管的内外径 $\phi60$ 圆与 $\phi40$ 圆。
2) 绘制弯管的中心线。切换到主视图（选择菜单："视图"→"三维视图"→"主视"命令)，使用偏移命令（）作偏距 100 辅助线，以此辅助线的交点绘制 $R100$ 的圆，并用构造线（）绘制 60°辅助线与 $R100$ 的圆相交，使用修剪工具（）修剪完成 60°弯管的中心线，用自由动态观察工具（）（或选择"视图"→"动态观察"→"自由动态观察"命令）将图形旋转为立体显示状态，如图 4-61 (a) 所示。

提示：弯管的中心线圆弧也可以直接通过绘制圆弧的方法绘制。在绘制辅助线后选择菜单："绘图"→"圆弧"→"起点、圆心、角度"命令，根据命令行提示操作。

```
命令：_arc 指定圆弧的起点或[圆心(C)]：_c 指定圆弧的圆心：      //选择辅助线的交点
指定圆弧的起点：                                              //选择基准线交点
指定圆弧的端点或[角度(A)/弦长(L)]：_a 指定包含角：60          //输入圆弧角度
```

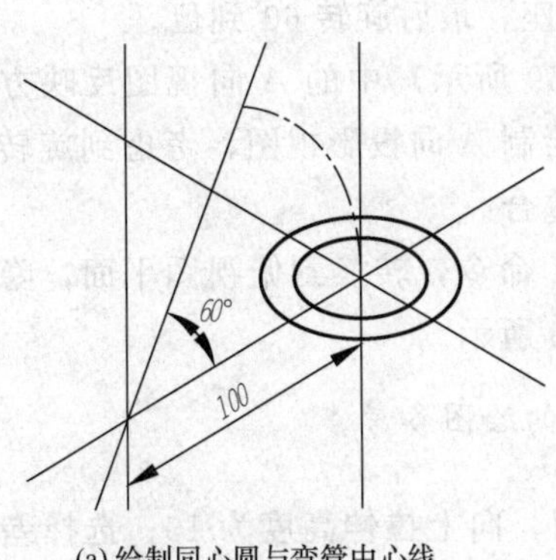

(a) 绘制同心圆与弯管中心线　　(b) 弯管成形

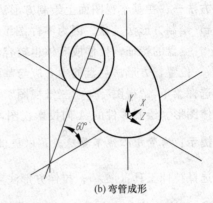

图 4-61　弯管部分绘制

3）将两个圆按路径拉伸。选择拉伸工具（ ），根据命令行提示操作。

```
命令：_ extrude
当前线框密度：ISOLINES＝4
选择要拉伸的对象：指定对角点：找到 2 个                    //框选两个圆
选择要拉伸的对象：                                        //确认（回车）
指定拉伸的高度或[方向(D)/路径(P)/倾斜角(T)]：p             //选择按路径拉伸
选择拉伸路径或[倾斜角(T)]：                                //选择弯管的中心线圆弧
```

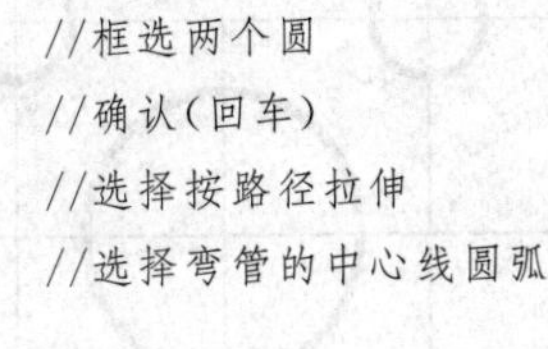

4）合成弯管。选择差集运算工具（ ）切割中间的孔，形成弯管，图形如图 4-61（b）所示。

（4）将弯管与下口圆形法兰盘合并

显示前面隐藏的圆形法兰盘图层，选择并集运算工具（ ），将圆形法兰盘与弯管合并，删除辅助线，图形如图 4-62 所示。

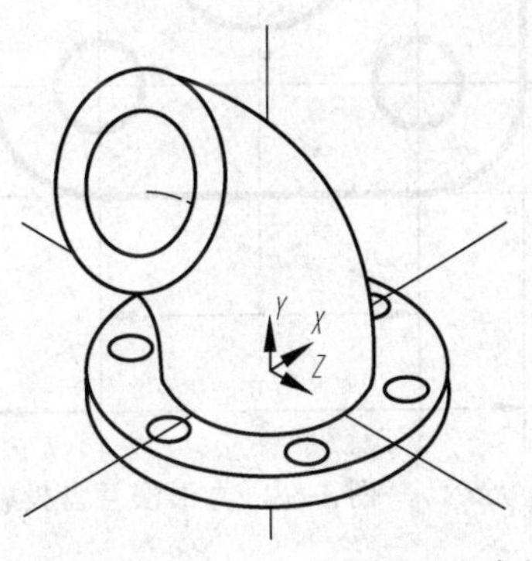

图 4-62　弯管与下口圆形法兰盘合并

（5）绘制上口方形法兰盘

弯管上口的方形法兰盘与耳座是倾斜的，在基本投影面上绘制比较困难，绘制时要采取一些特殊方法绘制，可以考虑以下三种方式。

方法一：可以先在俯视图基准面上绘制方形法兰盘，绘制完成后将实体旋转到位。

方法二：也可以用坐标变换的方法绘图。先将坐标移到弯管上口的面上，变换坐标系使绘图平面与弯管上口平面一致，然后再按一般方法绘图。

方法三：除此，还可以使用 AutoCAD 提供的一种特殊的三维移动操作方式：三维对齐。可通过选择菜单："修改"→"三维操作"→"三维对齐"命令或三维对齐工具（ ）来实现。

下面进行具体讨论。

方法一： 在基本视图面上绘制方形法兰盘与耳座，最后旋转 60°到位。

1）绘制方形法兰盘。因为零件图纸（如图 4-59 所示）中的 A 向视图反映方形法兰盘的特征，拉伸成实体也较容易，故先绘制 A 向投影视图，考虑到旋转后的位置，方形法兰盘的中心应与基准线中心重合。

选择菜单：“视图”→“三维视图”→“俯视”命令，转换到俯视图平面，隐藏现有实体图形。绘制零件的 A 向投影视图，如图 4-63 所示。

提示： 弯管中心线不要隐藏，以提供一个明晰的绘图参考。

选择拉伸工具（），拉伸方形法兰盘投影图，向上拉伸高度为 10；选择差集运算工具（）修剪出方形法兰盘的中心大孔与四个小孔。在右边的观察视口中，方形法兰盘立体图如图 4-64 所示。

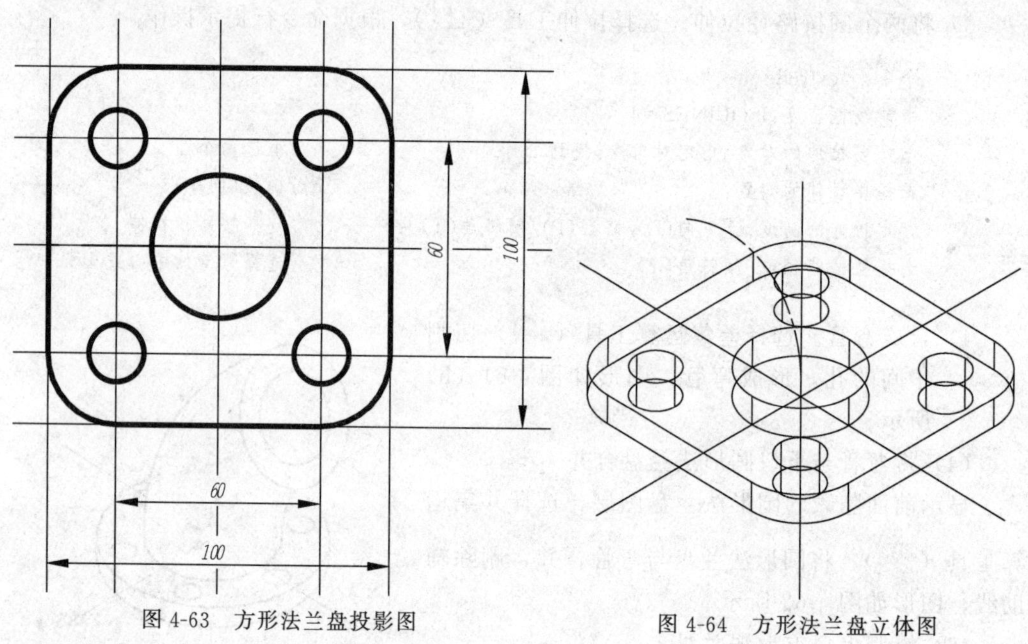

图 4-63　方形法兰盘投影图

图 4-64　方形法兰盘立体图

2）绘制耳座。选择菜单：“视图”→“三维视图”→“左视”命令，按零件图纸（如图 4-59 所示）的 B 向视图绘制投影视图，考虑到并、差集运算特性，耳座绘制时分成三部分如图 4-65 所示，其中矩形 1 与圆 3 合成实体后成为耳座的外轮廓，2 为耳座中间的孔的投影。

选择拉伸工具（）拉伸图形 1、3，由零件图计算出拉伸高度应为 15（至弯管孔的内壁）；拉伸图形 2 时考虑到形成通孔，拉伸高度应较大，取 25。将图 4-65 中 1、3 图形拉伸后的实体作并集运算，在右边的空间观察视口中，立体状态如图 4-66所示。

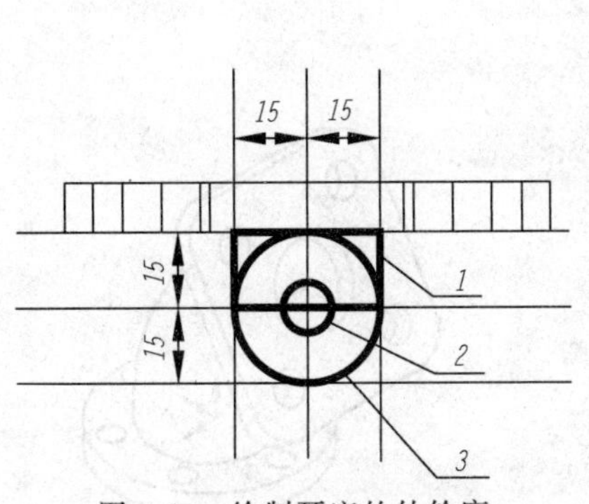

图 4-65　绘制耳座的外轮廓

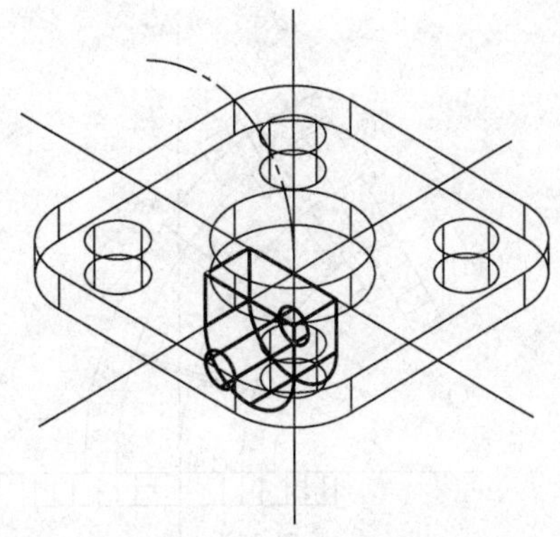

图 4-66　耳座的结构实体图

选择移动工具（ ），移动耳座结构实体至方形法兰盘的对应位置，移动距离为@0，0，−35，移动后如图 4-67 所示。

3）旋转方形法兰盘与耳座。选择菜单：“视图”→“三维视图”→“主视”命令，切换到主视图位置。选择旋转工具（ ），以弯管中心为旋转中心，在 *X-Y* 平面内旋转方形法兰盘与耳座 60°，旋转后位置如图 4-68 所示。

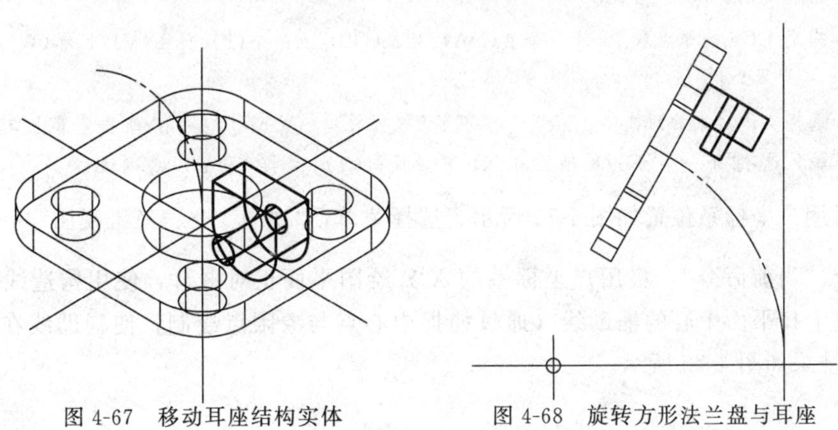

图 4-67　移动耳座结构实体　　　图 4-68　旋转方形法兰盘与耳座

4）生成零件实体。显示被隐藏的弯管部分结构，如图 4-69 所示。选择并集运算工具（ ），将方形法兰盘及耳座实体与弯管主体合并，选择差集运算工具（ ）将弯管与耳座上的孔实体作差集运算。隐藏基准线，得到最终零件立体图形如图 4-70 所示。

方法二：用坐标变换的方法绘制上口方形法兰盘与耳座。

以前使用的坐标系一直是世界坐标系，而方形法兰盘在弯管的上口 60°斜面上，若直接在世界坐标系中绘图不方便，若坐标平面就在弯管的上口的斜面上，绘图就方便

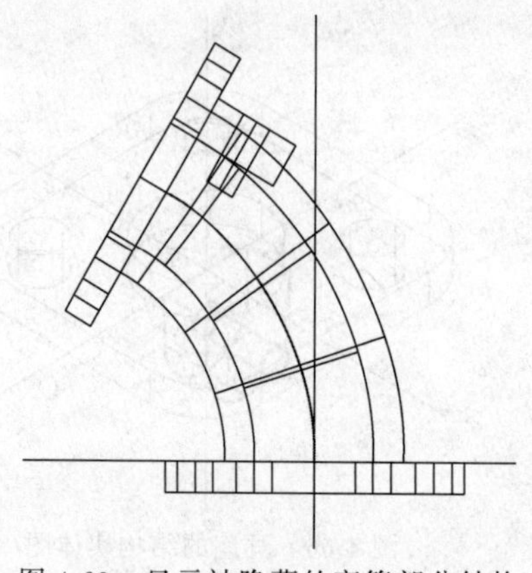
图 4-69 显示被隐藏的弯管部分结构

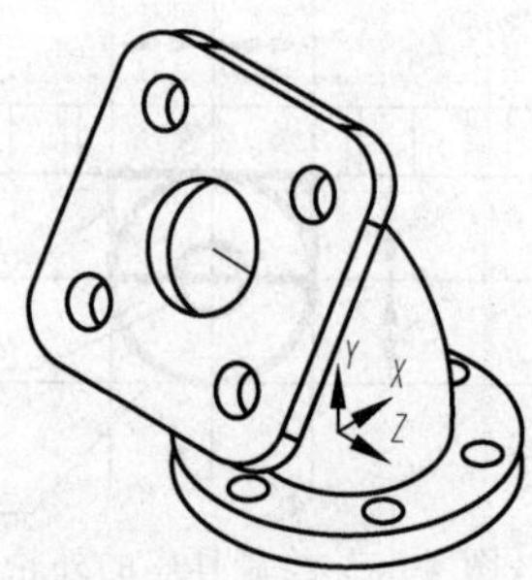

图 4-70 零件立体图

了，为此须在弯管上口平面建立用户坐标系作为绘图平面。

1）绘制方形法兰盘。设置用户用户坐标系，选择弯管上口平面作为绘图平面。选择菜单："工具"→"新建"→"面"命令，根据命令行提示操作。

命令：_ ucs

当前 UCS 名称：*前视*

指定 UCS 的原点或[面(F)/命名(NA)/对象(OB)/上一个(P)/视图(V)/世界(W)/X/Y/Z/Z 轴(ZA)] <世界>：_ fa

选择实体对象的面： //单击弯管上口平面

输入选项[下一个(N)/X 轴反向(X)/Y 轴反向(Y)] <接受>： //确认

此时用户坐标系位置如图 4-71 所示。选择菜单："视图"→"三维视图"→"平面视图"→"当前命令"，将用户坐标系的 X-Y 绘图平面正对屏幕，使用构造线（ ）绘制通过上口平面中心的辅助线（通过捕捉中心点与象限点绘制，使辅助线在上口平面内），结果如图 4-72 所示。

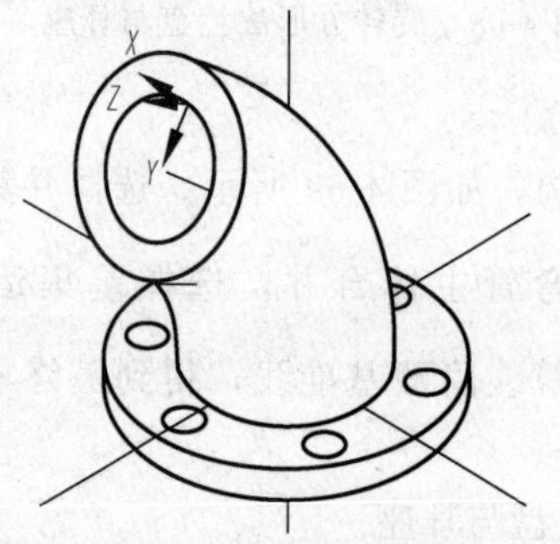

图 4-71 建立用户坐标系

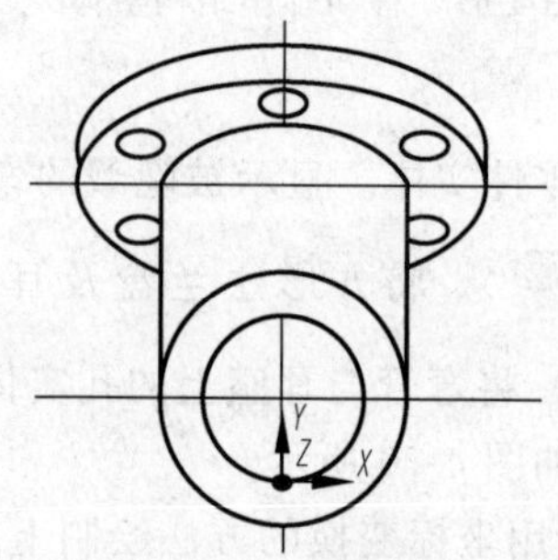

图 4-72 绘制通过上口平面中心的辅助线

隐藏弯管部分图层，绘制方形法兰盘投影图，如图 4-73 所示。拉伸图形并作差集运算后得到方形法兰盘，自由旋转（ ）后可得到方形法兰盘立体图如图 4-74 所示。

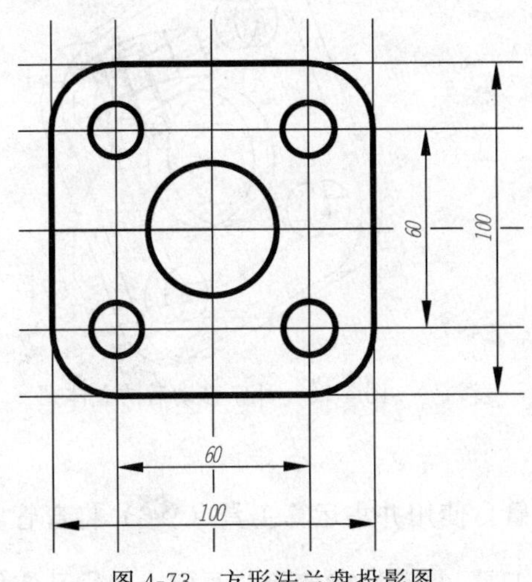

图 4-73　方形法兰盘投影图

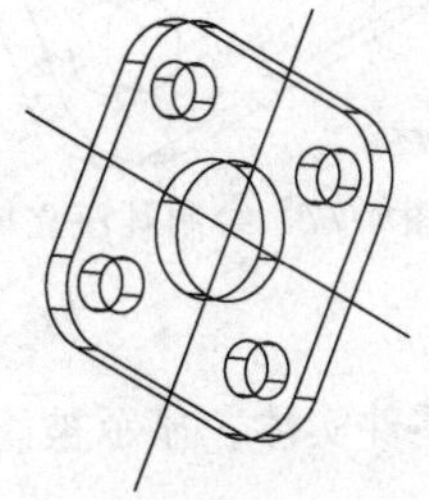

图 4-74　方形法兰盘立体图

2）绘制耳座。选择方形法兰盘上平面作为绘图平面。选择菜单：“工具”→“新建”→“面”命令，建立的新用户坐标系如图 4-75 所示。再选择菜单：“视图”→“三维视图”→“平面视图”→“当前”命令，将用户坐标系的 *X*-*Y* 绘图平面正对屏幕，绘制通过方形法兰盘上端平面中心的辅助线，绘制耳座轮廓辅助线得到耳座的轮廓交点，用矩形工具与划圆工具绘制耳座投影图，如图 4-76 所示。

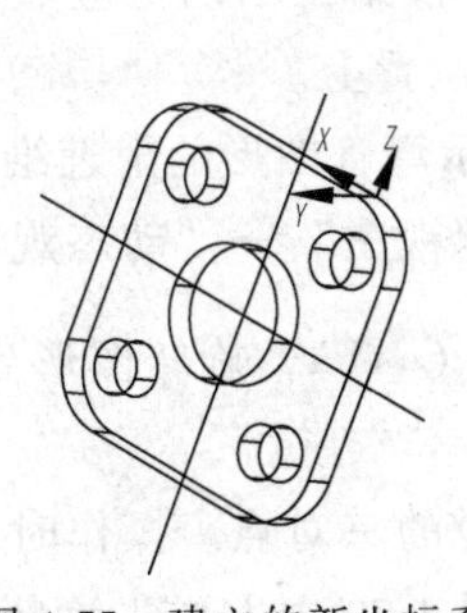

图 4-75　建立的新坐标系

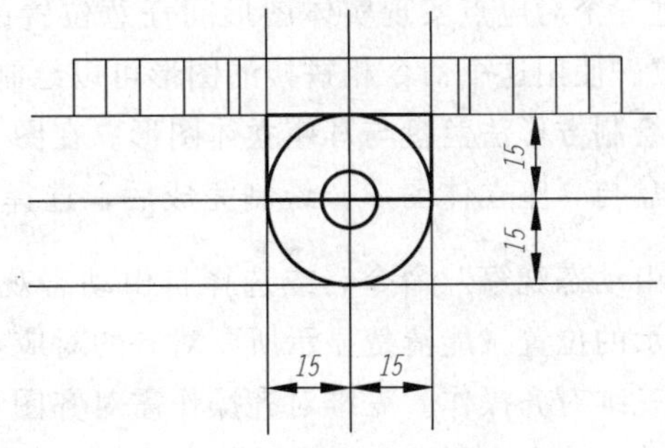

图 4-76　绘制耳座投影图

拉伸投影图形生成实体，其中耳座外轮廓拉伸距离为－15；小孔拉伸距离为－25。耳座外轮廓并集运算后结果如图 4-77 所示。

选择移动工具（ ），移动实体（@0，0，－15）到所需位置。删除辅助线，选择菜单：“视图”→“三维视图”→“西南等轴测”命令，得到方形法兰盘与耳座立体图，如图 4-78 所示。

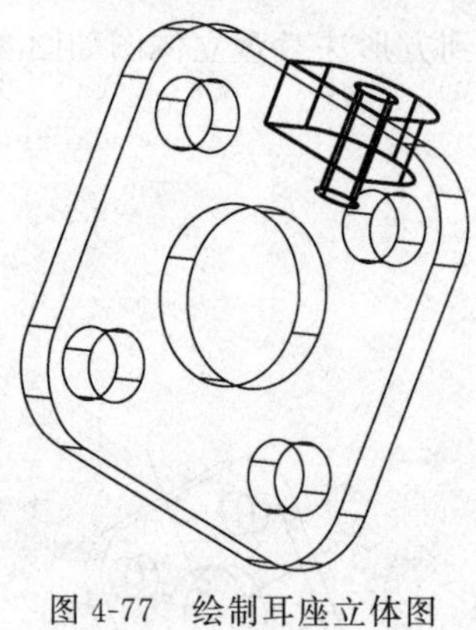

图 4-77　绘制耳座立体图

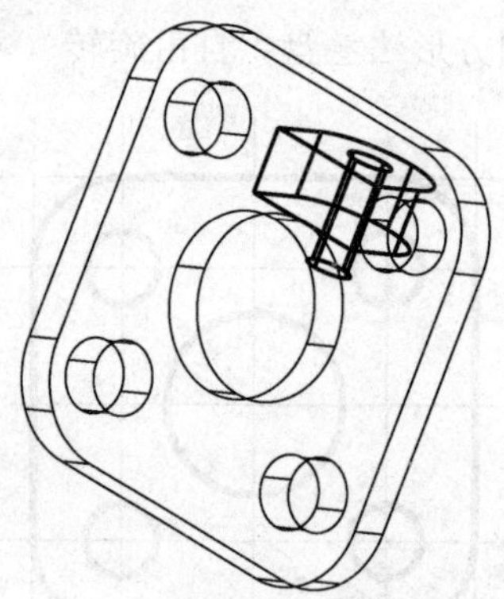

图 4-78　耳座移动后的立体图

3）生成零件实体。显示被隐藏的弯管，使用并集运算工具（ ）将弯管实体与方形法兰盘及耳座合并，使用差集工具（ ）将弯管与耳座上的小孔实体进行差集运算，打通小孔。隐藏基准线，消隐后弯管的三维立体图便如图 4-70 所示。

提示：采用用户坐标系的方法虽然可以在任意方向的面上绘图，但对绘图者的空间想象能力要求较高，绘图时容易出错。采用前述方法一，在世界坐标系中绘图，空间一般不会出错，绘图后旋转（或移动）到所需位置也比较简单。

方法三：用对齐操作实现方形法兰盘与耳座的定位。

在 AutoCAD 菜单中有一个非常有用的三维移动命令：三维对齐操作（ ）。它可以通过三个对应点实现实体图形间任意位置的拼接，根据提示的对应点移动并旋转一步到位。使用这个命令相拼接的图形可以绘制在任意位置上。

1）绘制方形法兰盘与耳座立体图形。在图 4-62 所示弯管图形的附近绘制方形法兰盘与耳座立体图形。绘制完成后，选择菜单："视图"→"动态观察"→"自由动态观察"命令，或选择自由动态观察工具（ ），旋转图形到图 4-79 所示的位置（能清楚显示所要对齐的对应点）。

2）三维对齐操作。三维对齐操作需对齐图形间对应的三对点。操作时，在图形中首先确定方形法兰盘中心圆孔上的三个点，如图 4-79 中方形法兰盘中心圆孔上的一个圆心与两个象限点，再确定与弯管上口的三个对应重合点。选择菜单："修改"→"三维操作"→"三维对齐"命令或选择三维对齐工具（ ），根据命令行提示的具体操作如下：

```
命令：_3dalign
选择对象：找到 3 个                    //框选方形法兰与耳座实体
```

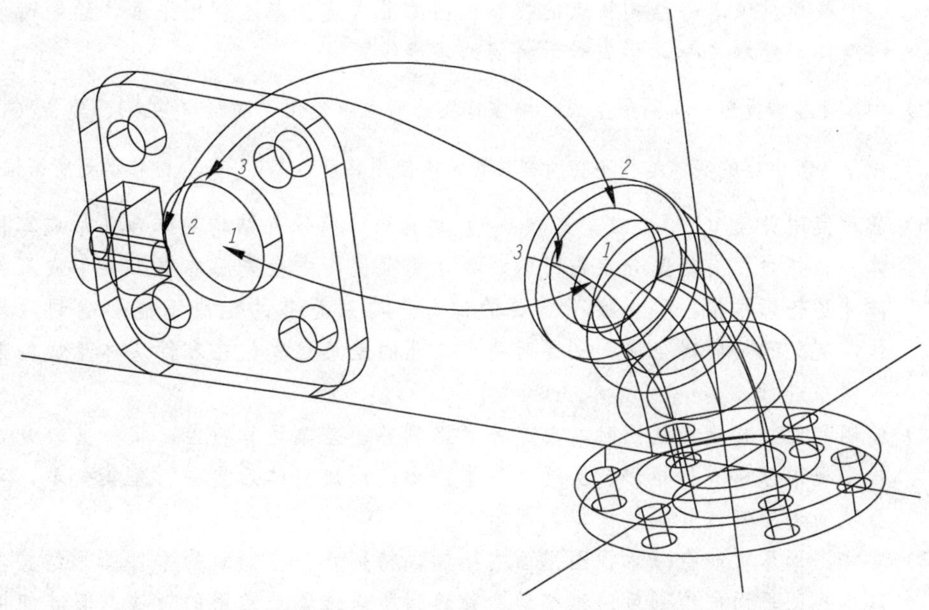

图 4-79　在弯管图形旁边绘制方形法兰盘与耳座立体图形并对齐操作

```
选择对象：                                              //确认
指定源平面和方向...
指定基点或[复制(C)]：                                    //指定与耳座边对应的方形法兰圆心1
指定第二个点或[继续(C)] <C>：_qua 于
                                                //指定方形法兰与耳座边对应的中心圆的象限点2
指定第三个点或[继续(C)] <C>：_qua 于      //指定与中心圆1、2点平面内对应的象限点3
指定目标平面和方向...
指定第一个目标点：                                      //指定弯管上口圆心1
指定第二个目标点或[退出(X)] <X>：_qua 于      //指定弯管上口象限点2
指定第三个目标点或[退出(X)] <X>：_qua 于      //指定弯管上口象限点3
```

通过以上三维对齐操作，方形法兰盘、耳座及内孔圆柱三个实体移动到了零件实际位置。

提示： 对齐操作除三维对齐工具（ ）外，还有一个二维对齐工具（ ）用于二维图形的对齐操作。

3）生成零件实体。使用并集运算工具（ ）将弯管立体与方形法兰盘及耳座合并，使用差集工具（ ）将耳座上的小孔打通。隐藏基准线，消隐后弯管的立体图如图 4-70 所示。

本节介绍了三维立体图形的绘制方法。绘制时要注意以下几点：

1）绘制立体图形时，首先绘制三维基准线，基准线的交点与坐标原点重合。根据绘制最能反映零件结构特点的投影视图的要求选择基本视图平面，绘制时使用平面图形绘制命令，形成若干封闭的多段线。

2）由零件结构投影平面图形生成三维立体图形时主要使用了拉伸（）、旋转（）命令。若生成的实体结构不在所需位置，则使用移动（）命令，移动到所需位置。

3）最后使用并集（）或差集（）运算命令将零件结构实体合并形成零件实体。合并过程有时是分步进行的，要注意顺序，一般先用并集工具形成零件整体外形轮廓结构，再去除不需要的部分。要注意孔的生成不能影响到后续操作，交叉孔要同时生成，必要时将生成孔的差集运算放在零件实体生成的最后步骤中进行。

4）绘制零件结构投影视图时，要充分考虑到并、差集运算特性，将一些较复杂的投影视图分解成如矩形、圆这类基本图形，形成实体后再并、差集处理，可能会使图形绘制过程比较简单、明晰。

5）实体图形尽可能在基本视图平面内绘制，特别是一些倾斜的零件图形结构，在基本视图平面内绘制后通过移动、旋转到所需位置是常用的做法。假若使用对齐操作，只要在对齐操作时找准图形间相应的点便可，因为对图形的实际绘图位置没有要求，这就可以将实体图形绘制在任何自己觉得方便的位置上。

4.4 立体图的尺寸标注

在一些资料中，有时需要立体图作为独立的图形存在，常标注有尺寸以表示零件的实际大小。在零件立体图上标注尺寸要遵循国家有关标准。国家机械制图标准（GB 445.3—1984）规定：轴测图的线性尺寸，一般应沿轴测轴方向标注零件的基本尺寸，尺寸数字应按相应的轴测图形标注在尺寸线的上方。尺寸线必须与所标注的线段平行，尺寸界线一般应平行于某一轴测轴。当在图形中出现字头向下时应引出标注，将数字按水平位置注写。文字标注的正确方向如图 4-80所示。

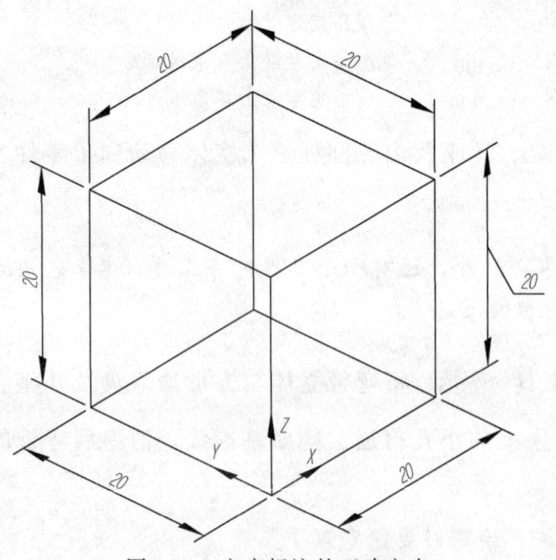

图 4-80　文字标注的正确方向

轴测图是三维立体图形的轴测平面投影，若在轴测平面投影图形上标注尺寸，操作难度较大。对于 Auto-

CAD 中的三维实体图形，可以直接在三维实体图形上标注，然后设置成“西南等轴测”打印输出，便得到标有尺寸的轴测图。

因为 AutoCAD 中只能在 *X-Y* 平面内绘制图形，所以尺寸也只能标注在 *X-Y* 平面内。根据这一特性对不同平面上的尺寸进行标注时，就要移动用户坐标系（UCS）到立体图形的相应平面。由于标准要求尺寸标注在尺寸线的上方，因此要注意 *X*、*Y* 轴的方向。进行正确的坐标变换。

轴测图为西南等轴测方向（选择菜单：“视图”→“三维视图”→“西南等轴测”命令），在轴测图上标注的尺寸一般须放置在坐标系的三个视图（主视图、俯视图、左视图）方向上，因此标注时要变换坐标与所要标注的视图方向及尺寸位置一致，具体操作时可选择菜单：“工具”→“新建 UCS”命令，或选择 UCS 工具栏与 UCS Ⅱ工具栏中的工具，如图 4-81 所示。

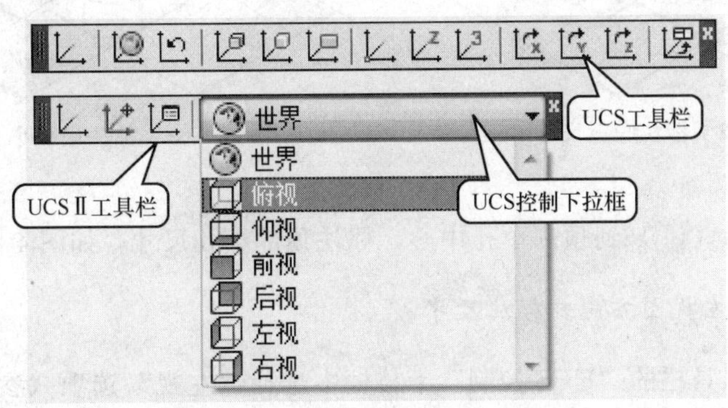

图 4-81　坐标变换工具栏

提示：当坐标不在标注位置时，可以重建坐标系，但在同一个视图方向下，只要移动坐标原点位置就行了。可是在“AutoCAD 经典”界面模式下，菜单与工具栏中均没有坐标移动工具（），故需要取出。取出的坐标移动工具（）可放置到 UCSⅡ工具栏上，以方便使用。具体取出方法可选择菜单：“工具”→“自定义”→“界面”命令。在搜索文本框中输入“移动 UCS”，再将坐标移动工具拖放到 UCSⅡ工具栏，如图 4-81 所示。

本节以图 4-36 所示的轴承支座零件为例，介绍立体图形的标注方法。

1. 设置成在俯视图方向并标注尺寸

在 UCS Ⅱ工具栏的“UCS 控制”下拉框中选择“俯视”选项（如图 4-81 所示），使坐标与俯视图方向一致。

1）选择坐标移动工具（），将坐标移到立体图左后角位置，标注底板尺寸，三维隐藏后如图 4-82 所示。

2）移动坐标（ ）到底板小孔中心，标注小孔尺寸与中心距及底板圆角，如图 4-83所示。

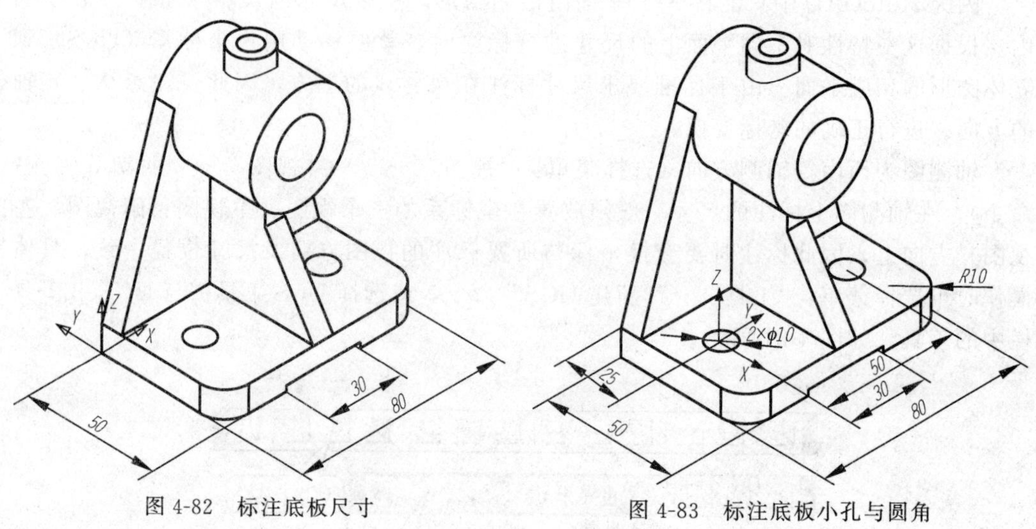

图 4-82　标注底板尺寸　　　　图 4-83　标注底板小孔与圆角

3）移动坐标（ ）到顶部小孔中心，标注顶部小孔尺寸，如图 4-84 所示。

2. 设置成在左视图方向并标注尺寸

在 UCS Ⅱ工具栏的“UCS 控制”下拉框中选择“左视”选项（参考图 4-81），使坐标与左视图方向一致。

1）移动坐标（ ）到顶部小孔中心，如图 4-85 所示，标注轴承支座总高，同时标注轴承孔长。

2）移动坐标（ ）到底板槽口边沿，标注底板上槽口的高度；移动坐标（ ）到底板边沿，标注底板的高度，如图 4-86 所示。

3）移动坐标（ ）到肋板拐点处，标注肋板拐点尺寸，如图 4-87 所示。

3. 设置成在主视图方向并标注尺寸

在 UCS Ⅱ工具栏的“UCS 控制”下拉框中选择“前视”选项（参考图 4-81），使坐标与主视图方向一致。

移动坐标（ ）到轴承孔，标注轴承孔直径与高度。因为高度尺寸 70 出现字头向下，故需要引出标注。具体操作是，首先将尺寸分解（ ），删除尺寸 70，再设置坐标方向为屏幕方向（选择菜单：“工具”→“新建”→“视图”命令），最后画线段并标注尺寸。三维隐藏后如图 4-88 所示。

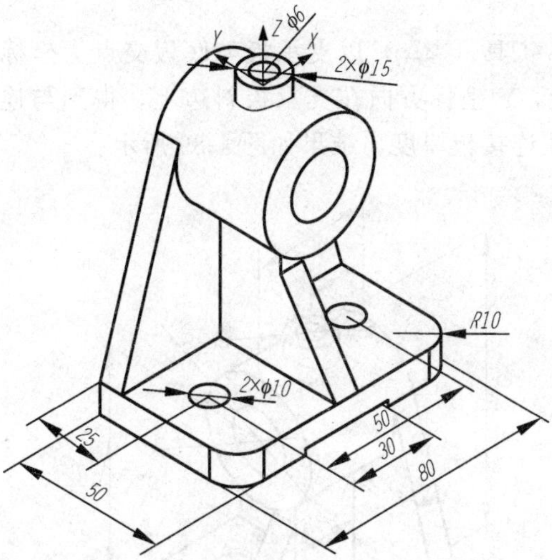

图 4-84　标注顶部小孔

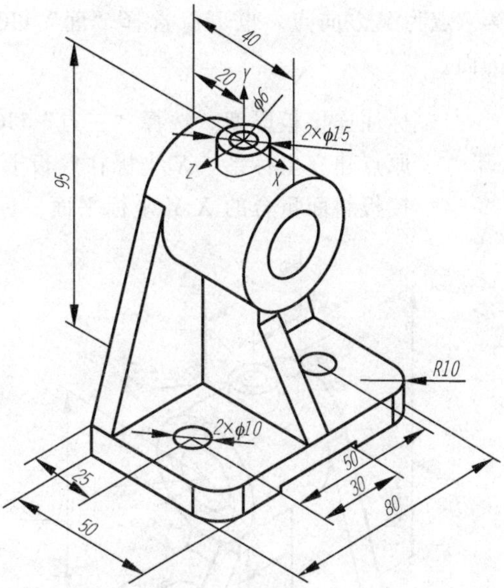

图 4-85　标注轴承支座高与轴承孔长

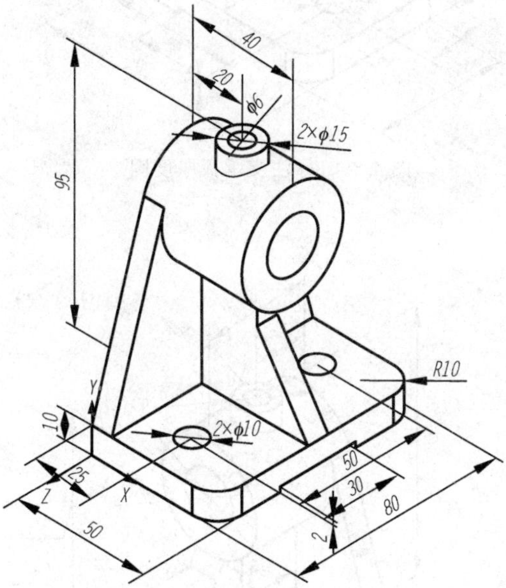

图 4-86　标注底板高度

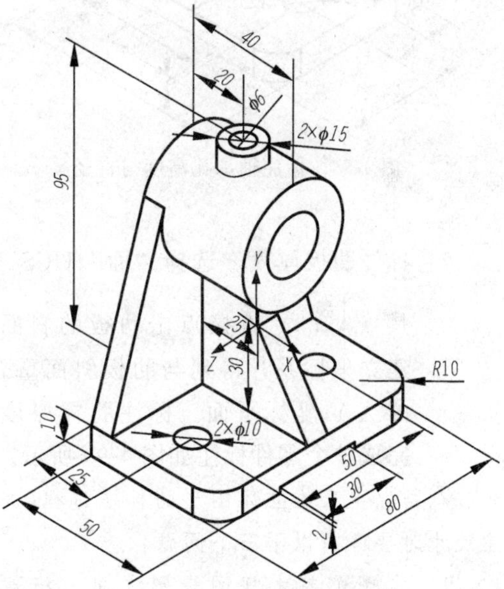

图 4-87　标注肋板拐点尺寸

4. 在斜面上标注尺寸

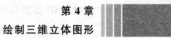

到目前，还有支承板与肋板的宽度未标注，若尺寸标注在斜面上，要建立与视图平行的坐标系，可以选择菜单：“工具”→“新建”→“三点”命令，或选择“三点”UCS工具（　）建立任意方向的坐标系，其中，第一点为坐标原点，第二点为 X 方向点，

第三点为 Y 方向点。也可以选择“面”UCS 工具（），直接指定需要建立坐标系的面。

1）标注连接板厚度。选择“三点”UCS 工具（）以支承板与底板交点为坐标原点建立坐标系，X 坐标在底板上沿，Y 坐标方向在支承板斜边上，得到与连接板斜面重合的 X-Y 坐标平面。标注连接板厚度，结果如图 4-89 所示。

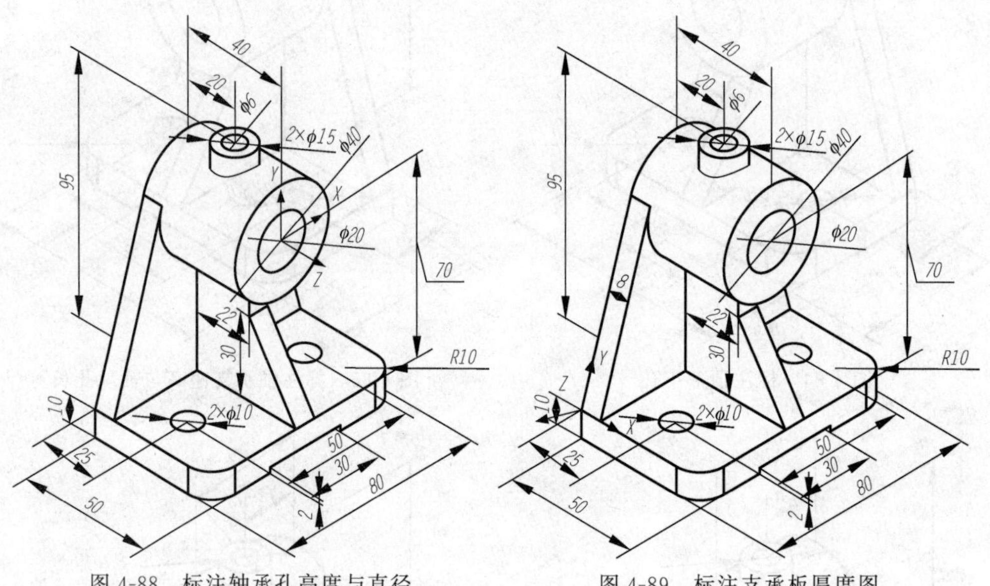

图 4-88 标注轴承孔高度与直径

图 4-89 标注支承板厚度图

2）标注肋板厚度。选择“面”UCS 工具（），直接点击肋板的斜面，建立坐标系，得到与肋板斜面重合的 X-Y 坐标平面。标注肋板厚度，完成整个零件标注如图 4-90 所示。

总结以上三维立体图形的标注过程，标注尺寸时要考虑以下三个问题：

1）在哪个基本视图投影方向上标注，就将坐标平面变换到哪个基本视图方向。尺寸标注的方向应与基本视图方向一致。

2）在立体图的哪个面标注尺寸，就将坐标系的 X-Y 平面移动到哪个面上。

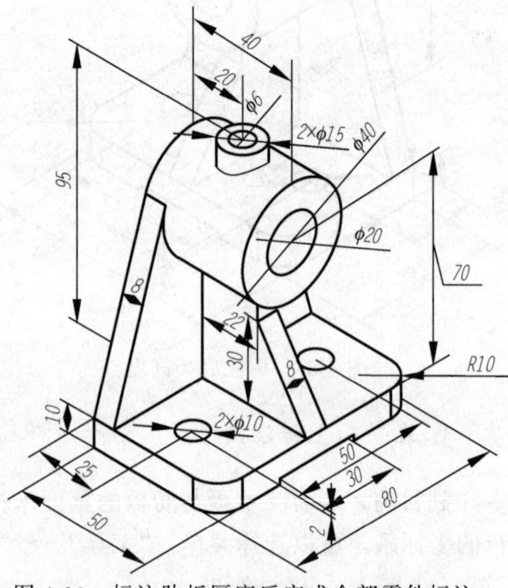

图 4-90 标注肋板厚度后完成全部零件标注

3）若在斜面上标注尺寸，则需要建立新坐标系，选择菜单："工具"→"新建"→"三点"（或面）命令，使坐标系的 X-Y 平面直接变换到要标注的斜面上。

4.5　立体图的剖切

有时为了展现立体图形的内部结构，常常会对立体图形进行各种局部剖切，在 AutoCAD 中有多种对立体结构进行剖切的方法。下面以图 4-38 所示的十字半联轴器轴叉为例，对该零件实体右上角 1/4 的部分进行剖切。图 4-46 所示图中已绘制出该零件实体图，绘图时的坐标在该零件孔的右端中心，如图 4-91 所示。

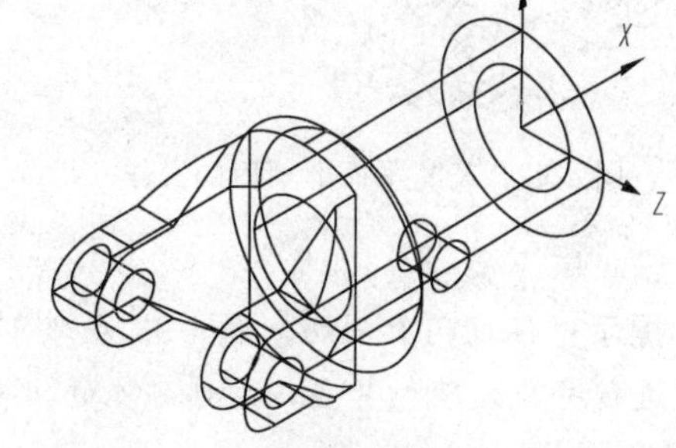

图 4-91　十字半联轴器轴叉零件实体图

4.5.1　使用剖切命令切除 1/4 实体

选择菜单："修改"→"三维操作"→"剖切"命令或选择剖切工具（ ），以 X-Y 平面作剖切平面对零件图形作剖切。根据命令行提示操作。

```
命令：_ slice
选择对象：找到 1 个                                    //选择零件实体
选择对象：                                             //确认
指定切面上的第一个点，依照[对象(O)/Z 轴(Z)/视图(V)/XY 平面(XY)/YZ 平面(YZ)/
ZX 平面(ZX)/三点(3)] <三点>：XY                        //在 X-Y 平面剖切
指定 XY 平面上的点 <0,0,0>：                           //确认通过坐标原点
在要保留的一侧指定点或[保留两侧(B)]：B                  //两侧均保留
```

经过剖切后图形分为两部分实体 1 和 2，如图 4-92 所示。因为要求右上角切除 1/4 实体，故还要进一步对右部实体 1 从 X-Z 平面剖切。

再次选择剖切工具（ ），根据命令行提示操作。

```
命令：_ slice
选择对象：找到 1 个                                    //选择右部实体1
选择对象：                                             //确认
指定切面上的第一个点，依照[对象(O)/Z 轴(Z)/视图(V)/XY 平面(XY)/YZ 平面(YZ)/
ZX 平面(ZX)/三点(3)] <三点>：ZX                        //在 X-Z 平面剖切
指定 ZX 平面上的点 <0,0,0>：                           //确认通过坐标原点
在要保留的一侧指定点或[保留两侧(B)]：B                  //上下两部分均保留
```

移出右上角的实体，得到图形如图 4-93 所示。操作时上下均保留的目的是为了两部分都能看清楚，若不需要保留右上角 1/4 实体，最后一步操作时不要输入“B”，直接单击右下角需保留的部分即可。

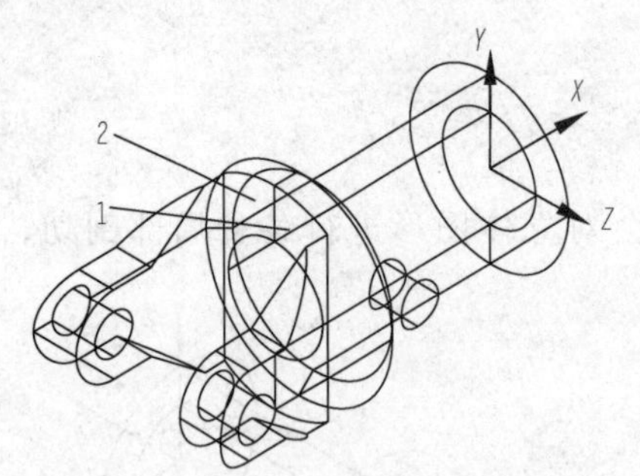

图 4-92　X-Y 平面剖切后的实体

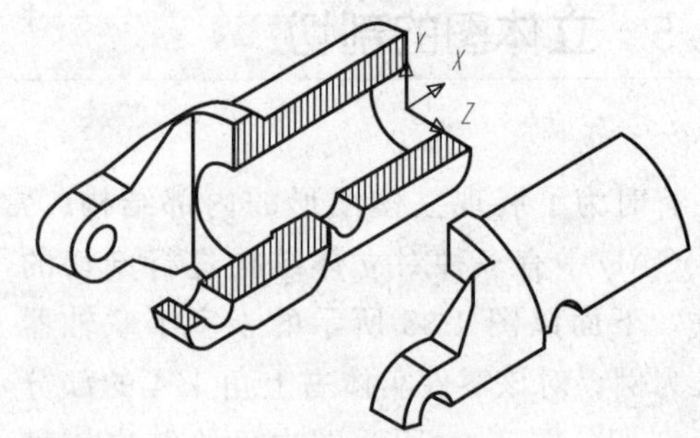

图 4-93　剖切后的实体

提示： 经过两次剖切，图 4-93 左部 3/4 的实体已经成为两个实体，要成为一个实体需要进行并集处理。其实，左部 3/4 的实体也可以通过差集运算处理减去右上 1/4 得到。

4.5.2　使用干涉检查命令取出 1/4 实体

进行干涉检查处理前要先做一个干涉实体。选择实体工具长方体（），绘制通过零件孔中心，并包含右上角 1/4 零件实体的长方体。

```
命令：_ box
指定长方体的角点或[中心点(CE)] <0,0,0>：            //从坐标原点起
指定角点或[立方体(C)/长度(L)]:L                    //选择输入各边长度
指定长度:-80                                      //输入 X 负方向80
指定宽度:40                                       //输入 Y 方向40
指定高度:40                                       //输入 Z 方向40
```

建立的长方体与零件实体的相对位置如图 4-96 所示，选择菜单：“修改”→“三维操作”→“干涉检查”命令，或干涉检查工具（），根据命令行提示操作。

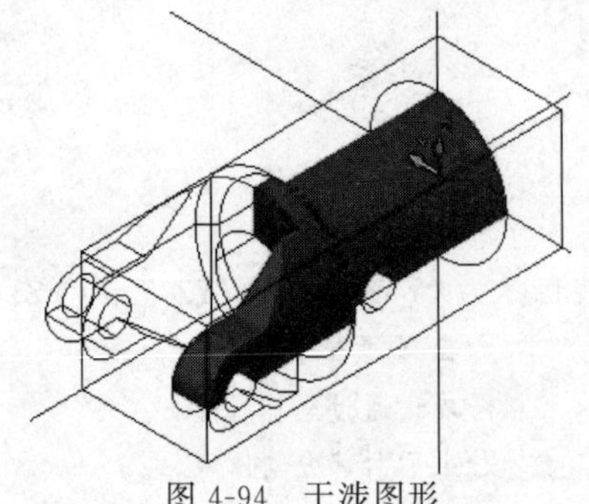
图 4-94　干涉图形

```
命令：_ interfere
选择第一组对象或[嵌套选择(N)/设置(S)]:找到
1 个                            //选择零件实体
选择第一组对象或[嵌套选择(N)/设置(S)]:
                                //确认
选择第二组对象或[嵌套选择(N)/检查第一组
(K)] <检查>:找到 1 个            //选择长方体
选择第二组对象或[嵌套选择(N)/检查第一组
(K)] <检查>:                     //确认
```

确认后，窗口会出现一个着色的干涉图形（如图 4-94 所示）与一个“干涉检查”对话框（如图 4-95所示），在对话框中取消选中“关闭时删除已创建的干涉对象”复选框，单击“关闭”按钮退出对话框后会保留干涉图形。

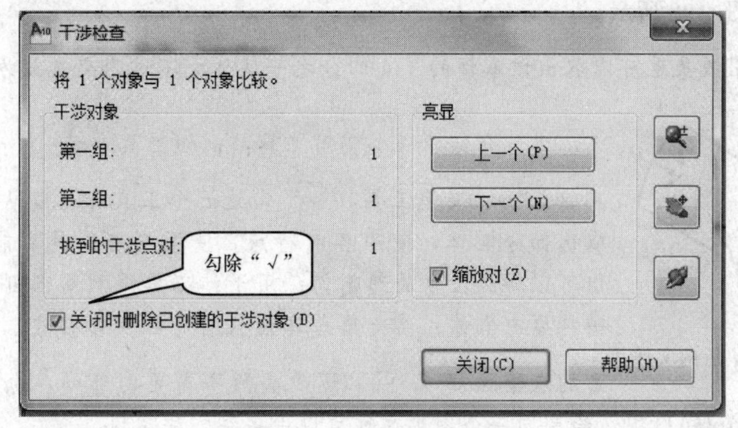

图 4-95　“干涉检查”对话框

完成后得到的干涉实体位置如图 4-96 中粗实线所示，删除长方体、移除干涉实体并消隐处理后得到如图 4-97 所示的实体图形。

提示： 这种方式可以在不破坏原实体的情况下取出一部分实体结构。

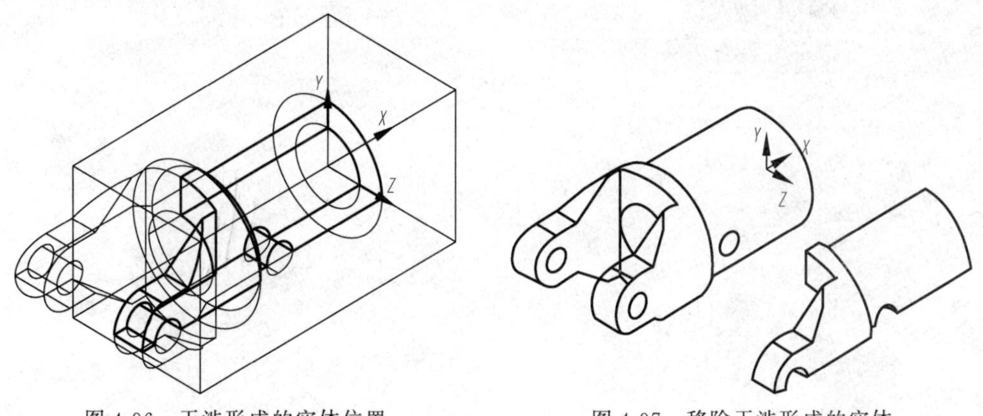

图 4-96　干涉形成的实体位置　　图 4-97　移除干涉形成的实体

4.5.3　使用交集运算命令获得 1/4 实体

先做一个作为交集使用的实体。选择实体工具长方体（），绘制如图 4-96 所示的通过零件孔中心，并包含 1/4 零件实体的长方体。选择菜单：“修改”→“三维编辑”→“交集”命令，或实体编辑工具栏中的交集工具（），根据命令行提示操作。

命令：_ intersect
选择对象：指定对角点：找到2个　　　　　　//选择零件实体与长方体
选择对象：　　　　　　　　　　　　　　　//确认

结果如图 4-98 所示。

提示：用差集也可以取出该零件的 1/4 四分之一实体，不过用交集最方便。

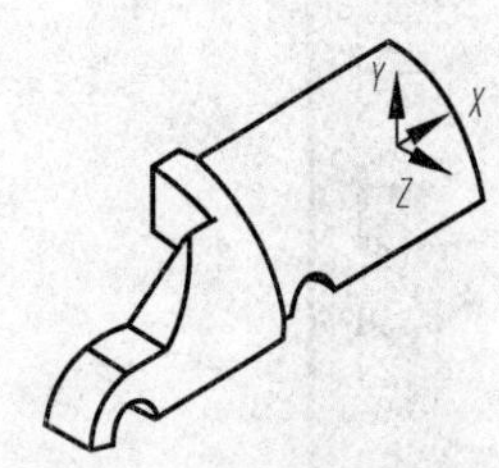

图 4-98　交集后的实体

本节介绍了三个实用工具：剖切工具（）、干涉检查工具（）、交集工具（），这三个工具都可以从整个实体中取出部分实体，使用各有特点。使用剖切工具可能步骤较多，但可以得到任意局部剖切；用干涉工具得到局部剖切实体时不破坏原有实体；而交集处理后只有局部实体存在。如果用所熟悉的差集运算（）逐步去除不需要的部分，也能得到局部实体。在 AutoCAD 中，绘制同一个图形往往可以用多种方法实现。

第5章 由零件立体图出平面图

在大部分工程应用中，AutoCAD绘图的最终目的常常是为了出零件图与装配图。

过去手工画图时往往只画平面视图，因为轴测图的平面绘制比较复杂，故零件图中一般不会采用。但若零件图纸中配有零件立体参考视图，则可能更方便阅读与理解零件的结构，由于计算机绘图的普及，现在有许多工程图样采用了这种方法，AutoCAD中也能实现。

在AutoCAD中，若仅在平面中绘制轴测图也是很困难的。但若已绘制出零件立体图形，通过将立体转换为轴测图，则能容易地实现。当然，通过一定的操作，也能将三维立体图形直接转换成平面三视图，而不必再到平面里绘制图形。在AutoCAD中有一套转换工具，可以较为简捷地输出平面三视图，再通过适当修改得到满足规范要求的工程图样。本章讨论将三维立体零件图形经转换形成二维图形输出工程图样的方法，

提示： AutoCAD中输出图形主要通过布局选项卡（布局1）中的图纸空间实现，平面图形可以直接从平铺视口模型空间打印，但若在布局选项卡的图纸空间处理会简单得多。

5.1 主要出图工具

AutoCAD中由实体转换为平面图形的出图工具主要有三个：设置轮廓工具（）、设置视图工具（）与设置图形工具（）。在“AutoCAD经典”界面下，工具栏中没有这三个工具，故需将三个出图工具找出并新建一个工具栏。具体操作如下。

1）选择菜单：“工具”→“自定义”→“界面”命令。在弹出的“自定义用户界面”对话框中的“传输”选项卡中的“工具栏”选项上右击，在快捷菜单中选

择“新建工具栏”命令，如图 5-1 所示。

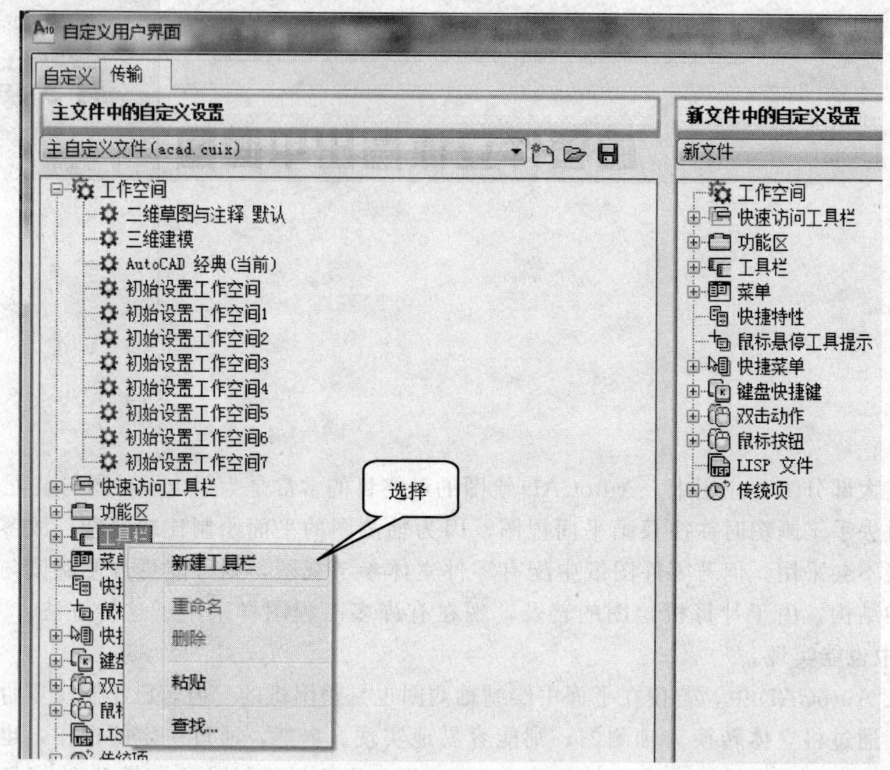

图 5-1　新建工具栏

2）新建立的工具栏默认名称为“工具栏 1”，将此工具栏重命名为“三个图形工具”，如图 5-2 所示。单击右下方的“应用”（应用(A)）按钮后，绘图窗口中会出现一个空工具栏。

3）在“自定义用户界面”对话框中的“自定义”选项卡中的搜索框内输入“设置”二字，三个出图工具（建模，设置，轮廓；建模，设置，视图；建模，设置，图形）就会出现在命令列表框内，将其拖放到窗口的空工具栏上，结果如图 5-3 所示。完成后单击“自定义用户界面”对话框下方的“应用”（应用(A)）按钮与“确定”（确定(O)）按钮后退出。

4）将工具栏拖放到窗口右下侧，供绘图时使用，如图 1-6 所示。

提示：新创建的“三个图形工具”工具栏，以后会出现在工具栏菜单中，可随时取出或放回。

零件在图样中通常由若干个视图表示。在布局的图纸空间中，每个视图都存在于一个“视口”中。视口的建立主要有两种方式，一是通过选择菜单：“视图”→“视

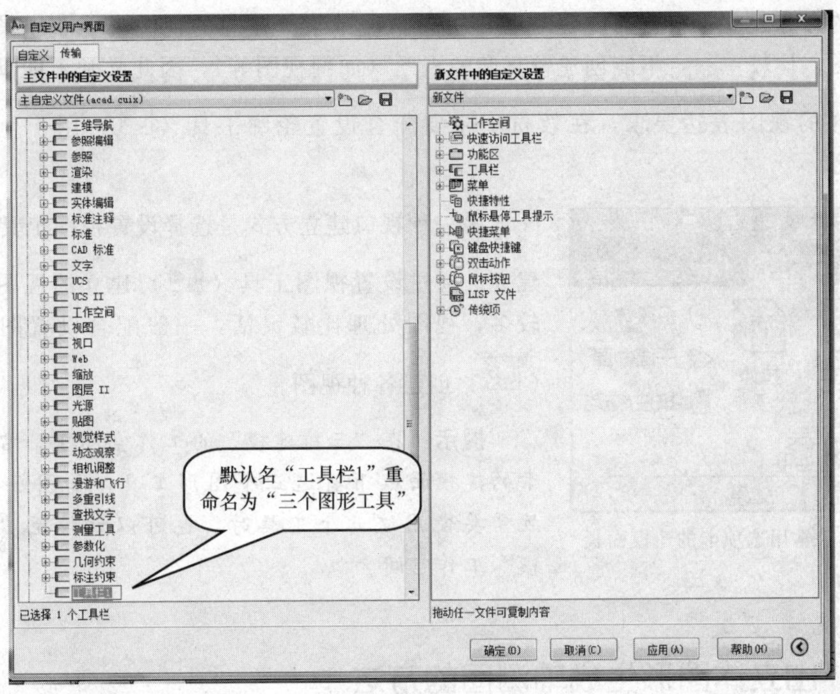

图 5-2　新工具栏命名

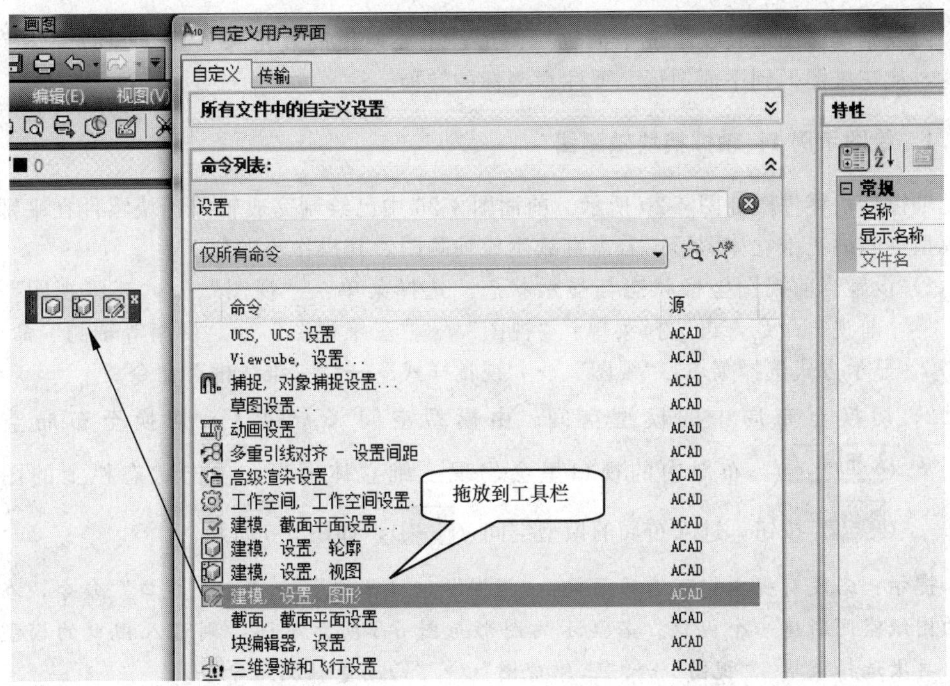

图 5-3　拖放三个工具到工具栏

口”下的命令建立，根据需要建立若干视口。通过菜单建立的视图只能获得某方向的投影视图，比较单一，不能创建较复杂的视图（如剖视图等），因此常常不能满足机械工程图样的视图表达要求，在教材中主要配合设置轮廓工具（）用于生成轴测图形。

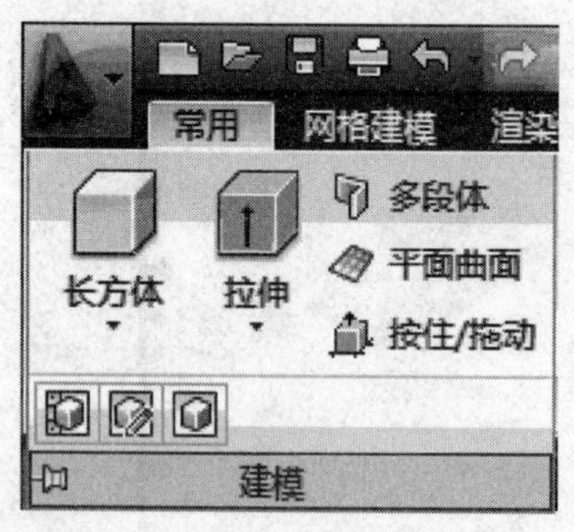

图5-4　常用选项卡的建模面板

另一种视口建立方式是选择设置视图工具（）建立。通过设置视图工具（）建立的视图形式比较多，视图处理比较灵活，一般配合设置图形工具（）创建各种视图。

提示：在“三维建模”的工作空间中，常用选项卡的建模面板下有这三个图形工具，如图5-4所示。故需要使用这三个工具时，也可以切换至“三维建模”工作空间。

5.2　由立体图形生成轴测图的方法

由三维实体图形转换生成平面轴测图形，主要使用设置轮廓工具（）。转换图形时，从三维图形到平面图形，要注意坐标的转换。

5.2.1　绘图示例1：轴撑挡块轴测图

轴撑挡块零件图如图4-20所示。前面图4-26中已绘制完成轴撑挡块零件在平铺视口模型空间的三维立体图形。若需继续生成轴测图，其操作步骤如下。

1）设置当前视图坐标状态与显示状态。选择菜单：“视图”→“三维视图”→“前视”命令，再选择菜单：“视图”→“三维视图”→“西南等轴测”命令；显示方式选择菜单：“视图”→“视觉样式”→“三维线框”命令。

2）切换至布局中的模型空间。由模型空间（模型）切换至布局空间（布局1）。布局中的视口里会出现三维立体图形，单击状态栏上的图纸（图纸）按钮，进入布局的模型空间（模型），如图5-5所示。

提示：若没有视口，可选择菜单：“视图”→“视口”→“一个视口”命令，在布局的图纸空间新建一个视口。若显示的图形与图5-5所示不同，则进入视口的模型空间，再次选择菜单：“视图”→“三维视图”→“西南等轴测”命令。

3）生成轴测图。选择设置轮廓工具（），按命令行提示进行操作。

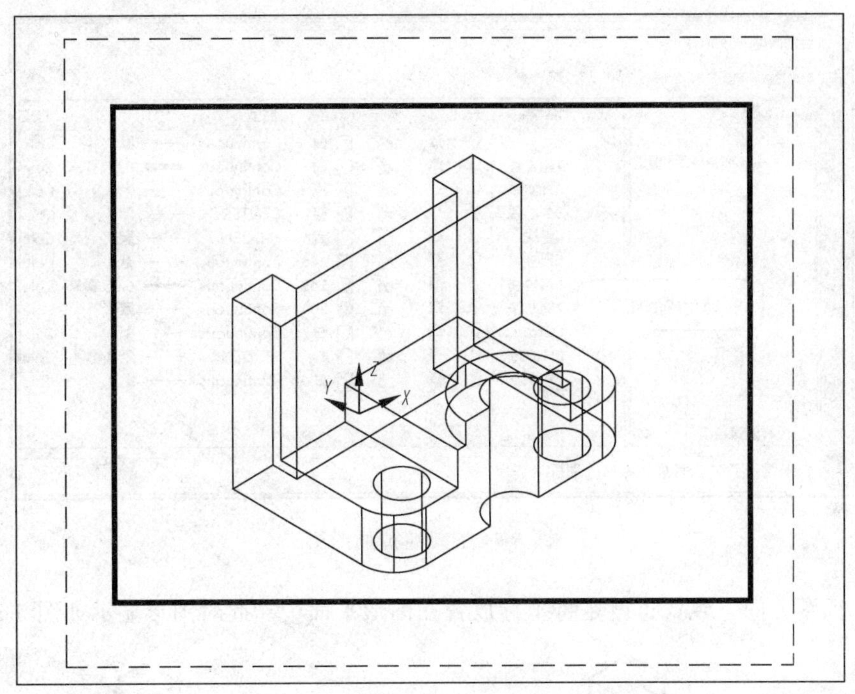

图 5-5　显示在布局模型空间中的零件实体

```
命令：_ solprof
选择对象：找到 1 个                                                   //选择零件实体
选择对象：                                                            //回车确认
是否在单独的图层中显示隐藏的轮廓线?[是(Y)/否(N)] <是>：               //回车确认
是否将轮廓线投影到平面?[是(Y)/否(N)] <是>：                           //回车确认
是否删除相切的边?[是(Y)/否(N)] <是>：                                 //回车确认
```

此时，虽然看上去图形未变，实际上已生成了轴测平面图形，并自动生成两个图层，一个是可见的轮廓线图层（PV-239 层，Continuous 线型），一个是不可见的虚线线图层（PH-239 层，HIDDEN 线型），如图 5-6 所示。

提示：在自动生成两个图层编号中，PV 为可见轮廓线图层，PH 为不可见的轮廓线图层。后面的数字为自动生成图层时产生的随机数字。

4）显示轴测图形。由布局空间（布局1）返回模型空间（模型），隐藏（💡）"1 粗实线"（实体轮廓线图层）与"PH-239"虚线图层，只显示"PV-239"实线图层。图形如图 5-7 所示。仔细观察，会发现此时坐标为空间坐标，还不是平面坐标。稍稍转动图形就会发现平面轴测图形斜插在坐标中。

5）变换坐标。选择菜单："工具"→"新建"→"视图"命令。将坐标变换到与

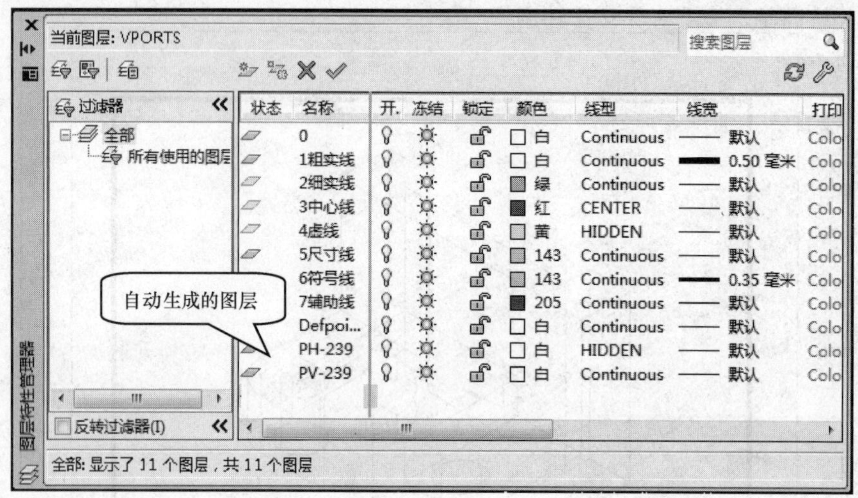

图 5-6　自动生成的图层

视图方向一致，也就是将坐标放置在图形平面中。此时图形显示如图 5-8 所示。

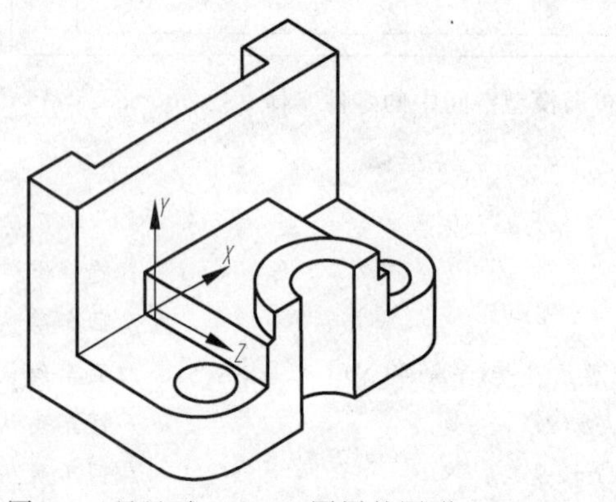

图 5-7　只显示 PV-290 图层的图形

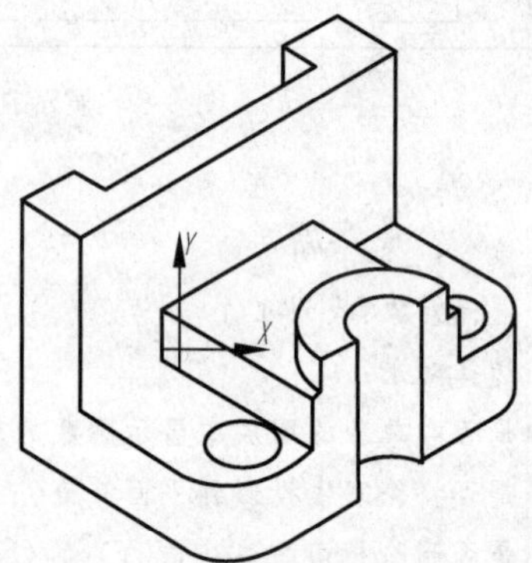

图 5-8　坐标变换后的图形

6）改线宽。因为国标规定可见轮廓线的线型为粗实线，故将 PV-239 图层线型线宽改为 0.5。

这时，可将此平面轴测图形复制到零件的三视图中去。复制时一般可选择快捷菜单中的“带基点复制”命令。若轴测图复制到零件的三视图中时，发现图形大小不适合，可使用缩放工具（ ）缩放图形至所需要的大小。最终插入轴测图的零件图样如图 4-20所示。

提示：在零件图样中，轴测图仅作为参考图出现，并不反映零件的实际尺寸，故插入的轴测图形大小只要与整个图面协调即可，不宜太大。

5.2.2　绘图示例 2：轴承支座轴测图

轴承支座的零件图如图 4-27 所示。若零件的三视图已绘制，则仅需在图中插入轴测图就可以了。轴承支座三维实体图形也已经绘制，如图 4-37 所示。现在进一步讨论将三维实体图形转换成轴测图的方法，具体操作如下：

1）设置当前视图坐标状态与显示状态。选择菜单："视图"→"三维视图"→"前视"命令，再选择菜单："视图"→"三维视图"→"西南等轴测"命令；显示方式选择菜单："视图"→"视觉样式"→"三维线框"命令。

2）切换至布局中的模型空间。切换后，轴承支座三维实体图形在布局中的模型空间状态如图 5-9 所示。

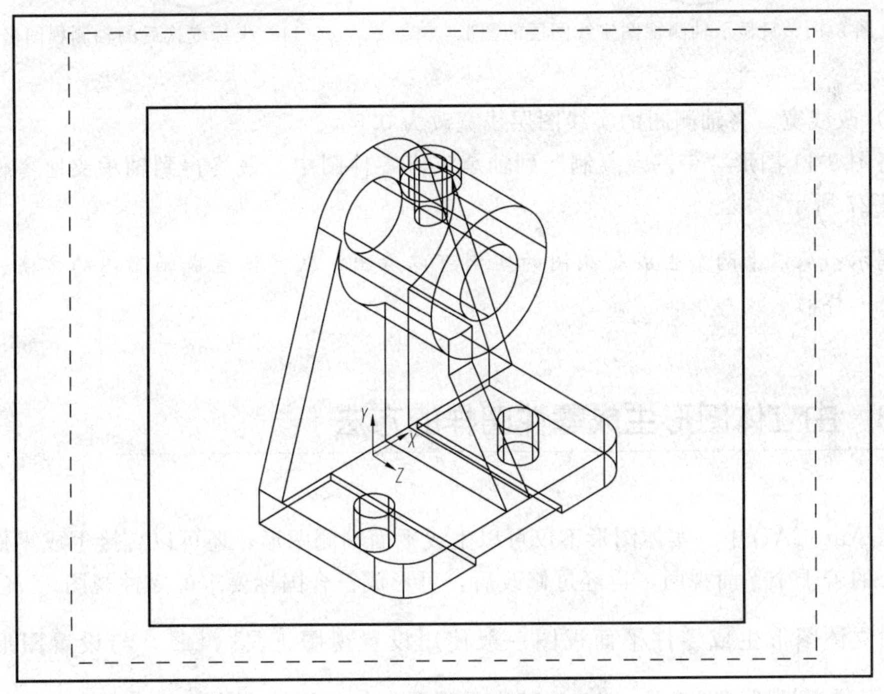

图 5-9　布局模型空间的零件实体

3）生成轴测图。选择设置轮廓工具（），按命令行提示完成三维实体到平面轴测图形的转换操作。

4）显示轴测图形。由布局空间返回模型空间，隐藏（）实体轮廓图层与轴测图的虚线图层，只显示轴测图的实线图层。图形如图 5-10 所示。

5）变换坐标。选择菜单："工具"→"新建"→"视图"命令，将坐标变换到与视图方向一致。此时图形显示如图 5-11 所示。

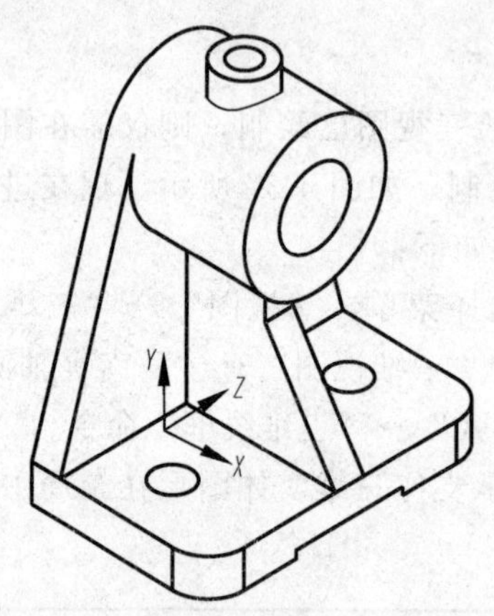

图 5-10 只显示轴测视图实线图层的图形

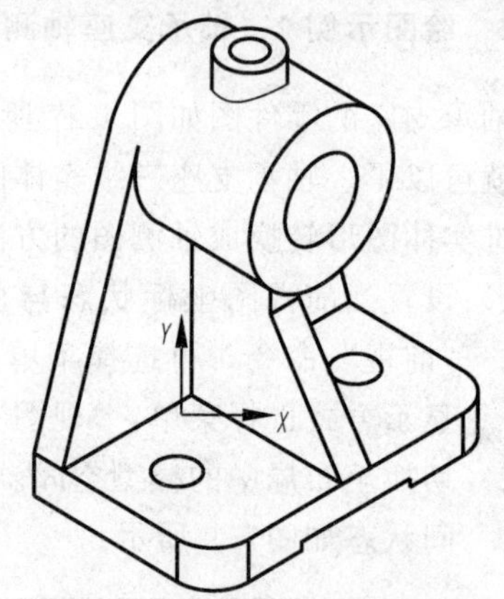

5-11 坐标变换后的轴测视图坐标

6）改线宽。将轴测图的实线图层线宽改为 0.5。

将图 5-11 图形“带基点复制”到轴承支座零件图中，最终得到轴承支座零件图样如图 4-27 所示。

提示：从以上两个生成轴测图的实例可以看出，从实体生成轴测图的方法、步骤是完全一样的。

5.3 由立体图形生成零件图样的方法

在 AutoCAD 中，实体图形不仅可以生成平面轴测图形，还可以直接生成零件图样所需要的若干个平面视图，再经过修改后，可形成符合国标要求的零件视图。

由立体图形生成零件平面视图一般使用设置视图工具（）与设置图形工具（）。通过设置视图工具（）建立的视图仅仅是零件实体的某个方向的视图或剖视图，还不是平面投影图形。将立体图形转变为平面图形须使用设置图形工具（），零件实体视图通过设置图形工具（）处理得到平面投影图。平面投影图中每条图线都可以再修改，给图形的进一步处理提供了方便。以上两个工具的配合使用，基本可以满足工程图样的表达需要，因此本节主要介绍通过设置视图工具（）与设置图形工具（）创建工程图样的方法。

提示：对于形状简单的立体零件直接出图，这种方式较方便。

在使用设置视图工具（）建立视图时，每次只能创建一个浮动视口与其中的一个视图，建立视图时，命令行会提示建立的视图间的相互关系、浮动视口中图形的绘制比例、视口名称等。命令行提示中的“UCS”与“正交”可创建基本投影面的投影视图；“辅助”可创建各种斜向的投影视图（向视图）；“截面”可创建通过指定截面的剖视图（或剖面图），其创建的剖视图必须在使用设置图形工具（）后才能真正生成。

按提示完成全部操作，则创建了一个浮动视口与其中的视图，同时对每个浮动视口（根据指定的视口名）创建3～4个独立的图层与一个视口边界图层。

```
视口名-VIS        //可见的边线(实线)图层
视口名-HID        //不可见的边线(虚线)图层
视口名-DIM        //尺寸线图层
视口名-HAT        //剖面线图层(剖视图才出现)
VPORTS            //视口框图层
```

自动创建的图层主要用于对本视口图形的修改与标注。

提示： 创建浮动视口时，若未按命令提示要求完成全部操作，则建立的视图相当于选择菜单命令（“视图”→“视口”→“一个视口”）建立的一个视口，没有以上独立的图层，以后也不能用图形工具（）将视图转换为平面图形。但可以用前面一节讨论过的方法，使用设置轮廓工具（）生成轴测图。

在实体图形转换为平面视图的过程中要密切注意操作的方法步骤。操作时一般可分为三个阶段，也就是出视图前的准备工作、出视图时的操作与出视图后的工作。

1. 出视图前的准备工作

(1) 图层设置

必须设置有虚线层，线型设置成隐藏线（HIDDEN），否则使用设置视图工具（）建立视图时，不会自动生成虚线（隐藏线）线型。

(2) 三维建模

在平铺视口模型空间（\模型/），按1∶1的比例进行三维实体建模。

(3) 转换前的“当前”视图状态

实际操作时，一般最先出主视图，可将当前三维实体的视图状态设置为主视图状态（选择菜单：“视图”→“三维视图”→“前视”命令），然后显示方式设置成“三维线框”与“西南等轴测”。

(4) 设置打印机与图纸

此设置与平面图出图相同。

(5) 在布局的图纸空间画出图框与标题栏

到此为止，已准备好了零件实体与图纸，可以创建视图了。

提示： 第 (5) 步工作也可在出视图后进行，当然也可以直接做在模板内。

2. 出视图时的操作

(1) 创建视图

选择设置视图工具 ( ) 创建视图。要特别注意的是，创建时要根据窗口下方命令行的提示进行完整的操作。操作时要注意视图的投影性质、比例、视口位置与视口名称等。

若视口中生成的视图投影方向不对，可以双击视口，进入视口的模型空间 (模型)，选择菜单："视图"→"三维视图"→"前视 (左视、俯视)" 命令，将视图改变成所需要方向的投影视图，立体参考图则需要选择"视图"→"三维视图"→"西南等轴测"命令。

视图中的绘图比例应一致，对于局部放大视图可选择较大比例。若要调整视图比例，可双击某视口进入视口的模型空间，在视口的模型空间 (模型) 选择比例缩放工具 ( )，输入绘图比例。如果绘图输出比例为 1∶2，那么在命令行输入 0.5XP 或 1/2XP。也可以在状态栏中的"视口比例"工具中选择相应比例 (1:2)。

(2) 创建平面投影图形

选择设置图形 工具，单击视口线框，则将视口中的立体投影图转换为平面投影图形，对于剖视图还能自动生成剖面线。

(3) 锁定视口与视口剪裁操作

各视口中的图形都是按一定比例显示的，而且也满足"长对正、高平齐、宽相等"的投影要求，但以后的操作中可能因为误操作，为防止出现这种情况，就要对显示的视口进行锁定。具体操作是右击视口线框，在弹出的快捷菜单中选择菜单："显示锁定"→"是"命令，也可以在状态栏中单击"锁定/解锁视口"按钮 ( ) 切换至锁定状态 ( )。这样就不能再更改视口中视图的大小。

提示： 万一出现视图不对齐的情况，可以在图纸空间绘制水平与垂直方向的辅助线，移动视口使图形对齐。也可以使用命令 MVSETUP 对齐视口。

视口框可根据需要剪裁成任意形状。操作时，先画出所需形状，再选择菜单："修改"→"剪裁"→"视口"命令，或在图纸空间选择视口后右击，在弹出的快捷菜单中选择"视口剪裁"命令。

3. 出视图后的操作

（1）修改平面视图

一般情况下，默认的剖面线不会符合要求，这时要更改为所需要的剖面线形式；有时自动产生的剖面不符合制图标准（如绘图标准规定的筋肋不剖），则要修改成符合制图标准的图形；有时不需要显示虚线（隐藏线），则要隐藏掉虚线或进行必要的删除；还有螺纹之类的投影图不符合制图标准，必须修改等。

以上修改都可以在浮动视口的模型空间（模型）进行，须注意的是，AutoCAD 绘图只能在 *X-Y* 平面内进行，若视口中的坐标不是 *X-Y* 平面，则应变换坐标至 *X-Y* 平面（选择菜单：“工具”→“新建”→“视图”命令）。

（2）添加中心线

转换后的视图是没有中心线的，必须手工添加。图线可在模型空间添加，也可在图纸空间添加，实际操作建议在图纸空间添加，操作比较方便。

（3）尺寸标注

浮动视口生成时就已经自动生成了尺寸线图层（视口名-DIM），尺寸标注若在视口的模型空间中进行，标注时实际字高受到绘图比例影响，尺寸的显示位置也受到视口大小的影响。尺寸标注若在图纸空间中标注，这时字高可以准确控制为设定的字高。对于一般图形的尺寸标注，在图纸空间标注要简单方便些，建议尽量在图纸空间标注尺寸（不使用“视口名-DIM”图层标注尺寸）。

（4）图层设置修改

为了正确显示与打印，必须对自动生成的线型进行修改，如实线应改成粗实线的线宽，还有虚线的长短等。

提示：图层设置的修改应该在视图完成后立即进行，以便于操作过程中随时进行图形预览，正确反映出打印结果。

5.3.1 绘图示例 1：轴承支座

轴承支座的零件图如图 4-27 所示。

根据图 4-37 中已得到的轴承支座三维立体图转换生成平面图样。

出图前先设置好当前视图坐标状态与显示状态。因首先出主视图，故选择菜单：“视图”→“三维视图”→“前视”命令，再选择菜单：“视图”→“三维视图”→“西南等轴测”命令，显示状态选择菜单：“视图”→“着色”→“三维线框图形”命令。然后作如下操作。

1. 设置打印机与图纸

设置打印机为“DWF6 ePlot. pc3”，设置图纸为“ISO full bleed A4（297. 00mm×

210.00mm)”，设置图形方向为“横向”。

2. 放置视图

1）创建主视图（出图比例为 1∶1.5）。删除布局中默认的视口。选择设置视图工具（![]），根据命令行提示操作如下：

```
命令：_ solview
输入选项[UCS(U)/正交(O)/辅助(A)/截面(S)]:U          //按坐标系方向投影
输入选项[命名(N)/世界(W)/?/当前(C)] <当前>：        //回车，选择当前视图投影方向
输入视图比例 <1>:2/3                                  //视图比例为1∶1.5，回车
指定视图中心：                                        //单击图纸，确定视图中心位置
指定视图中心 <指定视口>：                            //回车确认
指定视口的第一个角点：                                //单击确定视口第一个角点
指定视口的对角点：                                    //单击确定视口另一对角点
输入视图名：主视图                                    //输入视图名(当前为主视图)
```

2）创建俯视图。创建主视图后，可立即创建俯视图。也可以重新选择设置视图工具（![]），继续操作如下：

```
输入选项[UCS(U)/正交(O)/辅助(A)/截面(S)]:O        //俯视图与主视图正交
指定视口要投影的那一侧：                            //单击主视图视口的上方中点
指定视图中心：                                      //向下确定俯视图的放置位置
指定视图中心 <指定视口>：                          //回车确认位置
指定视口的第一个角点：                              //单击确定视口第一角点
指定视口的对角点：                                  //单击确定视口对角点
输入视图名：俯视图                                  //输入视图名后回车确认
```

创建的主视图和俯视图如图 5-12 所示。

3）创建左视图（剖视图）。选择设置视图工具（![]），根据行命令提示操作如下：

```
命令：_ solview
输入选项[UCS(U)/正交(O)/辅助(A)/截面(S)]:S          //左视图为主视图的一个截面
指定剪切平面的第一个点：                              //捕捉主视图上方的小孔圆心
指定剪切平面的第二个点：      //捕捉主视图下方底板中点(如图5-13主视图中虚线所示)
指定要从哪侧查看：                                    //单击剪切线左侧
输入视图比例 <0.67>：                                //回车确认(比例一致)
指定视图中心：                                        //确定左视图的放置位置
指定视图中心 <指定视口>：                            //回车确认位置
指定视口的第一个角点：                                //单击确定视口第一角点
指定视口的对角点：                                    //单击确定视口对角点
输入视图名：左视图                                    //输入视图名后回车确认
```

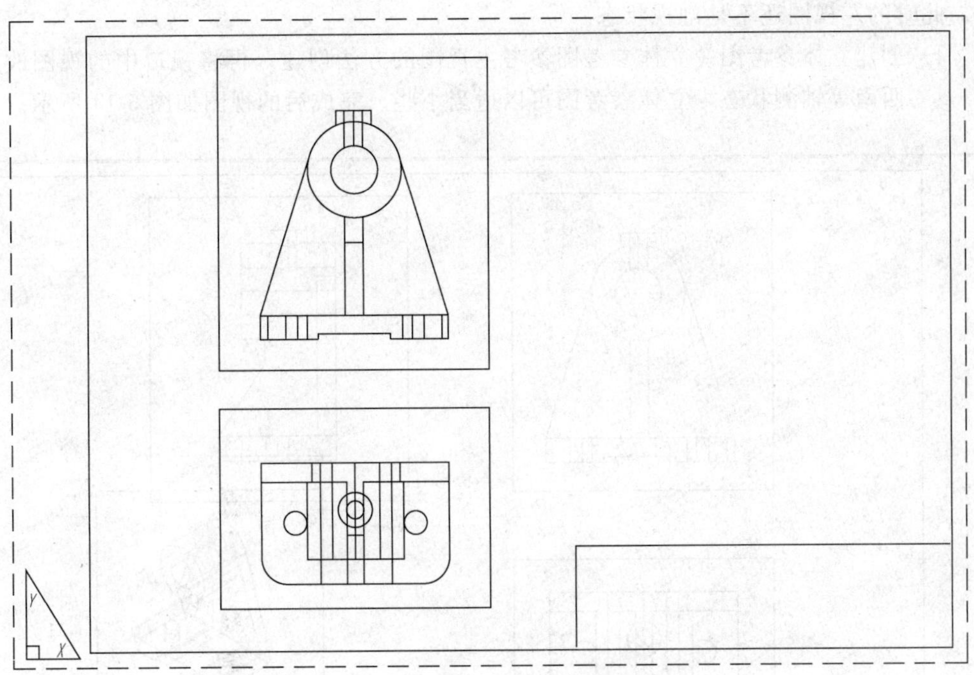

图 5-12 创建的主视图和俯视图

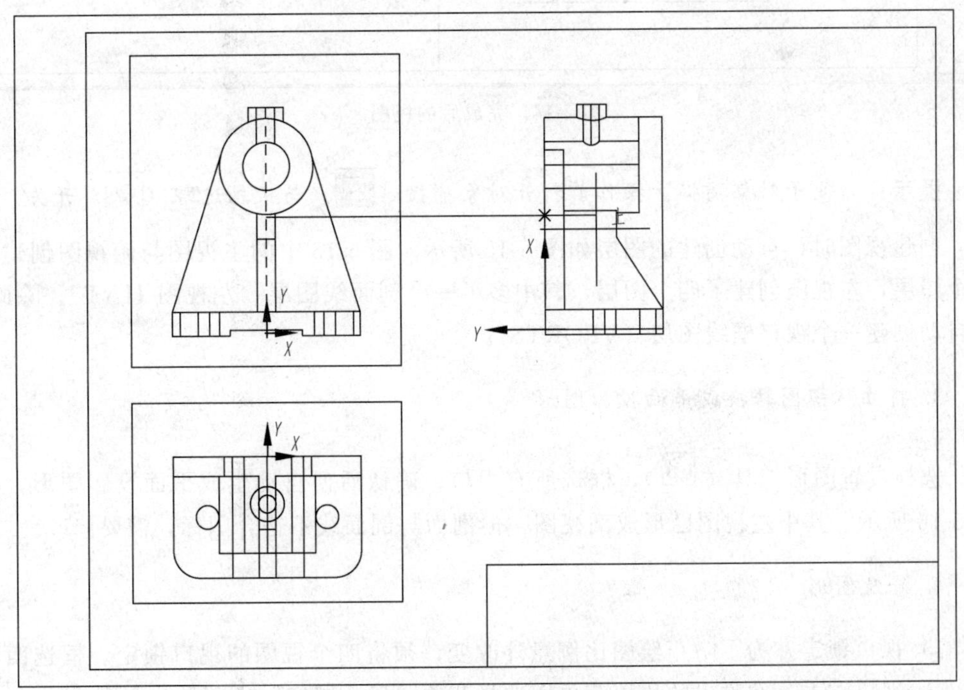

图 5-13 确定左视图的放置位置

此时的左视图还不是剖视状态。

4）创建立体参考图。立体参考图参考主视图的方法创建，再将视口中的视图改为西南等轴测状态，立体参考图可以适当小些。完成后的视图如图 5-14 所示。

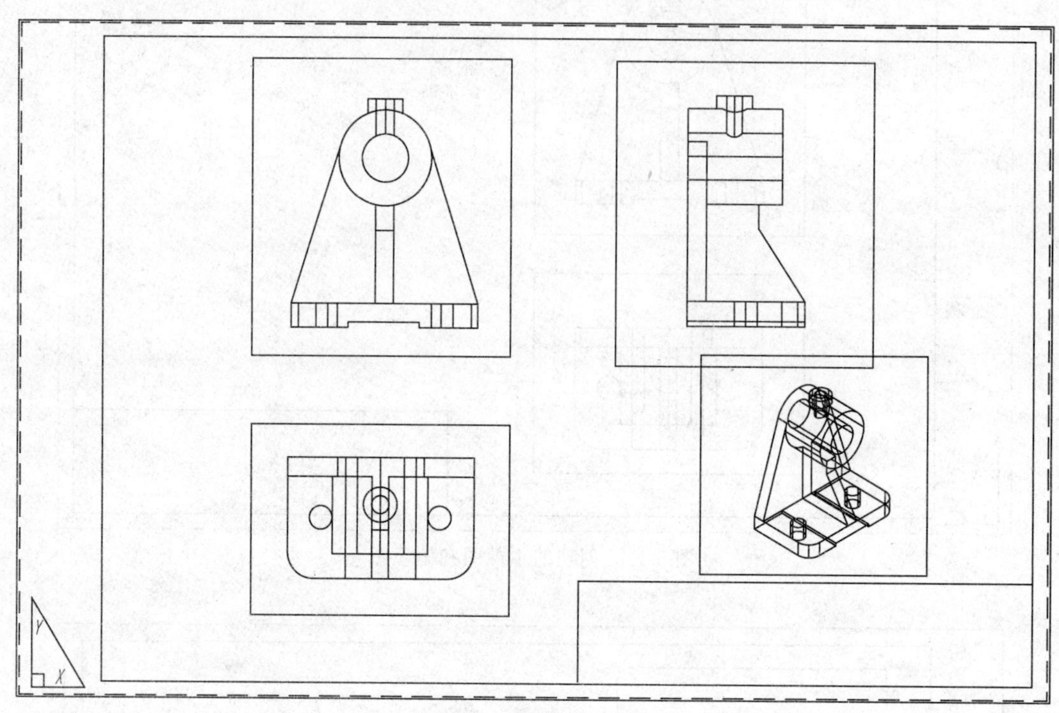

图 5-14　完成后的视图

提示：为便于对象捕捉，操作前打开对象捕捉（ ）与极轴追踪（ ）开关。

创建视图时，自动创建的图层如图 5-15 所示。图 5-15 中的主视图与俯视图创建了三个图层，左视图创建了四个图层，其中多了一个剖面线图层“左视图-HAT”。除此，还自动创建一个视口框线图层（VPORTS）。

3．将立体视图转换成平面投影图形

选择设置图形工具（ ），框选所有视口，确认后便自动生成平面投影图形，如图 5-16 所示。其中左视图已形成剖视图，但剖面与剖面线不符合国标，需要修改。

4．修改图形

1）视口锁定。为了防止绘图比例意外改变，须将四个视图的视口锁定。框选四个视口右击，在弹出的快捷菜单中选择菜单“显示锁定”→“是”命令。

2）修改剖面线。双击左视图进入模型空间（模型）。双击剖面或选择剖面后右击

图 5-15　创建视图自动创建的图层

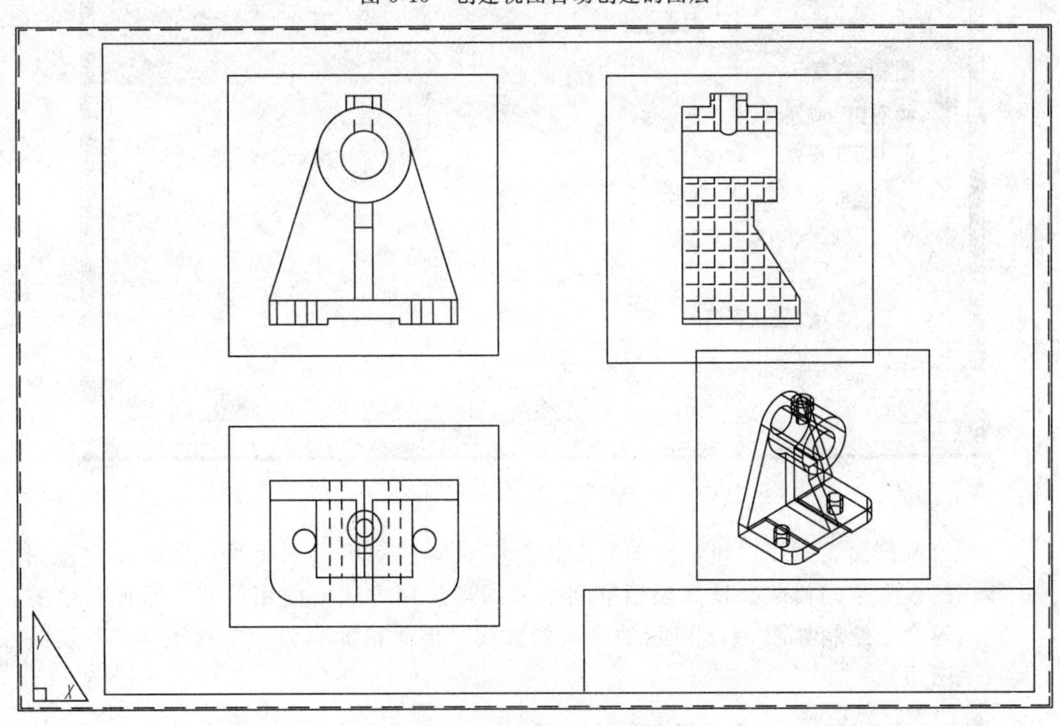

图 5-16　生成的平面投影图

从快捷菜单上选择“图案充填编辑”命令，在弹出的对话框中选择“图案”为“ANSI31”（45°斜线），在“比例”下拉列表框中选择适合的间距（如：1.25），如图 5-17 所示，单击“确定”按钮后便得到所需的剖面线。

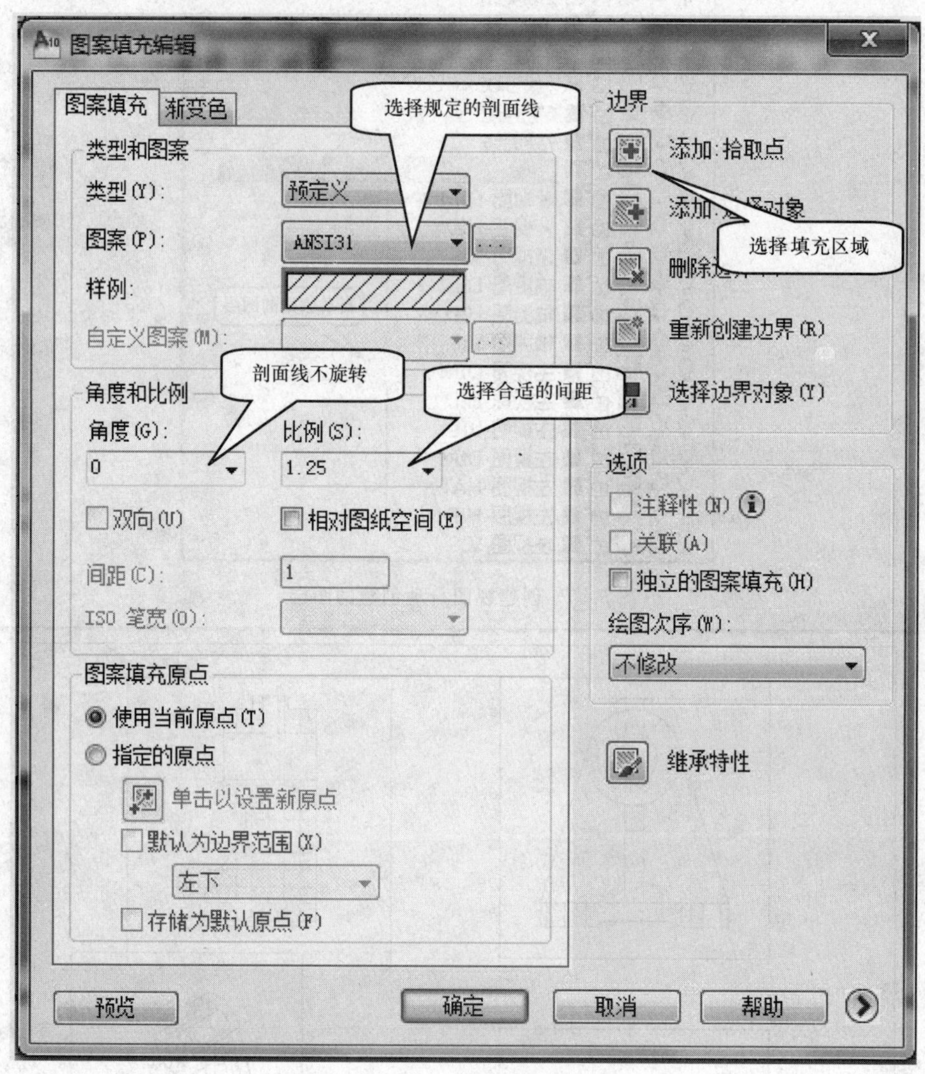

图 5-17　修改剖面线

3）绘制剖面轮廓线。机械制图规定，肋板纵向剖切不画剖面线，据此在左视图的模型空间修改。按照模型空间平面图形绘制方法，使用偏移、延伸、修剪等命令绘制如图 5-18 所示的剖面轮廓线（剖面轮廓线为“左视图-VIS”实线图层）。

提示：浮动视口中的平面图形修改也须在 *X-Y* 平面中进行，若坐标不正确，则要选择工具菜单下的坐标变换命令，使其成为 *X-Y* 平面（选择菜单：“工具”→“新建”

→“视图”命令）。

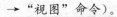

4）完成剖面修改。选择剖面线，使用分解工具（）将剖面线分解为单根图线，再使用修剪工具（）删除多余的剖面线，结果如图5-19所示。

提示：剖画线修改也可在轮廓修改完成后进行。步骤是先删除剖面线，再修改剖面轮廓，最后用“左视图-HAT”剖面线图层充填剖面线。

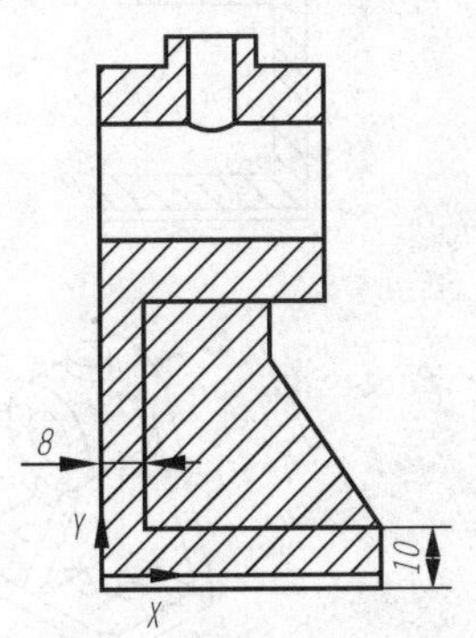

图5-18　绘制剖面轮廓线

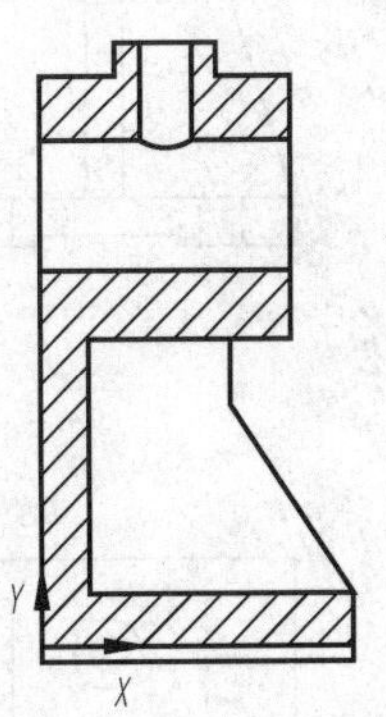

图5-19　完成剖面绘制

5. 修改图层设置

打开图层特性管理器（），将四个视图的轮廓实线（VIS线）改为粗实线线宽，隐藏俯视图与轴测图中的虚线（俯视图-HID、立体图-HID），隐藏视口框线（VPORTS）。另外，为了更清晰地显示主视图底板上孔的虚线，在特性选项板里更改主视图虚线（主视图-HID）的比例，结果如图5-20所示。

6. 绘中心线、标注尺寸、写技术要求

最后，如同前面出平面图的操作一样，在图纸空间绘制中心线、标注尺寸、写技术要求，完成后的打印预览零件图样，显示效果应如图4-27所示。

5.3.2　绘图示例2：一字螺丝起

一字螺丝起零件图如图4-50所示。从零件图样上看，由三个视图加局部放大视图，以及一个立体图组成。前一例已经对三个视图的生成作了详细讨论，在此，主要对局部放大视图的处理进行讨论。已绘制的一字螺丝起实体如图4-58所示。

因首先出主视图，故将当前视图设置为主视图。选择菜单：“视图”→“三维视图”→“前视”命令，再选择菜单：“视图”→“三维视图”→“西南等轴测”命令。然后进入“布局”选项卡作如下操作。

图 5-20　修改完成的视图

1. 设置打印机与图纸。

设置打印机为“DWF6 ePlot. pc3”，设置图纸为“ISO full bleed A4 (297.00×210.00)”，设置图形方向为“横向”。

2. 创建视图

1）按以前所述方法创建三视图与轴测参考图，如图 5-21 所示。

2）创建局部放大视图。

① 选择设置视图工具（）根据操作提示再创建一个俯视图，取视图名为“局部放大视图”。

② 双击视口，进入“局部放大视图”的模型空间。在标准工具栏中选择比例缩放工具（），命令行提示输入“2XP”即得到 2∶1 的视图。

命令：'_ zoom

指定窗口角点，输入比例因子 (nX 或 nXP)，或

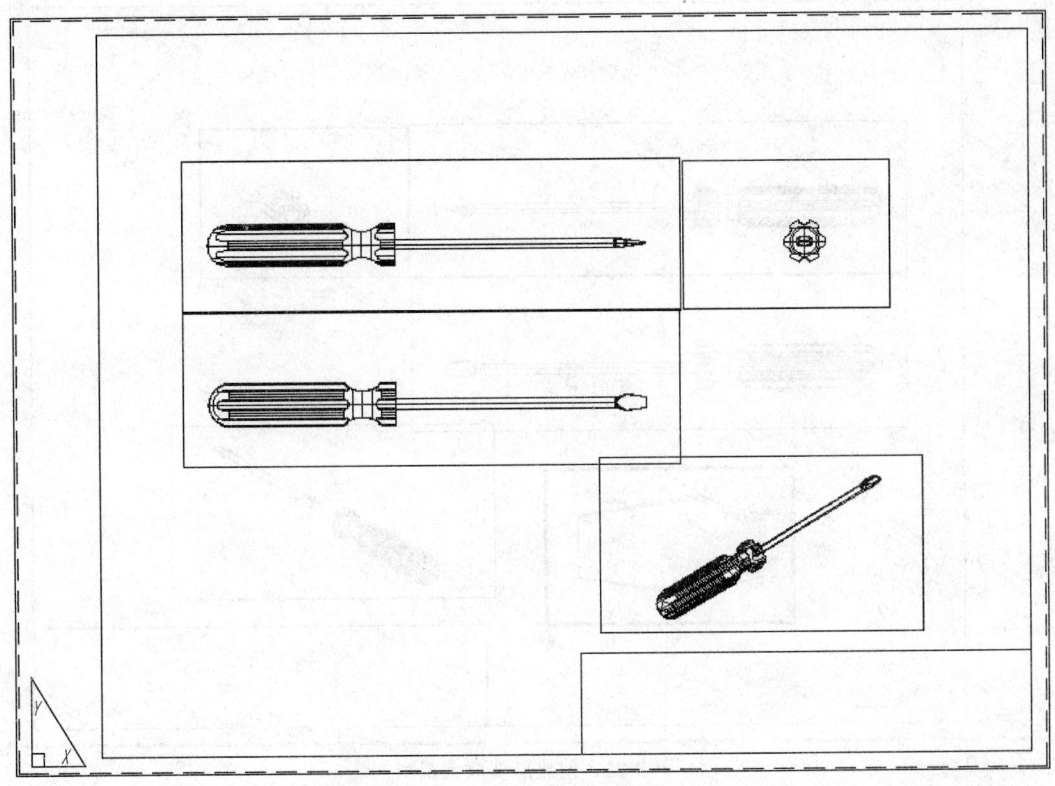

图 5-21　创建一字螺丝起三视图与立体参考图

```
[全部(A)/中心点(C)/动态(D)/范围(E)/上一个(P)/比例(S)/窗口(W)]＜实时＞:_s
输入比例因子 (nX 或 nXP):2xp                    //视口内图形按2:1放大
```

用实时平移工具（ ）移动图形到如图 5-22 所示位置。完成后退出模型空间，返回图纸空间。

提示：此操作的实质是复制俯视图的端部结构，故可以在生成平面投影图之后，选择复制对象工具（ ）复制俯视图的视口，然后再使用比例缩放工具（ ）放大。

3）生成平面投影视图。选择设置图形工具（ ），使 5 个视图均生成平面投影图形。然后隐藏各视图的虚线，隐藏视口框线，结果如图 5-23 所示。

提示：浮动视口框线可以剪裁成任意形状，此例中若将局部视口剪裁成圆形，操作时先在图纸所需位置划一圆，选择原方形浮动视口右击，在快捷菜单中选择“视口剪裁”命令，如图 5-24 所示。

再单击已绘制的圆则便得到圆形浮动视口，如图 5-25 所示。

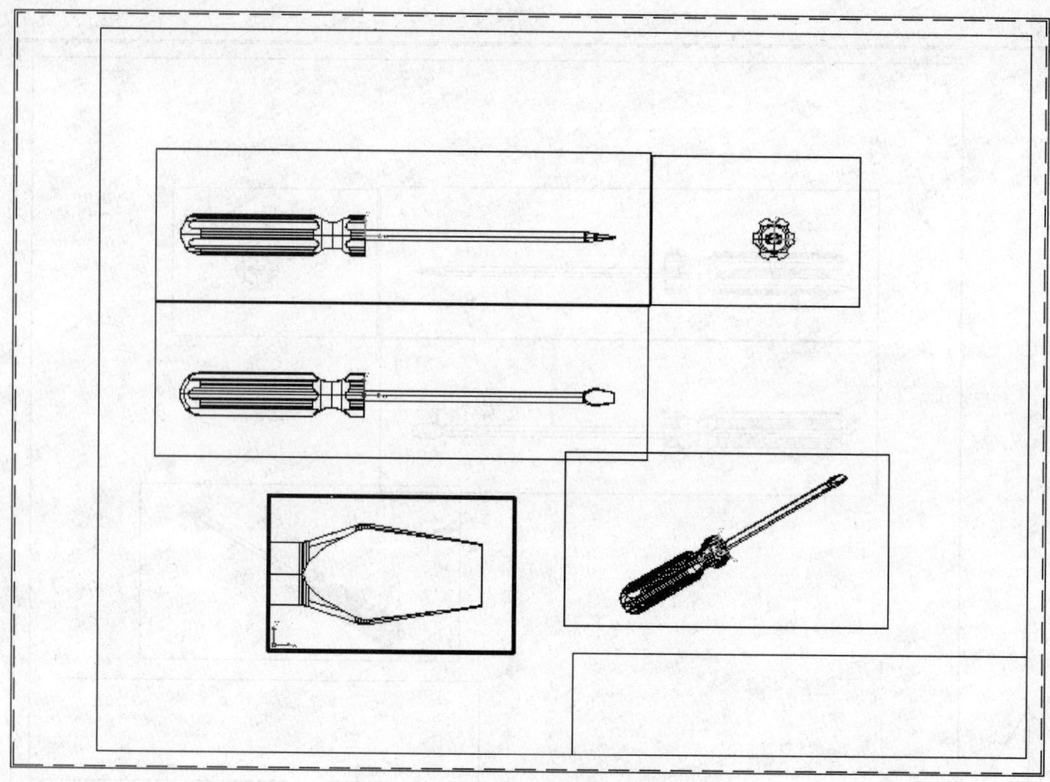

图 5-22 创建局部放大视图

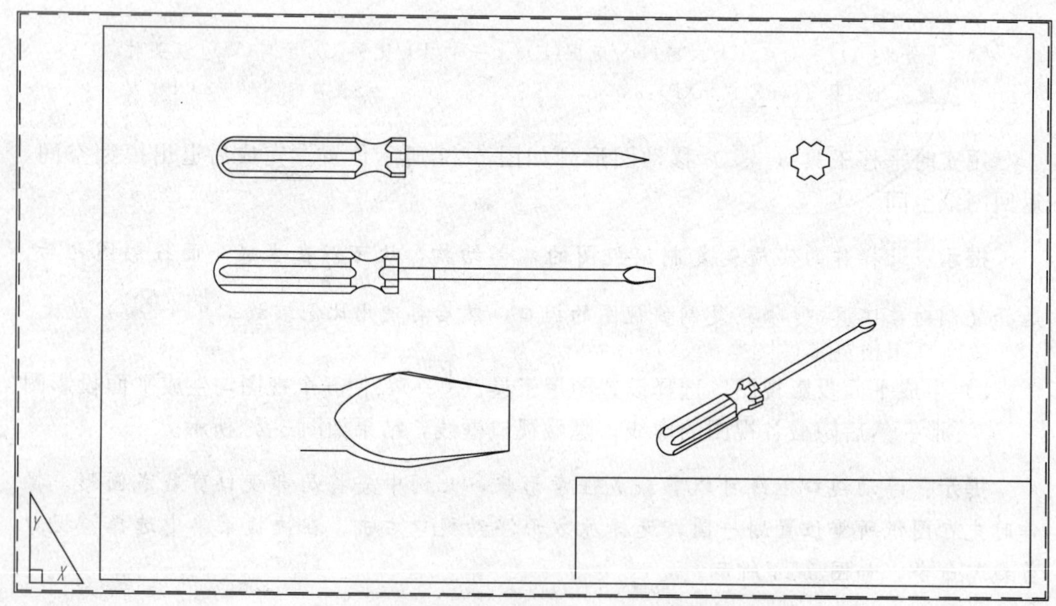

图 5-23 一字螺丝起的 5 个视图

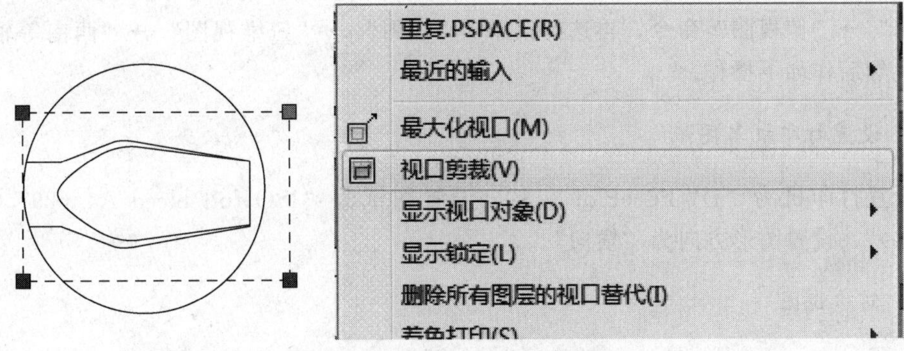

图 5-24　选择视口右击弹出快捷菜单

3. 完成平面图样绘制

1）绘制断面线。双击视口，进入“局部放大视图”的模型空间，选择本视口的细实线（局部放大视图-DIM），用样条曲线工具（ ）绘制局部视图左端的断面线（波浪线），修剪（ ）掉多余部分，结果如图 5-26 所示。

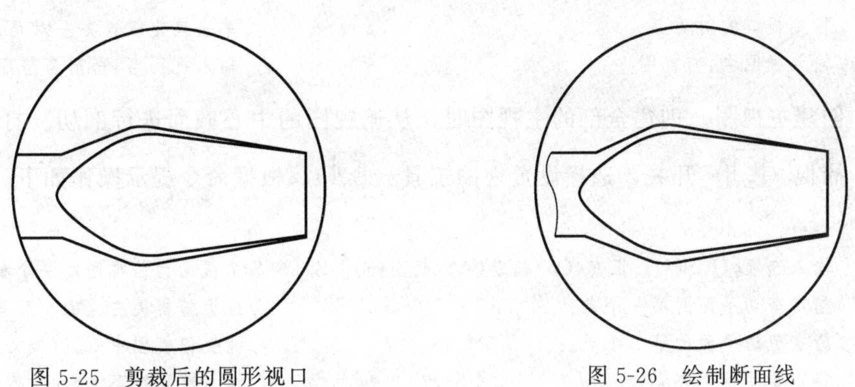

图 5-25　剪裁后的圆形视口　　　　图 5-26　绘制断面线

2）完成图样绘制。在布局空间的图纸上绘制中心线、标注尺寸、写技术要求等。最终打印预览零件图样的显示效果如图 4-50 所示。

5.3.3　绘图示例 3：60°弯管

60°弯管的零件图如图 4-59 所示。已绘制的该零件的三维实体图如图 4-70 所示。

图 4-59 中除了有主视图与俯视图外，还有两个向视图。从几个视图分析可知，创建视图可以先创建俯视图，然后从俯视图进行剖切，得到主视图的全剖视图，再从主视图的两个方向投影分别得到两个向视图。下面讨论具体的绘制方法。本示例重点在向视图与局部视图的绘制。

因为需先绘制俯视图，所以当前视图应设置为俯视图。选择菜单："视图"→"三维视图"→"俯视图"命令，再选择菜单："视图"→"三维视图"→"西南等轴测"命令。然后作如下操作。

1. 设置打印机与图纸

设置打印机为"DWF6 ePlot. pc3"，设置图纸为"ISO full bleed A4（297.00×210.00)"，设置图形方向为"横向"。

2. 创建视图

1）创建俯视图。选择设置视图工具（ ），根据提示操作如下。

```
命令：_ SOLVIEW
输入选项[UCS(U)/正交(O)/辅助(A)/截面(S)]:U          //按坐标系方向投影
输入选项[命名(N)/世界(W)/?/当前(C)]<当前>：        //回车,选择当前视图投影方向
输入视图比例 <1>:1/2                                  //视图比例为1：2,回车
指定视图中心：                                        //单击图纸,确定视图中心位置
指定视图中心 <指定视口>：                             //回车确认
指定视口的第一个角点：                                //单击确定视口第一个角点
指定视口的对角点：                                    //单击确定视口另一对角点
输入视图名:俯视图                                     //输入视图名(当前为俯视图)
```

2）创建主视图。创建全剖的主视图时，从俯视图的中心截面进行剖切。打开对象捕捉（ ）开关，选择设置视图工具（ ），根据命令提示操作如下。

```
命令：_ solview
输入选项[UCS(U)/正交(O)/辅助(A)/截面(S)]:S          //主视图为俯视图的一个截面
指定剪切平面的第一个点：                              //捕捉俯视图右方的小孔圆心
指定剪切平面的第二个点：                              //捕捉俯视图中心点(圆心)
指定要从哪侧查看：                                    //单击剪切线下方(向上看)
输入视图比例 <0.5>：                                  //回车确认(比例一致)
指定视图中心：                                        //确定主视图的放置位置
指定视图中心 <指定视口>：                             //回车确认位置
指定视口的第一个角点：                                //单击确定视口第一角点
指定视口的对角点：                                    //单击确定视口对角点
输入视图名:主视图                                     //输入视图名后回车确认
```

得到如图 5-27 所示的两个视图。

3）创建上端方形法兰的向视图。为了反映弯管上端方形法兰的形状，作上端方形法兰盘的向视图（*A* 向视图）至图纸右边，操作如下。

```
命令：_ solview
```

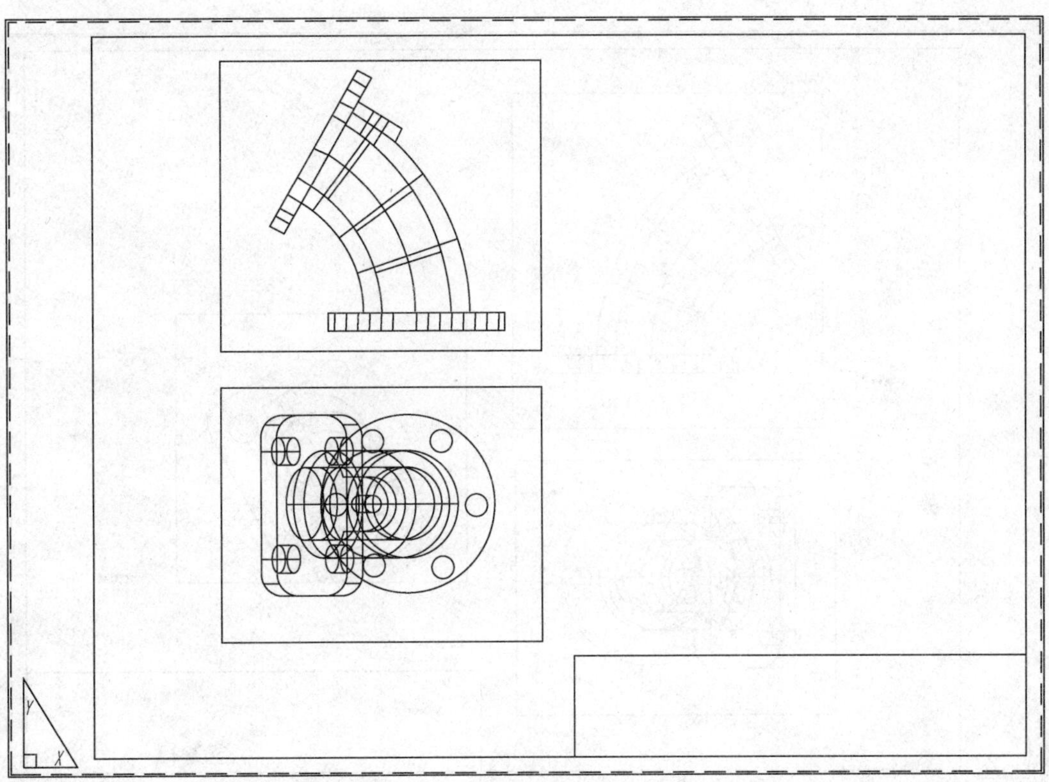

图 5-27 弯管的俯视图与主视图

```
输入选项[UCS(U)/正交(O)/辅助(A)/截面(S)]:A        //向视图为辅助视图
指定斜面的第一个点:                                //捕捉主视图法兰盘上端端点
指定斜面的第二个点:                                //捕捉主视图法兰盘下端端点
指定要从哪侧查看:                                  //从垂直法兰盘上方看
指定视图中心:                                      //确定主视图的放置位置
指定视图中心 <指定视口>:                           //回车确认位置
指定视口的第一个角点:                              //单击确定视口第一角点
指定视口的对角点:                                  //单击确定视口对角点
输入视图名:A 向视图                                //输入视图名后回车确认
```

创建 A 向视图后如图 5-28 所示。

4) 创建弯管上端耳座的向视图。为了反映上端耳座的形状，作上端耳座的向视图（B 向视图）至图纸左边，操作如下。

```
命令:_ solview
输入选项[UCS(U)/正交(O)/辅助(A)/截面(S)]:A        //向视图为辅助视图
指定斜面的第一个点:                                //捕捉主视图上端耳座右端点
指定斜面的第二个点:                                //捕捉主视图上端耳座孔圆心
```

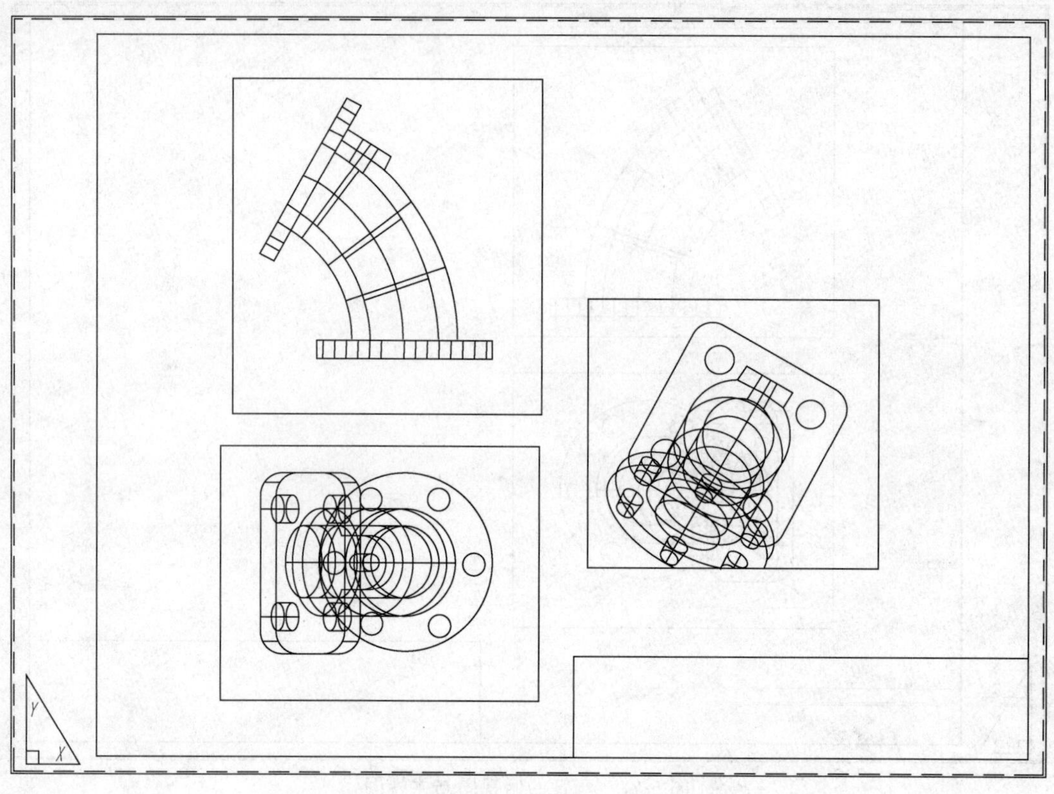

图 5-28　创建上端方口的 *A* 向视图

指定要从哪侧查看：　　//从耳座上方看
指定视图中心：　　//确定主视图的放置位置
指定视图中心 <指定视口>：　　//回车确认位置
指定视口的第一个角点：　　//单击确定视口第一角点
指定视口的对角点：　　//单击确定视口对角点
输入视图名：B 向视图　　//输入视图名后回车确认

创建 B 向视图后如图 5-29 所示。

5）调整、添加视图。移动 *A* 向视图与 *B* 向视图至图 5-30 所示的位置。创建立体图置于图纸的右下脚。选择设置图形工具（![icon]），使 5 个视图均生成平面投影视图。然后隐藏各视图的虚线，得到各视图如图 5-30 所示。

3. 修改视图

修改图 5-30 所示的各个视图。将各视口中的视图在模型空间中修改成为如图 5-31 所示的各个视图，所做修改如下：

1）修改主视图的剖面线。图案：ANSI31；角度：150；比例：1.25。

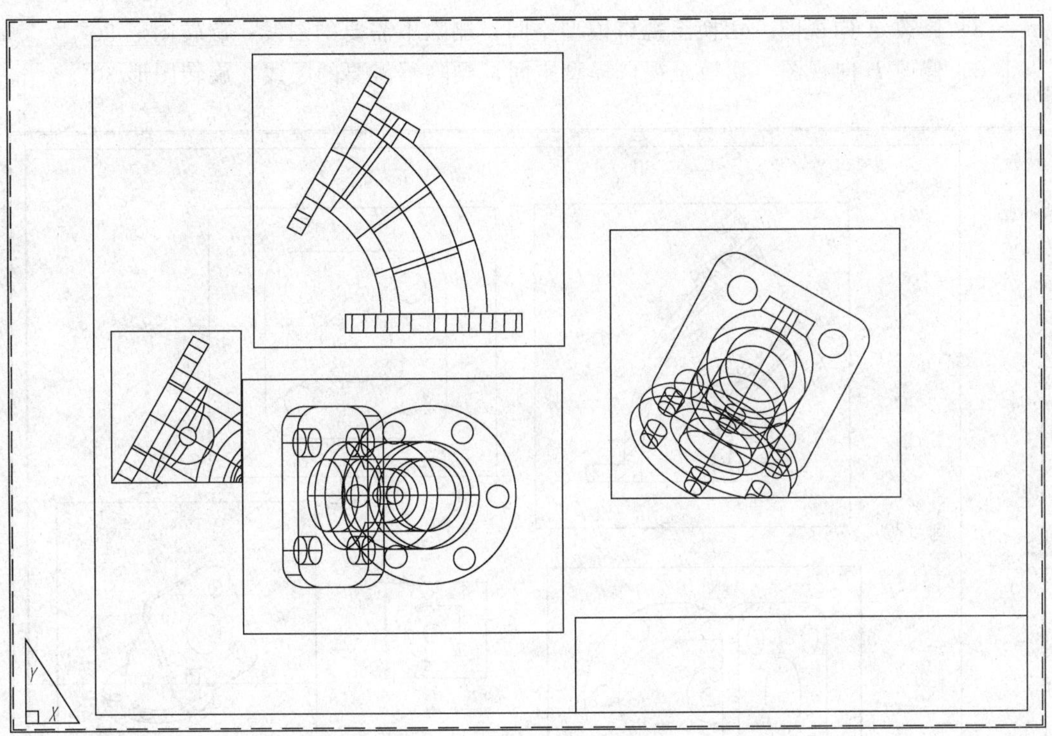

图 5-29 创建耳座 B 向视图

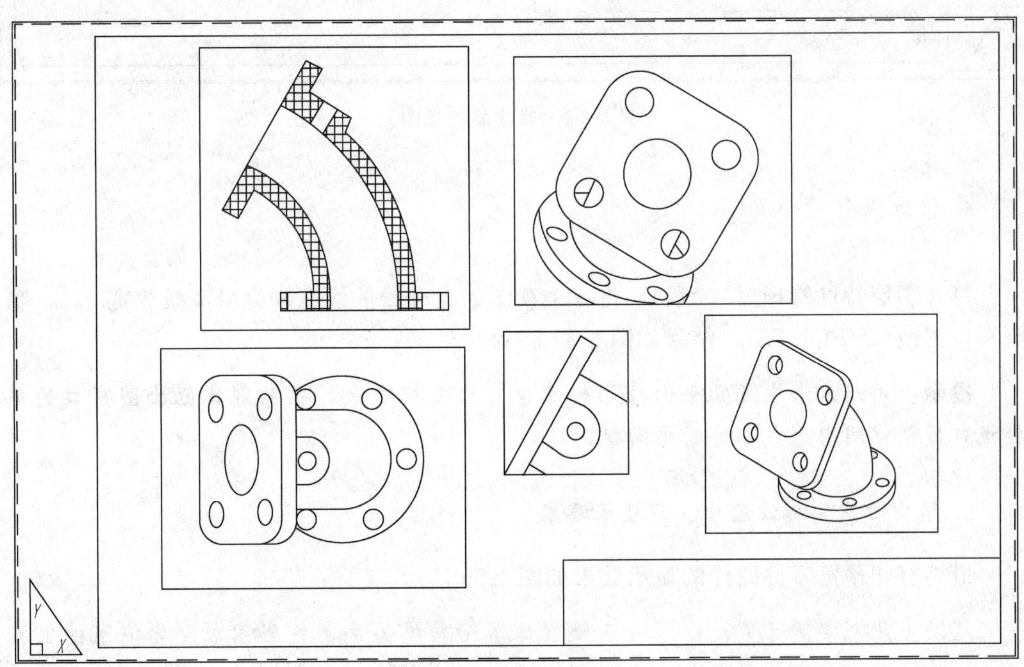

图 5-30 调整、添加视图

2）修改 A 向视图。切换至视口模型空间，删除不需要的图线；旋转图形 30°。

3）修改 B 向视图。切换至视口模型空间，删除不需要的图线；旋转图形 30°。

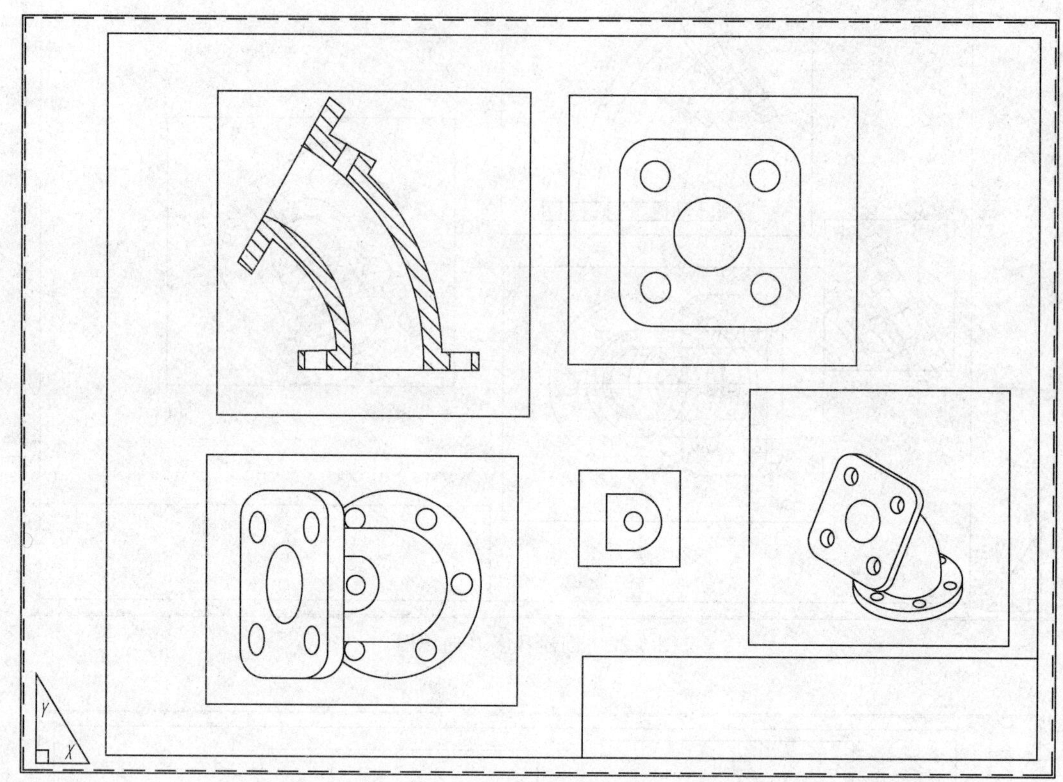

图 5-31　修改后的视图

4. 修改线型

打开图层特性管理器（），将 5 个视图的轮廓线的线宽改为粗实线线宽 0.5，隐藏视口框线（VPORTS），结果如图 5-32 所示。

提示：用此方法生成的平面投影轮廓也可以复制出来，粘贴到其他绘图窗口的平铺视口模型空间中形成零件的平面视图。

5. 绘中心线、标注尺寸、写技术要求

最终打印预览零件图样的显示效果如图 4-59 所示。

从以上几个实例可见，由零件三维立体图形转换为平面投影图，主要使用的工具有两个：设置视图工具（）与设置图形工具（）两者的配合加上必要的修改，

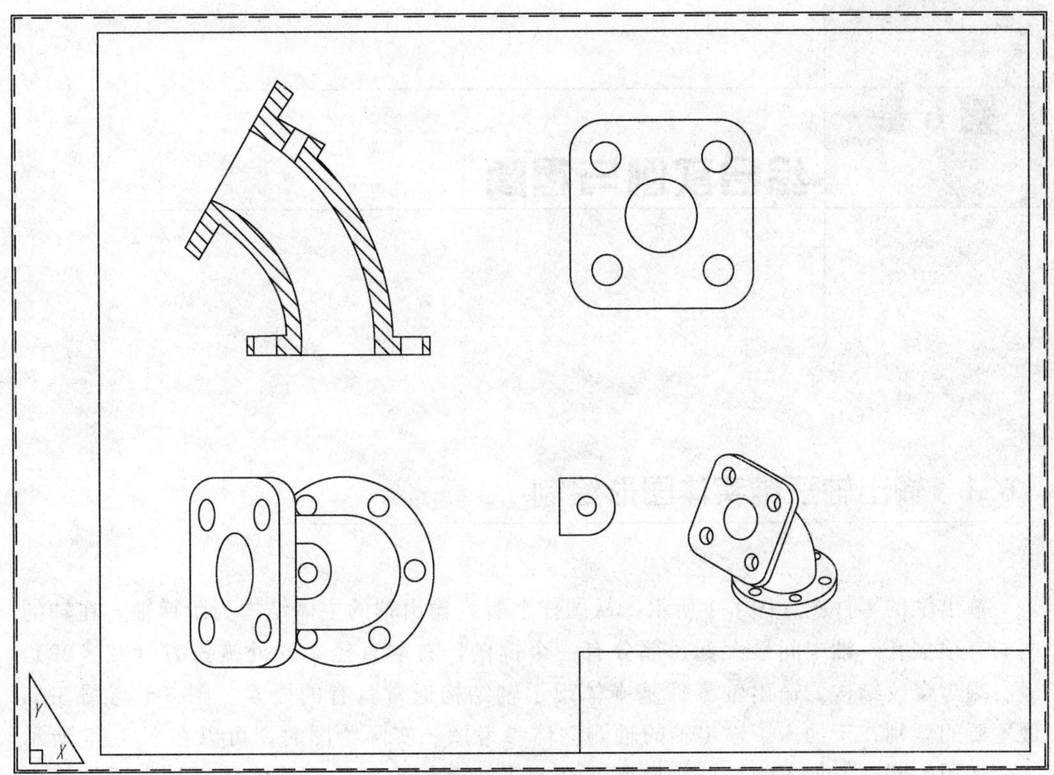

图 5-32　修改线型后的视图

基本能实现绘制符合标准的工程图样的目标。有以下几点需要注意。

1）在出视图之前图层的设置中一定要有虚线（隐藏线 HIDDEN）线型，这样设置视图时会自动生成视图的虚线（隐藏线）线型。

2）在出平面图的过程中要注意视图之间的关系、比例、位置等。

3）对浮动视口的操作除了移动、对齐外，还要特别注意操作时的视口锁定，防止误操作而改变浮动视口中的图形比例与位置，浮动视口形状还可以任意裁剪。

4）修改浮动视口中的图形时，要注意视口内的坐标必须是在 *X-Y* 平面。

5）中心线、尺寸标注等在图纸空间绘制较为简略。

6）操作过程中应随时预览打印输出结果。

第 6 章 综合实例与提高

6.1 输出轴三维实体图形绘制

输出轴的零件图如图 6-1 所示。从图样上看，输出轴的主体结构为阶梯轴，在轴的两端有顶尖孔，轴中间最大直径部分有一个键槽，右端直径 ϕ26 处被铣方（22×22），最右端为螺纹结构。输出轴零件基本体现了轴结构通常具有的要素。图 6-1 与图 3-65 最主要的区别在于加入了输出轴的轴测立体参考图。实际绘图时，可以在图 3-65 所示平面视图的基础上加入输出的轴测图。在此先绘制输出轴的三维实体图形，再转换为轴测图插入平面图中。输出轴上的螺纹在 AutoCAD 2010 中可以绘制成真实螺纹。输出轴的三维实体图形绘制步骤如下。

1. 绘制输出轴半截面图

1）选择菜单："视图"→"主视图"命令，用构造线（ ）通过坐标原点绘制垂直相交的三条线基准线，坐标原点设置在轴的右端。根据图 6-1 所示尺寸绘制输出轴的半截面图形如图 6-2 所示。

2）选择菜单："修改"→"对象"→"多段线"命令，将输出轴半截面图形的图线修改为封闭的多段线；再选择实体旋转工具（ ），将半截面图形旋转生成输出轴的三维实体图形，如图 6-3 所示。

2. 绘制键槽

在输出轴的主视图上绘制键槽结构，并拉伸为实体，然后移动至所需位置后与输出轴主体结构进行差集运算，在轴上形成键槽，为使键槽看得比较清楚，使用自由动态观察工具（ ）旋转至图 6-4 所示位置。

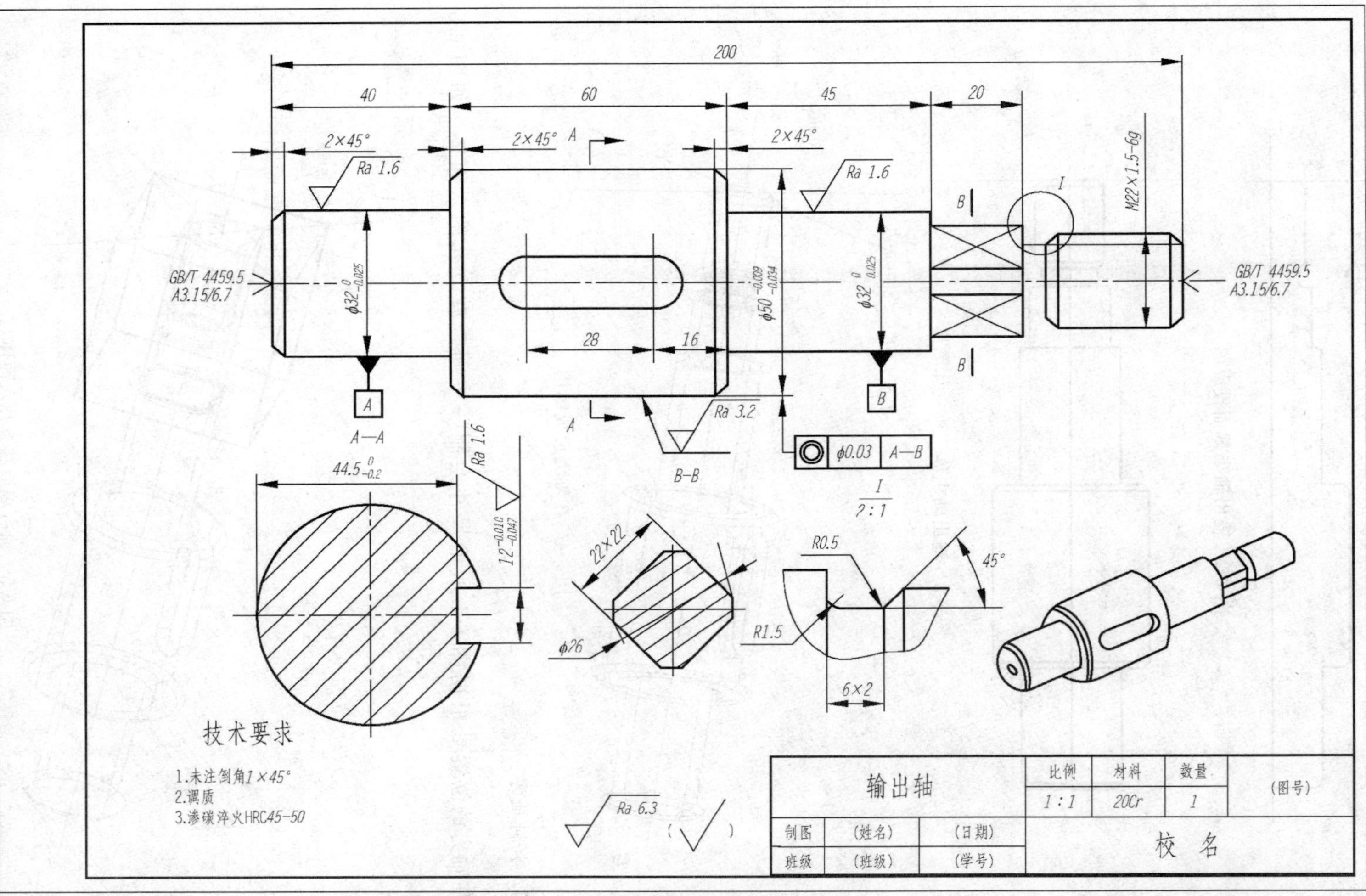
200
40
60
45
20
2×45°
Ra 1.6
Ra 3.2
Ra 1.6
M22×1.5-6g
GB/T 4459.5
A3.15/6.7
28
16
A—A
B—B
φ0.03 A—B
I
2:1
44.5
22×22
φ26
R0.5
R1.5
45°
6×2
技术要求
1.未注倒角1×45°
2.调质
3.渗碳淬火HRC45-50
Ra 6.3
输出轴
比例 1:1
材料 20Cr
数量 1
(图号)
制图 (姓名) (日期)
班级 (班级) (学号)
校 名

图 6-1 输出轴零件图

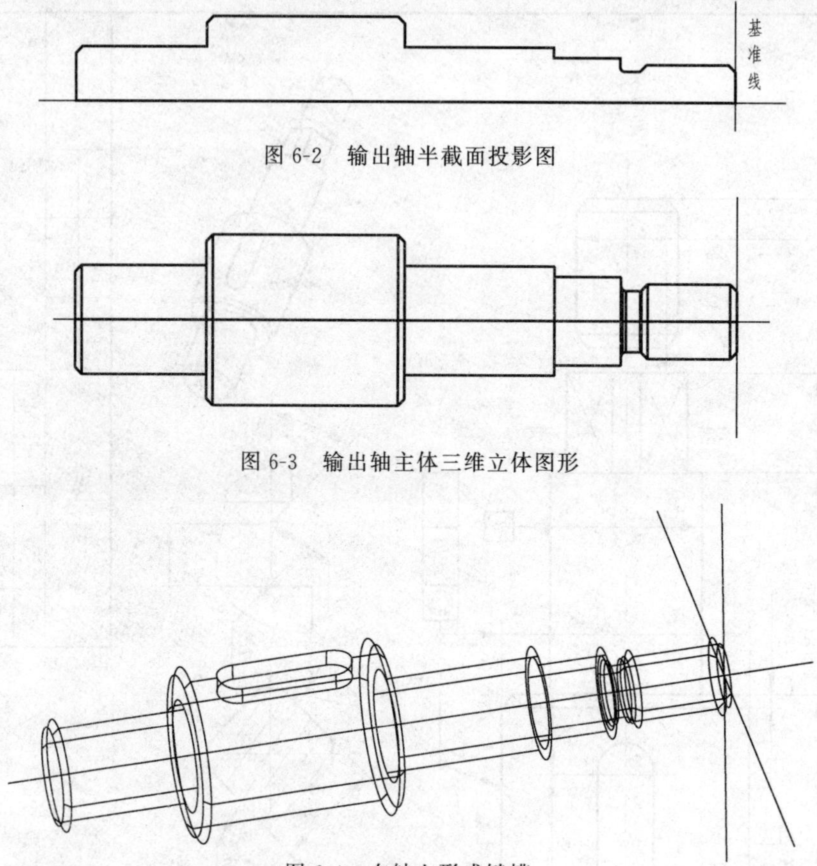

图 6-2　输出轴半截面投影图

图 6-3　输出轴主体三维立体图形

图 6-4　在轴上形成键槽

3. 绘制轴方

在轴方的位置处根据图 6-1 所给尺寸绘制一中间带有方孔的六面体，如图 6-5 所示。

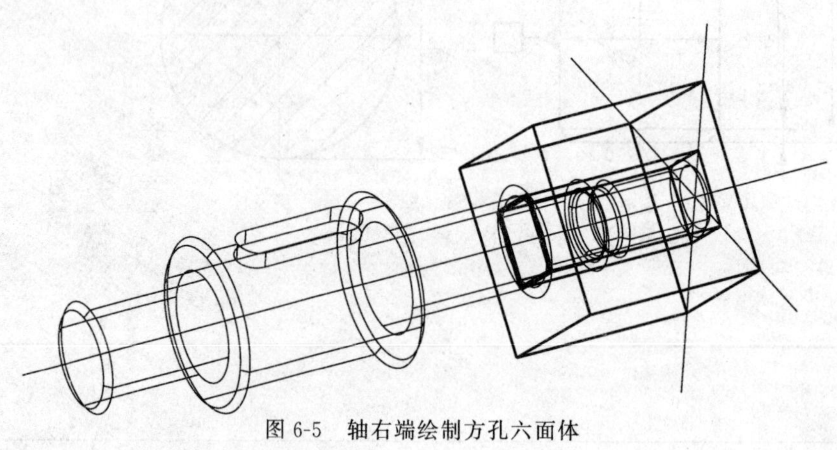

图 6-5　轴右端绘制方孔六面体

将输出轴实体与中间带有方孔的六面体进行差集运算形成轴方结构，如图 6-6 所示。

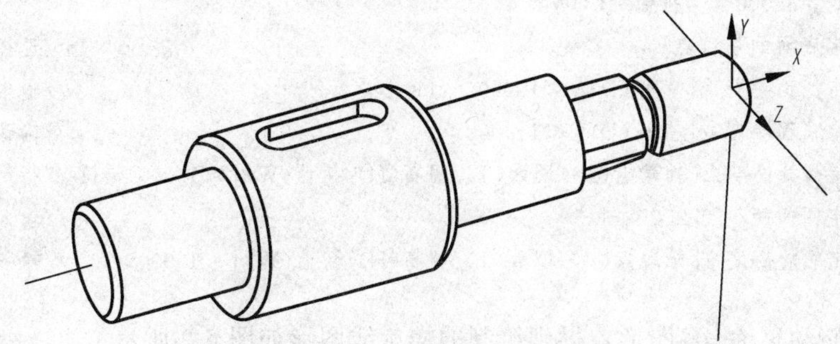

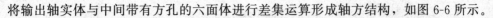

图 6-6　轴右端轴方形成

4. 绘制输出轴右端螺纹

三维螺纹结构是较为复杂的图形结构，在 AutoCAD 中可根据公制螺纹牙型尺寸画出。公制螺纹牙型尺寸（GB/T196—197—1981）如图 6-7 所示。

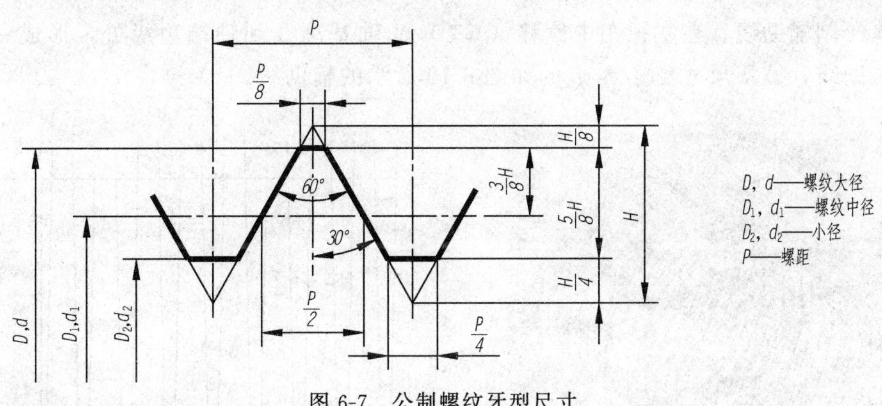

图 6-7　公制螺纹牙型尺寸

M22×1.5 的螺纹外径 d 为 $\phi 22$，螺距 P 为 1.5。根据图 6-7 计算可得到螺纹牙槽的具体尺寸如图 6-8 所示。

此实例中输出轴右端螺纹的具体绘制方法如下：

1）视图设置成左视图状态。选择菜单："视图"→"三维视图"→"左视图"命令。此时，Z 轴方向为轴线方向，轴端面为 X-Y 平面。隐藏（💡）已绘制的输出轴的所有图线。

2）选择螺旋工具（），根据命令行提示进行操作。

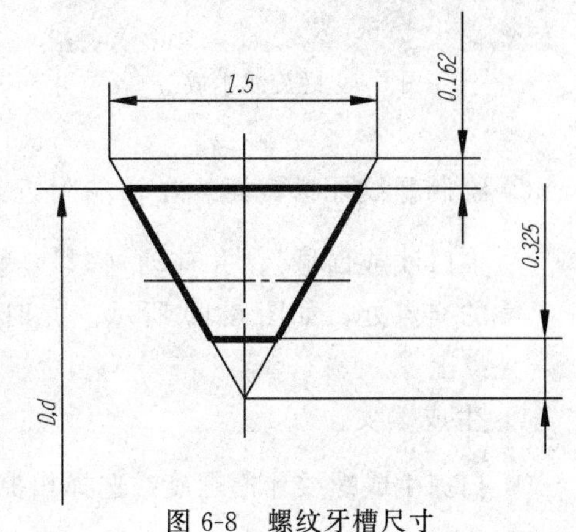

图 6-8　螺纹牙槽尺寸

```
命令：_ Helix
圈数＝3.000      扭曲＝CCW
指定底面的中心点：                                                        //选择圆心(原点)
指定底面半径或[直径(D)]＜1.000＞：11                                      //输入轴半径
指定顶面半径或[直径(D)]＜11.000＞：                                       //确认
指定螺旋高度或[轴端点(A)/圈数(T)/圈高(H)/扭曲(W)]＜1.000＞：H //指定圈高
指定圈间距 ＜0.250＞：1.5                                                 //输入圈高1.5
指定螺旋高度或[轴端点(A)/圈数(T)/圈高(H)/扭曲(W)]＜1.000＞：33 //输入螺纹高
```

操作后转动（ ）图形，得到绘制的螺旋线图形如图 6-9 所示。

提示：绘制螺旋线时，选择圆心后鼠标应放置在 X 轴上（追踪功能会追踪鼠标点），否则螺旋线起点将不确定。

3）绘制螺纹牙槽截面。因图 6-9 中螺旋线的起点在 X 轴上。故选择菜单："视图"→"三维视图"→"俯视图"命令，将当前视图转换至俯视图。

① 绘制辅助线。在主视图中偏移（ ）X 轴基准线到轴端边缘处，形成一条辅助线，偏移尺寸 11，形成的如图 6-10 所示的辅助线。

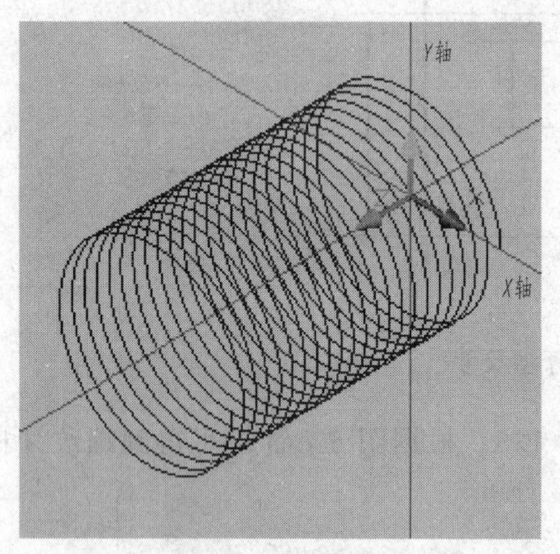

图 6-9　螺旋线生成

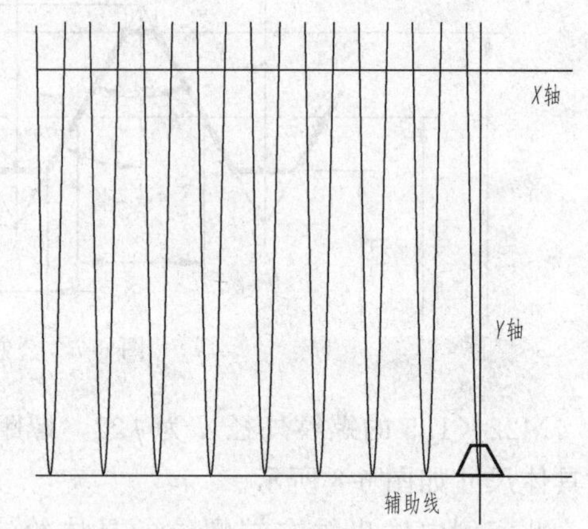

图 6-10　绘制螺纹牙槽截面

② 绘制螺纹牙槽截面。在轴端附近绘制图 6-8 所示的螺纹牙槽截面图形（封闭多段线或面域），并移动（ ）螺纹牙槽截面图形至 Y 方向基准线与辅助线的交点处，如图 6-10 所示。此时，螺纹牙槽截面图形底边的中点在螺纹的起点上。

4）生成螺纹。

① 扫掠生成螺纹牙槽螺旋。选择扫掠工具（ ）后，根据命令行提示进行操作。

```
命令:_ sweep
当前线框密度: ISOLINES=4
选择要扫掠的对象:找到 1 个                                  //选择螺纹牙槽截面
选择要扫掠的对象:                                           //确认
选择扫掠路径或[对齐(A)/基点(B)/比例(S)/扭曲(T)]:a           //选择对齐选项
扫掠前对齐垂直于路径的扫掠对象[是(Y)/否(N)]<是>:n           //不对齐
选择扫掠路径或[对齐(A)/基点(B)/比例(S)/扭曲(T)]:             //选择螺旋线
```

操作后生成螺纹牙槽螺旋线，显示（ ）隐藏的输出轴实体，将图形旋转后可得到如图 6-11所示图形。

② 差集运算生成螺纹。选择差集运算工具（ ），将输出轴实体与螺纹牙槽螺旋线进行差集运算。删除螺旋线，最终形成轴端螺纹结构如图 6-12 所示。

图 6-11　扫掠生成牙槽螺旋线

5. 绘制两端顶尖孔

顶尖孔是轴端常见结构，首先根据顶尖孔尺寸（孔径 $\phi3.15$，锥大径 $\phi6.7$，孔总深 8），用多段线绘制顶尖孔的半截面投影图，如图 6-13（a）所示，再绕其轴旋转生成顶尖孔的结构实体，如图 6-13（b）所示。

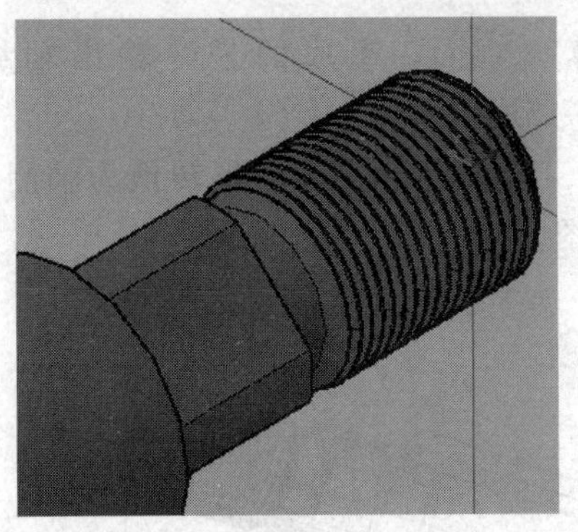

(a) 西南等轴测、三维概念

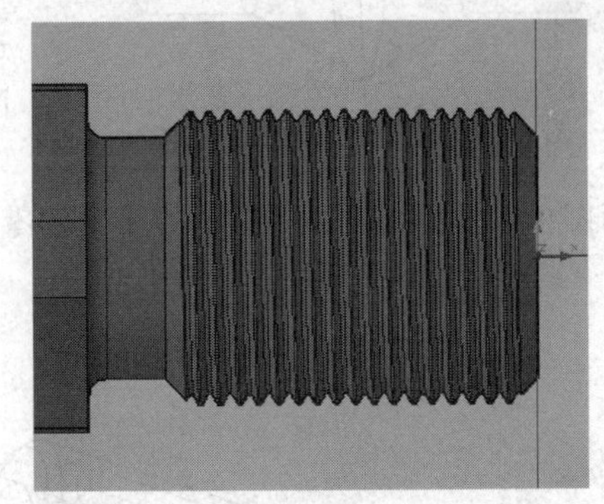

(b) 俯视图

图 6-12　轴端螺纹结构

将顶尖孔的结构实体三维镜像生成另一个实体，选择菜单："修改"→"三维操作"→"三维镜像"命令，然后根据提示操作如下：

```
命令:_ mirror3d
选择对象:找到 1 个                      //选择顶尖孔结构实体
选择对象:                               //回车(不再选择)
```

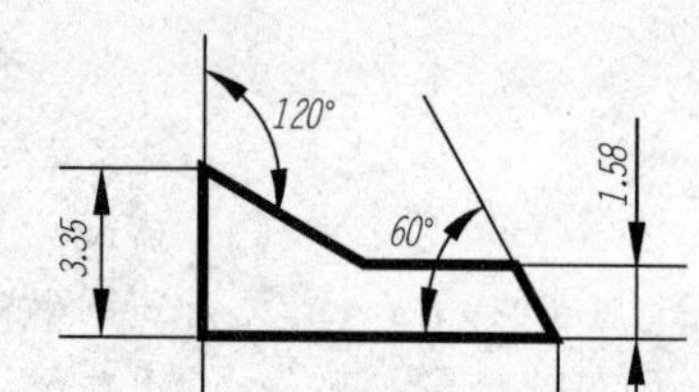

(a) 绘制顶尖孔半截面投影图

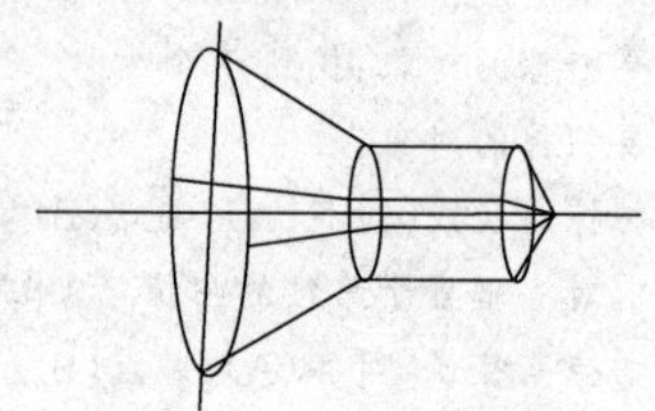

(b) 旋转生成顶尖孔的结构实体

图 6-13　绘制顶尖孔

指定镜像平面（三点）的第一个点或[对象(O)/最近的(L)/Z 轴(Z)/视图(V)/XY 平面(XY)/YZ 平面(YZ)/ZX 平面(ZX)/三点(3)]<三点>：　　//回车(选择3点方式)

在镜像平面上指定第一点：　　//选择大端中心点

在镜像平面上指定第二点：　　//选择垂直方向象限点

在镜像平面上指定第三点：　　//选择水平方向象限点

是否删除源对象?[是(Y)/否(N)]<否>：　　//回车(保留原结构实体)

图 6-14　镜像生成另一个实体

得到如图 6-14 所示两个顶尖孔的结构实体。

将两个顶尖孔的结构实体分别移动至轴的两端中心，轴与顶尖孔的结构实体作差集运算（ ），生成的最终输出轴结构如图 6-15所示。

若将输出轴实体图形转换为轴测图，插入平面图中，便得到图 6-1 所示的输出轴零件图。

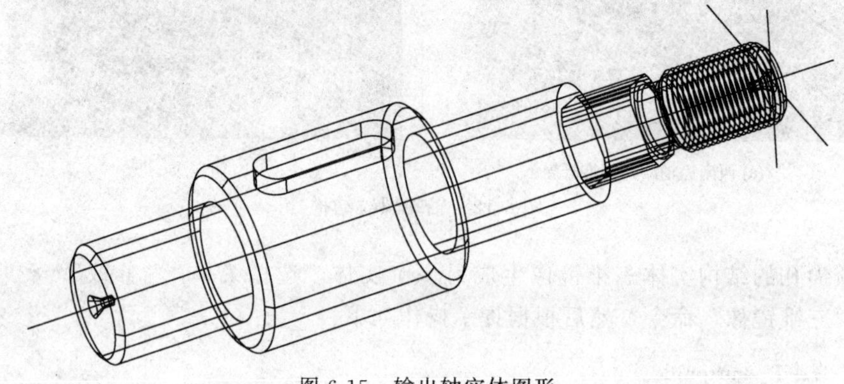

图 6-15　输出轴实体图形

6.2 齿轮三维实体图形绘制

齿轮齿廓为渐开线，图形绘制较为复杂。齿轮平面图形一般按制图标准规定方法绘制。但若需要较准确地绘制出齿廓，或若要较准确地绘制立体齿轮，则需要绘制出渐开线齿廓。下面以图 6-16 所示的齿轮零件图为例，绘制齿轮三维立体图形。

根据轮齿渐开线形成理论，近似绘制的齿轮渐开线的方法如图 6-17 所示。

对于图 6-16 所示齿轮零件立体图，具体画法如下。

1. 绘制轮齿渐开线

1）参考图 6-16 设置绘图平面为左视图（选择菜单："视图"→"三维视图"→"左视"命令），坐标原点（0，0）为圆心，用构造线（ ）绘制垂直相交的 Y 轴与 X 轴基准中心线。

2）以原点为圆心绘制基圆，基圆直径 $D_b = mZ\cos 20° = 107.125$。

3）绘制通过 Y 轴的基圆半径，如图 6-18 中所示。

4）在此半径的顶端绘制垂直此半径并与基圆相切的切线。若圆周按 5°等分，则第一个等分点的切线长度为 $L_i = L_1 = (3.14 \times 107.125/72) \times 1 = 4.6743$。此时图形如图 6-18所示。

提示：根据渐开线特性，渐开线上某点位置的切线长度 L_i 应等于相应基圆弧长，故切线长度 L_i 与圆周等分数有关。圆周等分点越多，绘制的渐开线图形越精确。当取 5°一个等分点时，误差已很小。

5）等分基圆圆周。选择阵列工具（ ），"阵列"对话框中的"选择对象"选择步骤 3）、4）所绘的两条垂直直线（半径与切线）；"中心点"选择圆心；"项目总数"设置为 8；"填充角度"设置为－35。完成后形成 8 条圆周分度线及与此相连的长度为 L_1 的切线，如图 6-19 所示。

6）复制 L_1 线段。因为 L_i 长度是 L_1 的 i 倍，故可以通过复制 L_1 长度的方法延长 L_i。在各等分点（第 i 点）的切线方向上复制切线 $i-1$ 次，其直线端点便是渐开线上的一点（参考图 6-17）。

7）绘制渐近线。选择样条曲线工具（ ）依次连接 L_i 的端点。此时，图形如图 6-17所示。

2. 绘制齿廓

一般情况下，所绘齿轮的轮齿齿廓应对称于 Y 轴，而此时的渐开线还不在齿廓位

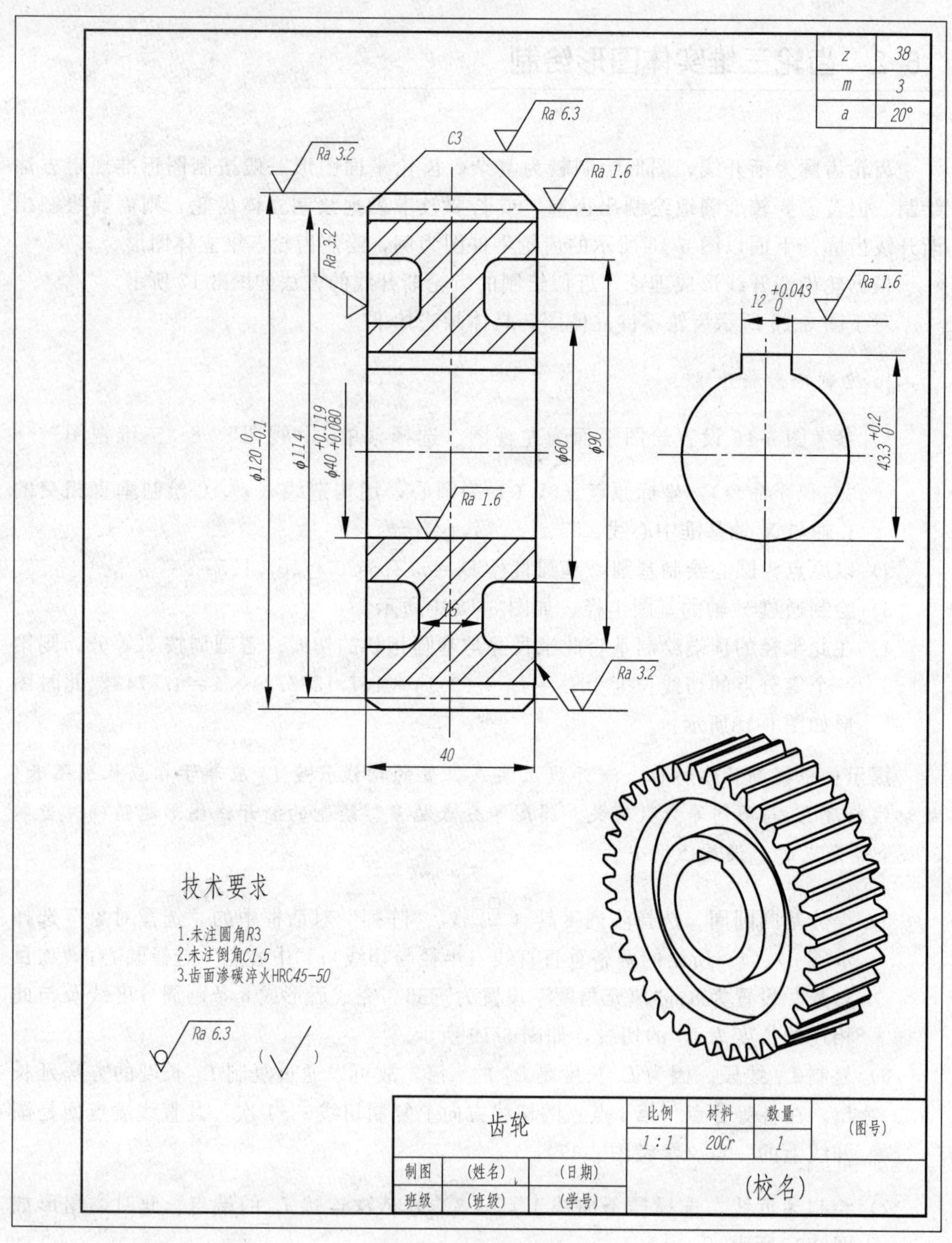

图 6-16　齿轮零件图

置上，需要进一步处理。先删除辅助线，再作以下操作。

1）画出分度圆（$D=mZ=114$）与齿顶圆（$D_a=D+2m=120$）。修剪掉（ ）超出齿顶圆的渐近线。

2）等分分度圆。选择菜单：“绘图”→“点”→“定数等分”命令（先设置点样式为“╳”），根据命令行提示操作。

```
命令：_ divide
选择要定数等分的对象：     //选择分度圆
输入线段数目或[块(B)]:152 //输入等分数
```

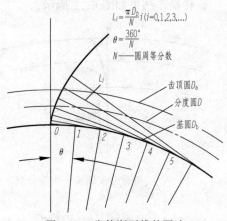

图 6-17　齿轮渐开线的画法

提示： 分度圆上轮齿宽度与齿槽宽度相等。因要标注出轮齿与齿槽的对称线位置，故必须将圆周作 $4Z(=152)$ 等分。

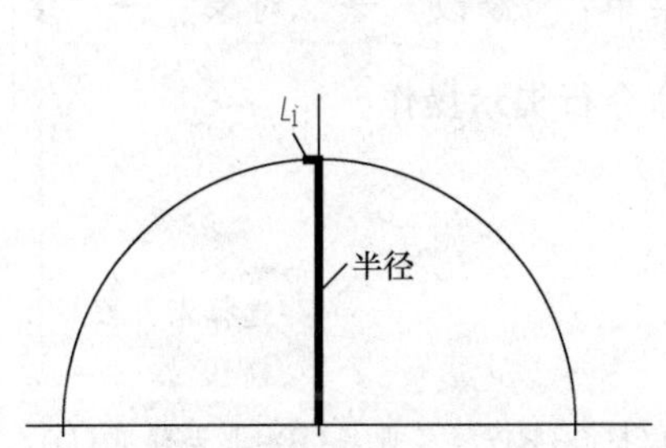

图 6-18　绘制长度为 L_1 的切线

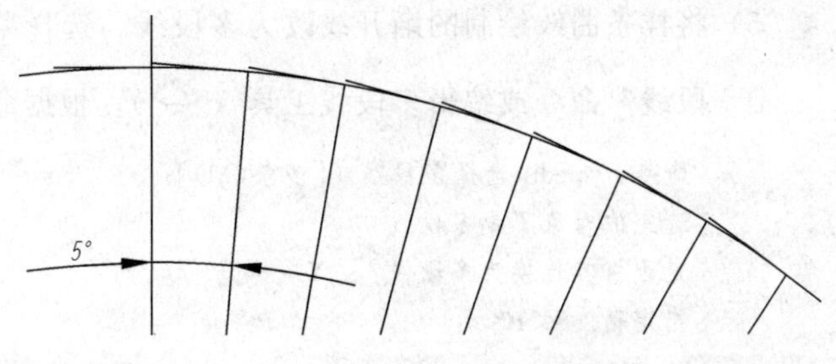

图 6-19　阵列等分部分圆周

保留临近 Y 轴左侧的一个等分点（图 6-20 中 b 点），删除其余等分点，结果如图 6-20 所示。

3）旋转渐开线到齿廓位置。选择菜单：“修改”→“旋转”命令或旋转工具（ ），根据命令行提示操作。

```
命令：_ rotate
UCS 当前的正角方向：  ANGDIR=逆时针   ANGBASE=0.000
选择对象：找到 1 个                                   //选择渐开线
选择对象：                                            //确认
指定基点：_ cen 于                                     //指定圆心 o
指定旋转角度，或[复制(C)/参照(R)] <0.000>：  r          //选择“参照”
指定参照角 <0.000>：_ cen 于                           //再指定圆心 o
指定第二点：                                          //指定渐开线与分度圆交点 a
指定新角度或[点(P)] <0.000>：                          //指定等分点 b
```

旋转操作结果如图 6-21 所示。

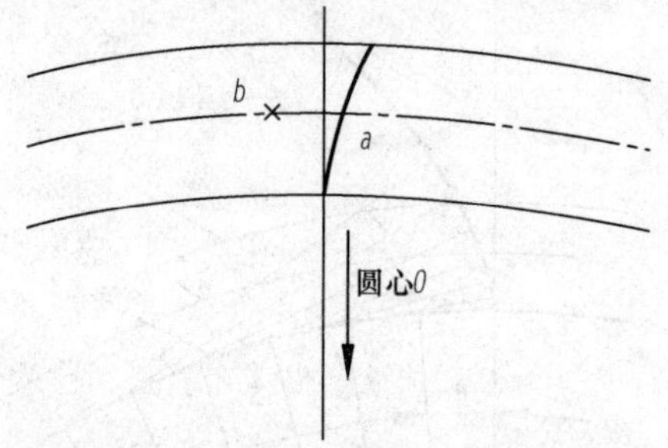

图 6-20　等分分度圆留一个等分点

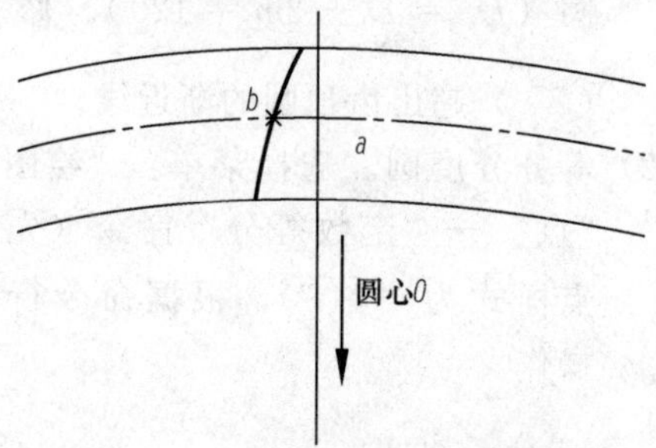

图 6-21　渐开线旋转至齿廓位置

4）绘制齿根圆弧。删除基圆，绘制齿根圆：$D_f = m(Z-2.5) = 106.5$。对齿根圆与齿廓渐开线间进行圆弧倒角（$r \approx 0.38m = 1.14$），倒角后得到如图 6-22 所示图形。

5）将样条曲线绘制的渐开线改为多段线。选择菜单："修改"→"对象"→"多段线"命令或编辑多段线工具（），根据命令行提示操作。

```
命令：_ pedit 选择多段线或[多条(M)]：
选定的对象不是多段线
是否将其转换为多段线？<Y>                                    //选择渐开线
指定精度 <10>：                                              //确认
输入选项[闭合(C)/合并(J)/宽度(W)/编辑顶点(E)/拟合(F)/样条曲线(S)/非曲线化(D)/
线型生成(L)/反转(R)/                                         //Esc 退出
```

操作后图形不变，与图 6-22 同。

提示：此操作的意义在于将齿轮轮廓渐开线由样条曲线构成改为由多段线构成，便于以后拉伸前形成整体多段线或面域。

6）绘制对称齿廓。选择镜像工具（），绘制另一侧齿廓渐开线，如图 6-23 所示。

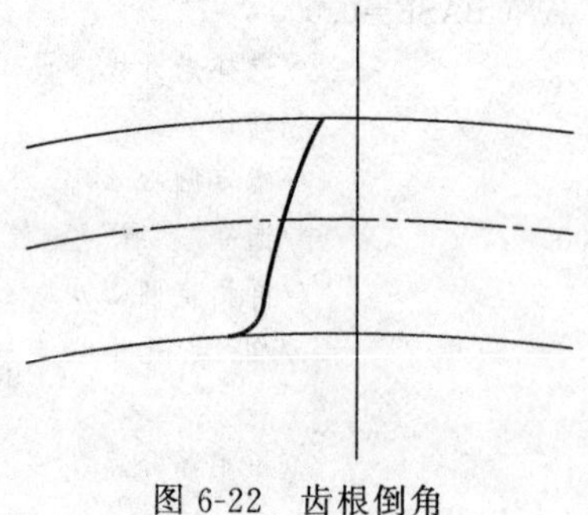

图 6-22　齿根倒角

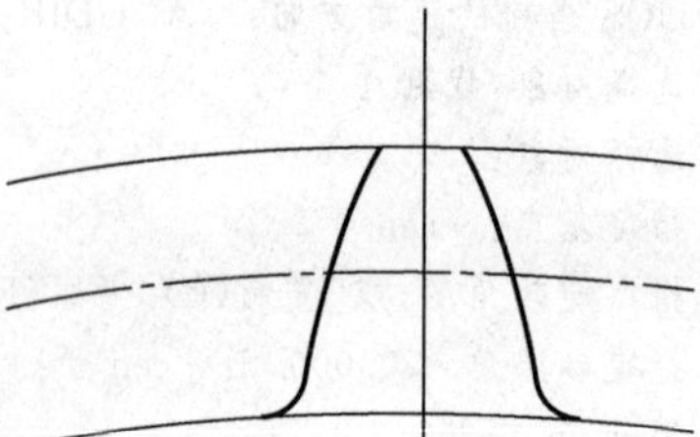

图 6-23　另一侧齿廓多段线

7）阵列齿廓曲线。选择阵列工具，在“阵列”对话框中选择“环形阵列”；“选择对象”选择齿廓曲线；“中心点”选择圆心；“项目总数”设置为“38”；“项目间角度”设置为“360”。选中“复制时旋转项目”复选框。结果得到全部齿廓曲线位置，如图 6-24所示。

8）删除多余线段。选择修剪工具（-/--）删除多余线段，删除分度圆，完成所有轮齿的绘制。得到一个完整齿廓平面图形，如图 6-25 所示。

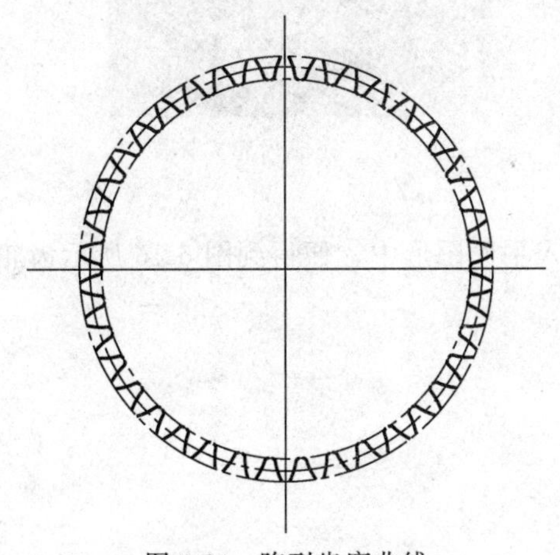
图 6-24　阵列齿廓曲线

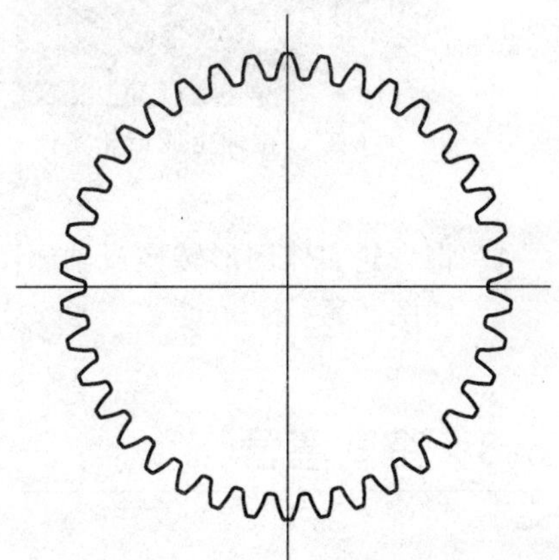
图 6-25　修剪完成齿廓平面图形

3. 完成齿轮绘制

1）生成面域。选择菜单：“绘图”→“面域”命令或绘图工具栏中的面域工具（ ），根据命令行提示操作。

```
命令：_ region
选择对象：指定对角点：找到 228 个                //框选所有齿廓
选择对象：                                      //确认
已提取 1 个环。
已创建 1 个面域。
```

操作后虽然图形显示与图 6-25 一样，但点选轮齿时可发现所有齿廓已形成一个整体。

提示：拉伸工具可以对封闭多段线与面域进行拉伸，有时面域操作可能比编辑多段线更简单。

2）拉伸生成齿轮实体。选择拉伸工具（ ），拉伸高度为 40，设置为“西南等轴测”、“三维隐藏”视觉样式，则实体图形如图 6-26 所示。

3）完成齿轮内部结构绘制。齿轮内部结构的绘制方法前面已掌握，在此不再赘述。最终完成的齿轮实体图形如图 6-27 所示。

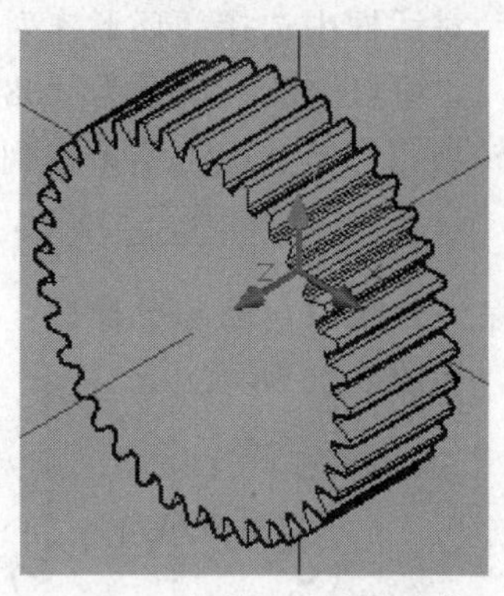

图 6-26　拉伸生成齿轮实体

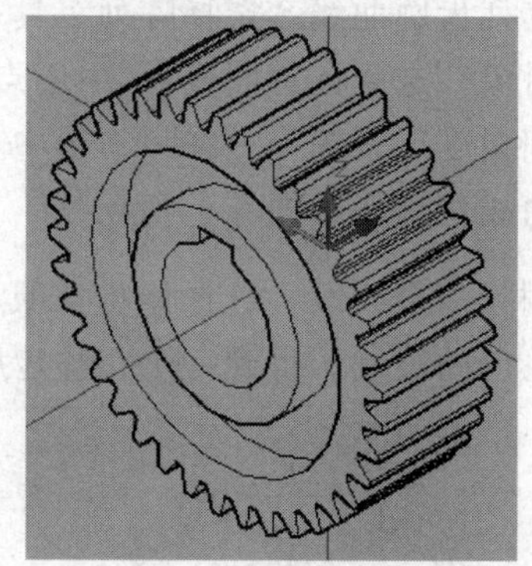

图 6-27　完成齿轮立体图

4）将齿轮实体图形转换成轴测图形，插入平面图形中，便得到图 6-16 所示齿轮零件图。

6.3　空间弯管

空间弯管的零件图如图 6-28 所示。从图样上看，空间弯管主体在主视图与左视图基本上为对称结构，两直管部分各有一个耳座；管口有圆形法兰盘，但通孔的位置不一致。从右下角立体图形上看，若一个方向的弯管转 90°，除耳座外，弯管的上下两部分完全对称，换句话讲，该弯管可视为平面中的对称弯管沿对称中心在空间扭曲了 90°。

根据以上分析，空间弯管三维立体图形的主体部分绘制可用两种方法实现。

第一种方法：先在平面中绘制弯管的孔中心线，然后将一条中心线在空间旋转 90°，再将弯管的截面沿中心线拉伸（沿路径拉伸）形成弯管主体结构。

第二种方法：先在平面中绘制弯管的孔中心线，然后拉伸截面成平面弯管，再将其中一对称部分在空间旋转 90°，形成弯管主体结构。

第一种方法在空间绘图，从基本概念出发，每步处理的空间关系较清晰，但绘图较烦琐；第二种方法主要在平面绘图，绘图较简单。本实例采用第二种方法绘制弯管，第一种方法留给读者研究。

6.3.1　空间弯管三维实体图形

1. 绘制弯管中心线

首先选择菜单：“视图”→“主视图”命令，用构造线（ ）通过坐标原点绘制垂直相交的三条线基准线，根据图 6-28 所示尺寸绘制弯管中心线，其坐标原点设置在弯

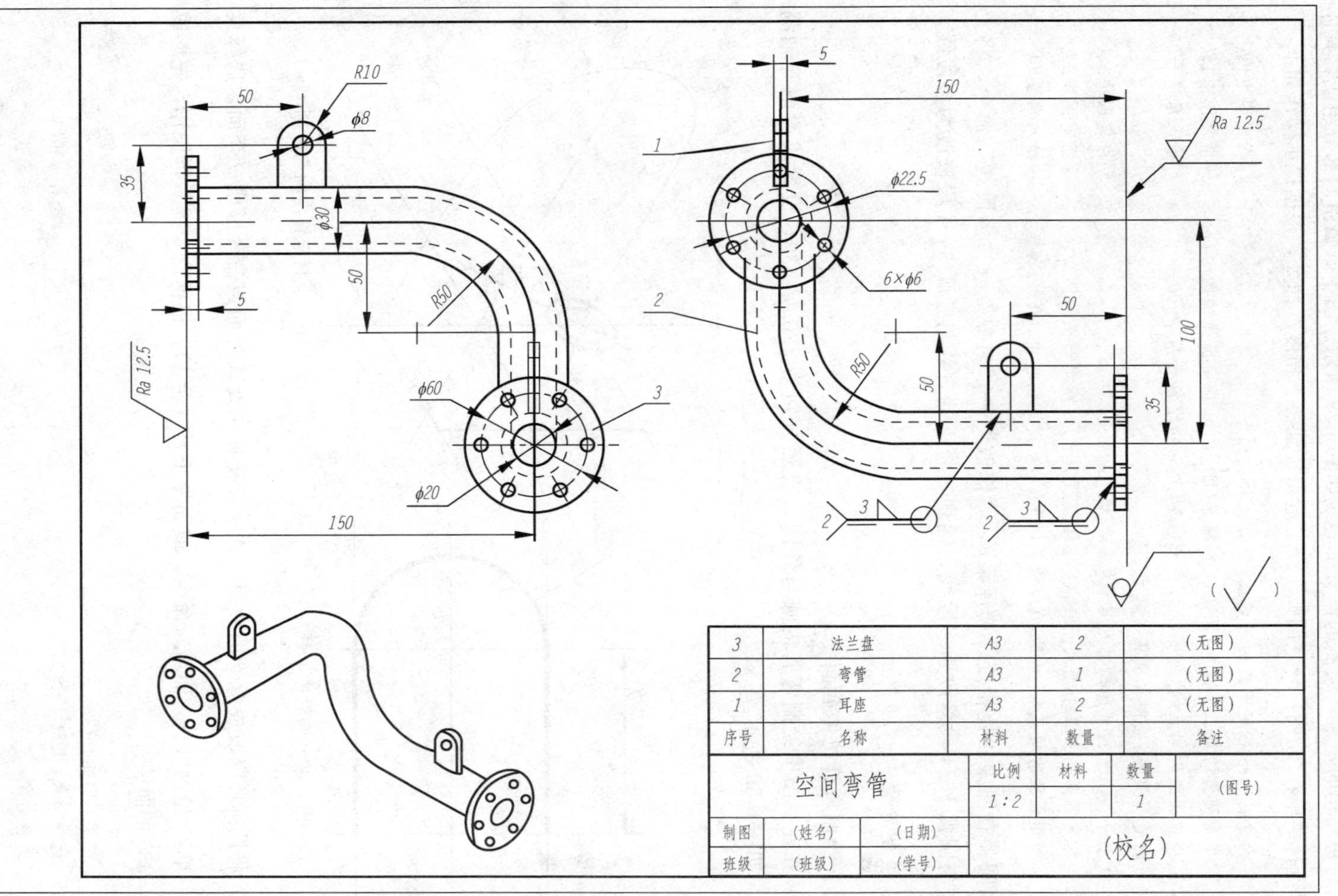

图 6-28 空间弯管零件图

管平面对称结构的左端，绘制的弯管中心线如图 6-29 所示。图中圆弧由两部分组成，具体操作时选择菜单："绘图" → "圆弧" → "起点、圆心、角度" 命令，根据提示操作如下：

```
命令：_ arc 指定圆弧的起点或[圆心(C)]：                         //指定图中1点
指定圆弧的第二个点或[圆心(C)/端点(E)]：_ c 指定圆弧的圆心：      //指定图中4点
指定圆弧的端点或[角度(A)/弦长(L)]：_ a 指定包含角：-90           //输入角度-90°
再选择菜单：绘图 \ 圆弧 \ 起点、圆心、角度
命令：_ arc 指定圆弧的起点或[圆心(C)]：                         //指定图中3点
指定圆弧的第二个点或[圆心(C)/端点(E)]：_ c 指定圆弧的圆心：      //指定图中2点
指定圆弧的端点或[角度(A)/弦长(L)]：_ a 指定包含角：90            //输入角度90°
```

两圆弧在图中 4 处相接。选择菜单："修改" → "对象" → "多段线" 命令，将上端直线与圆弧 1—4 段修改为多段线，同理，将下端直线与圆弧 3—4 段修改为多段线。

2. 绘制弯管

(1) 绘制弯管拉伸截面

1) 在左视图中绘制弯管内圆与外圆，直径分别为 $\phi20$ 与 $\phi30$，设置成西南等轴测如图 6-30 所示。

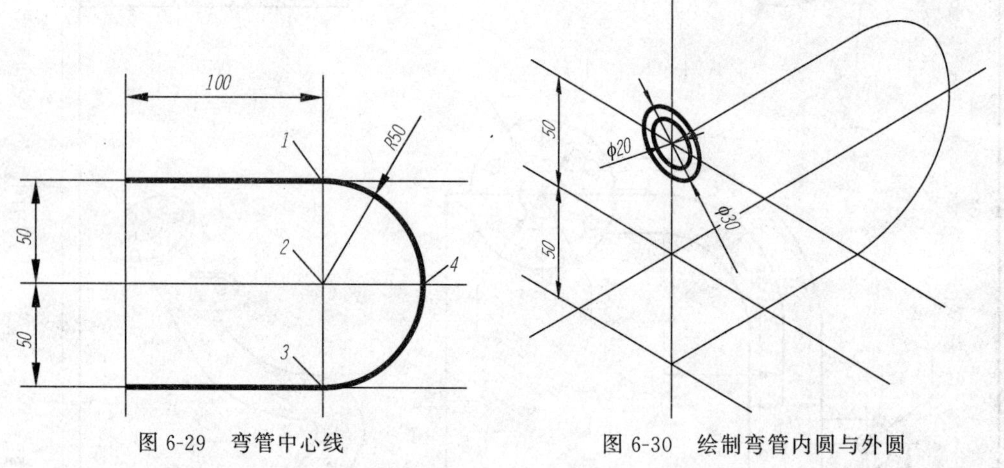

图 6-29 弯管中心线

图 6-30 绘制弯管内圆与外圆

2) 将两圆环修改成弯管的截面。这一步操作主要通过面域命令形成一个面，选择菜单："绘制" → "面域" 命令，或面域工具 ( )，根据命令提示行操作，先形成 $\phi30$ 的面域。

```
命令：_ region
选择对象：找到 1 个                                            //选择 φ30圆
选择对象：                                                    //回车确认
已提取 1 个环。
已创建 1 个面域。
```

再形成 $\phi20$ 的面域：

```
命令：_ region                                  //选择 φ20圆
选择对象：找到 1 个                              //回车确认
选择对象：
已提取 1 个环。
已创建 1 个面域。
```

最后使用差集工具（ ）从 $\phi30$ 的面域中减去 $\phi20$ 的面域形成环形面域。

```
命令：_ subtract 选择要从中减去的实体或面域.
选择对象：找到 1 个                               //选择 φ30圆
选择对象：                                        //回车确认
选择要减去的实体或面域
选择对象：找到 1 个                               //选择 φ20圆
选择对象：                                        //回车确认
```

3）将形成的面域复制一个至下端，完成两个截面图形的绘制，如图 6-30 所示。

提示：图 6-30 中有两个同心圆，图 6-31 看起来也是两个同心圆，却是环形面域图形，两者有本质区别，要特别加以注意。

(2) 拉伸面域形成弯管

1）使用拉伸工具（ ）对面域按路径拉伸形成上面一根弯管，操作如下。

```
命令：_ extrude
当前线框密度： ISOLINES=4
选择对象：找到 1 个                            //选择上端面域
选择对象：                                     //回车确认
指定拉伸高度或[路径(P)]：P                     //按路径拉伸
选择拉伸路径或[倾斜角]：                       //选择上部的多段线
```

2）再对下端的面域进行同样操作，形成下面一根弯管。

```
命令：_ extrude
当前线框密度： ISOLINES=4
选择对象：找到 1 个                            //选择下端面域
选择对象：                                     //回车确认
指定拉伸高度或[路径(P)]：P                     //按路径拉伸
选择拉伸路径或[倾斜角]：                       //选择下部的多段线
```

结果得到如图 6-32 所示的弯管主体的三维立体图形。

提示：这里主要介绍面域的使用。按以前的操作直接将圆进行拉伸，然后差集运算也能得到图 6-32 弯管主体三维立体图形。假若只绘制上段弯管，镜像生成下段弯管也能得到图 6-32 所示图形。

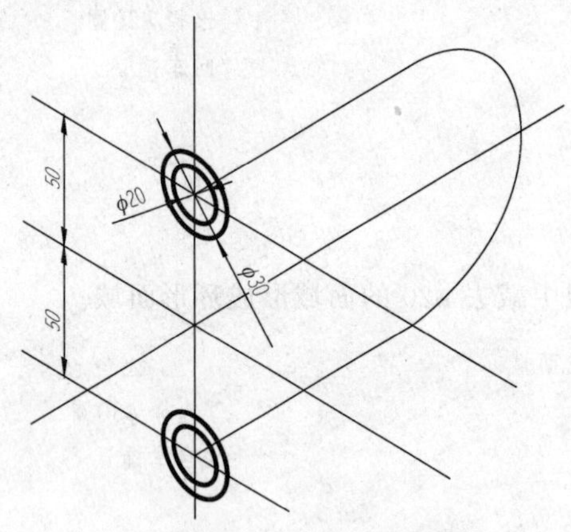

图 6-31 修改成面域

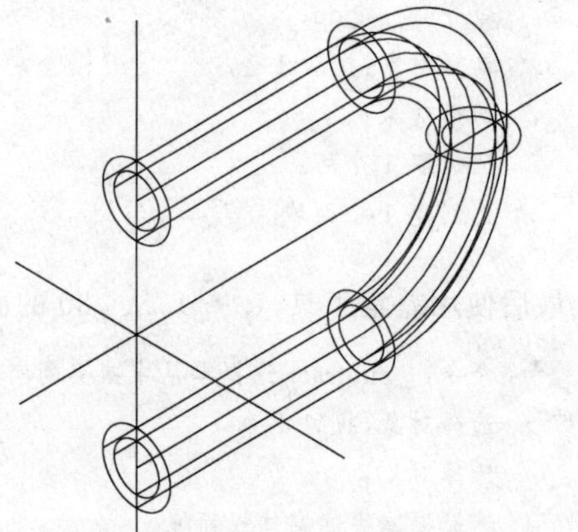

图 6-32 弯管主体三维立体图形

3. 绘制上、下端部法兰盘

1）先在左视图中绘制上端的法兰盘（注意拉伸长度为－5），然后复制一个到下端并在平面中旋转 30°，得到图形如图 6-33 所示。

2）将上端法兰盘与上部的弯管并集运算，结合成一体；将下端法兰盘与下部的弯管并集运算，结合成一体，设置成西南等轴测并消隐后得到如图 6-34 所示的图形。

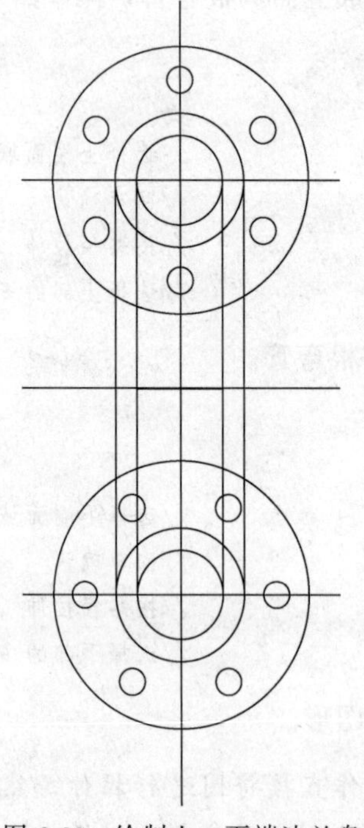

图 6-33 绘制上、下端法兰盘

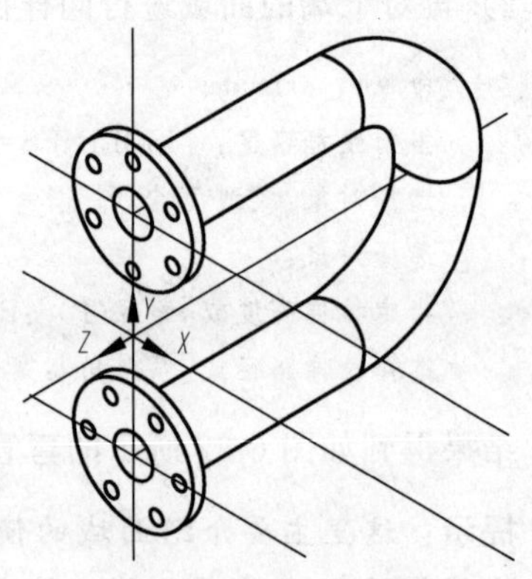

图 6-34 并集后的弯管

4. 绘制耳座

(1) 绘制耳座

在主视图中的对称位置上绘制耳座，绘制时要注意到耳座实际位置在弯管的上面，考虑到并集特性，将耳座高度设计成底部与管孔上端平齐，故尺寸为 25；因为耳座位置与管的中心线对称，故拉伸后要向后移动（－2.5）。如图 6-35 所示。

(2) 移动、复制耳座至相应位置

移动耳座至弯管的上部，移动距离为 60。向下复制一个耳座，移动距离为 100（命令行输入：@0，－100，0），结果如图 6-36 所示。

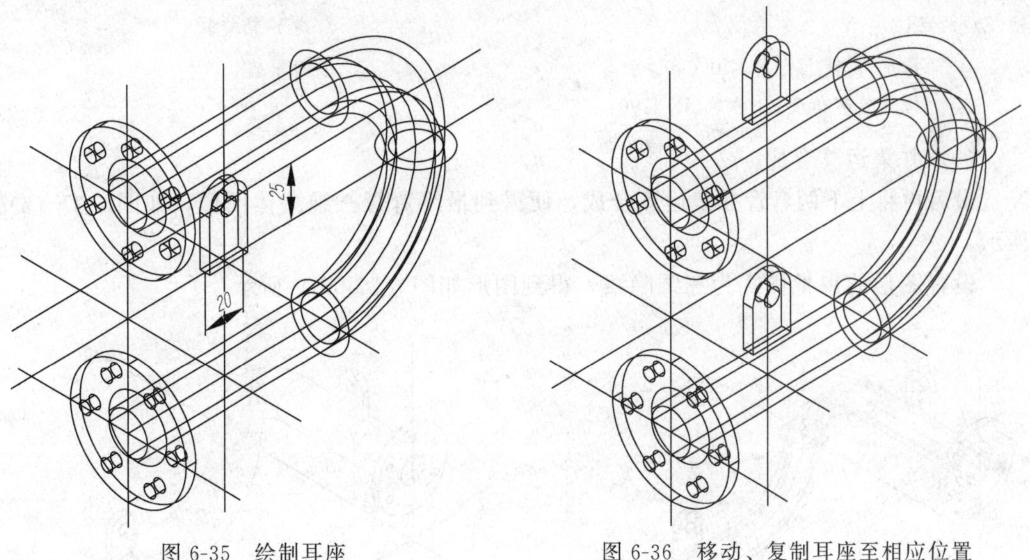

图 6-35　绘制耳座　　　　图 6-36　移动、复制耳座至相应位置

(3) 合并组合

将上部耳座与上部弯管作并集运算，将下部耳座与下部弯管作并集运算。

5. 旋转下部弯管成空间结构

(1) 移动坐标

将坐标移动到弯管圆弧部分的中心，如图 6-37（a）所示位置，操作时选择菜单："工具"→"移动"命令，根据命令行操作。

命令：_ ucs

当前 UCS 名称：*主视*

输入选项

[新建(N)/移动(M)/正交(G)/上一个(P)/恢复(R)/保存(S)/删除(D)/应用(A)/?/世界(W)] <世界>：_ move

指定新原点或[Z 向深度(Z)] <0,0,0>：　　　　//单击弯管圆弧部分的中心

(2) 旋转下部弯管

选择菜单："修改"→"三维操作"→"三维旋转"命令，如图 6-37 所示绕 Y 轴旋转下部弯管 90°，根据命令行操作如下。

```
命令：_ rotate3d
当前正向角度： ANGDIR=逆时针 ANGBASE=0
选择对象:指定对角点:找到 2 个                    //选择下部弯管与中心线
选择对象：                                       //回车确认
指定轴上的第一个点或定义轴依据 [对象(O)/最近的(L)/视图(V)/X 轴(X)/Y 轴(Y)/Z
轴(Z)/两点(2)]:Y                                 //绕 Y 轴旋转
指定 Y 轴上的点 <0,0,0>：                        //回车确认
指定旋转角度或[参照(R)]:90                       //90°旋转
```

(3) 并集运算合成

最后再将上下两弯管并集运算合成，便得到最终弯管三维立体图形，如图 6-37 (a) 所示。

设置图形的视觉样式为三维隐藏，得到图形如图 6-37 (b) 所示。

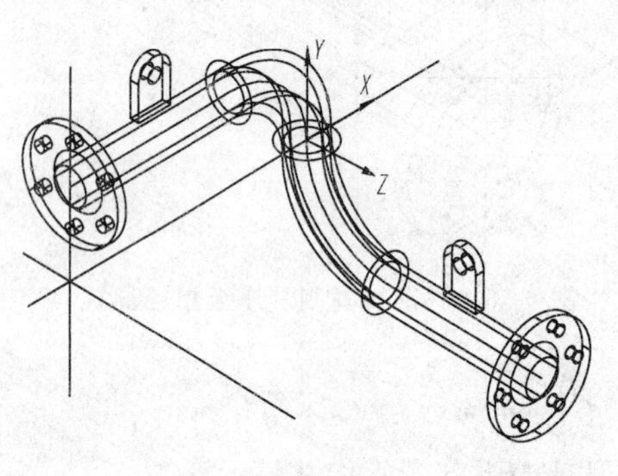

(a) 弯管的线框图形

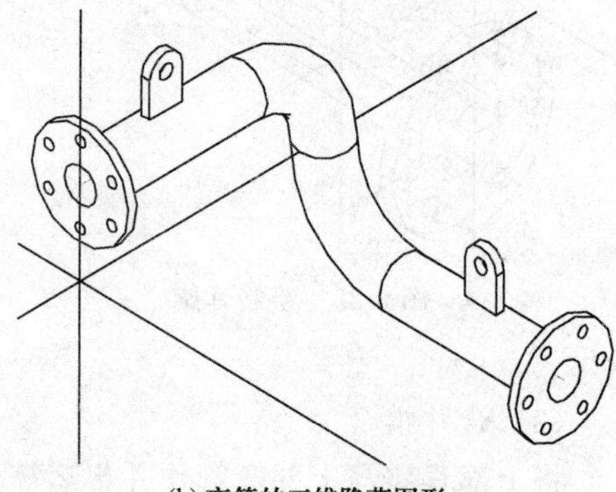

(b) 弯管的三维隐藏图形

图 6-37　弯管的三维立体图形

6.3.2　空间弯管出图

1) 布置视图。两个视图（主视图、左视图）基本能描述空间弯管的结构，加上附加的立体参考图，图样可由三个视图表示。

选择布局选项卡，选择打印机与 A4 打印纸，绘制图纸框与标题栏。隐藏辅助线，使用设置视图工具（）创建主视图和左视图，再创建一个立体参考图。用设置图形工具（）将三个视图转变为平面图形，结果如图 6-38 所示。

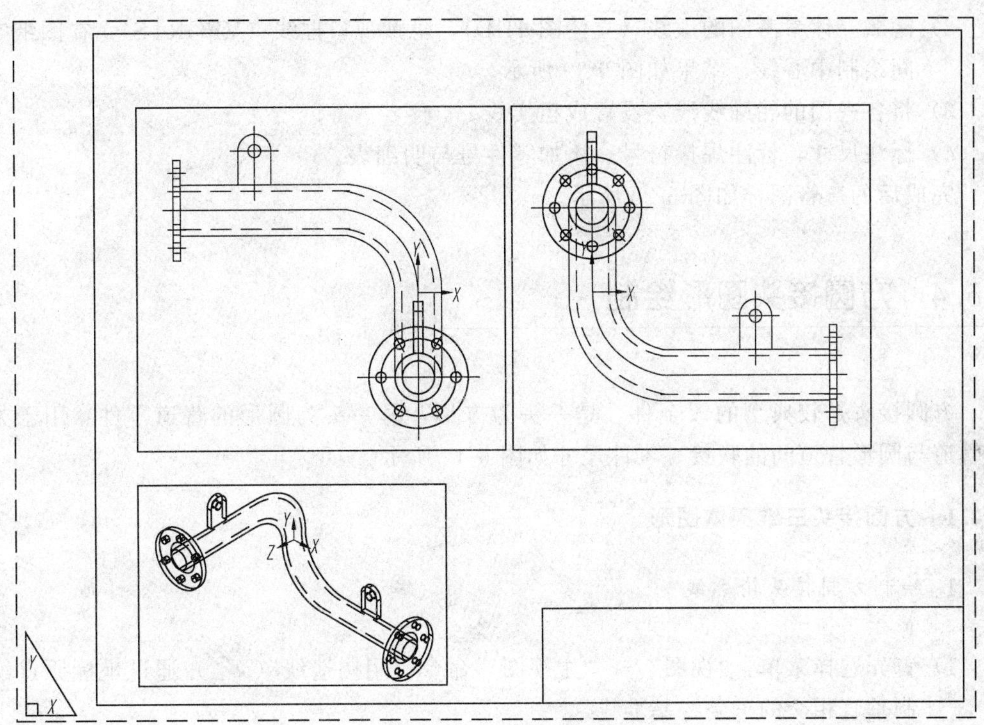

图 6-38 布置弯管视图

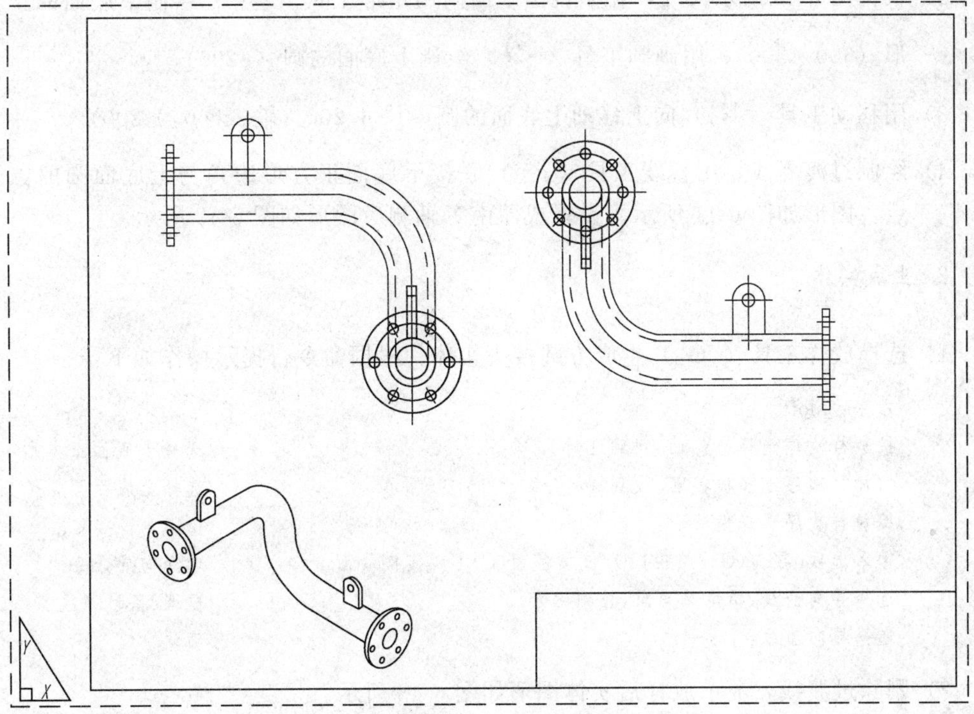

图 6-39 添加中心线

2）隐藏立体参考图的虚线（立体图-HID），隐藏视口框线（VPORTS），在图纸空间绘制中心线，结果如图 6-39 所示。

3）将各视图的轮廓线线宽设置成粗实线。

4）标注尺寸、标注焊接符号、添加零件号与明细表。

完成后的弯管图样如图 6-28 所示。

6.4 方圆接头图形绘制

方圆接头是较典型的钣金件，是一头为方形，另一头为圆形的管道零件。用于方形管道与圆形管道间的联接。零件尺寸如图 6-40 所示。

6.4.1 方圆接头三维实体图形

1. 绘制方圆接头轮廓线

1）首先选择菜单：“视图”→“主视图”命令，用构造线（ ）通过坐标原点绘制垂直相交的三条线基准线。

2）根据图 6-40 所示尺寸，在俯视图平面内用矩形工具（ ）绘制下底面的正方形（300×300），用画圆工具（ ）绘制上底面的圆（ϕ200）。

3）用移动工具（ ）向上移动上底面的圆，尺寸 200（输入@0,0,200）。

4）绘制过渡界线。用直线工具（ ）联接下底面正方形边角与上底面圆的象限点。图形如图 6-41 所示。设置成西南等轴测后图形如图 6-42 所示。

2. 生成实体

1）选择放样工具（ ）生成方圆接头实体，根据命令行提示操作如下：

```
命令：_ loft
按放样次序选择横截面：找到 1 个                              //选择下底面正方形
按放样次序选择横截面：找到 1 个，总计 2 个                    //选择上底面圆
按放样次序选择横截面：
输入选项[导向(G)/路径(P)/仅横截面(C)]<仅横截面>：g          //选择向导命令
选择导向曲线：指定对角点：找到 8个                            //框选8条过渡线
选择导向曲线：                                                //确认
```

2）删除过渡线，显示放样后实体图形如图 6-43 所示。

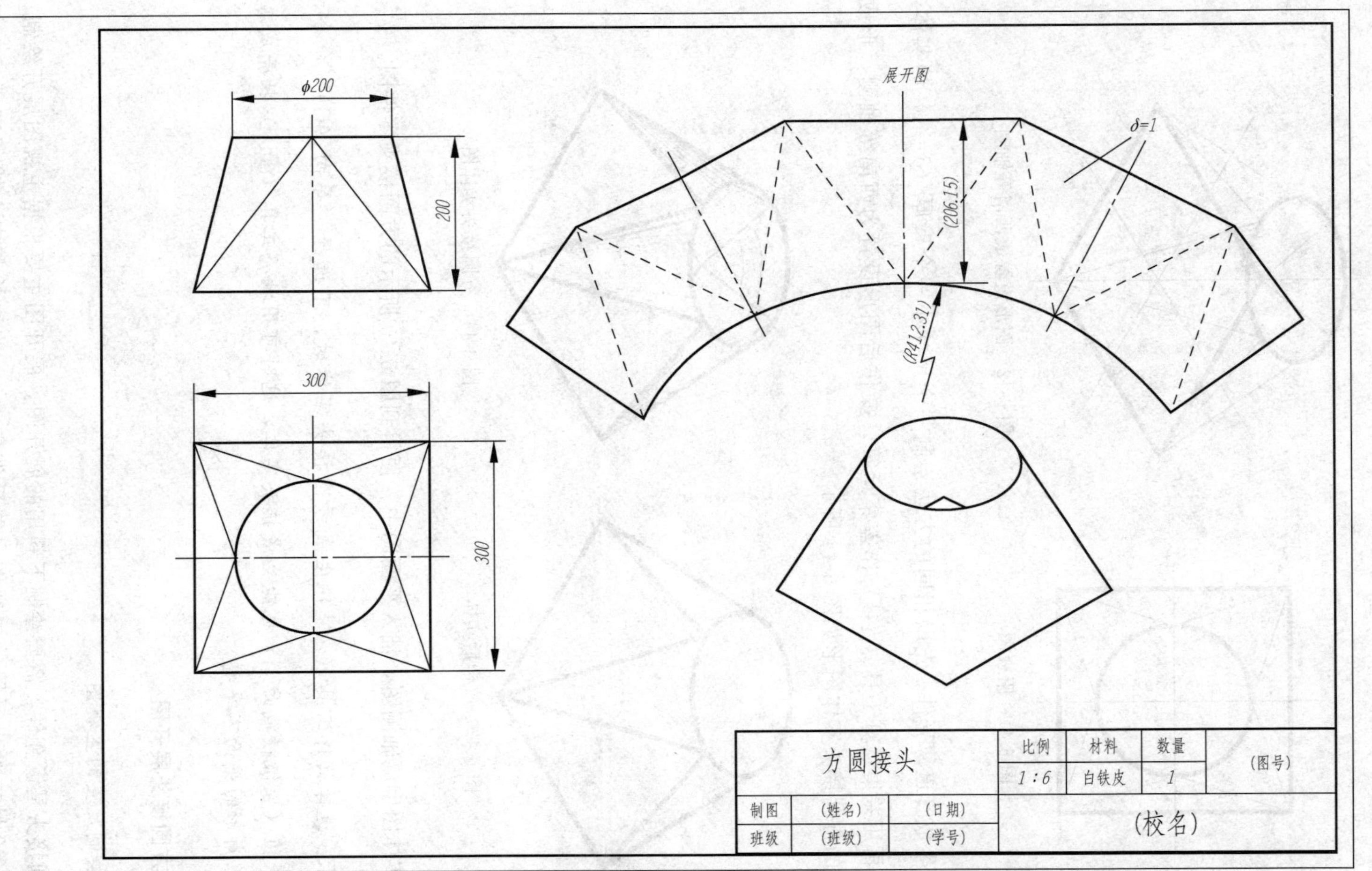
φ200
200
300
300
展开图
(206.15)
δ=1
(R412.31)
方圆接头
比例
材料
数量
1:6
白铁皮
1
(图号)
制图
(姓名)
(日期)
班级
(班级)
(学号)
(校名)

图 6-40 方圆接头

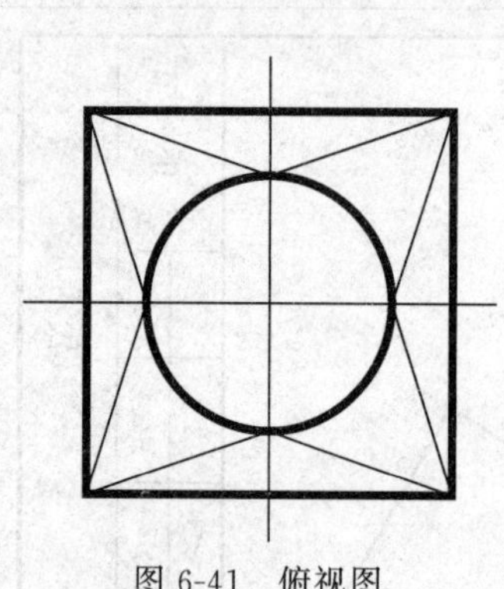
图 6-41 俯视图

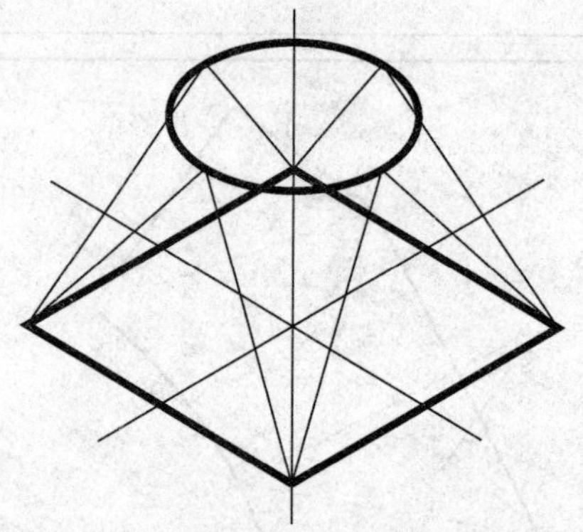
图 6-42 图形设置成西南等轴测

3）生成管道薄壳件。先以相同的方法绘制一个尺寸小一个壁厚（$\delta=1$）的实体，再用差集运算工具（ ）作差集运算，操作后图形设置为西南等轴测，形成的方圆接头实体图形如图 6-44 所示。

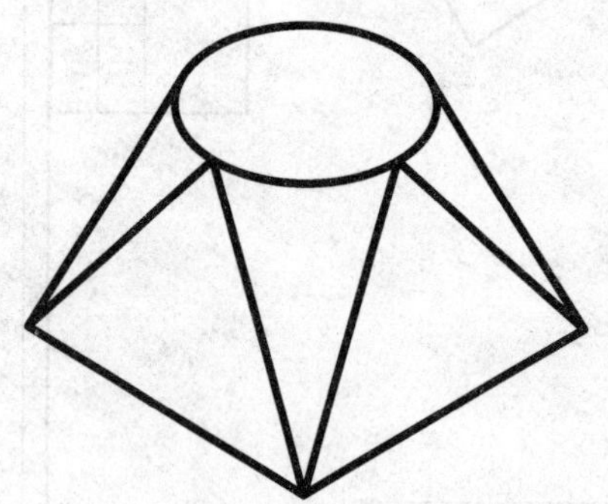
图 6-43 放样后实体

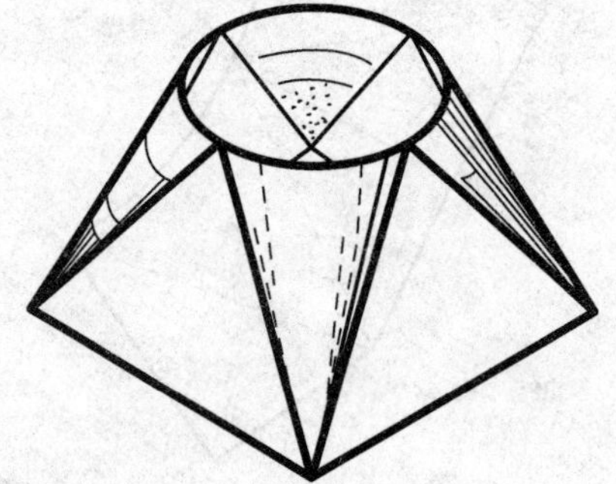
图 6-44 方圆接头实体图

将实体图生成轴测图，插入平面图中，便得到图 6-40 所示的方圆接头零件图。

提示：选择放样工具（ ）生成方圆接头实体时，不选择“导向（G）”命令，仅用默认值（<仅横截面>）也能生成接头实体，这时可用抽壳工具（ ）抽壳成薄壁，但三角形的平面不平整。

6.4.2 方圆接头展开图

1. 绘制反置的主视图

方圆接头是钣金件，需要绘制下料用的展开图。展开图主要根据主视图展开绘制。根据图 6-40 尺寸画出反置的主视图，并延伸斜边 ab 的边长与中心线相交于 O，如

图 6-45所示。

2. 绘制展开的平面三角与展开的上口圆

1）以主视图的斜边长 *ab* 线段为中心高，作 *ab* 线段的垂直线段 *cd* 并对称于 *ab*，*cd* 线段长为方圆接头方口底边长度（300）。连接 *cd* 两端至 *b* 点，得到展开的三角平面图形 *bcd*（参考图 6-46）。

2）以 *ob* 为半径，用画圆工具（ ）绘制上圆口的展开圆。结果如图 6-46 所示。

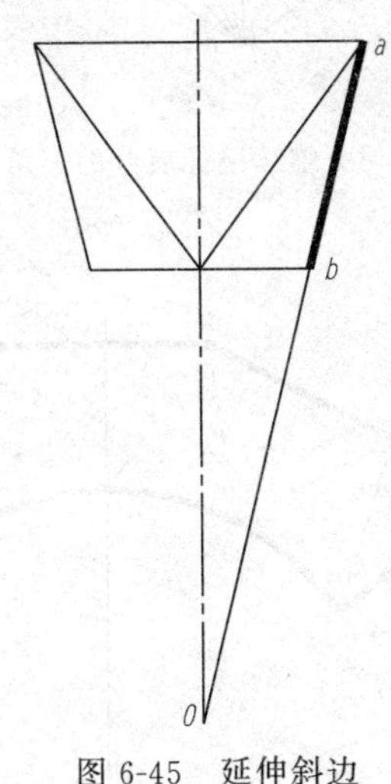

图 6-45 延伸斜边

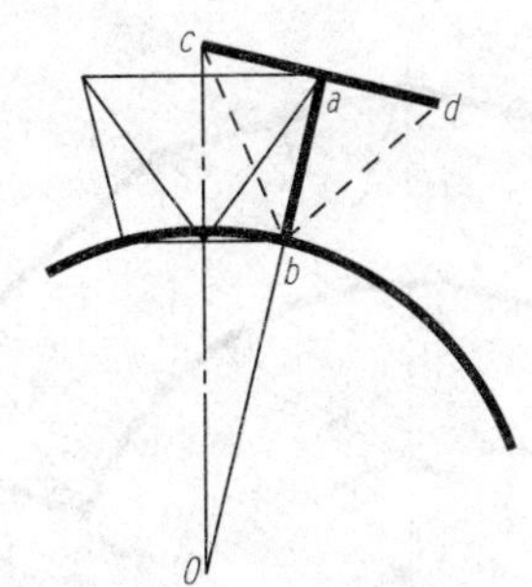

图 6-46 复制斜边至中点

3. 绘制其他展开面

1）以 *Oc* 为中心线镜像三角平面图形 *bcd*，镜像（ ）展开的三角平面。并连接两边角与圆心，结果如图 6-47 所示。

2）再以两边角与中心的连线为镜像线，继续向两边镜像展开三角平面，结果如图 6-48所示。

3）假设方圆接头钣金相接部分在三角平面的中间，依此修剪、删除掉多余图线，得到方圆接头展开图如图 6-49 所示。

4. 绘制完成展开图

1）测量中心线与 *oa* 线的夹角。选择菜单："工具" → "查询" → "角度"命令，单击中心线与 *Oa* 线，命令行提示夹角为 14.07°（如图 6-49 所示）。

2）以上口展开圆中心 *O* 为圆心，将展开图旋转 14.07°，得到展开图如图 6-50 所示。

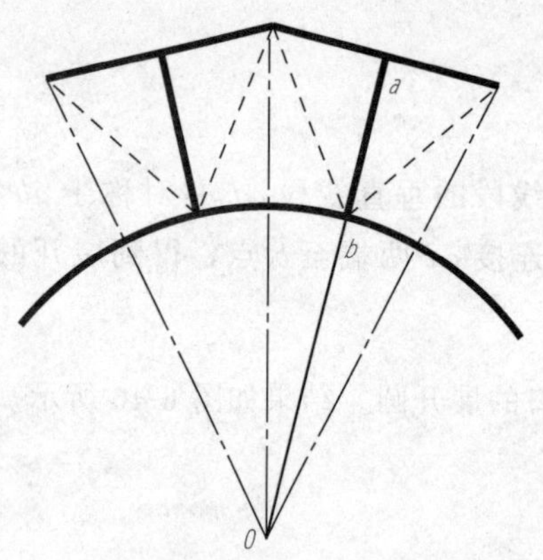

图 6-47　镜像展开的三角平面

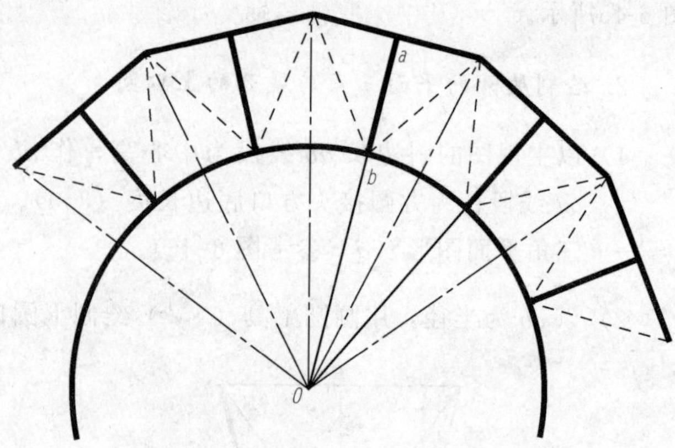

图 6-48　继续镜像展开的三角平面

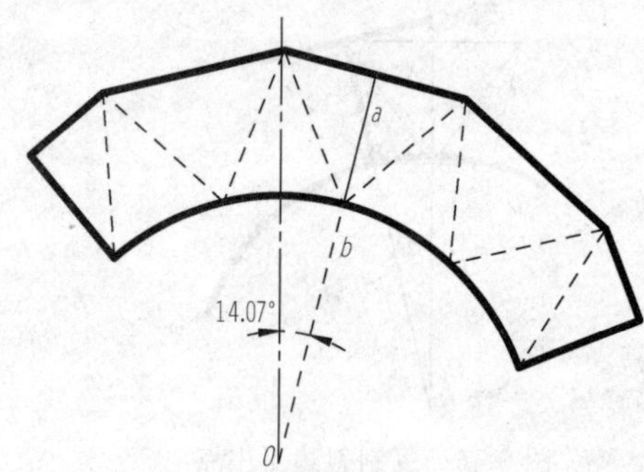

图 6-49　修剪后的展开图

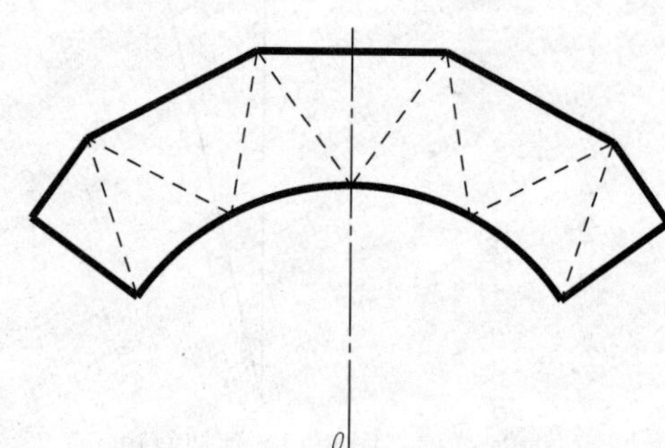

图 6-50　旋转后的展开图

3）删除不需要的图线，最终结果如图 6-40 所示。

6.5　小型十字轴式双万向联轴器装配图绘制

小型十字轴式双万向联轴器是一个标准的万向接头，主要由半联轴器轴叉、双头轴叉、十字块、塞销、套筒、销杆等组成。装配立体结构如图 6-51 所示。爆炸装配图

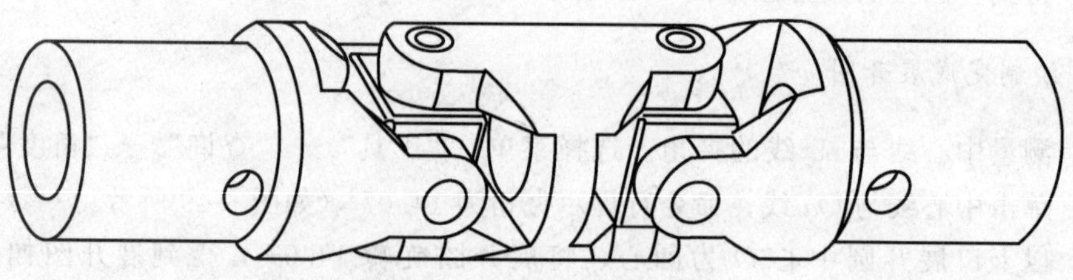

图 6-51　联轴器立体装配图

如图 6-52 所示。其中半联轴器轴叉如图 4-38 所示，中间的双头轴叉零件图如图 6-53 所示，其他四个小零件尺寸如图 6-54 所示。

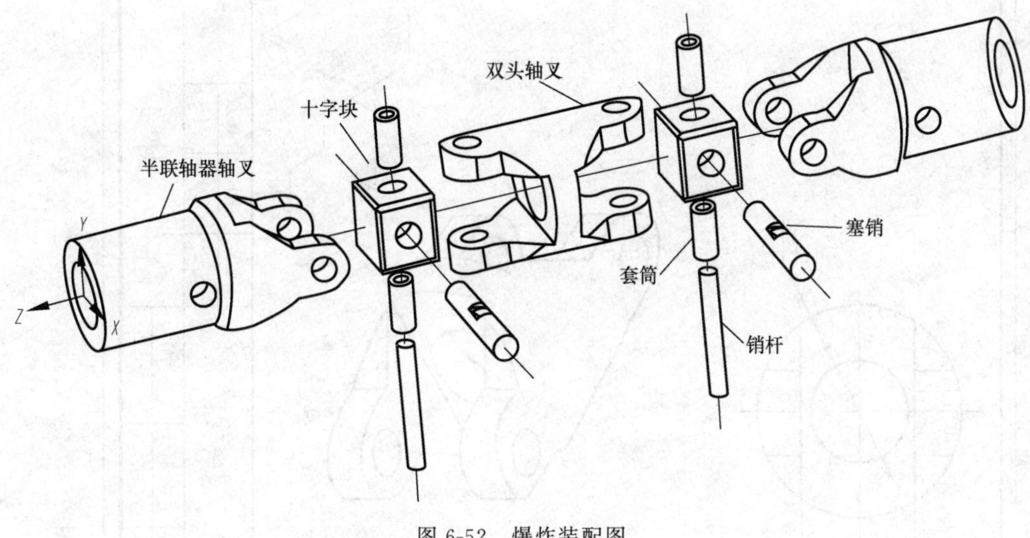

图 6-52　爆炸装配图

6.5.1　小型十字轴式双万向联轴器的三维实体装配图

绘制三维装配图之前，先分别绘制好各零件的三维立体图，根据装配关系，用快捷菜单中的“带基点复制”命令复制、粘贴到装配图中的配合位置上进行装配。

提示：“带基点复制”命令中的“基点”应是装配时的装配基准点。

在进行小型十字轴式双万向联轴器的装配时，可以先将塞销、套筒、销杆进行装配。再将十字块、半联轴器轴叉、双头轴叉等逐件装配，根据结构对称的特点，通过镜像的方法产生另一边的对称结构。

1）建立通过坐标原点的三维基准线。绘制完成所有零件的实体图形。

2）首先复制塞销的对称中心至三维基准线的交点（坐标原点）。先将塞销孔的上端圆心先移至交点，再根据孔的长度（6mm）的一半，向上移动 3mm 完成，如图 6-55 所示。

3）装配套筒、销杆。将套筒底部圆心与塞销孔上部的圆心重合，将另一个套筒的上部圆心与塞销孔下部的圆心重合完成装配，再将销杆对称装入塞销的孔中，如图 6-56所示。

提示：绘制各零件图时要注意坐标位置与装配关系的一致性，否则在装配时就需要在空间旋转零件，以满足装配位置要求。也可以用对齐命令进行装配。

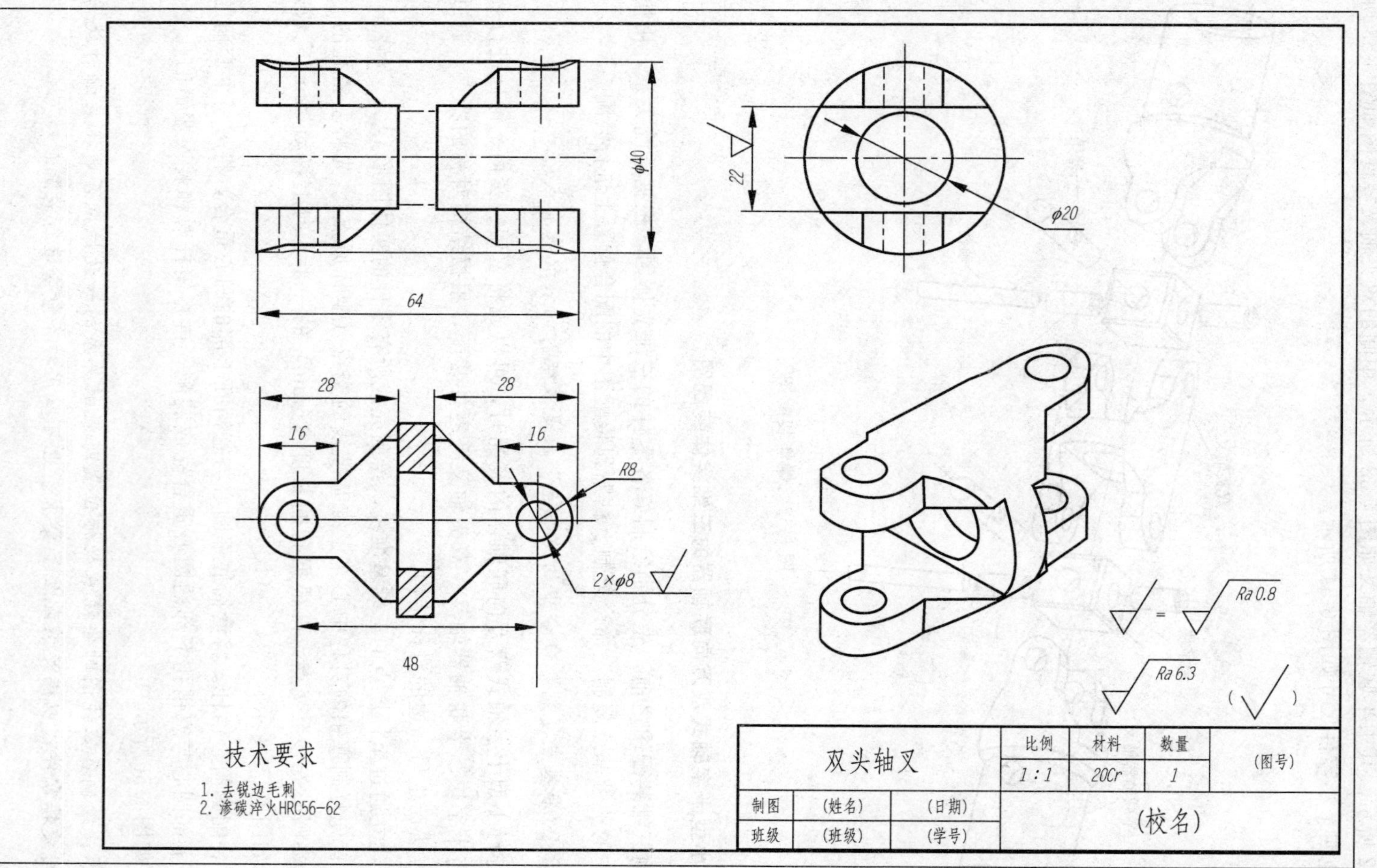

图 6-53　双头轴叉零件图

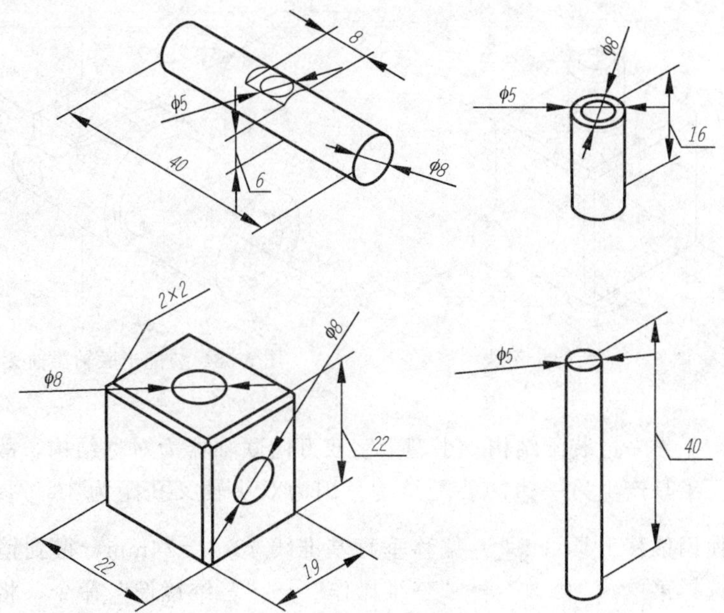

图 6-54　塞销、套筒、十字块、销杆

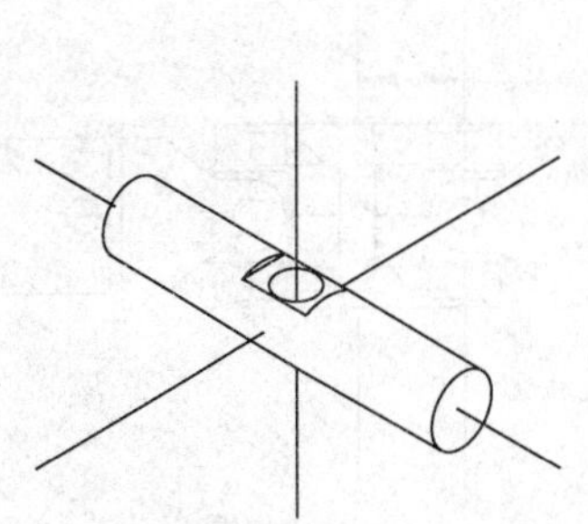

图 6-55　塞销中心放至三基准线交点

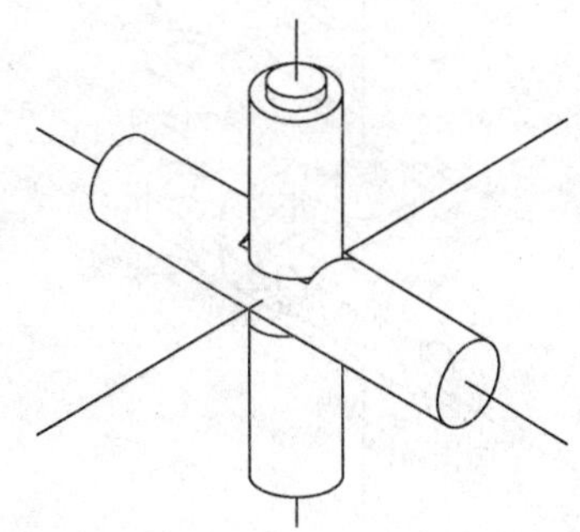

图 6-56　装入塞销与销杆

4）装配十字块。装配十字块时要以十字块交叉孔的中心为装配基准，将十字块的中心装配线到三维基准线的交点（坐标原点）上，以保证装配关系，如图 6-57所示。

5）装配半联轴器轴叉。装配半联轴器轴叉时，将半联轴器轴叉上一边孔的圆心对准十字块一边孔的圆心，结果如图 6-58 所示。

6）装配双头轴叉。装配双头轴叉时，将双头轴叉上端孔的圆心与十字块上端孔的圆心对准，结果如图 6-59 所示。

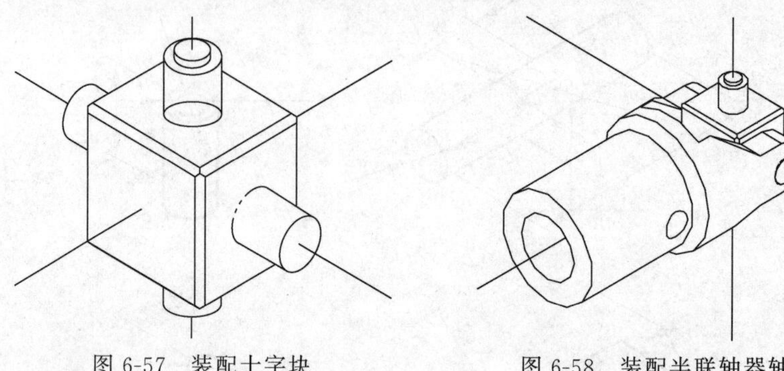

图 6-57　装配十字块　　　　图 6-58　装配半联轴器轴叉

7）镜像产生另一边装配结构。小型十字双万向联轴器为对称结构，故可以使用三维镜像工具产生另一边的装配结构。因为双头轴叉孔距为 48（参考图 6-53），故先使用偏移工具（ ）偏移垂直基准线 48/2＝24mm，得到镜像结构对称线，选择菜单："修改" → "三维操作" → "三维镜像" 命令，将装配结构镜像至另一边，完成全部装配，如图 6-60 所示。

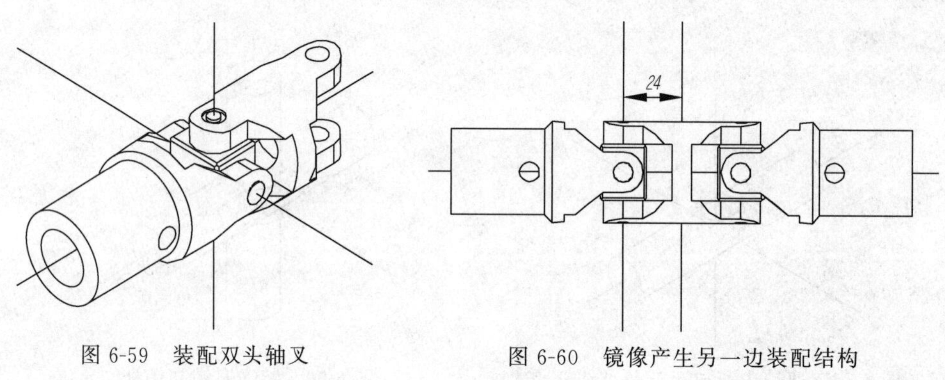

图 6-59　装配双头轴叉　　　　图 6-60　镜像产生另一边装配结构

6.5.2　小型十字轴式双万向联轴器的爆炸装配图

图 6-52 所示的爆炸装配图是在三维立体装配图完成的基础上进行的，是对三维装配图的拆解，拆解时必须保证装配位置关系，故各零件须沿每个装配轴拆解。因此，拆解时不能使用鼠标移动零件实体，以免破坏原有的空间关系，而应通过命令行输入相对三维坐标的方式移动，如若需沿 *X* 轴正方向移动 100mm，则移动时在命令行输入@100,0,0。

爆炸图的 *X*-*Y* 坐标一般不与视图平面平行，在爆炸图中标注说明文字时，为保证文字不变形，文字应与视图平面一致，故需要选择菜单："工具" → "新建" → "视图”命令，将 X-Y 坐标设置到与视图平面一致。

请读者参考图 6-52 所示爆炸装配图自行绘制。

6.5.3 小型十字轴式双万向联轴器的平面装配图

1）视图表达。小型十字轴式双万向联轴器主要结构是轴向回转体，视图表达比较简单，由一个主视图加一个剖面图就可以清楚表达。也可以用由立体装配图直接生成平面装配图的方法出图，具体操作不再叙述。

剖面图中需要表达多个零件剖面，因此，在产生的剖面图中，要删除自动生成的剖面线。具体操作时，进入剖面图的模型空间，删除多余的图线，使用图案填充工具（ ）重新对所要表达的零件剖切面填充剖面线，这时图层应设置为“剖面图-HAT”。

为了在主视图中更好地反映联接结构，对半联轴器作了局部剖视，用样条曲线在主视图的模型空间中绘制波浪线，波浪线使用“主视图-DIM”图层（细实线），剖切后的粗实线轮廓用“主视图-VIS”图层绘制，主视图对局部剖切面填充剖面线时，由于没有剖面图层，故也使用“主视图-DIM”图层。

对于较简单的装配结构，加入立体结构参考图也比较方便，在此装配图中增设了立体参考视图，这样有三个视图用来表达装配结构。

2）标注尺寸、零件序号、填写明细栏（参考书后附图 2）完成整个图样，如图 6-61所示。

本章从几个角度讨论了立体图形与工程图的绘制。通过轴的结构绘制可以发现有些结构如螺纹的真实结构绘制比较困难，但根据螺纹断面尺寸，用扫掠工具可以实现。齿轮轮廓的绘制可根据渐开线生成原理绘制。方圆接头这类的截面实体可使用放样工具绘制。空间弯管的绘制主要从平面出发，最后旋转到空间位置，实际工作中有许多较简单的空间结构是可以从平面进行处理的。最后，通过小型十字轴式双万向联轴器装配图的绘制，可以了解，对于较简单的立体装配结构，用 AuotCAD 也能方便地实现。

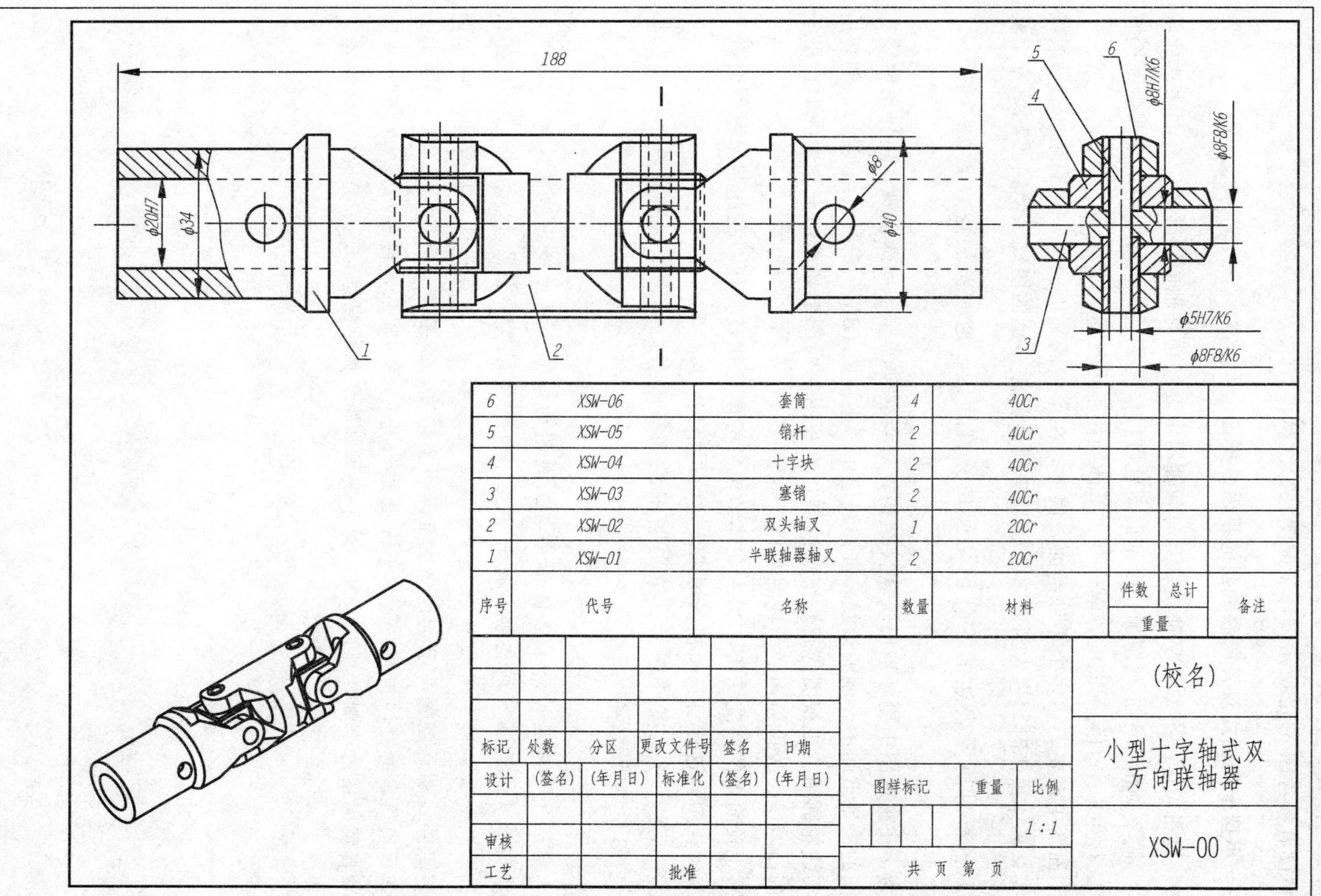

188
φ20H7
φ34
φ8
φ40
φ8H7/K6
φ8F8/K6
φ5H7/K6
1
2
3
4
5
6
6 XSW-06 套筒 4 40Cr
5 XSW-05 销杆 2 40Cr
4 XSW-04 十字块 2 40Cr
3 XSW-03 塞销 2 40Cr
2 XSW-02 双头轴叉 1 20Cr
1 XSW-01 半联轴器轴叉 2 20Cr
序号 代号 名称 数量 材料
件数 总计
重量
备注
标记 处数 分区 更改文件号 签名 日期
设计 (签名) (年月日) 标准化 (签名) (年月日)
审核
工艺 批准
图样标记 重量 比例
1:1
共 页 第 页
(校名)
小型十字轴式双万向联轴器
XSW-00

图 6-61 小型十字轴式双万向联轴器装配图

附　图

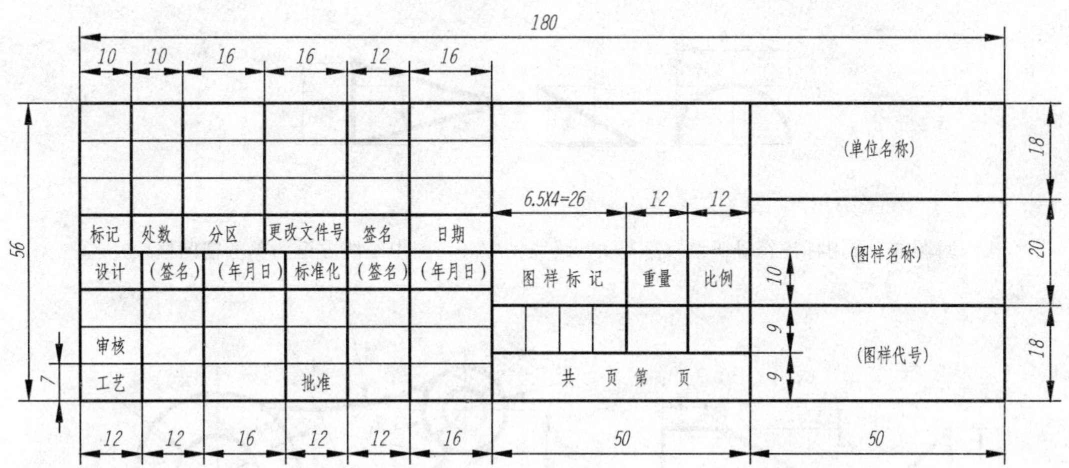

附图 1　标题栏

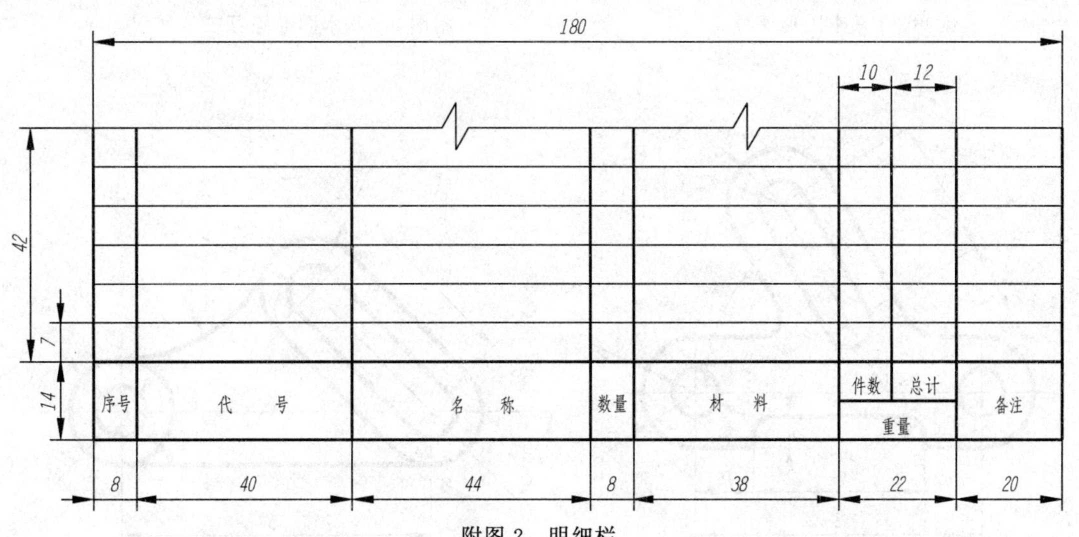

附图 2　明细栏

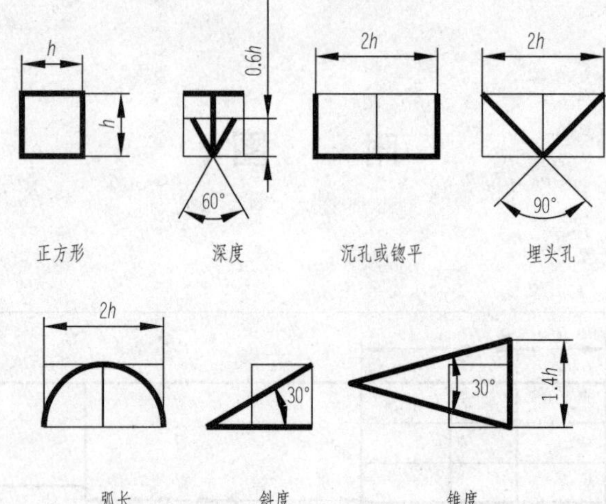

附图 3　常用标注符号画法（字高 h，线宽：$h/10$，图中细线方框为参考辅助框线）

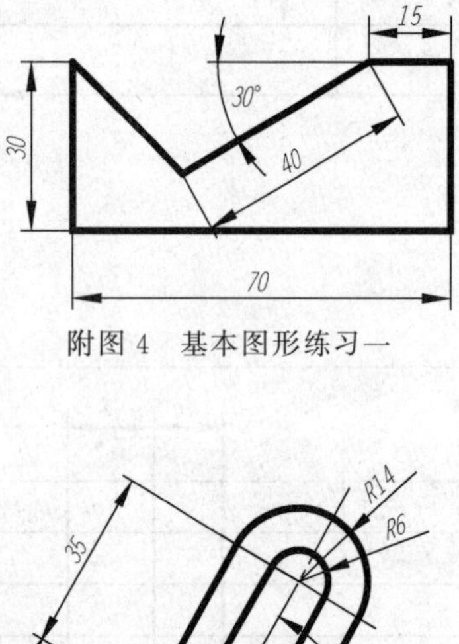

附图 4　基本图形练习一

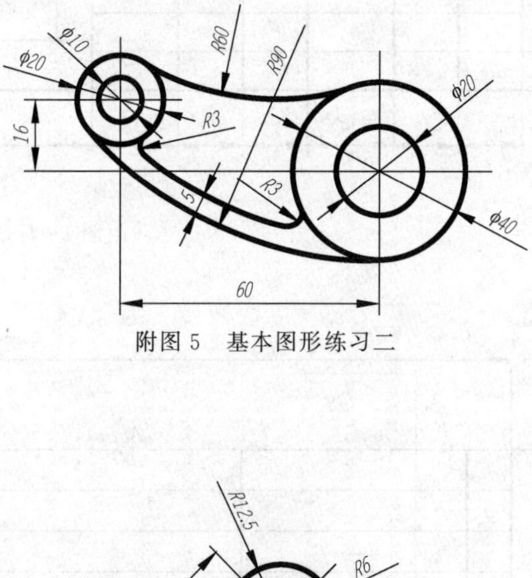

附图 5　基本图形练习二

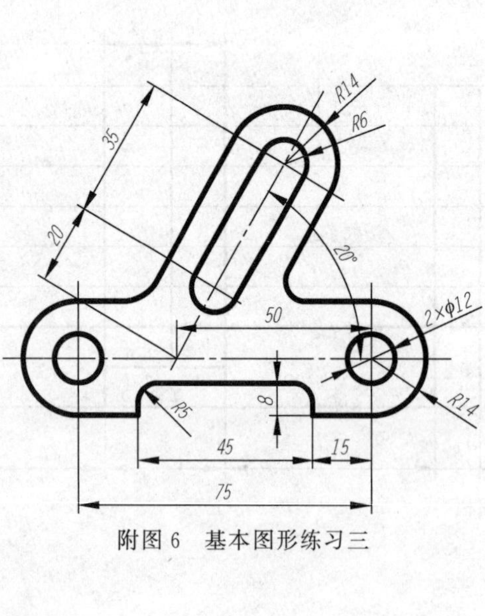

附图 6　基本图形练习三

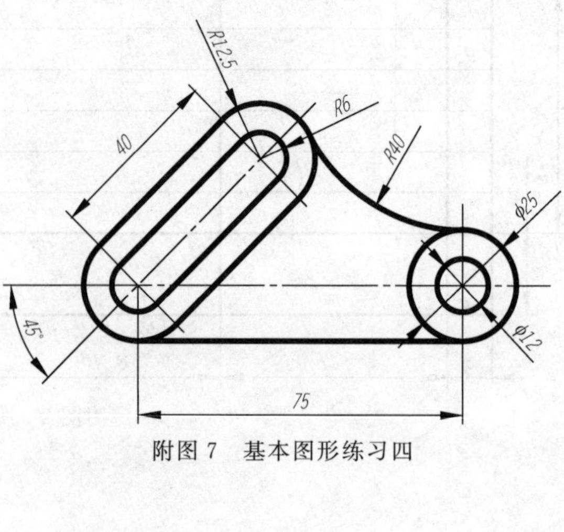

附图 7　基本图形练习四

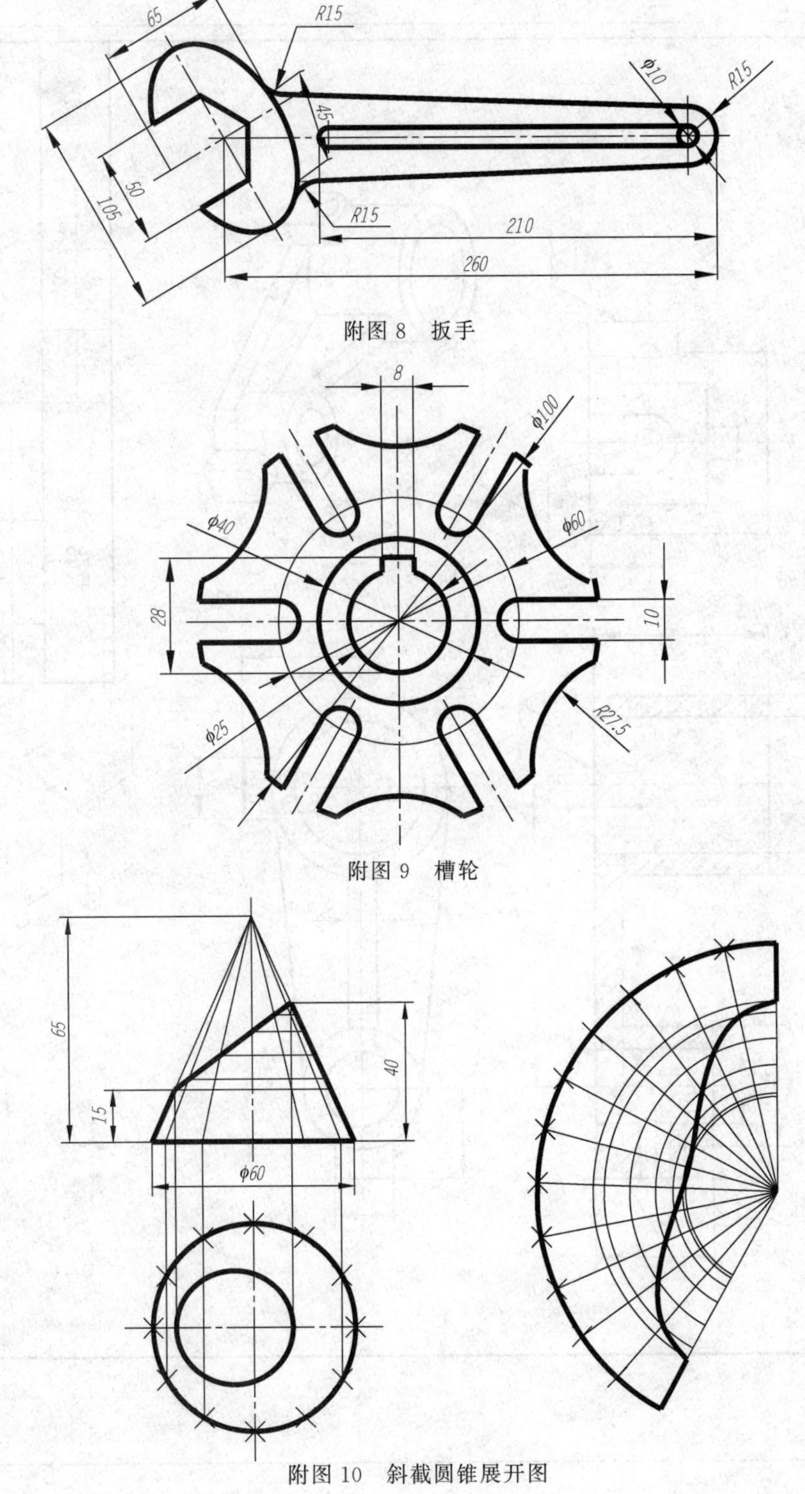

附图 8　扳手

附图 9　槽轮

附图 10　斜截圆锥展开图

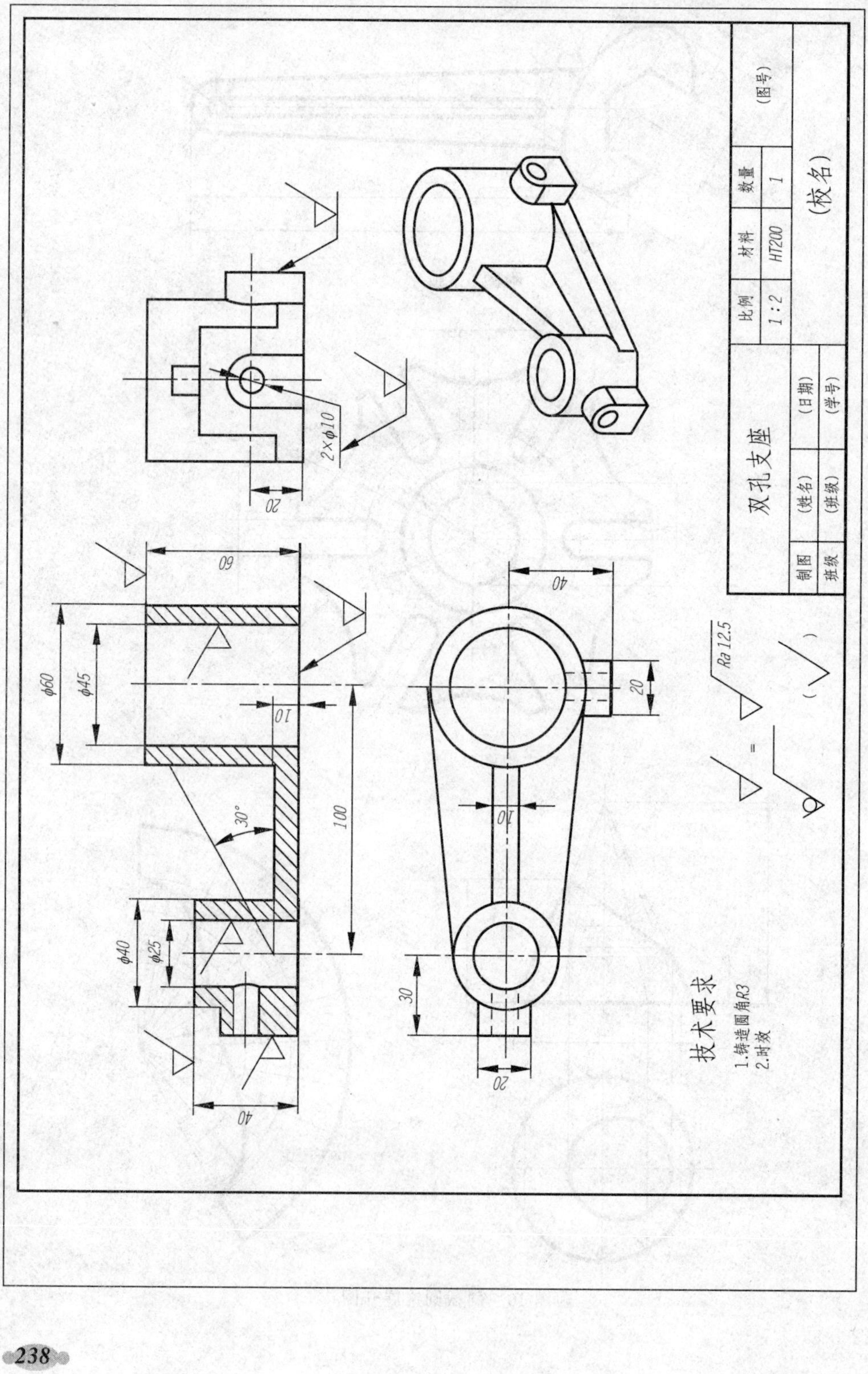

技术要求

1.铸造圆角R3
2.时效

双孔支座		比例	材料	数量	(图号)
		1:2	HT200	1	
制图	(姓名)	(日期)	(校名)		
班级	(班级)	(学号)			

附图 11　双孔支座

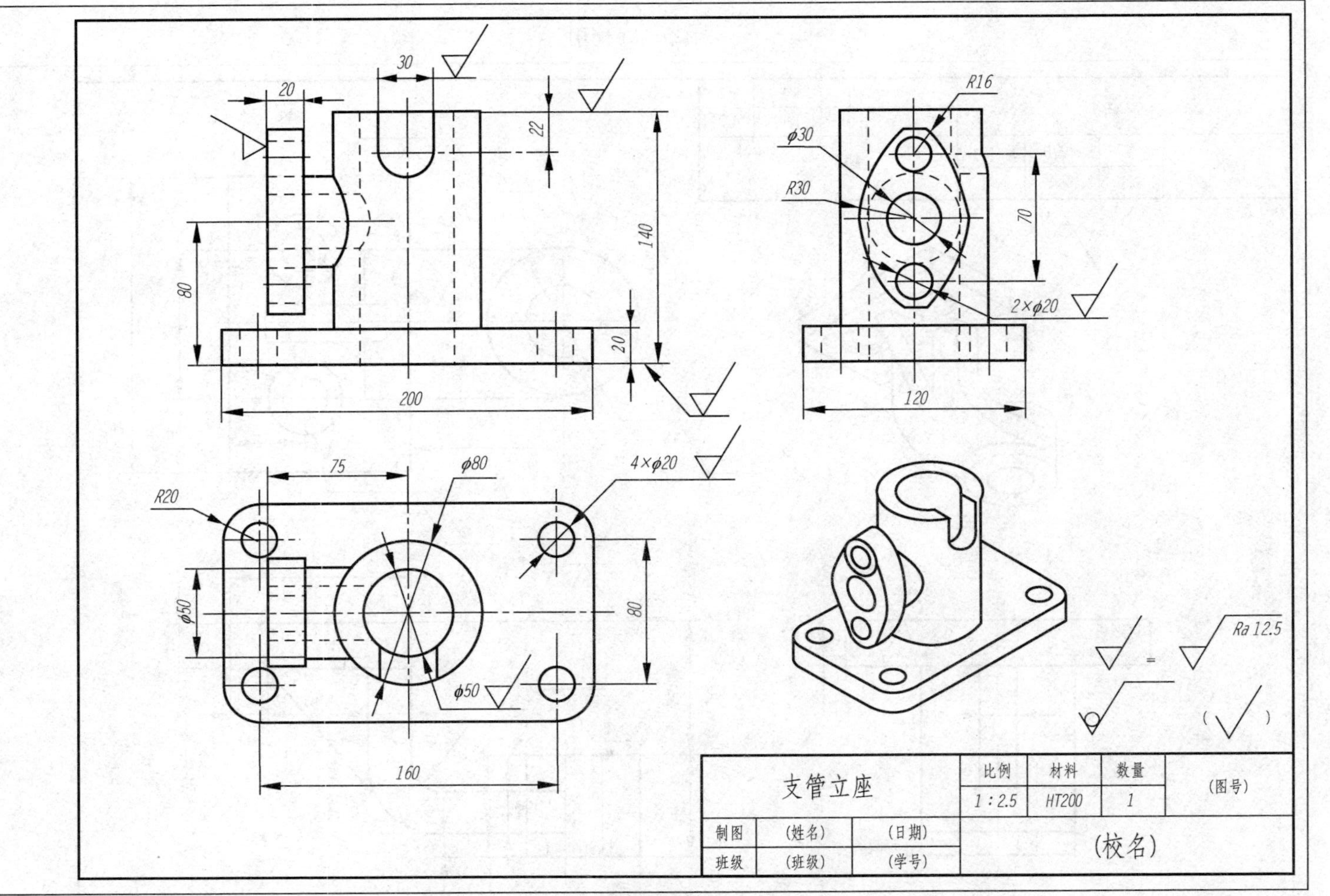
30
20
22
140
80
20
200
R16
φ30
R30
70
2×φ20
120
75
φ80
4×φ20
R20
φ50
80
φ50
160
Ra 12.5
支管立座
比例
材料
数量
(图号)
1:2.5
HT200
1
制图
(姓名)
(日期)
班级
(班级)
(学号)
(校名)

附图 12　支管立座

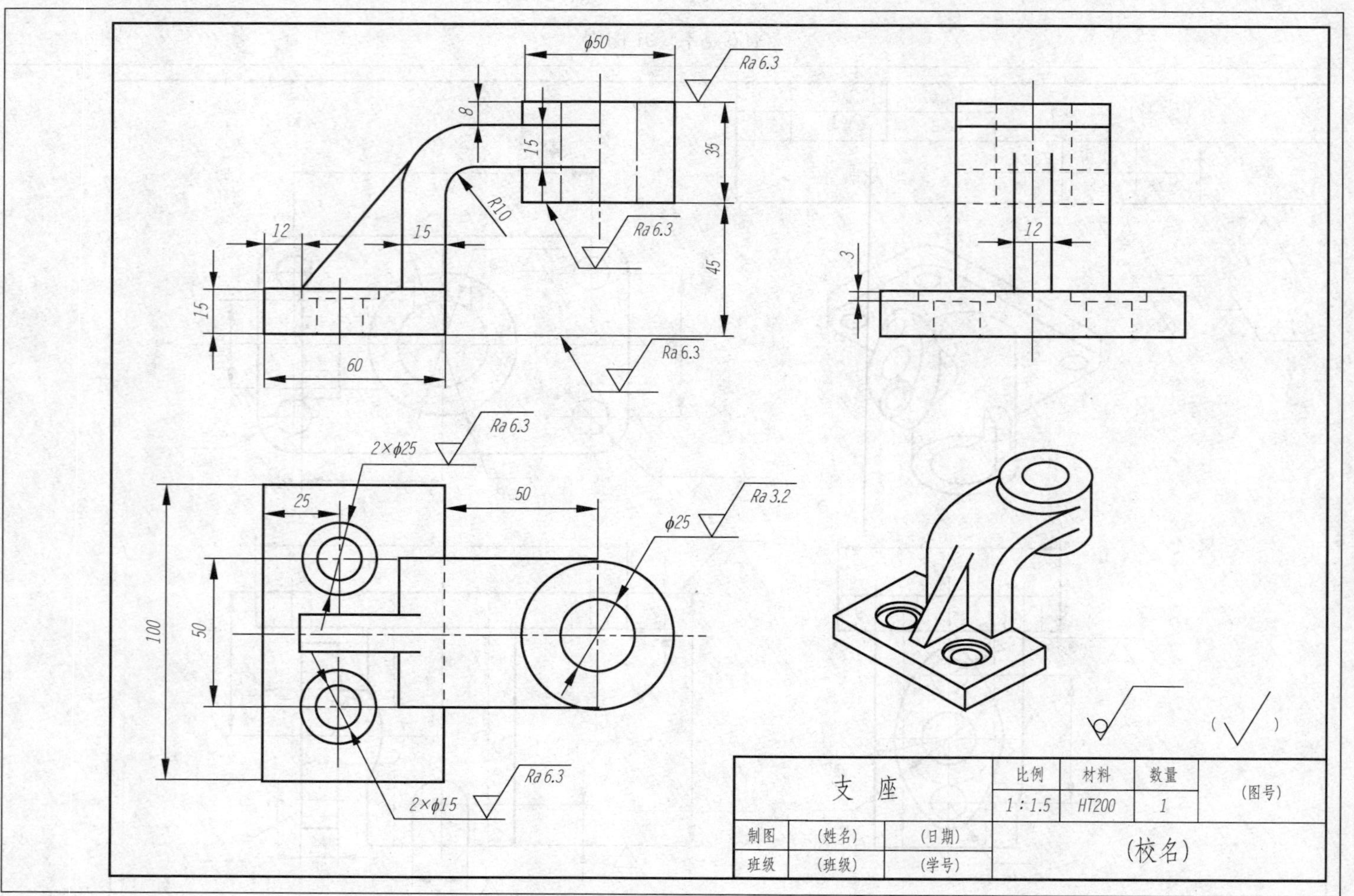
ϕ50
Ra 6.3
8
15
35
R10
Ra 6.3
12
15
45
15
60
Ra 6.3
12
3
Ra 6.3
2×ϕ25
25
50
Ra 3.2
ϕ25
100
50
Ra 6.3
2×ϕ15
支 座
比例
材料
数量
1:1.5
HT200
1
(图号)
制图
(姓名)
(日期)
班级
(班级)
(学号)
(校名)

附图 13　支座

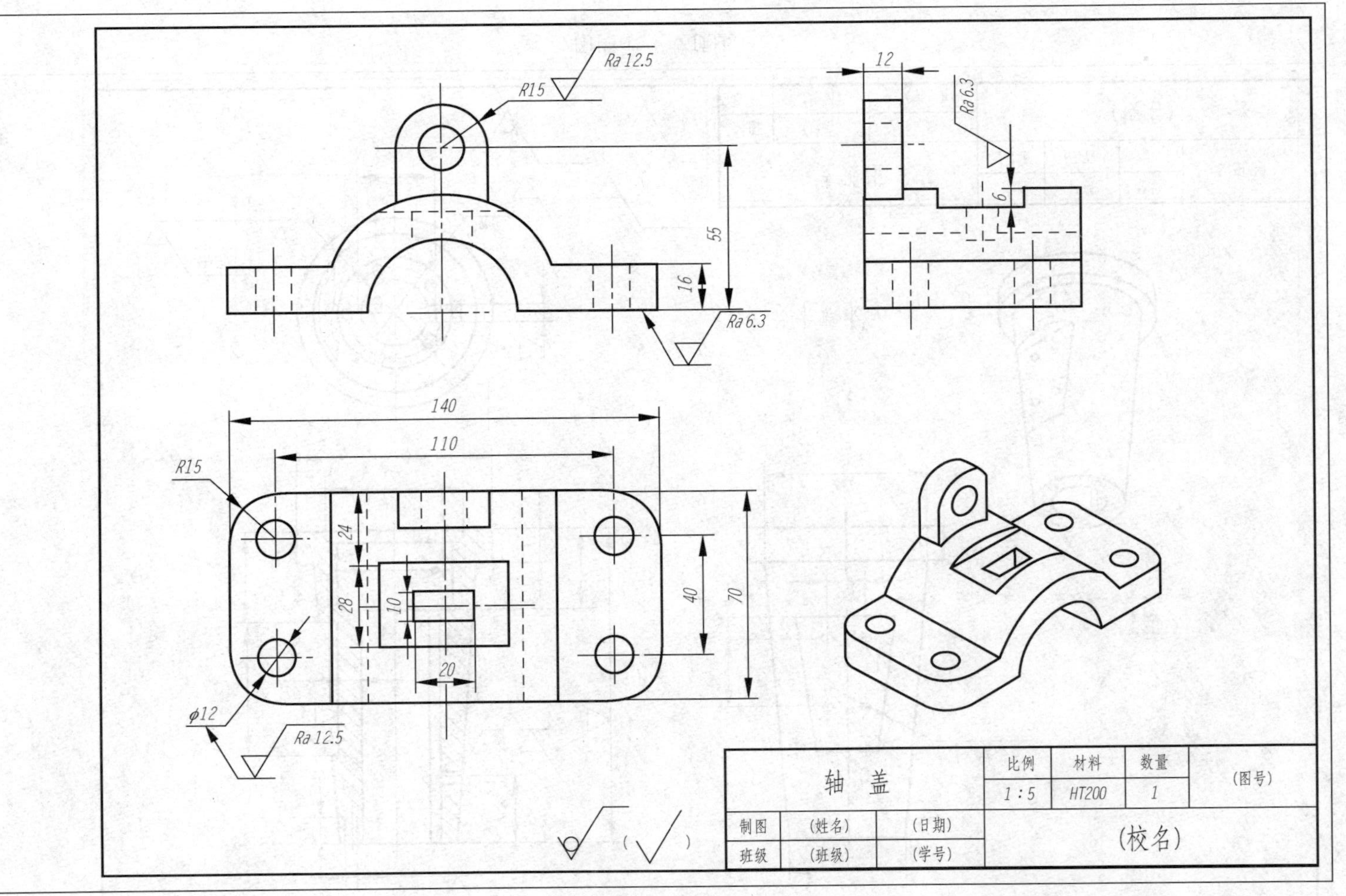
Ra 12.5
R15
55
16
Ra 6.3
12
Ra 6.3
6
140
110
R15
24
28
10
20
40
70
φ12
Ra 12.5
轴盖
比例
材料
数量
1:5
HT200
1
(图号)
制图
(姓名)
(日期)
班级
(班级)
(学号)
(校名)

附图 14　轴盖

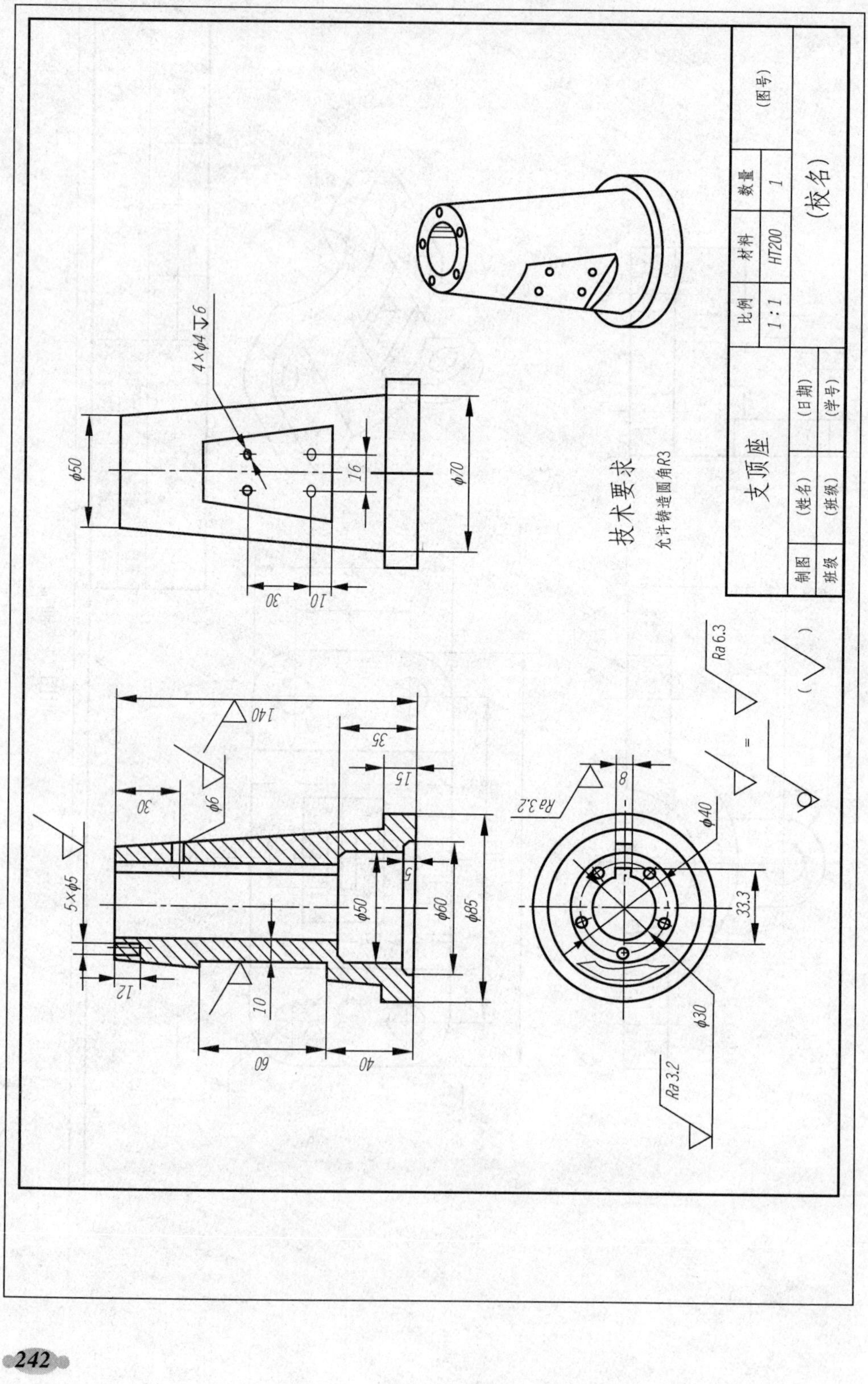

技术要求

允许铸造圆角R3

支顶座		比例	材料	数量	(图号)
		1:1	HT200	1	
制图	(姓名)	(日期)	(校名)		
班级	(班级)	(学号)			

附图 15 支顶座

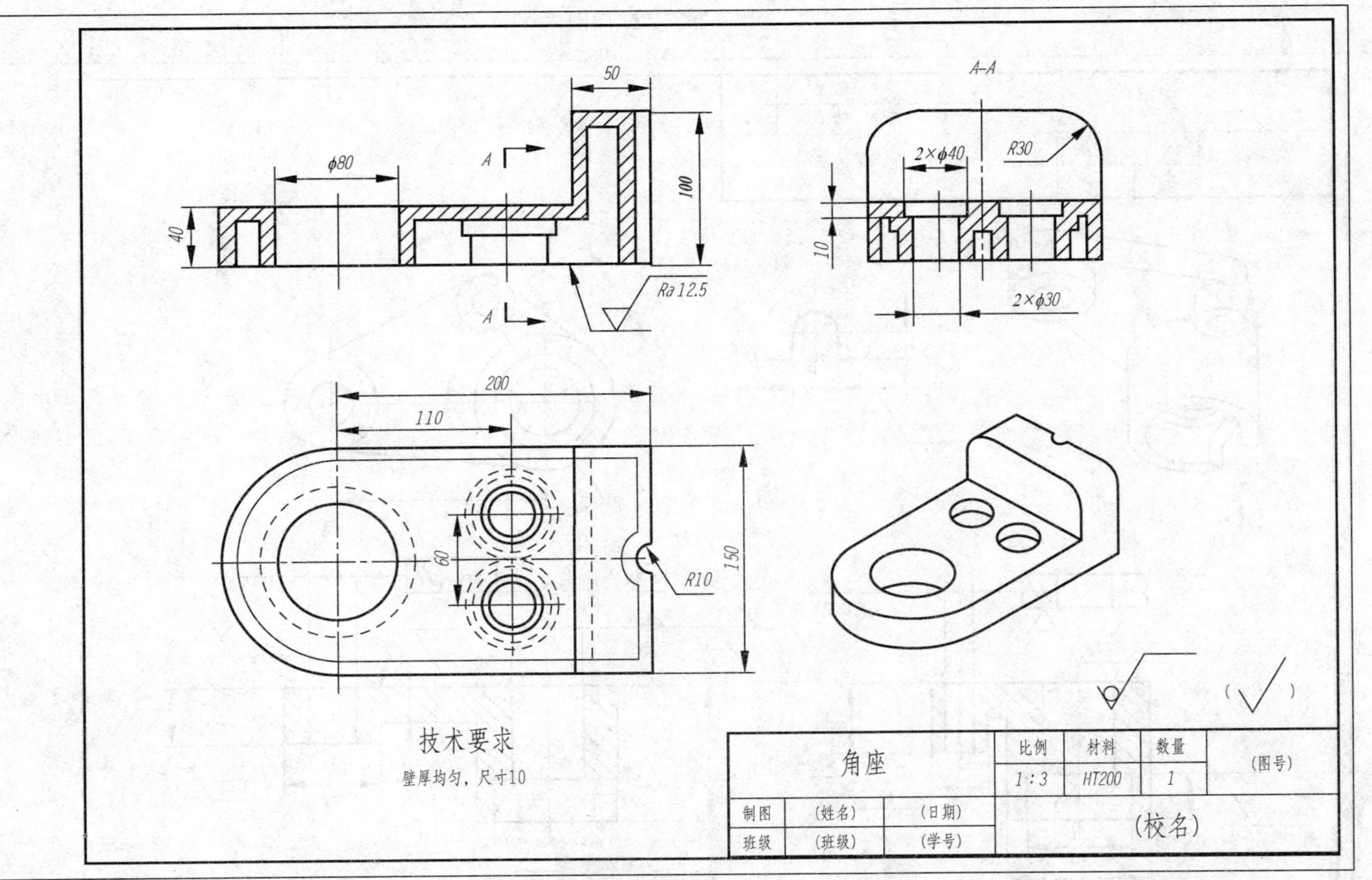
A-A
50
100
40
ϕ80
A
A
Ra 12.5
2×ϕ40
R30
10
2×ϕ30
200
110
60
R10
150
技术要求
壁厚均匀，尺寸10
角座
比例
材料
数量
1∶3
HT200
1
(图号)
制图
(姓名)
(日期)
班级
(班级)
(学号)
(校名)

附图 16　角座

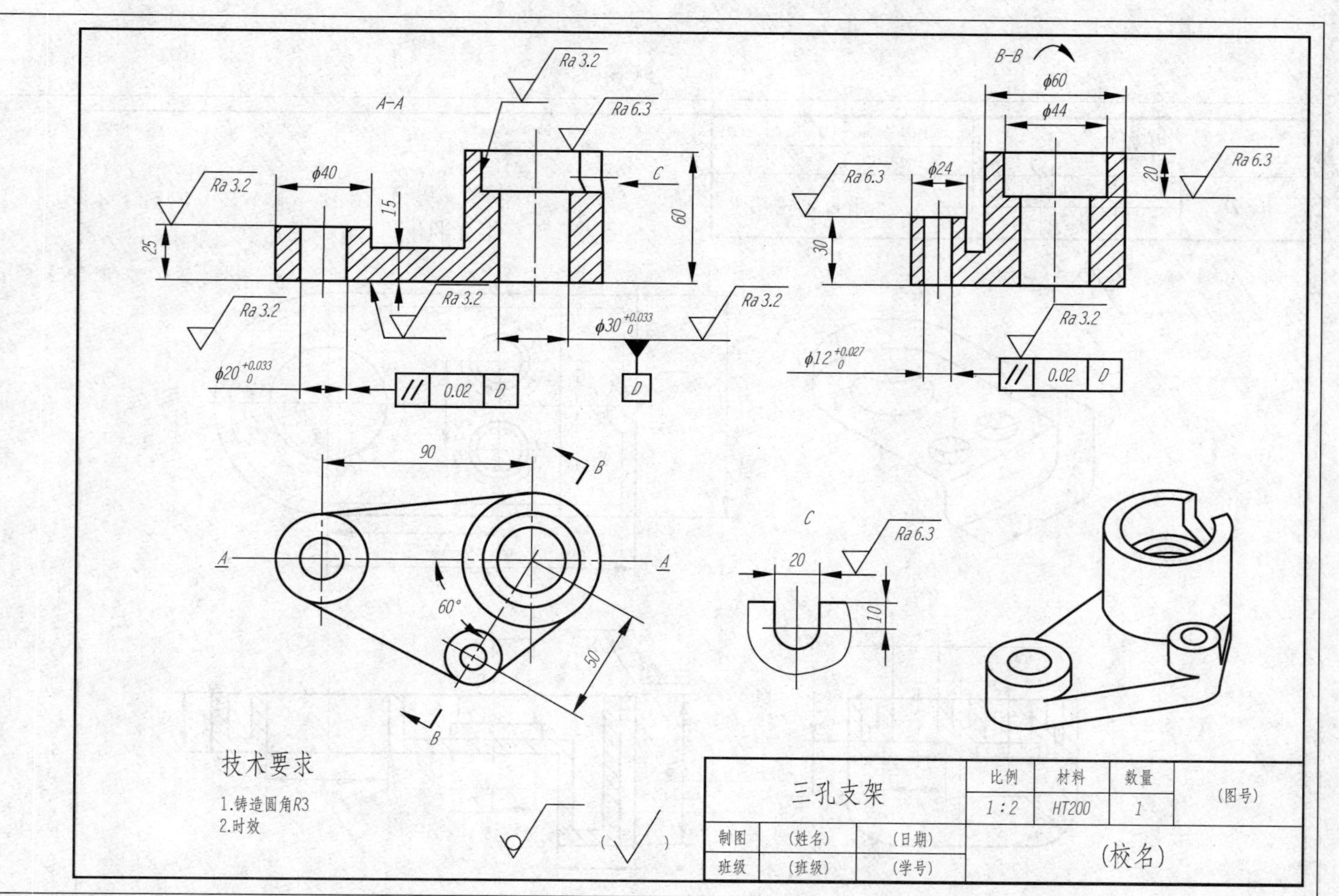
A–A
B–B
C
技术要求
1.铸造圆角R3
2.时效
三孔支架
比例
材料
数量
1:2
HT200
1
(图号)
制图
(姓名)
(日期)
班级
(班级)
(学号)
(校名)

附图 17 三孔支架

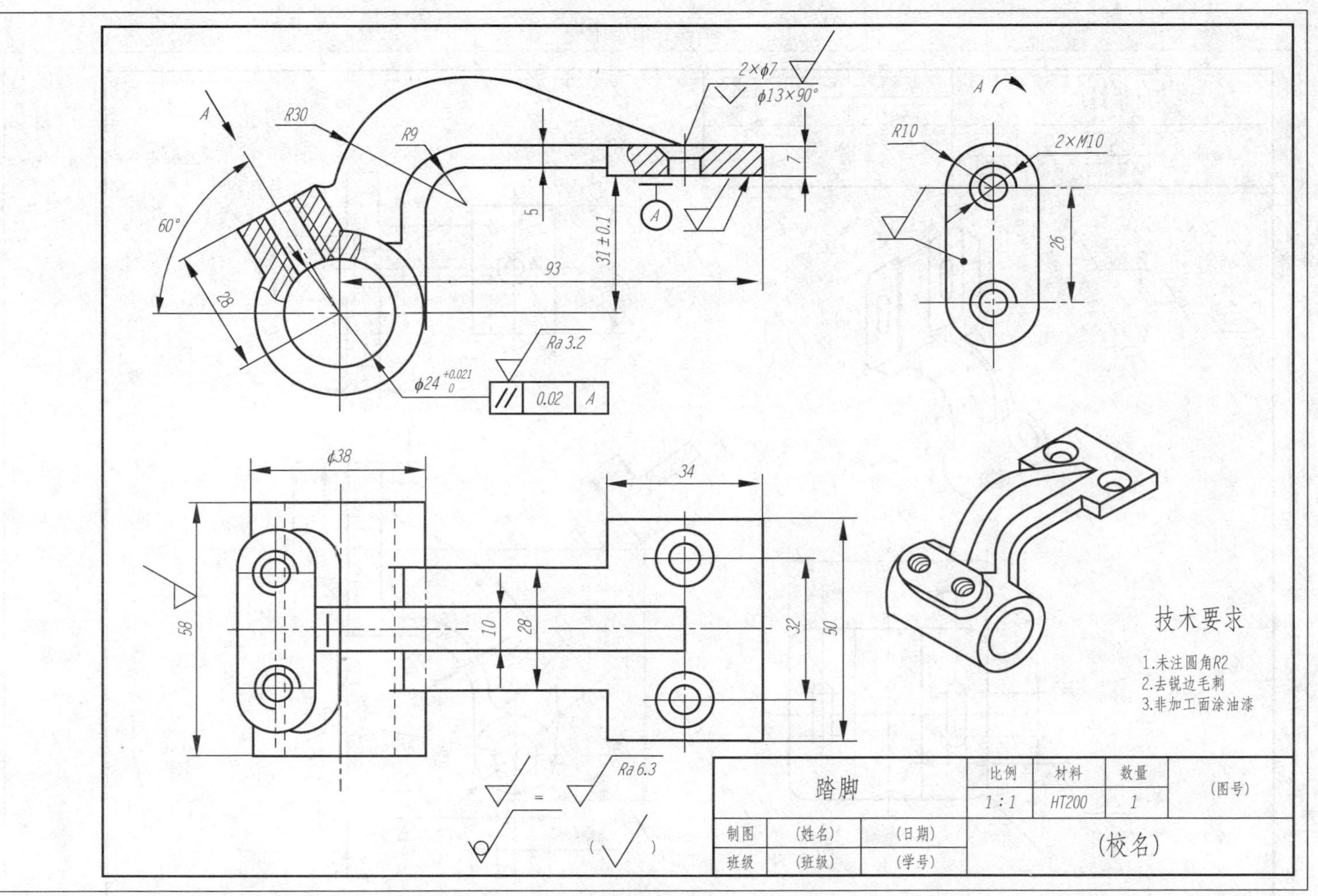
A
R30
R9
2×ϕ7
ϕ13×90°
7
5
A
31±0.1
93
60°
28
Ra 3.2
ϕ24 +0.021 0
// 0.02 A
A
R10
2×M10
26
ϕ38
34
58
10
28
32
50
技术要求
1.未注圆角R2
2.去锐边毛刺
3.非加工面涂油漆
Ra 6.3
=
踏脚
比例 材料 数量
1∶1 HT200 1
(图号)
制图 (姓名) (日期)
班级 (班级) (学号)
(校名)

附图 18 踏脚

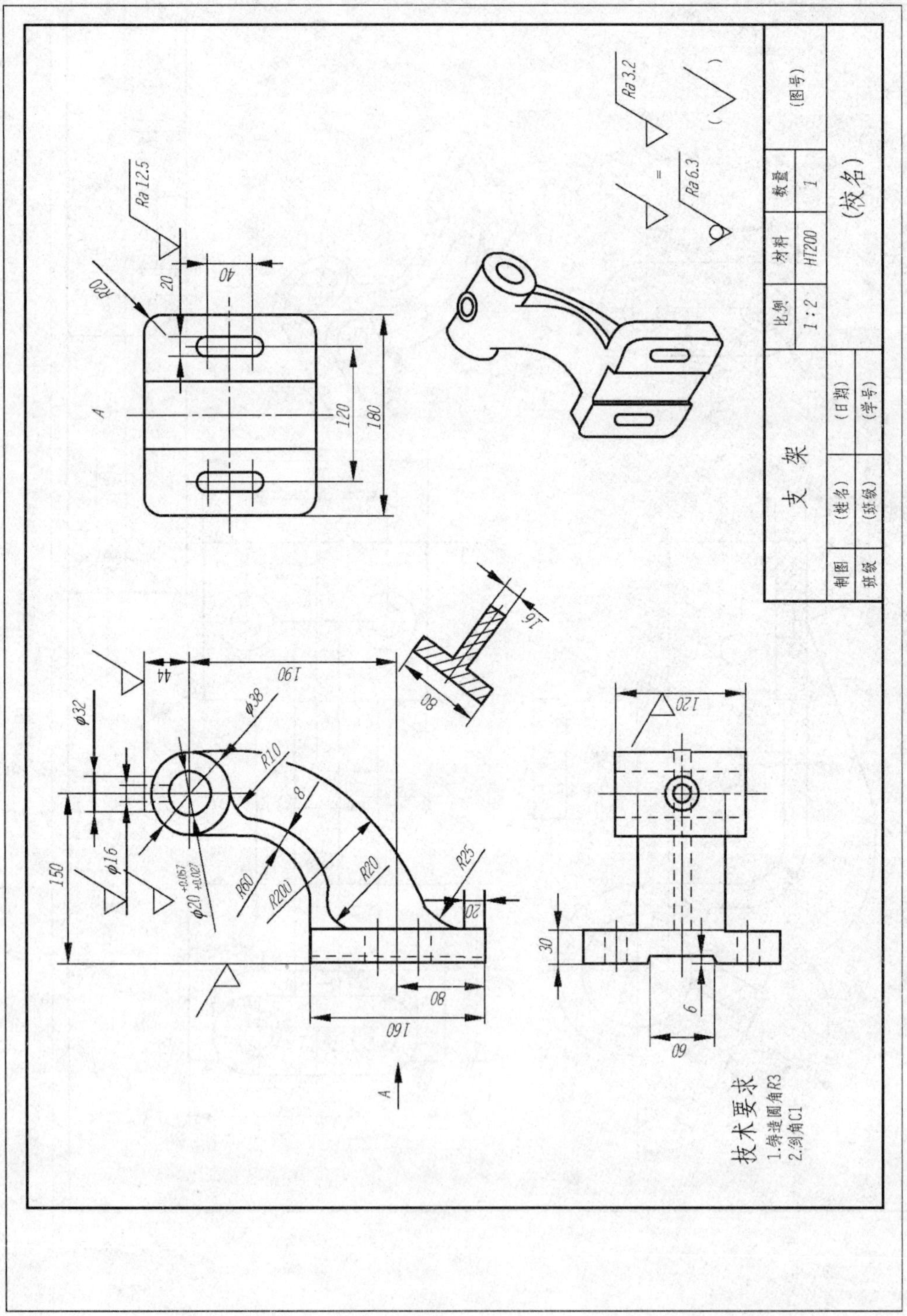

技术要求

1.铸造圆角R3
2.倒角C1

支 架		比例	材料	数量	(图号)
		1:2	HT200	1	
制图	(姓名)	(日期)	(校名)		
班级	(班级)	(学号)			

附图 19　支架

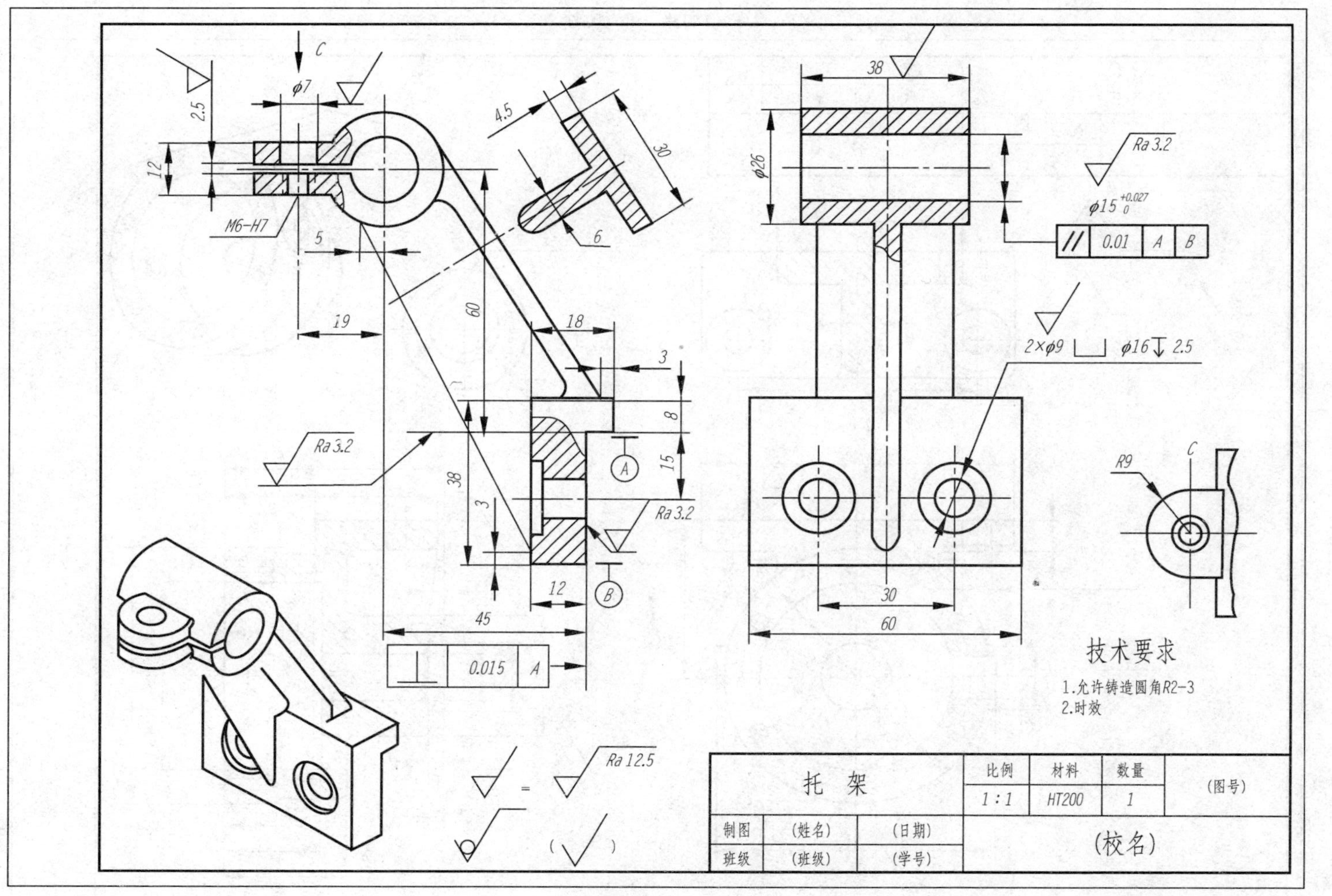
C
φ7
2.5
12
M6-H7
5
19
4.5
30
6
60
18
3
8
15
38
12
45
Ra 3.2
Ra 3.2
0.015
A
B
φ26
Ra 3.2
φ15 +0.027 0
0.01
A
B
2×φ9
φ16
2.5
30
60
R9
C
技术要求
1.允许铸造圆角R2-3
2.时效
Ra 12.5
托 架
比例
材料
数量
1:1
HT200
1
(图号)
制图
(姓名)
(日期)
班级
(班级)
(学号)
(校名)

附图 20　托架

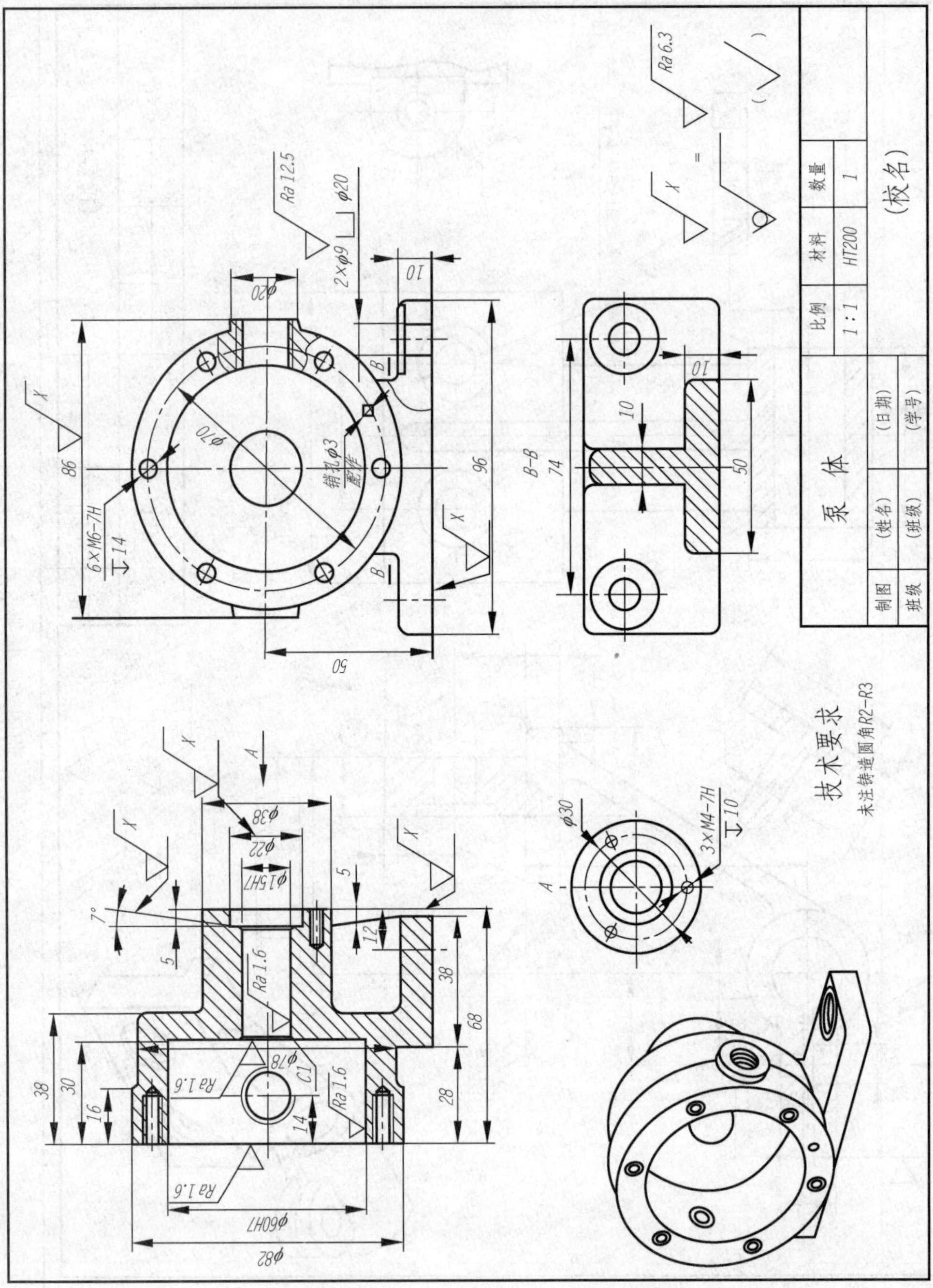

泵体		比例	材料	数量	
		1:1	HT200	1	
制图	(姓名)	(日期)	(校名)		
班级	(班级)	(学号)			

技术要求

未注铸造圆角R2–R3

附图 21 泵体(A3)

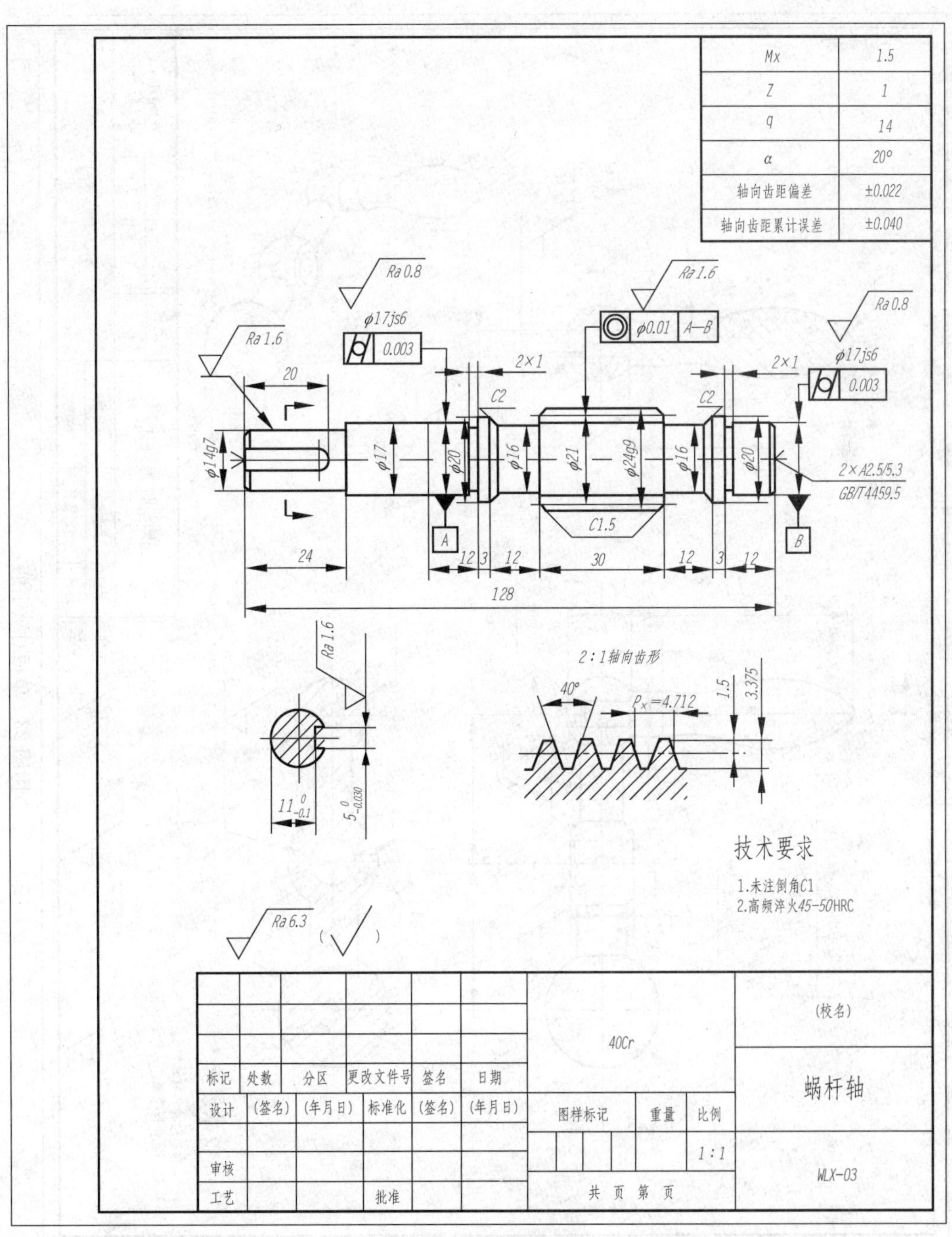

Mx 1.5
Z 1
q 14
α 20°
轴向齿距偏差 ±0.022
轴向齿距累计误差 ±0.040
Ra 0.8
Ra 1.6
φ17js6
0.003
φ0.01 A—B
2×1
C2
φ14g7
φ17
φ20
φ16
φ21
φ24g9
2×A2.5/5.3
GB/T4459.5
C1.5
A
B
24
12 3 12 30 12 3 12
128
2:1轴向齿形
40°
P_x=4.712
1.5
3.375
$11^{0}_{-0.1}$
$5^{0}_{-0.030}$
技术要求
1.未注倒角C1
2.高频淬火45-50HRC
Ra 6.3
40Cr
(校名)
蜗杆轴
标记 处数 分区 更改文件号 签名 日期
设计 (签名) (年月日) 标准化 (签名) (年月日)
图样标记 重量 比例
1:1
审核
工艺 批准
共 页 第 页
WLX-03

附图 22　蜗轮轴

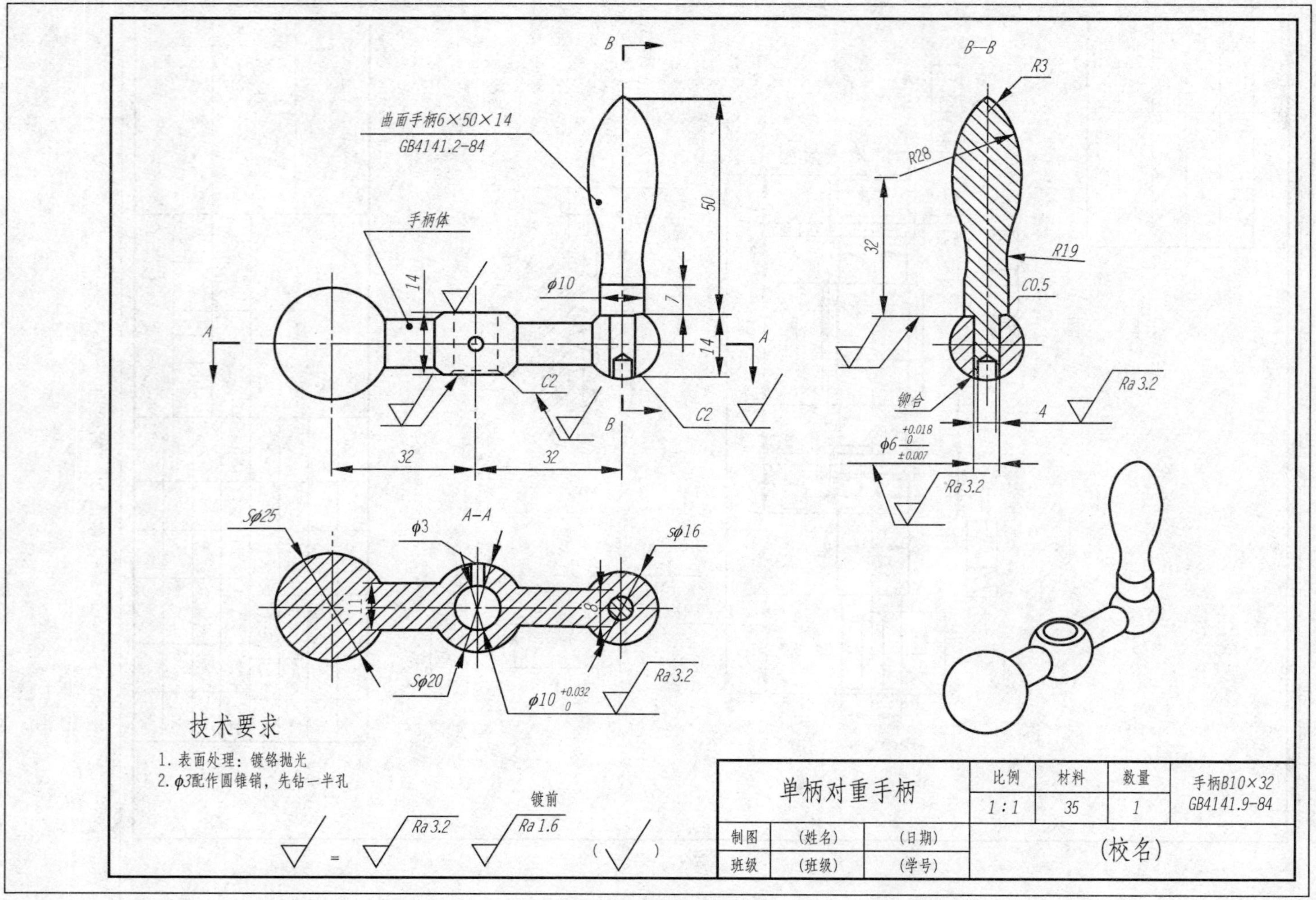
B
曲面手柄6×50×14
GB4141.2-84
手柄体
50
14
φ10
7
14
A
C2
B
C2
32
32
B—B
R3
R28
32
R19
C0.5
铆合
4
Ra 3.2
φ6 +0.018 0 ±0.007
Ra 3.2
Sφ25
φ3
A—A
sφ16
11
8
Sφ20
φ10 +0.032 0
Ra 3.2
技术要求
1. 表面处理：镀铬抛光
2. φ3配作圆锥销，先钻一半孔
=
Ra 3.2
镀前
Ra 1.6
单柄对重手柄
比例
材料
数量
1:1
35
1
手柄B10×32
GB4141.9-84
制图
(姓名)
(日期)
班级
(班级)
(学号)
(校名)

附图 23　单柄对重手柄

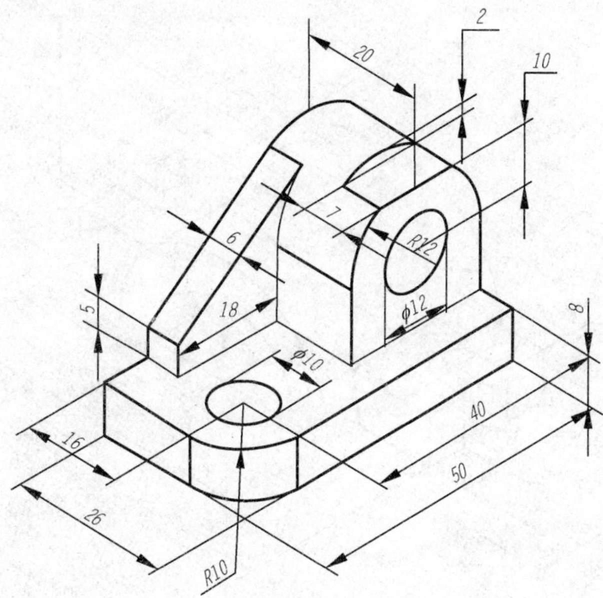

附图 24　孔座

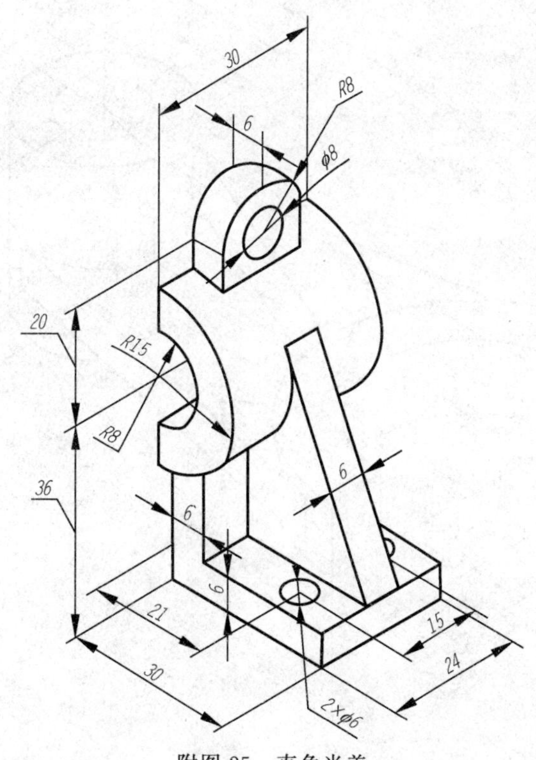

附图 25　直角半盖

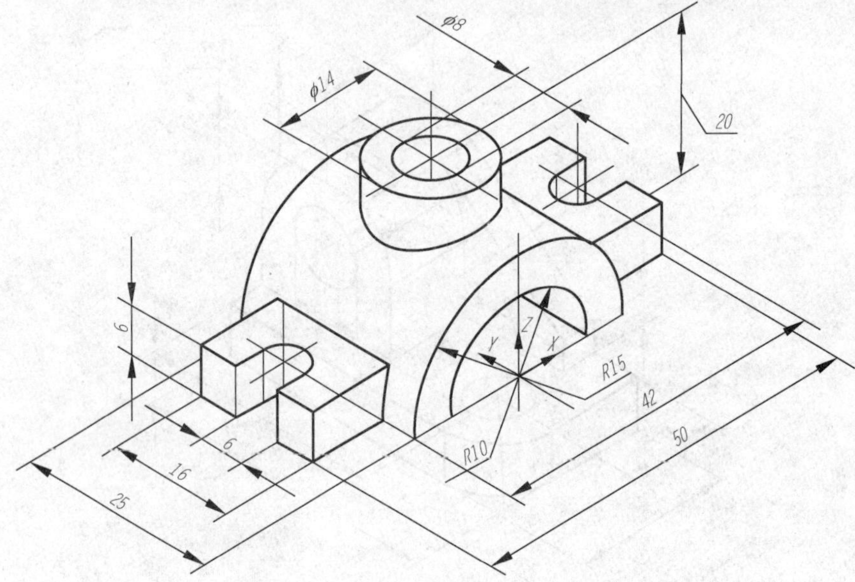

附图 26　上盖

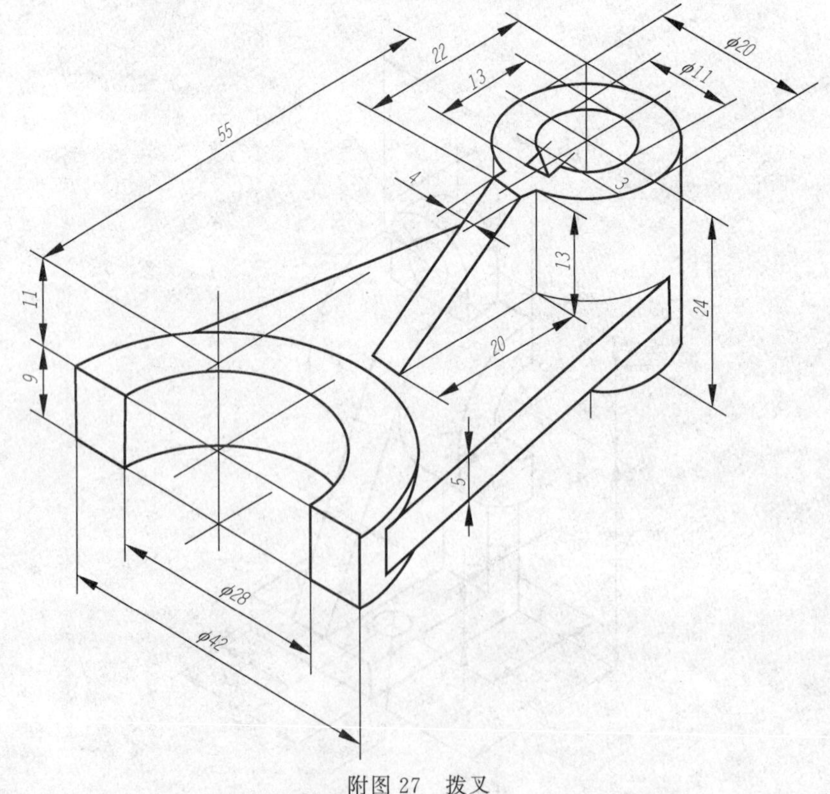

附图 27　拨叉